APPLICATION OF INFORMATION TECHNOLOGY IN VOCATIONAL COLLEGES

工业和信息化“十三五”高等职业教育 人才培养规划教材

大学信息技术项目化教程

University Information Technology Project Course

莫新平 吕学芳 姚晓艳 ◎ 主编

郭春锋 郭 超 任 岚
谢粤芳 姜言波 仇利克 ◎ 副主编

人民邮电出版社

北京

图书在版编目（CIP）数据

大学信息技术项目化教程 / 莫新平，吕学芳，姚晓艳主编. -- 北京 : 人民邮电出版社，2018.9(2019.9重印)
工业和信息化“十三五”高等职业教育人才培养规划教材
ISBN 978-7-115-49140-4

Ⅰ. ①大… Ⅱ. ①莫… ②吕… ③姚… Ⅲ. ①电子计算机—高等职业教育—教材 Ⅳ. ①TP3

中国版本图书馆CIP数据核字(2018)第186953号

内容提要

全书共分 7 个项目，内容包括项目 1 未来已来，主要讲解智能时代的到来、人工智能之分门别类、人工智能之图像识别；项目 2 计算机系统的组成；项目 3 至项目 5 主要讲解 Office 的相关应用，具体为 Word 2013 文字处理、Excel 2013 电子表格制作、PowerPoint 2013 演示文稿制作；项目 6 多媒体技术应用；项目 7 计算机网络及应用，主要讲解互联网应用技术、网络故障排除、大数据技术、移动互联应用等。

本书适合作为高等职业院校计算机基础相关课程的教材使用，也可作为计算机培训班教材。

◆ 主　　编　莫新平　吕学芳　姚晓艳
副 主 编　郭春锋　郭　超　任　岚　谢粤芳
姜言波　仇利克
责任编辑　范博涛
责任印制　马振武

◆ 人民邮电出版社出版发行　　北京市丰台区成寿寺路 11 号
邮编　100164　　电子邮件　315@ptpress.com.cn
网址　http://www.ptpress.com.cn
固安县铭成印刷有限公司印刷

◆ 开本：787×1092　1/16
印张：17.5　　　　2018 年 9 月第 1 版
字数：434 千字　　2019 年 9 月河北第 4 次印刷

定价：46.00 元

读者服务热线：(010)81055256　印装质量热线：(010)81055316
反盗版热线：(010)81055315
广告经营许可证：京东工商广登字 20170147 号

前言 FOREWORD

随着信息技术越来越广泛地应用到教育、经济和文化等领域，席卷全球的信息技术产业已形成，推动着人类的发展。在高等职业教育中设立信息技术课程，为培养适应信息社会的合格公民奠定基础，是我国在全球性信息化建设进程中，抓住机遇、赶上世界发展的步伐、抢占制高点的必要保证。信息技术课程强调构建具有时代特征的学习内容，兼顾理论学习和实践应用，将知识构建、技能培养与思维发展融入解决问题和完成任务的过程中，为社会培养高素质技能型人才。

在现代高等职业教育“校企合作，产教融合”的理念指导下，本书以项目式形式编写，依据办公应用岗位对职业能力的需求，以典型案例为载体进行内容设计。本书的教学目标从“知识和技能”向“应用能力和创新意识”转换，注重知识的活学活用和综合应用。本书致力于拓宽读者的信息技术知识面，提升读者在计算机和移动终端上的使用技能，提高读者在信息搜索和信息加工方面的处理能力，从而提高读者的信息素养。

本书吸收了目前信息技术领域的最新成就，构建了丰富的课程内容体系，以日常生活中的情境案例为基础组织了 7 个教学项目，每个教学项目又分为若干个工作任务及拓展任务，确定了每一个任务读者应该掌握的基本能力和拓展能力，通过情境描述→任务实现→相关知识→拓展提升→项目小结→项目检查→课后练习的顺序展开，设置了现代办公应用中所遇到的实际应用情境，让读者在完成项目的过程中学会完成相应工作任务，并掌握相关理论知识。

本书由莫新平、吕学芳、姚晓艳任主编，郭春锋、郭超、任岚、谢粤芳、姜言波、仇利克任副主编。编写分工为：第 1 个项目由郭春锋编写；第 2 个项目由姜言波编写；第 3 个项目由莫新平编写；第 4 个项目由吕学芳编写；第 5 个项目由姚晓艳编写；第 6 个项目由郭超编写；第 7 个项目由任岚、仇利克和谢粤芳编写。

由于作者水平有限，书中难免存有疏漏之处，恳请读者批评指正。

编者

2018 年 7 月

目录 CONTENTS

Computer

1 Chapter

项目 1 未来已来

2016 年、2017 年，人工智能机器人阿尔法狗与阿尔法元以无可争辩的能力战胜了李世石、柯洁等人类围棋高手而名噪一时，在无人驾驶、图像识别、语音识别技术等领域人工智能也大显身手，显示出越来越强的能力。人工智能正在全球迅速崛起，正在影响着我们每一个人，而且改变我们生活的步伐会越来越快。

在人工智能时代，我们应该具备怎样的能力，才能适应社会需求、在竞争中立于不败之地？从人工智能时代的发展趋势来看，重要的不是学习人工智能的知识，因为人工智能时代有一个非常重要的特点就是知识和技术的更新速度特别快，因此即便你今天学习了某些知识，可能还没有离开学校就已经过时了。人工智能时代我们应该掌握的核心能力是独立思考、创新意识和创造能力。

任务 1 智能时代的到来

情境描述

被称为人类“第二次零点革命”的人工智能浪潮席卷而来，人工智能已成为国家重点工程，是未来发展的必然趋势。信息技术课程教师要求每位同学整理一篇关于人工智能的调研报告，高等教育要培养适应未来发展的社会人，所以人工智能时代每位大学生有必要了解人工智能技术的相关知识。包括体验生活中人工智能技术的应用，了解什么是人工智能、人工智能在我们日常生活中的应用领域与发展趋势等内容，加强对人工智能技术的深入了解。

任务实现

1. 人工智能体验——“棋”乐无穷

计算机博弈是人工智能领域的重要研究方向，很早就进入了我们的学习和生活中，如国际象棋、中国象棋、围棋、五子棋等。全国各高校也组织了众多的计算机博弈比赛，以调动大学生学习和研究计算机博弈的热情，激发创新潜能，培养学生的科学素养和专业实践技能。

（1）打开浏览器，利用百度或者谷歌等常用的搜索网站，查找柯洁与阿尔法围棋人机大战的视频，并进行观赏。

（2）在课程网站上下载“棋类活动”压缩文件夹，然后解压缩到本地硬盘。该文件夹内提供了五子棋、国际象棋、围棋等计算机博弈软件。

（3）选择一种自己喜爱的棋类。双击打开相应的子文件夹，双击.exe 可执行文件，按照安装程序的提示步骤安装软件。体验与计算机下棋博弈的乐趣，思考人工智能在不同棋类中的推理能力有什么特点。

知识点拨

根据《国家中长期教育改革和发展规划纲要（2010—2020 年）》提出的全面实施素质教育，坚持能力培养的要求，为有效提高学生计算机水平、科研能力，增强创新意识，全面提高学生科学素质，拟在全国高等学校开展计算机博弈大赛。每年一次的全国大学生计算机博弈大赛暨全国计算机博弈锦标赛，由教育部高等学校计算机类专业教学指导委员会与中国人工智能学会机器博弈专业委员会共同组成的全国大学生计算机博弈大赛组委会主办。

计算机博弈亦称机器博弈，是一个挑战无穷、生机勃勃的研究领域。计算机博弈大赛坚持以学生喜闻乐见的、高对抗性的娱乐载体（如中国象棋、围棋、连珠棋等）为研究载体，以理论与实际系统构建相结合为原则，调动大学生学习与研究热情，激发大学生创新潜能，培养大学生科学素养、团队协作能力和专业技术实践技能。全国计算机博弈大赛网址可在百度上搜索。

2. 以“人工智能”为主题组织调研报告

（1）去图书馆或者在网络上查阅关于调研报告的相关内容，包括结构、特点以及格式要求等，了解撰写调研报告的要求。

知识点拨

调研报告以研究为目的，根据社会或工作的需要，制定出切实可行的调研计划，从明确的需求出发，深入到社会第一线，不断了解新情况、新问题，有意识地探索和研究，写出有价值的调研报告。

（2）确定调查的方式：调查问卷或者访谈等形式，收集真实全面的数据。调查内容包括人工智能的发展、人们对人工智能的认识、人工智能在生活中的应用、人工智能的发展趋势等内容。

（3）利用文字编辑软件编辑调研报告内容，包括与计算机博弈的体验，调研数据的整理与分析。

相关知识

1. 人工智能的定义

人工智能（Artificial Intelligence），英文缩写为 AI。它是研究及开发用于模拟，延伸和扩展人的智能的理论、方法、技术及应用系统的一门新的技术科学。人工智能是计算机科学的一个分支，该领域的研究包括机器人、语言识别、图像识别、自然语言处理和专家系统等。人工智能研究的一个主要目标是使机器能够胜任一些通常需要人类智能才能完成的复杂工作。

目前对于人工智能很难给出严格的定义，但可以从不同侧面加以描述。人工智能之父阿兰·图灵定义 AI 是能使计算机完成那些需要人类智力才能完成的工作的科学。斯坦福大学的学者认为 AI 是智能机器的科学和工程，特别是智能计算机程序。维基百科定义 AI 是由人工制造出来的系统所表现出来的智能，该词同时也指研究这样的智能系统是否能够实现，以及如何实现的科学领域。不管怎样定义都离不开智能，然而到目前为止人类还没能统一地给出智能的定义，通常所说的智能也是参考人类智慧的表现形式。

2. 人工智能发展的 3 次浪潮

人工智能从 1956 年开始以后几起几落，出现了几次浪潮，现在人工智能已经是第 3 波浪潮了，如图 1-1 所示。

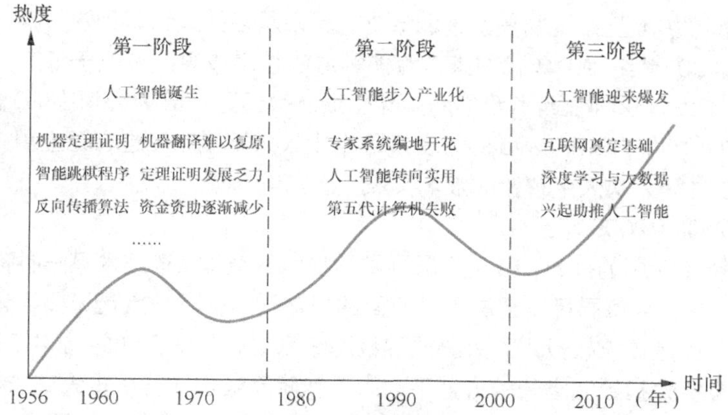

图1-1 人工智能的发展历史

（1）第 1 次浪潮（1956 年～1976 年）。

“人工智能”一词最初是在 1956 年达特茅斯学会上提出的，从那以后，研究者们发展了众多理论和原理。这次会议之后的 10 多年间，人工智能的研究在各方面都取得了许多引人瞩目的成就。

- 机器学习方面：塞缪尔于 1956 年研制出了跳棋程序，该程序能从棋谱中学习，也能从下棋实践中提高棋艺。

• 定理证明方面：王浩于 1958 年在 IBM 机上证明了《数学原理》中有关命题演算的全部定理（220），还证明了谓词演算中 150 条定理的 85%；1965 年，鲁宾逊提出了消解原理。

• 模式识别方面：1959 年塞尔夫里奇推出了一个模式识别程序；1965 年罗伯特编制出可辨别积木构造的程序。

• 问题求解方面：1960 年纽厄尔等人通过心理学实验总结出了人们求解问题的思维规律，编制了通用问题求解程序 GPS，可以用来求解 11 种不同类型的问题。

• 专家系统方面：斯坦福大学的费根鲍姆自 1965 年开始进行专家系统 DENDRAL（化学分析专家系统）的研究，1968 年完成并投入使用。

• 人工智能语言方面：1960 年 McCarthy 等人建立了人工智能程序设计语言 Lisp，该语言至今仍是建造智能系统的重要工具。

1970 年国际性的人工智能杂志创刊，当时有人预言 10 年之内计算机就可以写出优美的乐谱，并能够实现大多数的心理学行为等。当时判断这些事都可以迎刃而解，并不是什么难题。但事实证明这是错误的，过分简单的算法、难以应对不确定环境以及计算能力的限制严重阻碍了我们使用人工智能来解决更加困难和多样的问题，人工智能于 20 世纪 70 年代中期逐渐淡出公众视野。

（2）第 2 次浪潮（1976 年～2006 年）。

20 世纪 80 年代末，几乎一半的“财富 500 强”公司都在开发或使用“专家系统”，这是一项通过对人类专家问题求解能力进行建模，来模拟人类专家解决该领域问题的人工智能技术。随着 1982 年 Hopfield 神经网络和 BP 训练算法的提出，大家发现人工智能的春天又来了。80 年代又兴起一拨人工智能的热潮，包括语音识别、语音翻译计划，以及日本提出的第五代计算机。

对于专家系统潜力的过高期望掩盖了它本身的局限性，包括明显缺乏常识、难以捕捉专家的隐性知识、建造和维护大型系统的复杂性和成本，越来越多的人认识到这一点时，人工智能研究再一次脱离轨道。20 世纪 90 年代在人工智能领域的技术成果始终处于低潮，成果寥寥。到了 90 年代后期，人们发现这种东西离我们的实际生活还很遥远。IBM 公司在 20 世纪 90 年代推出了一款语音听写的软件叫 IBM Viavoice，在演示当中效果不错，但是真正应用中却很难使用。因此，在 2000 年左右第 2 次人工智能的浪潮又破灭了。

（3）第 3 次浪潮（2006 年至今）

第 3 次人工智能浪潮的兴起，得益于深度学习技术的突破。该技术是一种需要训练大型神经网络的“深层”结构，且每层可以解决不同方面的机器学习。其特点是无需再依赖于硬件代码和事先定义的规则，而是依靠模拟人类大脑的神经网络系统，从案例和经验中习得算法。

在数据和计算能力指数式增长的支持下，人工智能算法也取得了重大突破。在 2012 年一次全球范围的图像识别算法竞赛 ISVR 中，多伦多大学开发的一个多层神经网络 Alex Net 取得了冠军，并大幅度超越了传统机器学习算法，这次比赛的成果在人工智能学界引起了广泛的震动。从此，以多层神经网络为基础的深度学习被推广到多个应用领域，在语音识别、图像分析、视频理解等诸多领域取得成功。2016 年，谷歌公司通过深度学习训练的阿尔法狗程序在一场举世瞩目的比赛中以 4 比 1 战胜了曾经的围棋世界冠军李世石，它的改进版在 2017 年战胜了当时世界排名第一的中国棋手柯洁，如图 1–2 所示。

这一系列让人震惊的成就再一次点燃了全世界对人工智能的热情，世界各国的政府和商业机构都纷纷把人工智能列为未来发展战略的重要部分。由此，人工智能的发展迎来了第3次热潮。

图1-2　2017年阿尔法狗战胜中国棋手柯洁

2017年3月5日，国务院发布政府工作报告，指出要加快培育壮大包括人工智能在内的新兴产业，“人工智能”也首次被写入了政府工作报告。2017年7月20日，国务院出台《新一代人工智能发展规划》，提出了面向2030年我国新一代人工智能发展的指导思想、战略目标、重点任务和保障措施。《规划》确定了中国人工智能产业三步走的战略目标，部署构筑我国人工智能发展的先发优势，加快建设创新型国家和世界科技强国的步伐。

- 到2020年人工智能总体技术和应用与世界先进水平同步，人工智能产业成为新的重要经济增长点，人工智能技术应用成为改善民生的新途径，有力支撑进入创新型国家行列和实现全面建成小康社会的奋斗目标。
- 到2025年人工智能基础理论实现重大突破，部分技术与应用达到世界领先水平，人工智能成为带动我国产业升级和经济转型的主要动力，智能社会建设取得积极进展。
- 到2030年人工智能理论、技术与应用总体达到世界领先水平，成为世界主要人工智能创新中心，智能经济、智能社会取得明显成效，为跻身创新型国家前列和经济强国奠定重要基础。

3. 人类智能与人工智能

人类智能与人工智能虽然有一定的相似之处，但是有着本质的区别。人类智能是思维、联想和创造的能力，人工智能是依靠逻辑进行高速运算和执行程序指令的能力，人工智能本质上是对人类智能的功能模拟。由于其思维的物质承担者不同，在智能活动中的地位和思维程序也不同。人工智能没有人类智能所特有的创造性和社会性，只不过是人类智能的延伸，至多只是部分地超越人类智能，在整体上是不能最终代替和战胜人类智能的。

人工智能一直在模仿人类智能，但在总体上并未超过人类智能。在语言、思维和文化层级上，即在高阶认知层级上，目前人工智能都远逊于人类智能。人类智能是自主智能系统，除了理性智能之外，人类还具有难以评定的感性思维。人类会通过情绪爆发出不同层级的、不同方向的能量，人类对事物的研究、看法、判定从来都不是以理性为唯一标准。人工智能在当前还处于理性智能阶段，能处理大部分由数学逻辑判断的事物。

人工智能就本质而言是对人的思维信息过程的模拟。模拟人的思维可以从两条途径进行：一是结构模拟，仿照人脑的结构机制，制造出“类人脑”的机器；二是功能模拟，撇开人脑的内部结构，从其功能过程进行模拟。现代电子计算机是对人脑思维功能及人脑思维信息过程的模拟，是机器思维。机器思维同人类思维的本质区别有以下几点。

（1）人工智能是无意识的机械和物理过程，而人类智能主要是生理和心理的过程。

（2）人工智能没有社会性，人类智慧具有社会性。

（3）人工智能没有人类意识特有的能动性和创造能力，人类思维则主动提出新的问题，进行发明创造。

（4）总是人脑的思维在前，计算机实现的机器思维在后。

不可否认，在很多领域人工智能的表现已经超越人类，其中就包括一些需要精确判断的领域。

目前，人类在一些领域已经受到机器判断的影响，如人脸识别系统、医疗诊断系统以及即将普及的无人驾驶汽车和无人机。

4. 人工智能与机器学习

人工智能普遍通过学习来获得预测和判断的能力，这种方法被称为机器学习，它是实现人工智能的一种主流方法。机器学习的概念来自早期的人工智能研究者，已经研究出的算法包括决策树学习、归纳逻辑编程、增强学习和贝叶斯网络等。简单来说，机器学习最基本的做法是使用算法来解析数据、从中学习，然后对真实世界中的事件做出决策和预测。根据机器学习的应用情况，我们又把机器学习分为3类：监督学习、非监督学习和强化学习。

监督学习由已有的数据，包括输入/输出，训练模型函数，然后把新的输入数据带入模型函数，预测数据输出。函数的输出可以是一个连续的值（称为回归分析），或是预测一个分类标签（称作分类）。例如，不仅训练学生进行书本分类的能力，而且把分类的结果（哪本书属于哪些类别）也给了学生作为标准参考。

非监督学习只给计算机训练数据，不给结果（标签），因此计算机无法准确地知道哪些数据具有哪些标签，只能凭借强大的计算能力分析数据的特征，从而得到一定的成果，通常是得到一些集合，集合内的数据在某些特征上相同或相似。例如，只给学生进行未分类的书本进行训练，不给标准参考，学生只能自己分析哪些书比较像，根据相同与相似点列出清单，说明哪些书比较可能是同一类别的。

强化学习不同于监督学习和非监督学习。在强化学习中没有原始已知数据可以学习，强化学习面对的是一个不断变化的状态空间，要解决的是一个决策链问题。其目的是找到在当前环境下最佳决策是什么，最大的挑战是给出的决策好坏当下无法验证和评估，要通过多次决策以后才能知道。就像下棋，当前的决策（棋子落点）要在五步十步棋之后才能判断是好是坏。所以强化学习中并没有大量的原始已知输入数据，机器需要在变化的环境中通过大量的多次试错学习，再根据某种规则找到产生最佳结果的最佳路径，从而做出最佳决策。比较常见的下棋（包括下围棋和象棋）、机器人、自动驾驶等这些人工智能技术中都用到了强化学习。

除了上面的三大机器学习类型，随着机器学习的应用越来越广泛，也出现了混合型的应用。比如部分原始数据有输出值，部分没有，称为半监督学习，这就需要把监督学习和非监督学习结合起来。

5. 人工智能技术的应用

人工智能应用的范围很广，包括计算机科学、金融贸易、安防、重工业、运输、远程通信、在线和电话服务、法律、游戏、音乐等诸多方面。下面举几个例子。

（1）智能安防。

每个用户都是极具个性化的，利用人工智能强大的计算能力及服务能力，可为每个用户提供差异化的服务，提升个人用户的安全感，满足人们日益增长的服务需求。以家庭安防为例，当检测到家庭中没有人时，家庭安防摄像机可自动进入布防模式。有异常时，给予闯入人员声音警告，并远程通知家庭主人。而当家庭成员回家后，又能自动撤防，保护用户隐私。夜间，通过一定时间的自学，掌握家庭成员的作息规律，在主人休息时启动布防，确保夜间安全，省去人工布防的烦恼，真正实现人性化。

（2）智能楼宇。

人工智能是建筑的大脑，综合控制着建筑的安防、能耗，对于进出大厦的人、车、物实现实时的跟踪定位，区分办公人员与外来人员，监控大楼的能源消耗，使得大厦的运行效率最优，延长大厦的使用寿命。智能楼宇的人工智能核心汇总着整个楼宇的监控信息、刷卡记录，室内摄像机能清晰捕捉人员信息等。在门禁刷卡时，实时比对通行卡信息及刷卡人脸部信息，检测出盗刷卡行为。还能区分工作人员在大楼中的行动轨迹和逗留时间，发现违规探访行为，确保核心区域的安全。

（3）智慧交通。

随着交通卡口的大规模联网，汇集的海量车辆通行记录信息对于城市交通管理有着重要的作用。利用人工智能技术，可实时分析城市交通流量，调整红绿灯间隔，缩短车辆等待时间，提升城市道路的通行效率。城市级的人工智能大脑，实时掌握着城市道路上通行车辆的轨迹信息、停车场的车辆信息以及小区的停车信息，能提前半个小时预测交通流量变化和停车位数量变化，合理调配资源、疏导交通，实现机场、火车站、汽车站、商圈的大规模交通联动调度，提升整个城市的运行效率，为居民的出行畅通提供保障。

（4）智慧公安。

人工智能在视频内容的特征提取、内容理解方面有着天然的优势。在海量的视频信息中，能及时发现犯罪嫌疑人的线索。前端摄像机内置人工智能芯片可实时分析视频内容，检测运动对象，识别人、车属性信息，并通过网络传递到后端人工智能的中心数据库进行存储。汇总起来海量的城市级信息，再利用强大的计算能力及智能分析能力，人工智能可对嫌疑人的信息进行实时分析，给出最可能的线索建议，将犯罪嫌疑人的轨迹锁定由原来的几天缩短到几分钟，为案件的侦破节约宝贵的时间。其强大的交互能力，还能与办案人员进行自然语言方式的沟通，真正成为办案人员的专家助手。以车辆特征为例，可通过使用车辆驾驶位前方的小电风扇进行车辆追踪，在海量的视频资源中锁定涉案的嫌疑车辆的通行轨迹。

（5）智慧园区。

智慧园区指一般由政府（民营企业与政府合作）规划建设的，供水、供电、供气、通信、道路、仓储及其他配套设施齐全，布局合理，且能够满足从事某种特定行业生产和科学实验需要的标准性建筑物或建筑物群体，包括工业园区、产业园区、物流园区、都市工业园区、科技园区、创意园区等。在园区场所，安防摄像机主要被部署在出入口和周界，对内部边边角角的位置无法涉及，而这些地方恰恰是安全隐患的死角，利用可移动巡线机器人定期巡逻并读取仪表数值，可分析潜在的风险，保障全封闭园区的可靠运行。

（6）智能制造。

智能制造不仅仅是单一技术和装备的突破与应用，更是依靠装备智能化、设计数字化、生产自动化、管理现代化、营销服务网格化等制造技术与信息技术的深度融合与集成，创造新的附加值。借助传感器、物联网、大数据、云计算等的运用，智能制造能够实现设备与设备、设备与工厂、各工厂之间以及供应链上下游企业间、企业与用户间的无缝对接，企业可以更加精准地预测用户需求，根据用户多样化、个性化的需求进行柔性生产，并实时监控整个生产过程，实现低成本的定制化服务。

全球制造业正迈向数字化、智能化时代。为应对新工业革命下的国际竞争，发达国家不约而同地将智能制造作为制造业未来发展的重要方向。美国的《先进制造业国家战略计划》，旨在大力推动以“工业互联网”和“新一代机器人”为特征的智能制造战略布局；作为工业4.0的倡导者，德国意欲主导智慧工厂等工业4.0标准的制定，掌控智能制造的规则话语权；日本提出了《机器人新战略》、“社会 5.0 战略”等一系列战略措施支持智能制造的发展，以重塑本国制造业的竞争新优势。

目前，我国制造业的规模已跃居世界第一，拥有世界上最为完整的工业体系，成为全球价值链的重要参与者。然而总体来看，中国制造大而不强的特征明显，自主创新能力相对较弱，资源消耗大，低端产能过剩，高端供给明显不足，产业整体仍处于全球制造业链条的中低端。在当前国内发展动能转换和国际竞争加剧的形势下，发展智能制造是实现工业强国战略目标的重要途径。

任务 2 人工智能之分门别类

情境描述

随着手机相机功能的提升，越来越多的朋友喜欢用手机拍照了，看到好看的风景随手拍两张，聚餐拍两张，游玩拍两张，没过多久相册里竟然有上千张照片了。照片众多有时候也会给我们搜索照片造成一定的困扰，比如去某个地方旅游拍了很多照片，要从上千张照片中去寻找合适的照片眼睛会累得痛苦不堪。人工智能已经悄然渗入我们的手机里，如人脸解锁和语音助手等功能，许多手机都具有了相册分类的功能，如图 1-3 所示。相册 APP 根据你拍摄的人物、建筑等物体，自动分门别类归到不同文件夹下，从而方便查找。这项功能看似简单，其实是利用深度学习在物体识别中取得的进展，手机相册自动识别被拍摄物体的特征，归类到相应类别上。例如 OPPO R11s 的相册应用，它基于骁龙神经处理引擎，利用 AI 识别不同的建筑物，分门别类地归纳到不同事物或场景下。

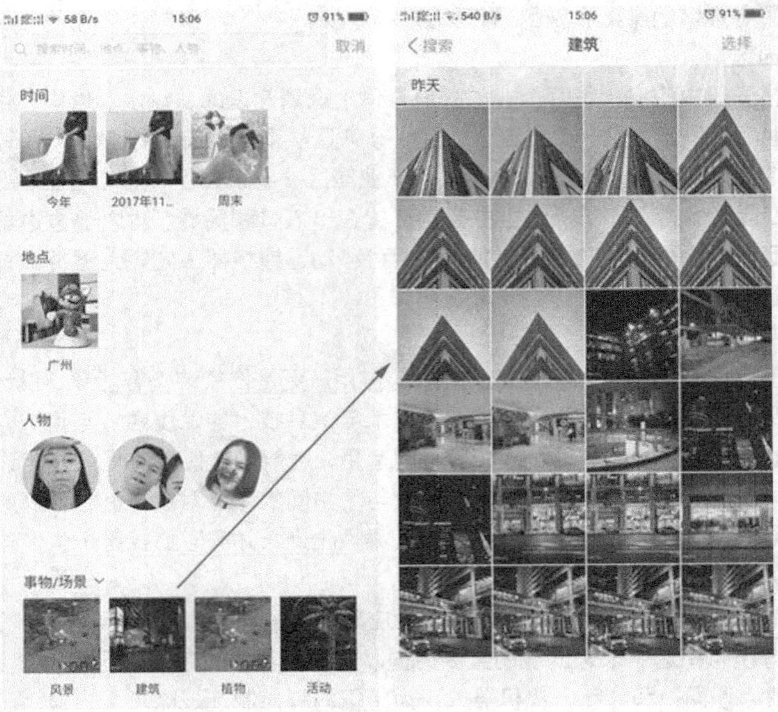

图1-3　图像分类功能

任务实现

目前市面上的智能手机都具备了相册分类功能，相册除了能利用关键字搜索照片，还能智能识别，将其进行归类，需要的照片就可以轻松挑出来。下面以 OPPO R11s 手机为例说明智能手机的图像分类操作。

1. 关键词查找，选照片更方便

OPPO R11s 相册拥有图片识别技术，能智能识别照片中的场景和事物，并对图片进行各种关键词标签设定。因此我们可以在相册搜索中根据场景和事物进行关键词搜索，更快更准确地查找想要的照片。比如，要找周末拍摄的照片，就可在搜索栏输入“周末”二字，OPPO R11s 就会自动筛选出周末时间段的照片，如图 1-4 所示。

图1-4 图片搜索功能

目前 OPPO R11s 可搜索的关键词很多，比如动物、植物、建筑、演出、节日等。此外，智能相册支持两个关键词同时搜索，例如可在搜索栏同时输入“风景”“国庆节”“聚餐”等，可以做到更精准的查找。

2. 人脸自动识别技术，一人一相册找人更快

众所周知，全新的 OPPO R11s 添加了人脸识别技术，除了能够用于解锁，它还能将不同的人物智能分组到人物相册，之后根据面部识别技术，将同一人在不同场景的照片分类到一起，查找人物照片直接进入图集即可，如图 1-5 所示。

3. 年月视图查找照片更便捷

OPPO R11s 智能相册除了能够使用关键词搜索照片外，还可以利用年月视图快捷查找照片。在 OPPO R11s 的智能相册中能具体到某年某月某天，如果某一天是对你有特殊意义的日子，直接在年月视图中查找照片，更快捷方便，如图 1-6 所示。

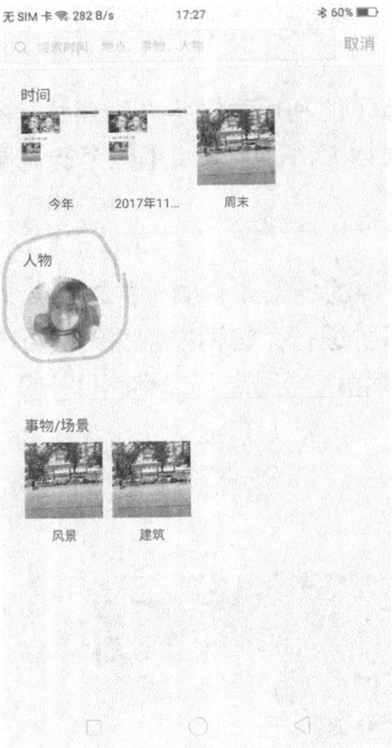

图1-5 人脸识别功能

图1-6 按时间查找照片

大部分的手机相册排序往往是按时间顺序排列的，照片较少时查找的确很方便，但如果有上千张照片那就相当麻烦了。而 OPPO R11s 针对这些痛点将照片以人物、风景进行智能划分，极大地减少了人们查找照片的麻烦，可以说是一个很赞的功能了。

相关知识

1. 感知与分类

将水果放进储存仓时，不同类型的水果可能会混淆在一起，所以人们希望设计一个能够将水果自动分类摆放的机器。假设水果和储存仓之间有一条传送带，传送带要通过一组特定的传感器，这组传感器可以分别测量水果的 3 个特征：外形、质地和重量。如果水果基本上是圆形的，外型传感器的输出就为 1；如果水果更接近于椭圆，那么外型传感器的输出就为–1。如果水果表面光滑，质地传感器的输出就是 0；如果水果表面比较粗糙，那么质地传感器的输出就为–1。当水果重量超过 1 磅时，重量传感器的输出为 1；当水果重量轻于 1 磅时，重量传感器的输出为–1。然后，这 3 个传感器的输出将会输入到神经网络。神经网络的功能就是要确定传送带上是什么类型的水果，这样才能把不同类型的水果分别送到相应的储存仓内。这就是模式识别问题，感知器就可以应用这种简单的模式识别。

（1）感知器。

感知器特别适用于简单的模式分类问题。感知器是由美国计算机科学家罗森布拉特于 1957 年提出的，它是最早的人工神经网络之一。单层感知器是一个具有一层神经元、采用阈值激活函数的前向网络。通过对网络权值的训练，可以使感知器对一组输入矢量的响应达到元素为 1 或–1（1 或 0）的目标输出，从而实现对输入矢量分类的目的。

（2）分类特征提取。

特征是在分类器乃至于所有人工智能系统中非常重要的概念。对于同样的事物，我们可以提取出各种各样的特征。不同的特征对于分类器的准确分类会有很大的影响，比如，我们可以用花瓣的长度和宽度作为花的特征。但是，花的植株高度和品种没有直接关系，一朵花在生命的不同阶段有不同的高度；不同品种的花又都有着颜色相近的花瓣，所以用花的植株高度和花瓣颜色很难有效区分花的品种。因此，我们需要根据物体和数据本身具有的特点，考虑不同类别之间的差异，并在此基础上设计出有效的特征。特征的质量很大程度上决定了分类器最终分类效果的好坏。

在实际工作中，人们会针对不同类型的数据采用不同的数据特征。比如，对于图像，人们设计出了方向梯度直方图；对于声音，人们设计出了梅尔频率倒谱系数；对于视频，有光流直方图；对于文本，有词频率–逆文档频率等。

2. 二分类与多类别分类

模式识别的核心任务是分类，分类问题是机器学习的一个基础。一般地，分类问题可以分为二分类和多类别分类两种。二分类问题是分类问题中最简单的一种，很多多类别分类问题可以被分解为多个二分类问题进行求解。SVM 是一个常见的判别分类器，也就是给定一组带标签的训练样本，算法将会对新样本（测试样本）进行分类。

SVM 算法最初是为二分类问题设计的，当处理多类别分类问题时，就需要构造合适的多类别分类器。目前，构造 SVM 多类分类器的方法主要有两类，一类是直接法，直接在目标函数上进行修改，将多个分类面的参数求解合并到一个最优化问题中，通过求解该最优化问题"一次性"实现多类别分类，这种方法看似简单，但其计算复杂度比较高，实现起来比较困难，只适合用于小型问题中。另一类是间接法，主要是通过组合多个二分类器来实现多类别分类器的构造。

- 一对多法。训练时依次把某个类别的样本归为一类，其他剩余的样本归为另一类，这样 k 个类别的样本就构造出了 k 个 SVM。分类时将未知样本分类为具有最大分类函数值的那类。
- 一对一法。其做法是在任意两类样本之间设计一个 SVM，因此 k 个类别的样本就需要设计 $k(k-1)/2$ 个 SVM。当对一个未知样本进行分类时，最后得票最多的类别即为该未知样本的类别。
- 层次支持向量机。层次分类法首先将所有类别分成两个子类，再将子类进一步划分成两个次级子类，如此循环，直到得到一个单独的类别为止。

3. 二分类的应用

二分类的问题在实际生活中有着广泛的应用，生活中遇到的"是不是问题"都属于二分类的范畴。这是不是一张人脸？这是不是有癌症的医学影像？这是不是一处可能有矿藏的地方……下面我们介绍相机中的人脸检测和医疗中的癌症检测，来具体看看二分类技术是怎么应用在实际生活中的。

（1）相机中的人脸检测。

我们在外出游玩的时候都喜欢拍照留念。无论是用手机还是单反相机，当镜头对准人脸的时候，都会出现一个矩形框，框出人脸的区域。那么，这个技术是如何做到的呢？

相机中的人脸检测技术使用的就是二分类技术。一张照片首先被切割成一块块的图像块。这样的切割很密集，它们重叠连续地将照片切割成小的图像块。一张照片往往会有成千上万的图像块被切割出来。然后每一个图像块都会经过人脸分类器去判别是否是人脸。人脸分类器是预先训练好的二分类器。对于预测是人脸的图像块，相机就在这个图像块上显示出框的位置——这就是相机中人脸检测的奥秘，如图 1–7 所示。

图1-7 相机中的人脸检测

拍照时，由于距离远近等导致人脸大小不一样怎么办？实际上，在切割图像块的时候，并不是只有一种尺寸的图像块切割，而是从小到大有很多尺寸，这保证了能够涵盖几乎各种大小的人脸。所以，一张照片截取的图像块数量是非常大的。由于使用的人脸分类器简单、运算量小，还有其他优化速度技术的使用，整个流程的时间往往很难被我们感知到，好像相机中的人脸检测是实时的一样。

（2）癌症检测。

根据患者的生物组织样本图像判断是否患有癌症是二分类在医疗领域中的一个应用。病理学家在检查患者的生物组织样本后，能够诊断是否患有癌症。他们的诊断对于患者的治疗至关重要。然而，病理切片的审查非常复杂，需要多年的培训和丰富的专业知识及经验。

癌症检测从分类的角度来看，就是一个二分类问题——判断生物组织样本的每一个区域是否是肿瘤。目前，随着人工智能系统的进步，在一些癌症的诊断上人工智能系统诊断癌症的准确率正在逐步向有经验的病理学家靠拢。实际临床中癌症的组织样本更加复杂，病理图像会受到其他因素的影响，甚至有可能出现罕见的病理切片图像，它们不曾在训练数据中出现过，人类病理学家可以依靠经验和知识处理这些状况，而人工智能诊断家们在这方面还有较大差距。

这些目前还在实验室的人工智能诊断家们正在逐步走出去，辅助医生的诊断，帮助做出更准确、更及时的癌症诊断。这不仅提高了效率，减轻了医生的负担，同时也使得检测结果更加准确，帮患者争取了宝贵的治疗时机。随着技术的不断进步，不远的未来，人工智能技术将会大量地运用在医疗领域。

任务3 人工智能之图像识别

情境描述

智能手机现在几乎是我们每个人的标配，请同学们思考智能手机中人工智能技术的应用，体验一下植物识别 APP 的应用。我们在生活中总会碰到不认识的植物，这时候如果有一款软件可以帮助我们查到这棵植物的相关信息就再好不过了。而植物识别 APP 这款软件就能做到这一点，它能够让我们毫不费力地了解到一颗植物的名字以及其他详细信息。植物识别 APP 使用界面如图 1-8 所示。

任务实现

1. 下载植物识别 APP

打开智能手机中的应用商店，搜索“植物下载”，然后下载安装软件。

图1–8 植物识别APP界面

2. 导入图片

单击底部左侧的“相册”或者中间的“拍照”按钮导入您要识别的植物图片。

3. 选择识别区域

调整裁剪区域四周的边框，选出需要识别植物的图片区域。

4. 识别植物

单击底部右侧的“√”按钮，等待分析出识别植物结果。如果要重新识别，单击左侧的“×”按钮。

知识点拨

提高识别率技巧有以下两个。

（1）单击相机识别区域，相机自动聚焦，拍照清晰。

（2）放大识别区域（植物的叶子或者花朵），不要拍摄不相关的物体，否则会影响识别率。

相关知识

1. 基于传统计算机视觉的图像识别

图像识别是指利用计算机对图像进行处理、分析和理解，以识别各种不同模式的目标和图像的技术。人的图像识别能力是很强的，图像距离的改变或图像在感觉器官上作用位置的改变，都会造成图像在视网膜上的大小和形状的改变。即使在这种情况下，人们仍然可以认出他们过去知觉过的图像。甚至图像识别可以不受感觉通道的限制，例如，人可以用眼看字，当别人在他背上写字时，他也可认出这个字来。图像识别是以图像的主要特征为基础的。每个图像都有它的特征，如字母A有个尖、P有个圈、Y的中心有个锐角等。对图像识别时眼动的研究表明，视线总是集中在图像的主要特征上，也就是集中在图像轮廓曲度最大或轮廓方向突然改变的地方，这些地方的信息量最大。而且眼睛的扫描路线也总是依次从一个特征转到另一个特征上。由此可见，在图像识别过程中，知觉机制必须排除输入的多余信息，抽出关键的信息。同时，在大脑里必定有一个负责整合信息的机制，它能把分阶段获得的信息整理成一个完整的知觉映象。

数字图像与模拟图像相比具有存储和传输方便、可压缩、传输过程中不易失真、处理方便等巨大优势，这些都为图像识别技术的发展提供了强大的动力。现代图像识别技术的一个不足就是自适应性能差，一旦目标图像被较强的噪声污染或是目标图像有较大残缺往往就得不出理想的结果。图像识别技术的过程分以下几步：信息获取、预处理、特征抽取和选择、分类器设计和分类决策，如图 1–9 所示。

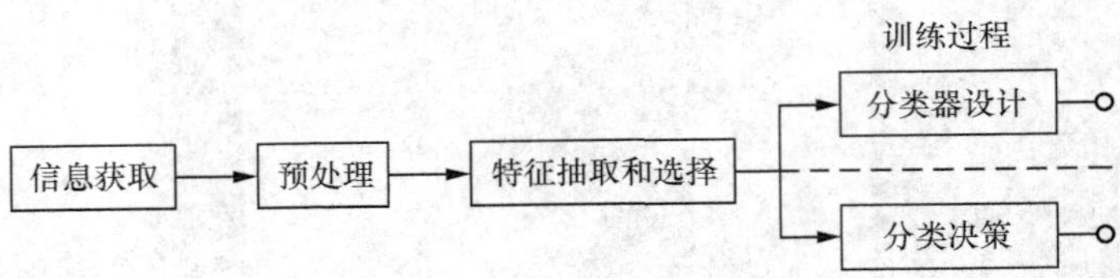

图1–9 图像识别过程

信息获取是指通过传感器，将光或声音等信息转化为电信息。也就是获取研究对象的基本信息并通过某种方法将其转变为机器能够认识的信息。

预处理主要是指图像处理中的去噪、平滑、变换等操作，从而加强图像的重要特征。

特征抽取和选择是指在模式识别中需要进行特征的抽取和选择。就是我们所研究的图像是各式各样的，如果要利用某种方法将它们区分开，通过这些图像所具有的本身特征来识别，获取这些特征的过程就是特征抽取。在特征抽取中所得到的特征也许对此次识别并不都是有用的，这时就要提取有用的特征，这就是特征的选择。特征抽取和选择在图像识别过程中是非常关键的技术之一，所以对这一步的理解是图像识别的重点。

分类器设计是指通过训练而得到一种识别规则，通过此识别规则可以得到一种特征分类，使图像识别技术能够得到高识别率。

分类决策是指在特征空间中对被识别对象进行分类，从而更好地识别所研究的对象具体属于哪一类。

目前传统机器学习提取特征主要是人工提取，受人为影响较大。特征不同，则同样数据的表达方式不同，造成最后预测精度也有较大差异。人工方式去抽取实体或数据特征，往往是根据经验无法很好地去抽取合适的特征，那么有没有自动抽取实体或数据特征的呢？深度学习解决的核心问题之一就是自动地将简单的特征组合成更复杂的特征，并且使用这些组合特征解决问题。深度学习可以从数据中抽取更加复杂的特征表达式，使得最后一步的权重学习变得更加简单且高效。

2. 基于深度学习的图像识别

深度学习是近十年来人工智能领域取得的重要突破，它在语音识别、自然语言处理、计算机视觉、图像与视频分析、多媒体等诸多领域的应用取得了巨大成功。现有的深度学习模型属于神经网络，神经网络试图通过模拟大脑认知的机理解决各种机器学习问题。1986 年，鲁梅尔哈特（Rumelhart）、辛顿（Hinton）和威廉姆斯（Williams）在《自然》杂志发表了著名的反向传播算法用于训练神经网络，该算法直到今天仍被广泛应用。深度学习在计算机视觉领域最具影响力的突破发生在 2012 年，辛顿的研究小组采用深度学习赢得了 ImageNet 图像分类比赛的冠军。排名第 2 到第 4 位的小组采用的都是传统的计算机视觉方法、手工设计的特征，他们之间准确率的差别不超过 1%。辛顿研究小组的准确率超出第 2 名 10%以上。这个结果在计算机视觉领域产生了极大的震动，引发了深度学习的热潮。

深度学习和其他机器学习方法相比有哪些关键的不同点，它为何能在许多领域取得成功？深度学习与传统模式识别方法的最大不同在于它所采用的特征是从大数据中自动学习得到的，而非采用手工设计。过去几十年，在模式识别的各种应用中，手工设计的特征一直处于统治地位。手工设计主要依靠设计者的先验知识，很难利用大数据的优势。由于依赖手工调参数，因此特征的设计中所允许出现的参数数量十分有限。深度学习可以从大数据中自动学习特征的表示，可以包含成千上万的参数，好的特征可以提高模式识别系统的性能。

既然特征学习如此重要，那么什么是好的特征呢？一幅图像中，各种复杂的因素往往以非线性的方式结合在一起。例如人脸图像中就包含了身份、姿态、年龄、表情、光线等各种信息。深度学习的关键就是通过多层非线性映射将这些因素成功分开，例如在深度模型的最后一个隐含层，不同神经元代表了不同因素。如果将这个隐含层当作特征表示，人脸识别、姿态估计、表情识别、年龄估计就会变得非常简单，因为各个因素之间变成了简单的线性关系，不再彼此干扰。以人脸图像分割为例，为了预测每个像素属于哪个脸部器官（眼睛、鼻子、嘴），通常做法是在该像素周围取一个小区域，提取纹理特征（例如局部二值模式），再基于该特征利用支持向量机等浅层模型分类。因为局部区域包含的信息量有限，往往产生分类错误，因此要对分割后的图像加入平滑和形状先验等约束。全局和上下文信息对于局部的判断是非常重要的，而这些信息在基于局部特征的方法中在最开始阶段就丢失了。理想情况下，模型应该将整幅图像作为输入，直接预测整幅分割图。图像分割可以被看作一个高维数据转换的问题来解决。这样不但利用到了上下文信息，模型在高维数据转换过程中也隐式地加入了形状先验。但是由于整幅图像内容过于复杂，浅层模型很难有效地捕捉全局特征。而深度学习的出现使这一思路成为可能，在人脸分割、人体分割、人脸图像配准和人体姿态估计等各个方面都取得了成功。

3. 联合深度学习

一些研究计算机视觉的学者将深度学习模型视为黑盒子，这种看法是不全面的。传统计算机视觉系统和深度学习模型存在着密切的联系，利用这种联系可以提出新的深度模型和训练方法。用于行人检测的联合深度学习就是一个成功的例子。一个计算机视觉系统包含若干个关键的组成模块。例如，一个行人检测器包括特征提取、部件检测器、部件几何形变建模、部件遮挡推理、分类器等模块。在联合深度学习中，深度模型的各个层和视觉系统的各个模块间可以建立对应关系。如果视觉系统中的关键模块在现有深度学习的模型中没有与之对应的层，则它们可以启发我们提出新的深度模型。

从训练方式上看，计算机视觉系统的各个模块是逐一训练或手工设计的。在深度模型的预训练阶段，各个层也是逐一训练的。如果我们能够建立计算机视觉系统和深度模型之间的对应关系，那么在视觉研究中积累的经验就可以对深度模型的预训练提供指导。这样预训练后得到的模型就可以与传统计算机视觉系统相比拟。在此基础上，深度学习还会利用反向传播对所有层进行联合优化，使它们之间的相互协作达到最优，从而使整个网络的性能得到重大提升。

4. 深度神经网络的研究进展

尽管多层神经网络及其训练算法早在 20 世纪 80 年代已被提出，但由于硬件条件限制，当时的神经网络普遍规模不大，以只有两个隐含层的全连接网络为主，仅仅用作单纯的分类器。这严重制约了神经网络的性能，以致其后相当一段时间内，学界与工程界均倾向于使用计算量与所需样本量均小的支持向量机、核方法等模型。直到近几年，GPU 在并行计算领域大放光彩，并被广泛地用于训练大规模深度神经网络，神经网络的颓势才得到逆转，进而掀起了神经网络的新浪潮。随着技术的发展，深度学习在诸如 ImageNet 等大样本复杂状况下显示出了无与伦比的性能。深度神经网络可以提取到人手工定义的特征很难触及的高级别特征，由于特征提取本身也是依靠神经网络自适应得到，避免了人在复杂陌生情况下难以选择合适特征的问题。因此，深度神经网络的泛化性能远不是 SVM 或浅层神经网络等模型可以比拟的。

尽管神经网络在 20 世纪 40 年代就被提出了，但一直到 20 世纪 80 年代末期才有了第一个实际应用——识别手写数字的 LeNet，这个系统广泛地应用在支票的数字识别上。而自 2010 年之后基于 DNN 的应用呈爆炸式增长。深度学习在 2010 年前后得到巨大成功主要是由 3 个因素促成的。首先是训练网络所需的海量信息，学习一个有效的表示需要大量的训练数据。目前 Facebook 每天收到超过 3.5 亿张图片，沃尔玛每小时产生 2.5PB 的用户数据，YouTube 每分钟有 300 小时的视频被上传。因此，云服务商和许多公司有海量的数据来训练算法。其次是充足的计算资源。半导体和计算机架构的进步提供了充足的计算能力，使得在合理的时间内训练算法成为可能。最后，算法技术的进化极大地提高了准确性并拓宽了 DNN 的应用范围。早期的 DNN 应用打开了算法发展的大门，它激发了许多深度学习框架的发展，这使得众多研究者和从业者能够很容易地使用 DNN 网络。

ImageNet 挑战中使用深度学习方法的队伍和使用 GPU 计算的参与者数量都在相应增加。2012 年时，只有 4 个参赛队使用了 GPU，而到了 2014 年，几乎所有参赛者都使用了 GPU。这反映了从传统的计算机视觉方法到深度学习的研究方式的完全转变。在 2015 年，ImageNet 获奖作品 ResNet 超过人类水平准确率（Top-5 错误率低于 5%），将错误率降到 3%以下。而目前的重点也不过多地放在准确率的提升上，而是放在其他一些更具挑战性的方向上，如对象检测和定位。

5. 图像识别技术的应用

图像是人类获取和交换信息的主要来源，因此与图像相关的图像识别技术必定也是未来的研究重点。随着计算机技术的不断发展，图像识别技术也在不断优化，其算法也在不断地改进。图像识别作为人工智能研究的重要分支，占据着极为重要的地位，人工智能中的图像识别技术的应用范围不断扩展。

（1）安全领域：指纹识别、人脸识别等。

据不完全统计，在人工智能通用应用层下，图像识别的热度非常高，其中人脸识别层面更是广泛应用于各个行业。在人工智能企业中有接近三分之一的企业提供人脸识别的产品或服务，如图 1-10 所示。

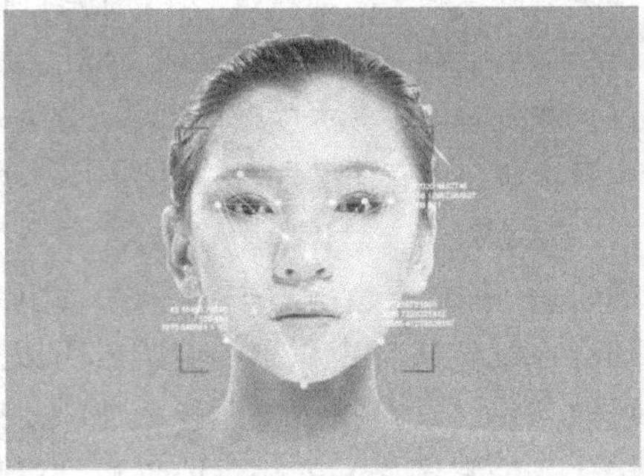

图1-10 人脸识别服务

（2）军事领域：地形勘察、飞行物识别等。

在军事方面图像处理和识别主要应用场景为通过对侦察照片的判读，进行目标识别并追踪。在战争中发现敌方的飞行物并不困难，难点在于能否识别飞行物。作为远距离探测，光线强弱、隐蔽范围等因素都是对图像识别技术能否顺利落地的考验。

（3）交通领域：车牌号识别、无人驾驶、交通标志识别等。

自 IBM、英伟达、Uber、Google、Apple 等公司相继打入无人驾驶市场，各家公司不惜重金投入技术研发层面，但就目前来说，想要完全实现自动驾驶/无人驾驶，距离技术成熟还有一段路要走。此外，高昂的生产成本也导致无人驾驶很难商用。

（4）医疗领域：心电图、B 超、健康管理、营养学等。

AI 医疗类项目，多围绕大数据、云计算及人工智能等技术创建基于数字图像处理系统下的医疗诊断辅助工具。具体场景可以是各类医学图像分析诊断、病例图像分析以及超声波图像处理、心电图分析等方面。依托前沿的科技，不仅降低了医疗成本，还极大程度提升了医疗质量及效率。

（5）生活领域：智能家居、购物、智能测肤等。

科技改变生活，当人工智能以迅雷不及掩耳之势闯入大众视野后，人们的衣食住行也在发生着锦上添花的变化。服装行业因强物理属性特征，如色彩、纹理、形状等，往往无法用精准的文字进行描述，因此，图像识别技术的应用便显得尤为重要。通过用心仪服装图像做检索条件，能够更加客观而准确地检索到相似度较高的目标商品，在提高用户购物体验的同时，也使得服装企业在电子商务领域得到进一步发展。图像识别技术虽然是刚兴起的技术，但其应用已是相当广泛。未来图像识别技术将会更加强大，更加智能地出现在我们的生活中，为人类社会的更多领域带来重大的应用。

拓展提升

请同学们体验慧视小灵鼠软件对信息的录入、识别。思考，平时在日常生活或者影视当中见过哪些利用人工智能技术进行图像模式识别的技术？访问自然语言处理网站，与智能语言机器人对话。自然语言处理网站：http://www-ai.ijs.si/eliza/eliza.html。

操作步骤

（1）利用常用的浏览器，在搜索网站上查找“慧视小灵鼠”软件，下载后安装在本地硬盘。

（2）双击打开慧视小灵鼠程序。

（3）用 Word 或记事本软件新建文件“模式识别.txt”，使用 QQ 输入法的鼠标手写输入内容。

参考信息：电影《机械公敌》精彩对白（分别有英汉两种语言录入）

Detective Del Spooner：What if I'm right?

戴尔• 史普纳警探：如果我说对了会怎样?

Lt. John Bergin：[sighs] Well, then I guess we’re gonna miss the good old days.

约翰• 伯金少尉：（叹息）那，我想我们会开始怀念过去那些好日子了。

Detective Del Spooner：What good old days?

戴尔• 史普纳警探：什么好日子?

Lt. John Bergin：When people were killed by“other people”.

约翰• 伯金少尉：那时候人还是被“其他人”杀死的。

Detective Del Spooner：Human beings have dreams. Even dogs have dreams, but not you, you are just a machine. An imitation of life. Can a robot write a symphony? Can a robot turn a... canvas into a beautiful masterpiece?

戴尔• 史普纳警探：人类有梦想，甚至狗都有梦想，但你没有，你只是个机器，一个冒充生命的赝品。一个机器人能写交响乐么?一个机器人能把一个，嗯，帆布变成一幅美丽的杰作么?

Sonny：Can“you”?

桑尼：“你”能么?

（4）把录入后的文字复制到“语音合成软件”下的 ZtSound.exe 实现语音朗读。

项目小结

本项目我们通过对人工智能的体验，形成了关于人工智能的调研报告，然后深入学习了人工智能技术在分类和图像识别领域的应用。人工智能这一新兴的科技浪潮正在深刻地改变着我们的世界，影响着我们的生活，但是这一切仅仅是一个开始。我们的生产、生活、社交、娱乐等方方面面依然可以通过人工智能技术的应用得到进一步提升。人工智能的发展为我们展现了令人激动的前景，而这个更美好的新时代需要我们共同努力去创造。

项目检查

学习项目	未来已来		学时	6
序号	检查内容	检查标准	学生自检	教师检查
1	人工智能的概念	能够了解人工智能的概念		
2	人工智能的发展	能够了解人工智能的发展历程		
3	人工智能与人类智能	能够区分人工智能与人类智能		
4	人工智能与机器学习	能够理解人工智能与机器学习的关系		
5	人工智能的应用	能够深刻体会人工智能在某一领域的应用		
6	分类	能够了解分类在人工智能中的重要性		
7	二分类与多类别分类	能够了解二分类与多类别分类的原理		
8	二分类的应用	能够了解二分类在生活中的应用		
9	基于传统计算机识别的图像识别	能够了解传统计算机识别的图像识别原理		
10	深度学习的图像识别	能够了解深度学习的图像识别原理		
11	联合深度学习	能够了解联合深度学习的原理		
12	深度神经网络的研究进展	能够了解深度神经网络的研究进展情况		
13	图像识别技术的应用	能够深刻体会图像识别技术在某一领域的应用		
14	智能终端中人工智能的应用	能够熟练使用生活中人工智能软件的应用		
检查评价	班级		组长签字	第 组
	教师签字			日期
	评语（学习体会、自我评价以及项目改进意见）			

课后练习

1. 什么是人工智能？
2. 什么是机器学习？机器学习的分类有哪些？

3. 人工智能的发展对人类有哪些方面的影响？试结合自己的理解，从经济、社会、文化等方面加以说明。

4. 试评述人工智能的未来发展。

5. 举例说明二分类在实际生活中的应用。

6. 深度学习和其他机器学习方法相比有哪些不同点？

7. 试述你所了解的图像识别技术的应用情况。

Computer

2 Chapter

项目 2 计算机系统的组成

目前，计算机已经家喻户晓、无人不知。最初的计算机主要用于科学计算，后来，计算机的应用领域不断地扩展，逐渐在社会各个领域都得到了广泛的应用。目前计算机在数据处理、自动化控制、计算机辅助设计、人工智能、系统仿真、办公自动化、计算机通信和计算机网络、家庭娱乐、多媒体教学等领域都发挥了不可替代的作用。学习、掌握计算机知识，熟练操作计算机已经成为当今社会对每个成员的基本要求。本项目通过两个任务，主要从计算机硬件组成和操作软件 Windows 7 的应用两个方面来学习计算机的基本知识和操作，为之后的学习和应用打下基础。

任务 1　计算机的硬件组成

情境描述

新学期开始，小新想自己配置一台个人计算机。他需要对计算机的硬件组成以及各配件的品牌和性能有充分的了解，以便更好地根据自己的实际需要和经济能力配置高性价比的电脑。

任务实现

1. 观察计算机硬件系统组成

一台计算机包括主机箱、显示器、键盘、鼠标，如图 2-1 所示。有时还需配备音箱、打印机等外部设备。

2. 观察主机正面

在主机正面可以看到光盘驱动器、电源开关、复位开关、电源指示灯、硬盘指示灯等，如图 2-2 所示。

图2-1　计算机外观

- 光盘驱动器安装口：用于安装 CD-ROM、DVD-ROM、CD-RW、DVD 刻录机等光盘驱动器。
- 电源开关：用于接通和关闭电源。
- 硬盘指示灯：灯亮表示计算机硬盘正在进行读写操作。
- 电源指示灯：灯亮表示计算机电源接通。
- 复位开关：用来重新启动计算机。

3. 观察主机背面

主机背面如图 2-3 所示。

- 电源插座：用于插上主机电源线。
- 电源散热风扇：用于及时排走电源内部的热量。
- 键盘接口：用于连接键盘。
- 鼠标接口：用于连接鼠标（比较旧的微型机用串行端口来连接鼠标）。
- USB 接口：用于连接 USB 设备。
- 串行接口：用于连接扫描仪。
- 并行接口：用于连接打印机。
- 视频接口：用于连接显示器信号电缆。
- 声卡接口：用于连接音箱、话筒等。

4. 打开主机侧板，观察、认识并了解主机箱内部构件

主机箱中主要构件有主板、CPU、硬盘、电源、内存条、光驱等，如图 2-4 所示。

（1）CPU。

中央处理器简称为 CPU。它是计算机系统的核心部件，控制着整个计算机系统的工作，如图 2-5 所示。

CPU 一般由运算器、控制器、寄存器、高速缓冲存储器等几部分组成，主要用来进行分析、判断、运算并控制计算机各个部件协调工作。CPU 的功能有三：一是读数据；二是处理数据；三是写数据。

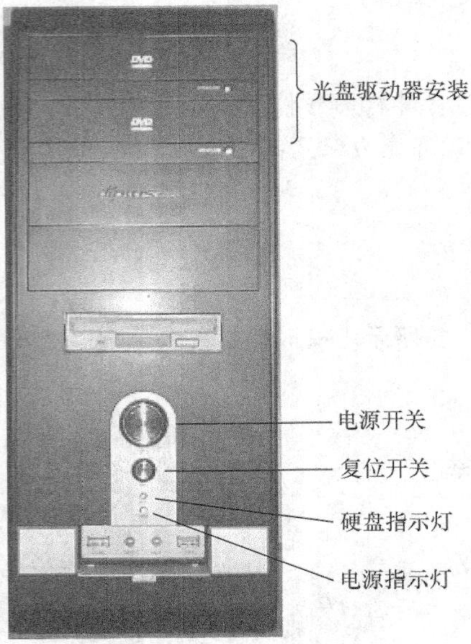

图2-2　主机正面图

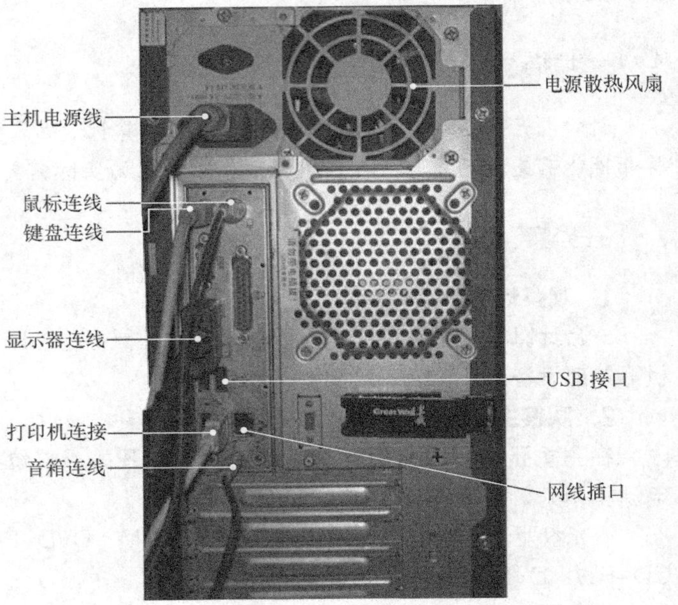

图2-3　主机背面图

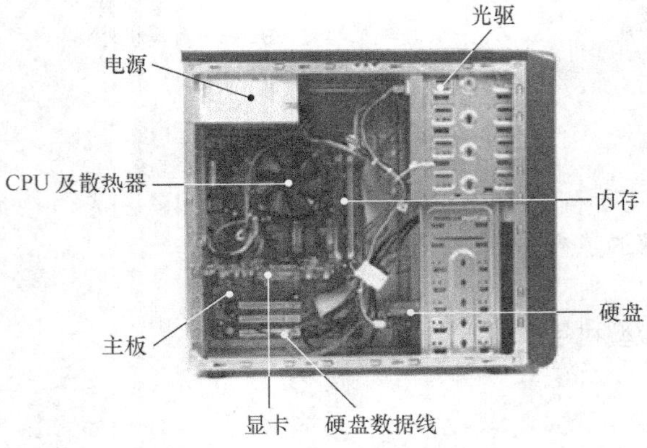

图2-4　主机内部构件图

图2-5　CPU外观

CPU 主要生产厂家有 Intel 和 AMD 等。

CPU 的性能指标主要有主频、外频、倍频、字长、寻址空间、缓存、扩展指令集、工艺水平、工作电压等几项。

（2）主板。

主板是一块长方形的多层印刷的集成电路板，它是组成计算机系统的主要电路系统。主板上集成有各种扩展插槽、BIOS 芯片、各种控制芯片、CPU 插槽、内存条插槽、跳线开关、键盘（鼠标）接口、指示灯接口、主板电源插座、软驱接口、硬盘 IDE 接口、串行并行接口等部件，如图 2-6 所示。

图2-6 主板的组成

主要的主板品牌有华硕（ASUS）、技嘉（GIGABYTE）和微星（MSI）等。

决定主板主要性能的因素有以下几点。

- 主板做工。主板的做工精细程度直接影响到主板性能的稳定性。
- 主板散热性能。
- 主板的集成性与可扩展性。

（3）内存。

计算机的内存是由 RAM（Random Access Memory，随机存储器）、ROM（Read Only Memory，只读存储器）和 Cache（高速缓冲存储器）3 个部分构成。任何程序要想被执行，必须首先进入内存，并在执行的过程中不断把所需要的数据调入内存，把执行过程中产生的临时数据信息和最终得到的结果信息写入内存。在这个过程中，使用最多的是随机存储器 RAM，可以说程序在执行过程中主要是在与 RAM 交换数据。内存芯片进行封装成为内存条，如图 2-7 所示。

内存条品牌众多，主要有金士顿（Kingston）、威刚（ADATA）、三星（Samsung）等。

衡量一根内存条性能好坏的主要性能指标有容量、工作频率、数据带宽、校验、工作电压等。

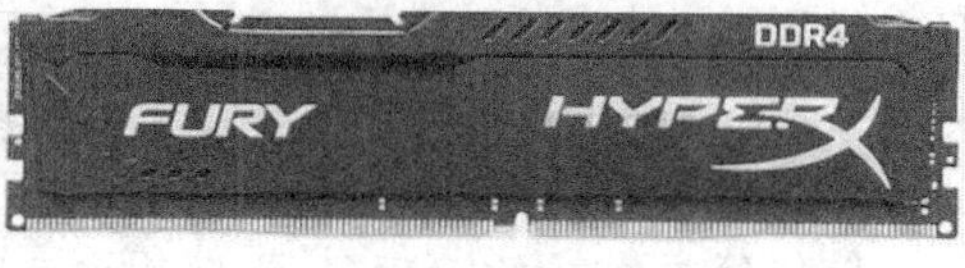

图2-7 内存条外观

（4）外存。

计算机系统的外存与内存不同，它主要用来存放操作系统、应用程序、用户数据等需要长期保存的内容，它的速度虽然慢于内存，但因存储量大、存储时间长等优点而成为计算机系统存储器中的一种必不可少的存储设备。外存的种类有很多，用得最多的是硬盘，如图 2-8 所示。

硬盘的主要品牌有希捷（Seagate）、迈拓（Maxtor）、IBM 和西部数据（Western Digital）等。

决定硬盘的性能指标有容量、转速、动作时间、数据传输率和硬盘缓存等。

（5）计算机显示系统。

计算机的显示系统主要包括显示卡和显示器两种，它们决定了计算机系统显示效果的好坏。

显卡又称为显示卡，外观如图 2-9 所示。它是计算机中进行数模信号转换的设备，负责将计算机中的数字信号转换成模拟信号送给显示器显示，同时它还具有图像处理能力，可以协助CPU 工作，提高整机运行速度。

显卡的主要品牌有技嘉（GIGABYTE）、七彩虹（Colorful）、影驰等。

衡量显卡性能的好坏，主要有核心频率、显存、色深、分辨率、刷新频率、渲染管线、顶点着色引擎数、3D API 等几项指标。

图2-8　硬盘外观

图2-9　显卡外观

相关知识

1. 计算机系统的组成

（1）计算机的定义。

电子计算机是一种高速进行操作、具有内部存储能力、由程序控制操作过程的电子设备。电子计算机最早的用途是用于数值计算，随着计算机技术和应用的发展，电子计算机已经成为人们进行信息处理的一种必不可少的工具。微型计算机是大规模集成电路技术与计算机技术相结合的产物，又称个人计算机（Personal Computer，PC）。

（2）硬件系统。

硬件系统主要由中央处理器、存储器、输入输出控制系统和各种外部设备组成。中央处理器是对信息进行高速运算处理的主要部件，其处理速度可达每秒几亿次以上操作。存储器用于存储程序、数据和文件，常由快速的主存储器（容量可达数百兆字节，甚至数吉字节）和慢速海量辅助存储器（容量可达数十吉字节或数百吉字节以上）组成。各种输入输出外部设备是人机间的信息转换器，由输入–输出控制系统管理外部设备与主存储器（中央处理器）之间的信息交换。

（3）软件系统。

软件分为系统软件、支撑软件和应用软件。系统软件由操作系统、实用程序、编译程序等组成。操作系统实施对各种软硬件资源的管理控制。实用程序是为方便用户所设，如文本编辑等。编译程序的功能是把用户用汇编语言或某种高级语言所编写的程序翻译成机器可执行的机器语言程序。支撑软件有接口软件、工具软件、环境数据库等，它能支持用机的环境，提供软件研制工具。支撑软件也可认为是系统软件的一部分。应用软件是用户按其需要自行编写的专用程序，它借助系统软件和支撑软件来运行，是软件系统的最外层。

2. 计算机的主要技术指标

（1）运算速度。

运算速度是衡量计算机性能的一项重要指标。通常所说的计算机运算速度（平均运算速度），是指每秒钟所能执行的指令条数，一般用“百万条指令/秒”（mips，Million Instruction Per Second）来描述。同一台计算机，执行不同的运算所需时间可能不同，因而对运算速度的描述常采用不同的方法，常用的有 CPU 时钟频率（主频）、每秒平均执行指令数（ips）等。微型计算机一般采用主频来描述运算速度。一般说来，主频越高，运算速度就越快。

（2）字长。

计算机在同一时间内处理的一组二进制数称为一个计算机的“字”，而这组二进制数的位数就是“字长”。在其他指标相同时，字长越大，计算机处理数据的速度就越快。早期的微型计算机的字长一般是 8 位和 16 位，目前大多是 64 位。

（3）内存储器的容量。

内存储器简称内存，是 CPU 可以直接访问的存储器，需要执行的程序与需要处理的数据就是存放在内存中的。内存储器容量的大小反映了计算机即时存储信息的能力。随着操作系统的升级、应用软件的不断丰富及其功能的不断扩展，人们对计算机内存容量的需求也不断提高。内存容量越大，系统功能就越强大，能处理的数据量就越庞大。

（4）外存储器的容量。

外存储器容量通常是指硬盘容量（包括内置硬盘和移动硬盘）。外存储器容量越大，可存储的信息就越多，可安装的应用软件就越丰富。目前，硬盘容量一般为 500GB 至 10TB，有的甚至已达到几十 TB。

以上是计算机的一些主要性能指标，除了上述这些性能指标外，微型计算机还有其他一些指标，例如，所配置外围设备的性能指标以及所配置系统软件的情况等。另外，各项指标之间也不是彼此孤立的，在实际应用时，应该把它们综合起来考虑。

拓展提升

小明想自己组装一台电脑，价位在 6000 元左右，主要用于平时的学习和生活。请去相关网站，如太平洋电脑网、装机之家、中关村在线等，查阅相关资料，并帮他设计出一套合适的电脑组装方案。

任务 2 Windows 7 操作系统

情境描述

开机启动 Windows 7 后，我们看到的是系统默认设置好的桌面。如果你想知道机器的系统配置，应该怎么做呢？如果你想设置自己习惯的输入法，应该怎么做呢？如果你想设置成自己喜欢的桌面风格，又应该怎么办呢？通过本任务，我们要设置系统的相关功能，个性化 Windows 7 操作界面，并练习文件及文件夹的基本操作，加强对 Windows 7 操作知识的应用能力。

任务实现

1. 查看计算机的名称及安装的操作系统等基本信息

（1）右击桌面图标中的“计算机”图标，调出快捷菜单，单击“属性”，如图 2-10 所示。

（2）查看计算机基本信息，如图 2-11 所示。可查看计算机的名称，操作系统的版本，以及

CPU 和内存的情况。

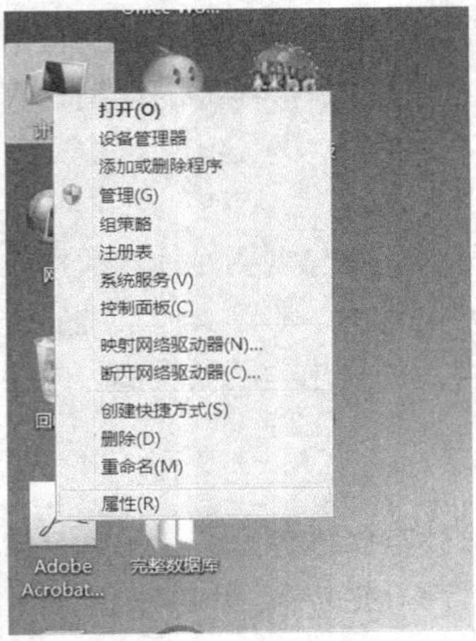

图2-10 查看计算机属性

图2-11 查看计算机信息

2. 正确设置计算机的系统日期和时间

右击任务栏右下角的时间栏，选择“调整日期/时间”，调出“日期和时间”对话框。选择其中的“更改日期/时间”来更改日期和时间，如图 2-12 所示。

3. 安装和设置中文输入法

(1) 安装中文输入法。

任务栏右端有一个语言栏，以图标形式嵌入任务栏中，可用鼠标拖动或执行“还原语言栏”操作，使其变为浮动的工具栏。添加输入法方法为：右击输入法工具栏，在快捷菜单中选择“设置”选项，弹出“文本服务和输入语言”对话框，如图 2-13 所示。单击“添加”按钮，打开“添加输入语言”对话框进行添加。

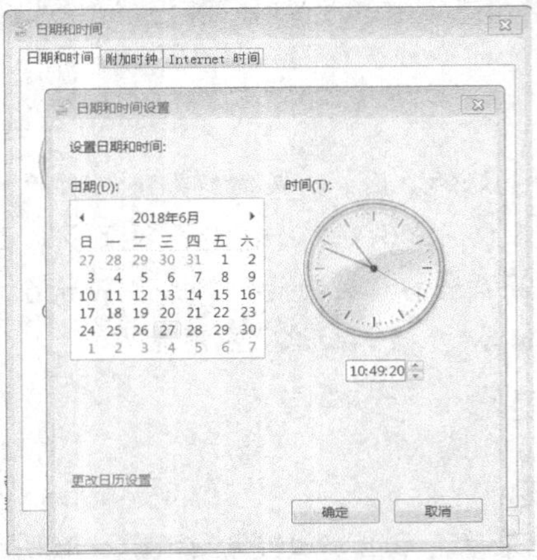

图2-12 设置系统日期和时间

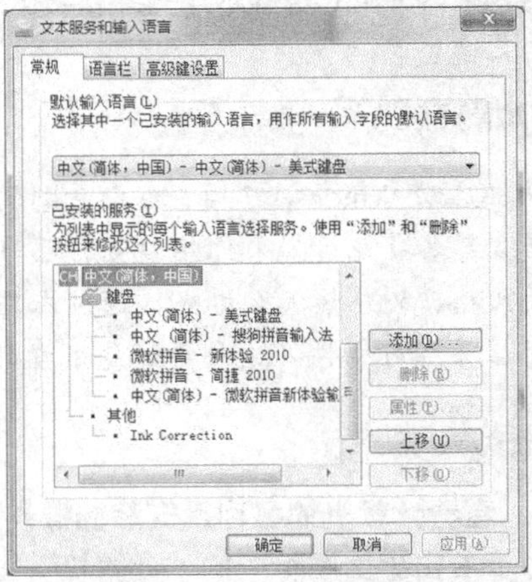

图2-13 “文本服务和输入语言”对话框

（2）调整语言栏的位置。

① 首先打开“文本服务和输入语言”对话框。

② 在对话框中选择“语言栏”选项卡，即可设置“语言栏”的位置，如图 2-14 所示。

（3）设置输入法。

① 打开如图 2-15 所示的“文本服务和输入语言”对话框。此对话框还可以通过控制面板的更改键盘或其他输入法打开。

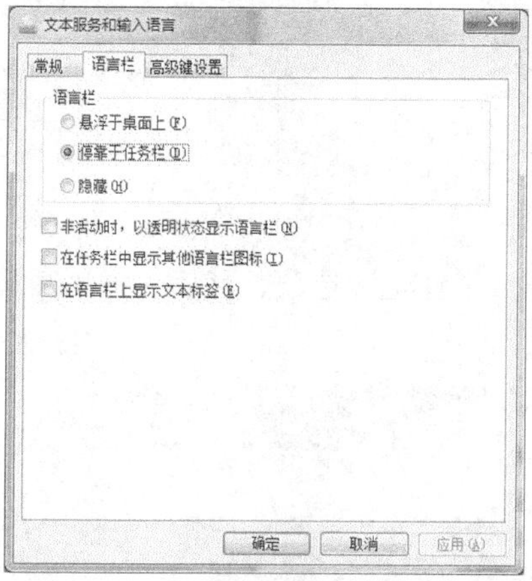

图2-14　“语言栏”选项卡

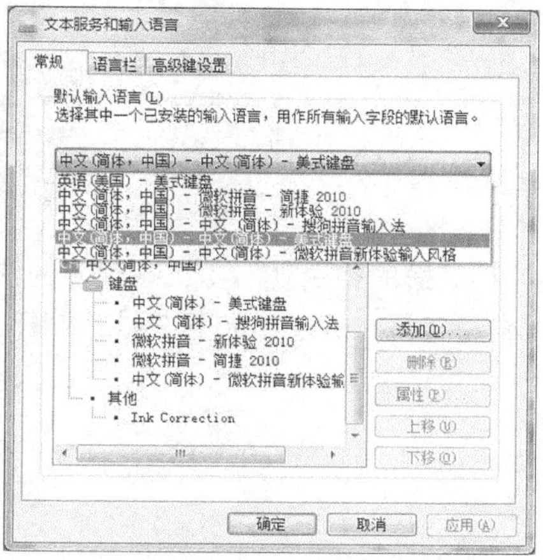

图2-15　设置默认输入语言

② 打开“文本服务和输入语言”对话框后，可以添加你想用的输入法。单击“添加”按钮后，在输入法选项里选择好后单击“确定”即可。

添加若干个输入法后，比如有五笔输入、智能 ABC、搜狗拼音等，你想设置一个比较常用的，那就在“文本服务和输入语言”对话框的“常规”选项里找到“默认输入语言”区域，选择想设置的输入法，然后单击“应用”按钮即可。

如果不想再用某个输入法，可以在已安装的服务里面单击此输入法，然后单击“删除”按钮，再单击“应用”即可。

（4）切换输入法。

可以用快捷键进行输入法切换。默认快捷键如下。

① 用组合键“Ctrl+空格键”切换中英文输入法状态。

② 用组合键“Ctrl+Shift”在各种输入法之间切换。

知识点拨

为了更方便地打开或切换到某种中文输入法，可以为该输入法设置热键（快捷键）。操作步骤如下。

① 在“文本服务和输入语言”对话框中选择输入法名称（如搜狗拼音输入法），单击“属性”按钮，打开“搜狗拼音输入法设置”窗口。

② 在该窗口中单击“按键”，可以进行更多的按键设置，如图 2-16 所示。设置完成后，按组合键“Shift+Alt（左侧）”的同时再按数字键 0，即可切换到指定的输入法了。

4. 个性化设置操作界面

（1）将自己喜欢的一张图片设置为电脑的桌面背景，并排列桌面图标。具体操作步骤如下。

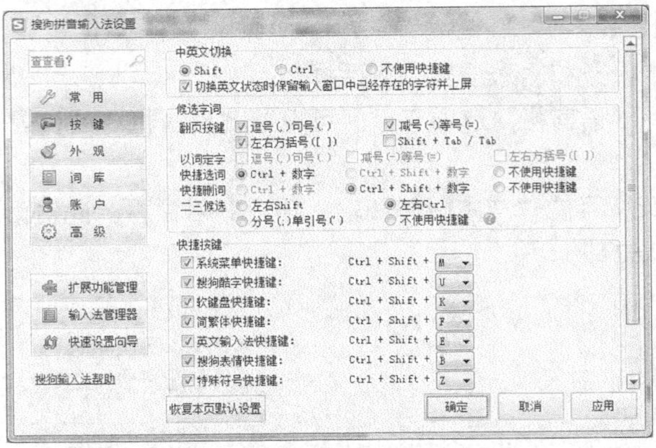

图2-16　更改按键顺序

① 在桌面的空白处右击，在弹出的快捷菜单中选择“个性化”选项，然后在弹出窗口中可以设置桌面背景和颜色，如图 2-17 和图 2-18 所示。

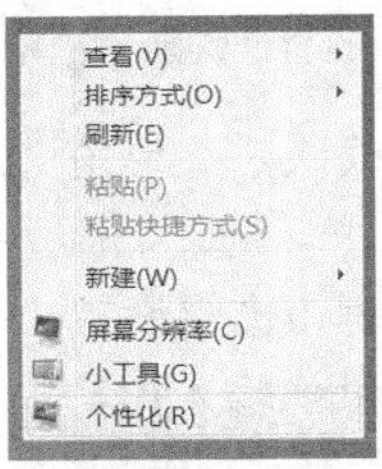

图2-17　“个性化”选项

图2-18　设置桌面背景

② 在桌面空白处右击，在弹出的快捷菜单中选择“排序方式”选项，其级联菜单中包括名称、大小、项目类型和修改日期等 4 个子菜单项，可以选择需要的方式排列图标，如图 2-19 所示。

（2）为电脑设置一个屏幕保护程序，并将屏幕保护程序的等待时间设置为 1 分钟。操作步骤如下。

① 在桌面上的空白处单击右键，选择“个性化”，Windows 会进入“我的主题”，可进行主题的选择和设置，如图 2-20 所示。

② 单击图 2-20 所示的“屏幕保护程序”，可以设置屏保，如图 2-21 所示。

③ 单击“屏幕保护程序”向下的三角，可以选择一种屏保程序，选定后，可以单击后面的“设置”对该程序进行必要的设置，然后单击“预览”可以看到实际运行的效果。

④ 在“等待”旁边的空白框里可以填入数字，控制屏幕保护程序在键盘和鼠标无动作后多少分钟自动开始。此处我们选择“1”。

⑤ 如果勾选“在恢复时显示登录屏幕”，在停止屏保重新工作前就会要求输入你原来设置的密码，用这种方法也可以保证自己的电脑在自己离开后不被外人使用。

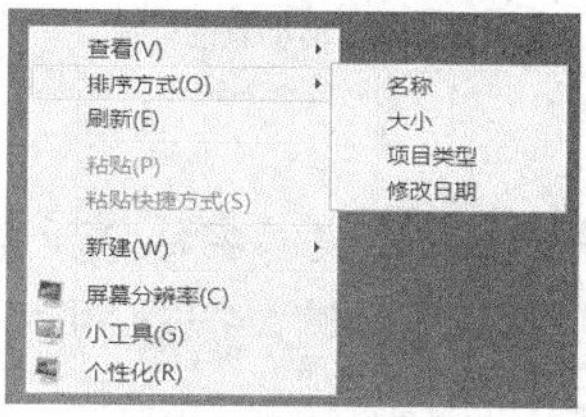

图2-19　桌面图标排列

图2-20　“个性化”界面

（3）为桌面设置日历，选择较大尺寸，放置在桌面右上角，设置时钟，显示秒针。

Windows 7 系统还为我们提供了许多实用小工具，包括日历、时钟、天气、幻灯片放映等，通过这些小程序可以快速获得即时信息以及轻松访问一些常用工具。下面我们给桌面添加日历，操作步骤如下。

① 在桌面空白处单击鼠标右键，然后从右键菜单中选择“小工具”，进入小工具界面，如图 2-22 所示。

② 双击小工具中的日历图标，日历就会出现在桌面上。

③ 右击“日历”调出快捷菜单，可分别设置尺寸、位置等。

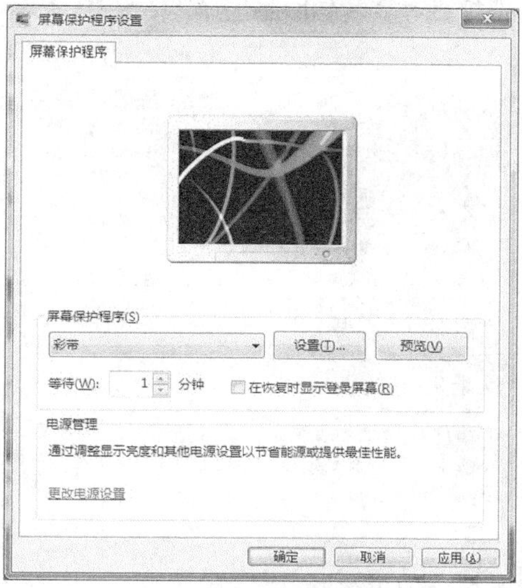

图2-21　设置屏幕保护程序

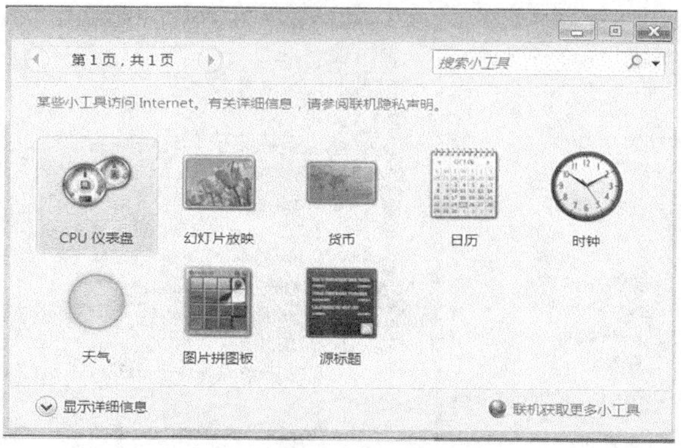

图2-22　桌面小工具

5. 利用截图工具将桌面裁剪下来，保存成“桌面.jpg”文件

Windows 提供了截图工具，可以非常方便地截取屏幕上的内容，并保存成多种图片格式。操作步骤如下。

（1）单击任务栏“开始”按钮，在其中选择“截图工具”，进入“截图工具”对话框，如图 2-23 所示。

（2）单击截图工具中的“新建”菜单，屏幕进入选取模式，拖动光标选取你想截取的桌面内容。

（3）截取成功后，单击“保存”菜单，保存截图，保存类型设置为 jpg 格式即可。

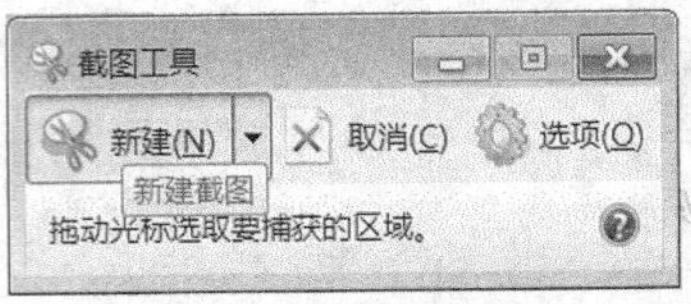

图2-23　截图工具

6. 文件和文件夹的操作

（1）在桌面上创建一个名为“实训”的文件夹，然后将其移动到 D 盘根目录下。操作步骤如下。

① 在桌面空白出右击，弹出快捷菜单，点击新建文件夹，出现一个文件夹，名称“新建文件夹”处于编辑状态（蓝色反白显示），在其中输入要创建的文件夹名称“实训”，按下“Enter”键或者在文件夹外单击，“实训”文件夹创建成功。

② 选定“实训”文件夹，右击，在弹出的快捷菜单中选择“剪切”选项。

③ 在资源管理器中打开“D 盘”，右击 D 盘窗口空白处，在弹出的快捷菜单中选择“粘贴”即可。

（2）在“实训”文件夹中创建一个记事本文档，并将其命名为“档案”。

我们可以根据自己的需要，创建各种类型的文件。比如记事本文件、图片文件、Word 文档、Excel 文件等。操作步骤如下。

单击打开“实训”文件夹，在空白处右击弹出快捷菜单，点击“新建”，在右侧快捷菜单中选择“文本文档”，如图 2-24 所示。将名称“新建文本文档”改为“档案”，记事本文档创建成功。

（3）将文档“档案”的属性设置为“隐藏”，使其在窗口中不可见。

右击文档文件，将“属性”设为“隐藏”即可。同样地也可设置文档的只读属性，如图 2-25 所示。

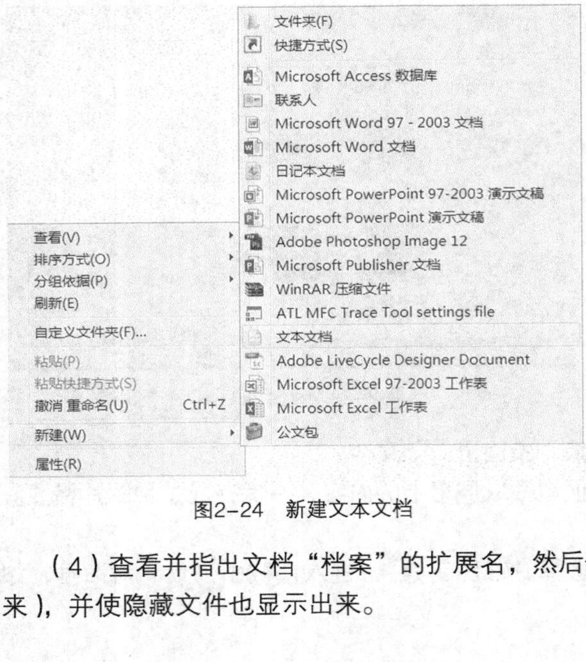

图2-24　新建文本文档

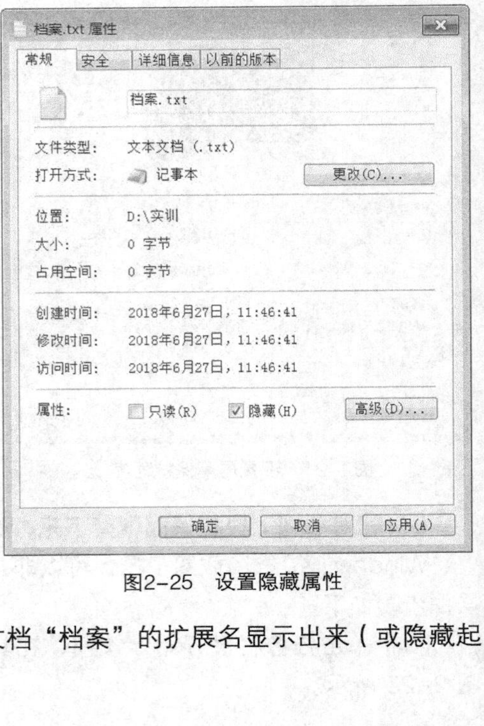

图2-25　设置隐藏属性

（4）查看并指出文档“档案”的扩展名，然后使文档“档案”的扩展名显示出来（或隐藏起来），并使隐藏文件也显示出来。

① 选定文件“档案”，单击窗口右侧“组织”菜单中的“文件夹和搜索选项”，如图 2-26 所示，进入“文件夹和搜索选项”对话框。

② 在“文件夹选项”对话框中选择“查看”选项卡，在高级设置中，将“隐藏已知文件类型的扩展名”取消勾选，同时选择显示隐藏的文件，如图 2-27 所示。

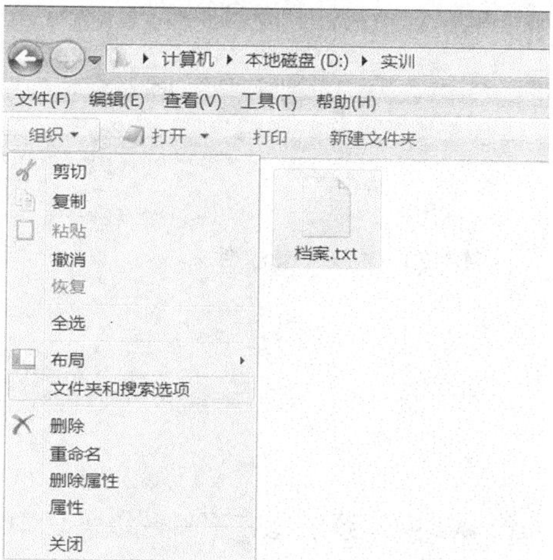

图2-26 文件夹和搜索选项

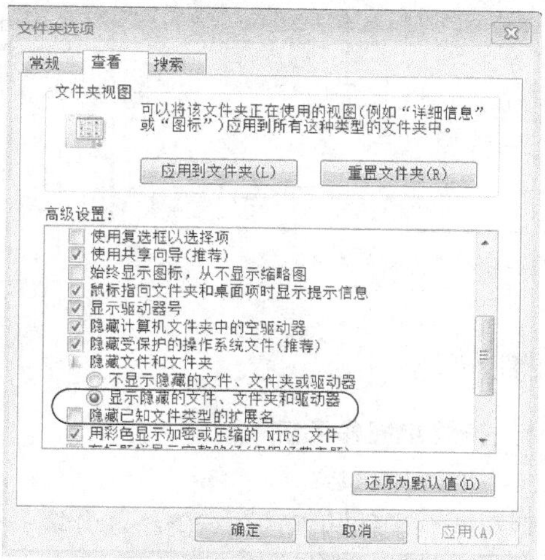

图2-27 设置文件夹选项

7. 用常用的压缩软件，将上面创建的“桌面.jpg”文件和“实训”文件夹压缩成一个压缩文件

当文件和文件夹内容较大或数量较多时，为了方便寄送，我们经常采用压缩的方法，将文件或文件夹压缩成单个较小的文件，等寄送到目标计算机后，再解压还原成初始状态。文件压缩需要压缩软件的支持，常用的压缩软件有 WinRAR 和 WinZip 等。使用 WinRAR 压缩文件或文件夹的操作步骤如下。

（1）选择需要压缩的文件和文件夹——“桌面.jpg”文件和“实训”文件夹。

（2）右击，在弹出的快捷菜单中选择“添加到压缩文件夹…”选项，打开“压缩文件名和参数”对话框，如图 2-28 所示。输入文件名后，单击“确定”按钮，即可在当前位置生成压缩文件。

也可以在右击弹出的快捷菜单中，选择“添加到*.rar”（*表示文件和文件夹的名称）选项，直接在当前位置以默认文件名生成压缩文件。使用 WinRAR 解压压缩文件的步骤与上面类似。

8. 将字体“方正小标宋”添加到系统字体中

Windows 7 系统已经存放了很多我们常用的字体，便于用户选择使用。如果还想用新的字体，将新字体的字体文件直接放到系统字体文件夹中即可。操作步骤如下。

（1）打开 C 盘，在右上角搜索栏中输入“Fonts”，下面的结果栏里会出现很多包含 Fonts 字样的文件或文件夹，选择打开“C\windows”下的 Fonts 文件夹，如图 2-29 所示。

（2）将下载好的“方正小标宋”字体文件复制到 Fonts 文件夹下。

（3）打开 Word 程序，查看“字体”下拉菜单，发现其中包含“方正小标宋”说明字体添加成功。

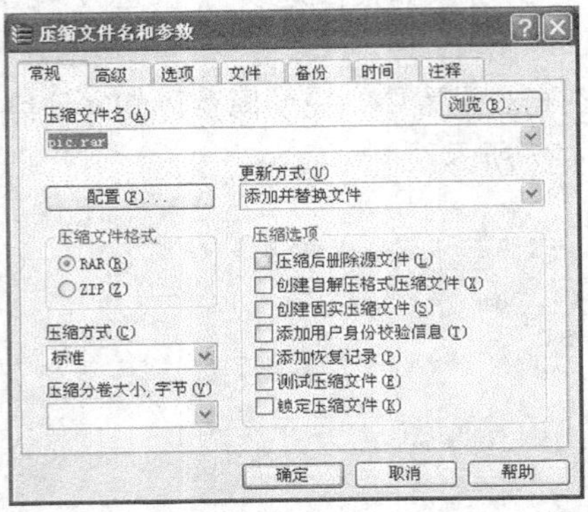

图2-28 “压缩文件名和参数”对话框

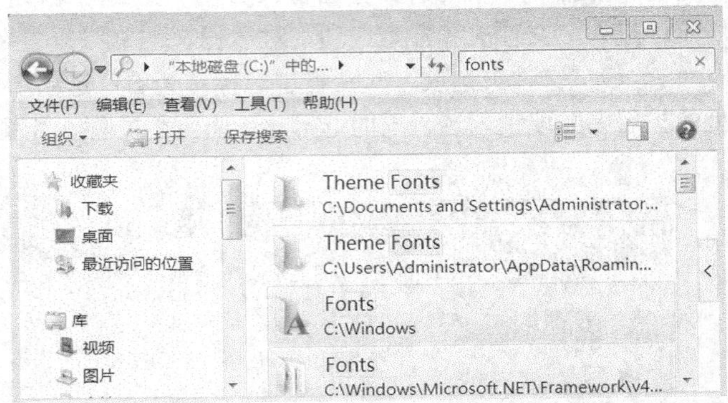

图2-29 查找Fonts文件夹

相关知识

1. 计算机操作系统

（1）Windows 类。

随着电脑硬件和软件系统的不断升级，微软的 Windows 操作系统也在不断升级，从 16 位、32 位到 64 位操作系统，从最初的 Windows 1.0 到大家熟知的 Windows 95、NT、97、98、2000、Me、XP、Server、Vista，以及目前的 Windows 7、Windows 8、Windows 10。利用对版本的持续更新，微软一直在尽力于 Windows 操作系统的开发和完善。

Windows 10 是目前最新一代 Windows 操作系统，具有漂亮的开始屏幕，靓丽的触控界面，免费、实用的 SkyDrive，全新的浏览体验，内置出色的 Windows 应用，支持各种类型的设备，工作、娱乐两相宜。

（2）NetWare 类。

Netware 是 NOVELL 公司推出的网络操作系统，最重要的特征是基于基本模块设计思想的开放式系统结构。Netware 是一个开放的网络服务器平台，可以方便地对其进行扩充。Netware 系统对不同的工作平台（如 DOS、OS/2、Macintosh 等）、不同的网络协议环境（如 TCP/IP）以及各种工作站操作系统提供了一致的服务。该系统内可以增加自选的扩充服务，这些服务可以取自 Netware 本身，也可取自第三方开发者。

（3）UNIX 系统。

UNIX 操作系统是美国 AT&T 公司于 1971 年在 PDP-11 上运行的操作系统，具有多用户、多任务的特点，支持多种处理器架构，最早由肯尼斯·汤普森（Kenneth Lane Thompson）、丹尼斯·里奇（Dennis MacAlistair Ritchie）和道格拉斯·迈克洛伊（Douglas McIlroy）于 1969 年在 AT&T 的贝尔实验室开发。

（4）Linux。

Linux 是一种自由和开放源码的类 UNIX 操作系统，存在着许多不同的版本，但它们都使用了 Linux 内核。Linux 可安装在各种计算机硬件设备中，比如手机、平板电脑、路由器、视频游戏控制台、台式计算机、大型机和超级计算机。Linux 是一个领先的操作系统，世界上运算最快的 10 台超级计算机运行的都是 Linux 操作系统。

2. Windows 7 的基本操作

（1）认识 Windows 7 桌面。

启动 Windows 7 后，首先看到的是炫丽的桌面，如图 2–30 所示。Windows 7 桌面由屏幕背景、图标和任务栏等组成。桌面就像办公桌一样非常直观，是运行各类应用程序、对系统进行各种管理的屏幕区域。

图2–30　Windows 7的桌面

Windows 7 启动后，桌面上一般都有“计算机”“回收站”“网络”等图标，如图 2–31 所示。

① “计算机”：进入计算机内部核心的窗口，可以访问计算机中所有存储设备中的文件，包括硬盘、光盘、可移动存储设备、网络连接设备及用户文档等。

图2–31　常见的桌面图标

② “回收站”：保存被用户删除的文件夹或文档，可以允许用户将已删除的文件恢复。

③ “网络”：可以与局域内的其他计算机进行信息交流。

除系统自带的程序图标外，桌面上一般还放置常用的应用程序快捷方式图标。应用程序的“快捷方式”是用来启动应用程序的一种简便快捷的方法。

（2）Windows 任务栏。

默认情况下，任务栏位于屏幕底部，显示系统正在运行的程序、打开的窗口以及当前系统时间等信息，如图 2–32 所示。

图2–32　任务栏

最左端是“开始”菜单按钮，右边是若干个用竖线分隔的子任务栏，包括应用程序按钮分布区域、通知区域等。

① “开始”菜单：“开始”菜单提供启动程序、打开文档、搜索文件和系统设置以及获得帮助的所有命令，如图 2–33 所示。安装某个应用程序时，安装程序自动在“开始”菜单的“所有

程序”菜单中添加一个快捷方式。

② 应用程序按钮分布区域：显示当前正在运行的应用程序和打开窗口的按钮，单击按钮可进行应用程序的快速切换。

知识点拨

Windows 是一个多任务操作系统，可同时运行多个任务，但计算机的屏幕只有一个，正在运行的应用程序只有一个。单击任务栏上的应用程序按钮或图标，可方便快速地切换。

③ 通知区域：任务栏最右边，显示系统启动后自动执行的任务，如系统时间、输入法按钮、音量控制等。

右击任务栏空白处，在快捷菜单中选择“属性”命令，可打开“任务栏和「开始」菜单属性”对话框进行设置，如图 2-34 所示。

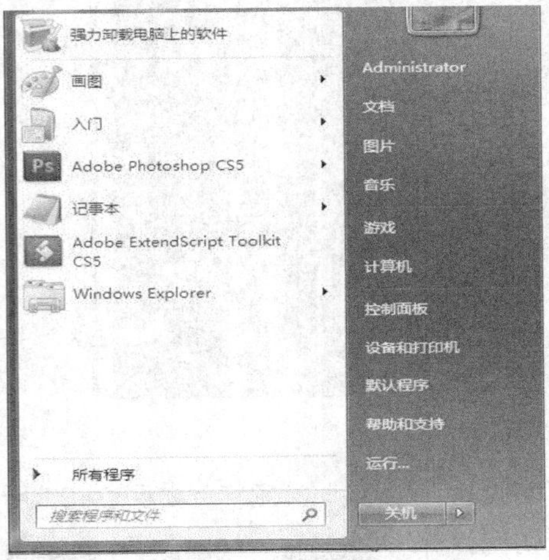

图2-33 开始菜单

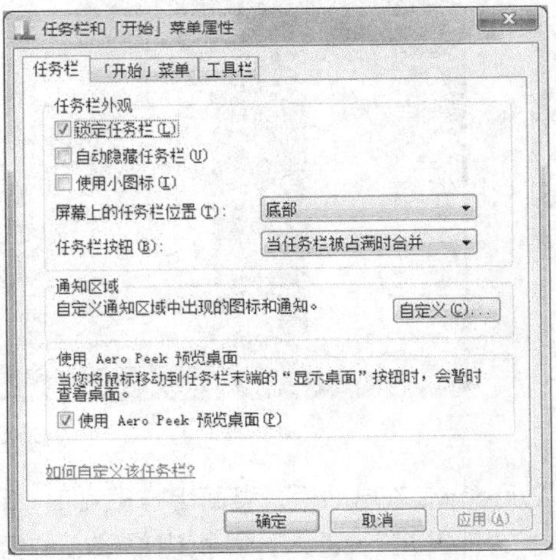

图2-34 任务栏属性设置

（3）菜单的使用。

图形界面系统中，菜单是一些应用程序、命令以及文件的集合。菜单的使用方法有以下几种。

① 直接用鼠标指针选择菜单选项，可执行选中菜单选项。用鼠标单击菜单以外任何区域，可以退出菜单命令。

② 用“Alt+字母”键打开菜单后，用 4 个方向键移动亮条到选择的菜单选项后按“Enter”键，可执行选中的菜单选项。用“Alt”键或“F10”键可退出菜单命令。

菜单的命令选项具有以下几种状态。

① 正常菜单选项是黑色字符显示，表示该菜单中选项当前可以操作。

② 如菜单选项灰色，表示该菜单选项当前情况不能使用，如图 2-35 中的“创建快捷方式”选项。

③ 带有“√”标记的菜单选项表示已经起作用。

④ 带有“□”标记的菜单选项表示含有子菜单，如图 2-35 所示中“新建”和“程序”选项。

⑤ 带有“...”标记的菜单选项表示执行后将弹出一个对话框。

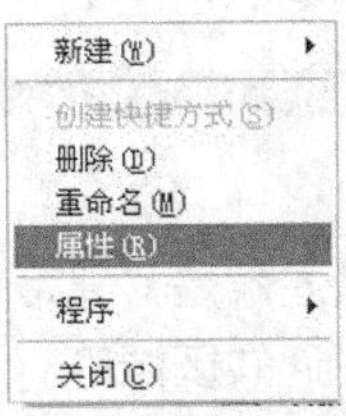

图2-35 多种菜单选项命令

⑥ 带有下划线字母的菜单选项表示可以按“Alt+带下划线”的

字符键激活相应的菜单。

（4）窗口、菜单与对话框。

① 窗口。

窗口是 Windows 7 的主要操作界面，采用图形设计，易于操作和浏览。打开一个文件或启动一个应用程序，会出现一个窗口，系统中各种信息的浏览和处理基本上是在窗口中进行。Windows 7 的窗口一般具有统一外观，图 2–36 所示是“计算机”窗口。

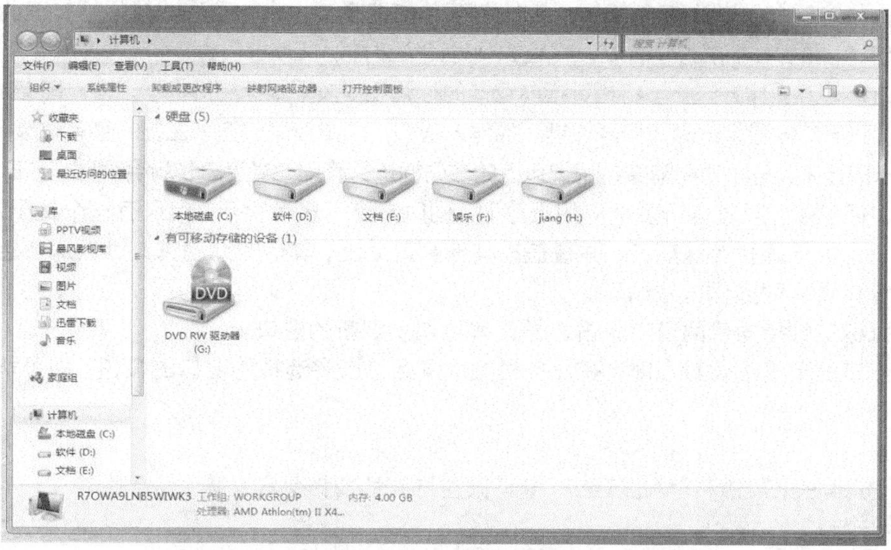

图2–36　“计算机”窗口

窗口主要包括：标题栏、菜单栏、工具栏、地址栏、任务栏、状态栏、窗口边框与窗口角以及滚动条等。

- 标题栏：在窗口最上部，显示应用程序名、驱动器名、文件夹名或文档名，以便识别不同的窗口。
- 菜单栏：在标题栏下方，包含对本窗口操作的命令，对正在运行的应用程序或打开的文档操作的命令。不同的窗口，菜单栏命令也不相同。
- 地址栏：特殊工具栏。在地址栏输入文件夹路径，单击旁边的“转到”按钮，将打开该文件夹；若在地址栏输入网址，系统将自动启动 IE 并打开网页。
- 窗口工作区：窗口的内部区域，用于显示窗口内容。
- 状态栏：窗口最底部，显示窗口的当前状态及用户当前操作等信息。
- 窗口边框与窗口角：可调整窗口边框以及窗口角来改变窗口的大小。
- 滚动条：当窗口显示内容较多时，可拖动滚动条显示窗口外的内容。

② 窗口的主要操作。

- 窗口最大化：将窗口调整到充满整个屏幕。操作方法：单击最大化按钮；或双击标题栏；或单击控制按钮，在控制菜单中选择“最大化”选项。
- 窗口最小化：将窗口缩小到任务栏上。操作方法：单击最小化按钮；或单击控制按钮，在控制菜单中选择“最小化”选项。

• 窗口还原：从最大化状态还原到原来大小。操作方法：单击还原按钮；或双击标题栏；或单击控制按钮，在控制菜单中选择“还原”选项。

• 窗口关闭：关闭正在打开的窗口。操作方法：单击关闭按钮；或单击控制按钮，在控制菜单中选择“关闭”选项；或在菜单栏上选择“文件”→“关闭”选项；或按“Alt+F4”键。

• 改变窗口大小。操作方法一：将鼠标指针指向窗口的某一边框或角框上，当指针变成一个双向箭头时，按下鼠标左键拖动，窗口的大小随着鼠标拖动而改变，当窗口尺寸满足要求时，松开按键。操作方法二：单击控制按钮，在控制菜单中选择“大小”选项，鼠标指针变为一个四向箭头，用键盘上的方向键进行缩放，当窗口大小合适时按“Enter”键。

• 窗口移动。操作方法一：将指针指向窗口的标题栏，按下鼠标左键拖动，窗口随着鼠标的拖动而移动，直到窗口位置合适时，松开按键。操作方法二：单击控制按钮，在控制菜单中选择“移动”选项。鼠标指针变为一个四向箭头，用键盘上的方向键进行移动，当窗口位置合适时按“Enter”键。

• 窗口间切换。同时运行多个应用程序时，同时打开了多个窗口，但只有一个处于活动状态，这个活动窗口的标题栏为深蓝色，并覆盖在其他窗口之上，其他非活动窗口则以深灰色为标题栏背景色。窗口切换的操作方法如下。

• 将鼠标指针指向目的窗口单击左键，即可切换到新的窗口上。

• 当窗口处于最小化状态时，在任务栏上用鼠标单击要选择的窗口的按钮，即可切换到新的窗口。

知识点拨

使用“Alt+Esc”键和“Alt+Tab”键可以在打开的窗口之间切换。

③ 对话框。

对话框包含按钮和各种选项，通过它们可以完成特定命令或任务。对话框与窗口有区别，它没有最大化按钮，也没有最小化按钮，大都不能改变形状大小。用户对对话框进行设置，计算机就会执行相应的命令。

3. Windows 7 附件的使用

在 Windows 操作系统中，“开始”菜单的“附件”选项下有不少实用的小工具，都是我们常常使用到的，比如记事本、写字板、计算器、画图等。这些系统自带的工具虽然体积小巧、功能简单，但是却常常发挥很大的作用，让我们使用电脑更便捷。

（1）记事本。

在“开始”菜单“附件”中打开记事本程序，我们立即就可以看到这个程序了。记事本除了精简的菜单项外，就只有单色的文字编辑区。

（2）写字板。

写字板是 Windows 系统中自带的、更为高级一些的文字编辑工具，相比记事本，它具备了格式编辑和排版的功能。在 Windows 7 系统中，写字板还是有不少变化的。新的写字板采用了 Office 2007 的元素——Robbin 菜单。通过这种新界面，写字板的主要功能在界面上方一览无余，我们可以很方便地使用各种功能，对文档进行编辑、排版。写字板中一共有两个 Ribbon 菜单项，在“查看”中，我们可以为文档加上标尺或者放大、缩小进行查看，也可以更改度量单位等，这些也是新写字板才具备的功能。

（3）画图。

与写字板一样，Windows 7 中全新的“画图”也引入了 Ribbon 菜单，从而使得这个小工具的使用更加方便。此外，新画图工具加入了不少新功能，如刷子功能可以让我们更好地进行涂鸦，而通过图形工具，我们可以为任意图片加入设定好的图形框，如五角星图案、箭头图案以及用于表示说话内容的气泡框图案，这些新功能使得画图功能更加实用。

（4）计算器。

Windows 7 的计算器可以说是变化最大的，不仅仅有全新的面孔，而且“身型”也越来越“健壮”。新计算器不仅有更加漂亮的界面，而且新增了许多功能。打开计算器的“模式”菜单，我们便可见识到它的丰富功能。除了原先就有的科学计算器功能外，新的计算器还加入了编程和统计功能。除此之外，Windows 7 的计算器还具备了单位转换、日期计算及贷款、租赁计算等实用功能。

通过单位换算功能，我们可以将面积、角度、功率、体积等进行换算；日期计算功能可以很轻松地帮助我们计算倒计时；而“工作表”菜单下的功能则可以帮助我们计算贷款月供额、油耗等。这些非常贴近生活的功能，给我们带来了许多便利。

（5）录音机。

与其他工具不同的是，Windows 7 的录音机比 Windows XP 中精简了不少。从界面上看，新的录音机工具只保留了进度条和“开始录制”按钮，但是使用起来还是很方便的。

4. Windows 7 的文件和磁盘管理

（1）文件与文件夹的概念。

① 文件。

文件是一组相关信息的集合，这些信息最初是在内存中建立的，然后以用户给予的名字存储在磁盘上。文件的内容可以是文字、图片、声音、动画、应用程序等各种信息。对文件可以进行存储、编辑、删除、重命名压缩等操作，也可以复制或移动。

文件是计算机系统中基本的存储单位，由文件名和图标组成。同种类型的文件具有相同的图标，计算机主要以文件名来区分不同的文件。

文件的命名规则：一个完整的文件名由主文件名和扩展文件名两部分构成，两者之间以一个圆点（分隔符）分开。Windows 7 中文件名最多有 255 个字符，文件名中的字符可以是汉字、字母、数字、空格和特殊字符，但不能使用? * \ / : " < > 和 |。

文件名中包含多个圆点时，最后一个圆点后的部分看作是扩展文件名，扩展名通常有 3 个字符构成，用于标示不同的文件类型和创建此文件的应用程序。主文件名一般用描述性的名称帮助用户记忆文件的内容或用途。

② 文件夹。

文件夹又称为“目录”，是系统组织和管理文件的一种形式，用来存放文件或上一级子文件夹。文件夹的命名规则与文件名相似，但一般不需要加扩展名。用户双击某个文件夹图标，即可以打开该文件夹，查看其中的所有文件及子文件夹。

（2）操作文件与文件夹。

① 用“资源管理器”管理文件与文件夹。

在桌面上双击“计算机”图标，可以打开“资源管理器”窗口，该窗口中显示本地磁盘和一些文件夹等图标，如图 2-37 所示。

② 文件和文件夹的显示与排列。

在“资源管理器”窗口中，用户可以根据自己的需求对文件的显示和排列方式进行设置，如

图 2-38 所示。

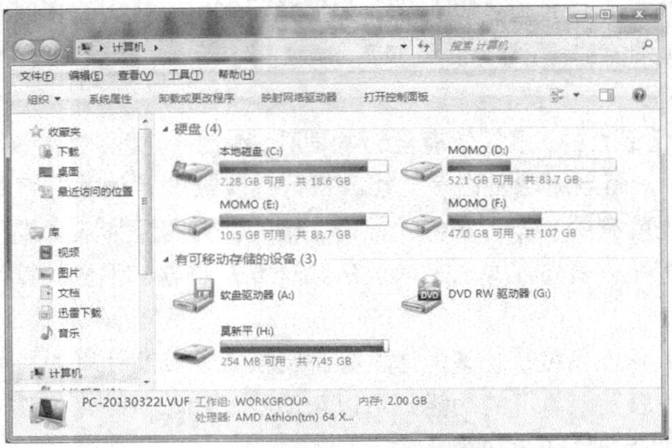

图2-37 “资源管理器”窗口

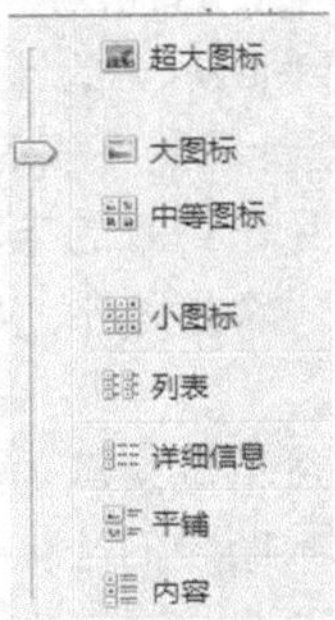

图2-38 图标的显示选择界面

③ 文件和文件夹的操作。

a. 创建文件夹。

在需要创建文件夹的窗口中的空白处右击，在弹出的快捷菜单中选择“新建”→“文件夹”，就会创建一个等待用户命名的文件夹，此时文件夹默认名称“新建文件夹”处于编辑状态（蓝色反白显示），用户输入要创建的文件夹名称后，按下“Enter”键或者在文件夹外单击，即可完成命名。

b. 文件与文件夹的重命名。

当需要给文件或文件夹重新命名时，可以使用以下方法。

方法一：使用鼠标单击选择需要重命名的文件或文件夹，选择“文件”菜单→“重命名”选项，这时选定的文件或文件夹的名称处于编辑状态，用户可以直接键入新的文件或文件夹名称，按下“Enter”键或者在文件夹外单击。

方法二：使用鼠标单击选择需要重命名的文件或文件夹，右击，在弹出的快捷菜单中选择“重命名”选项，这时选定的文件或文件夹的名称处于编辑状态，用户可以直接键入新的文件或文件夹名称，按下“Enter”键或者在文件夹外单击。

方法三：使用鼠标单击选择需要重命名的文件或文件夹，按下快捷键“F2”，这时选定的文件或文件夹的名称处于编辑状态，用户可以直接键入新的文件或文件夹名称，按下“Enter”键或者在文件夹外单击。

c. 文件与文件夹的选定。

对于文件和文件夹的更多操作，都首先要选定被操作的文件或文件夹，被选定的对象会高亮显示。Windows 中选定文件和文件夹的方法如下。

- 选定单个对象：单击需要选定的对象。
- 选定多个连续对象：按下“Shift”键不放，单击第一个对象，再单击最后一个对象。
- 选定多个不连续的对象；按下“Ctrl”键不放，逐个单击需要选择的对象。
- 选定多个对象：按下鼠标左键不放，拖动鼠标光标，会在屏幕上拖出一个矩形区选定框，选定框中的对象被选定。
- 选定全部对象：选择“编辑”菜单→“全部选定”（快捷键“Ctrl+A”），可以选中窗口中的全部对象；如果使用反向选择，可以选定当前窗口中未选的文件或文件夹。

d. 文件与文件夹的复制和移动。

移动和复制文件或文件夹都是将文件或文件夹从原位置放到目标位置。移动与复制的区别在于：移动时，文件或文件夹从原位置被删除并被放到目标位置；复制时，文件或文件夹在原位置仍然保留，仅仅是将副本放到目标位置。

复制操作的方法如下。

- 用鼠标拖动：选定对象，按住“Ctrl”键不放（不同盘之间的复制可以不按），同时拖动鼠标指针到目标位置。
- 用快捷菜单：选定对象后右击，在弹出的快捷菜单中选择“复制”选项；选择目标位置，右击窗口空白处，在弹出的快捷菜单中选择“粘贴”选项。
- 用快捷键：选定对象，按下“Ctrl+C”组合键；选择目标位置，按下“Ctrl+V”组合键。
- 用菜单命令：选定对象，选择“编辑”→“复制”命令；在目标位置，选择“编辑”→“粘贴”命令。

移动操作的方法如下。

- 用鼠标拖动：选定对象，拖动鼠标指针到目标位置（不同盘之间的移动需按住“Shift”键）。
- 用快捷菜单：选定对象后右击，在弹出的快捷菜单中选择“剪切”选项；选择目标位置，右击窗口空白处，在弹出的快捷菜单中选择“粘贴”选项。
- 用快捷键：选定对象，按下“Ctrl+X”组合键；选择目标位置，按下“Ctrl+V”组合键。
- 用菜单命令：选定对象，选择“编辑”→“剪切”命令；在目标位置，选择“编辑”→“粘贴”命令。

发送：发送文件或文件夹到其他磁盘（如光盘、U 盘或移动硬盘等），实质上就是将文件或文件夹复制到目标位置。方法是：选定对象后右击，在弹出的快捷菜单中选择“发送到”，在子菜单中选择可用的磁盘即可。使用发送可以建立桌面快捷方式。

e. 剪贴板。

文件和文件夹的复制或移动都是通过剪贴板实现的。剪贴板是内存中的一个临时存储区，用来在 Windows 各应用程序之间传递和交换信息。剪贴板不但可以存储文字，还可以存储图片、图像、声音等其他信息。

在 Windows 7 中，几乎所有应用程序都可以利用剪贴板来交换数据。应用程序的“编辑”菜单中的“剪切”“复制”“粘贴”选项，“常用”工具栏中的“剪切”“复制”“粘贴”按钮，可用来向剪贴板复制数据，或从剪贴板中接收数据进行粘贴。

使用剪贴板前，应该首先选中要复制或移动的信息，如选中一个文件，或鼠标拖动选中一段文字，或使用选择工具选中图片的一块区域，然后使用“编辑”菜单里的“复制”或“剪切”命令。其中，“复制”命令是将选定的信息复制到剪贴板上，选定的内容仍然保留在磁盘或源文件中；“剪切”命令则是将选定的信息复制到剪贴板上，同时在源文件或磁盘中删除选定的内容。将光标定位到目的位置后，使用“编辑”菜单的“粘贴”命令可以将剪贴板中的信息复制到目标位置。

“复制”“剪切”和“粘贴”命令对应的快捷键分别是“Ctrl+C”“Ctrl+X”和“Ctrl+V”。

快捷键“Print Screen”可将当前屏幕上的所有信息复制到剪贴板中。快捷键“Alt+Print Screen”可将当前活动窗口或对话框的所有信息复制到剪贴板中。

④ 文件的搜索。

Windows 7 提供了搜索文件的功能，可以方便地查找到某一个或某一类文件和文件夹。

在计算机中搜索任何已有的文件或文件夹，首先要知道文件名或文件类型。用户如果记不全文件名，可使用通配符进行模糊搜索。

知识点拨

常用的通配符有以下两个。

星号（*）：星号代表一个或多个字符。

问号（?）：问号代表一个字符。

（3）设置快捷方式图标。

① 在桌面上添加“快捷方式”。

快捷方式是 Windows 提供的一种快速启动程序、打开文件或文件夹的方法。快捷方式对经常使用的程序、文件和文件夹非常有用。添加快捷方式的操作步骤如下。

• 在桌面空白处右击，在弹出的快捷菜单中选择“新建”→“快捷方式”选项，弹出“创建快捷方式”对话框，如图 2-39 所示。

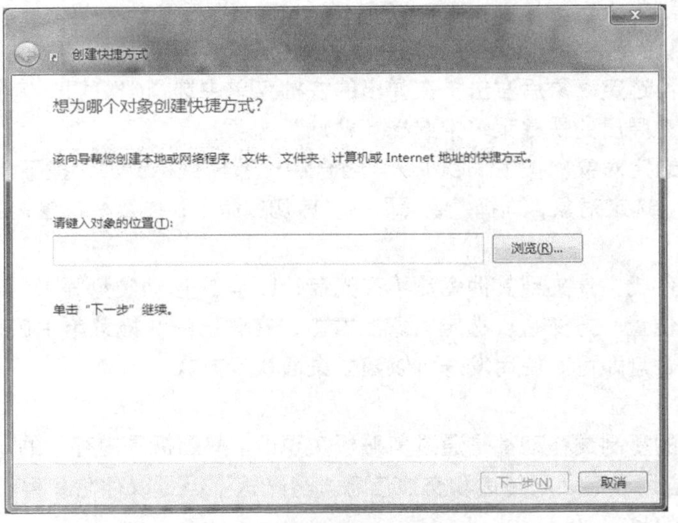

图2-39　创建快捷方式

• 在“请键入对象的位置”文本框中输入或选择快捷方式要执行的应用程序或文档，单击“下一步”按钮。

• 单击“完成”按钮，系统就在桌面上创建了该应用程序或文档的快捷方式。

② 删除桌面上的图标或快捷方式图标。

选择图标后右击，在弹出的快捷菜单中选择“删除”选项；或者选取对象后按“Del”键或“Shift+Del”组合键，即可删除选中的图标。

拓展提升

1. 实现 Windows Aero 视觉特效

Aero Peek 是 Windows 7 新增的一项功能，系统默认开启了 Aero Peek 视觉效果，但是由于用户的误操作会造成 Aero Peek 功能被关闭的现象。开启 Aero Peek 功能可以通过多个方法来进行。

（1）开启 Aero Peek 功能方法一。

① 在任务栏空白处右击，从“属性”进入“任务栏和「开始」菜单属性”界面，如图 2-40 所示。

② 单击“任务栏”选项卡，勾选“使用 Aero Peek 预览桌面”，单击“确定”按钮。

（2）开启 Aero Peek 功能方法二。

① 右击桌面上的计算机图标，单击“属性”按钮。

② 在左侧栏中单击“高级系统设置”项。

③ 进入“高级”选项卡界面，单击“性能”下的“设置”按钮，如图 2-41 所示。

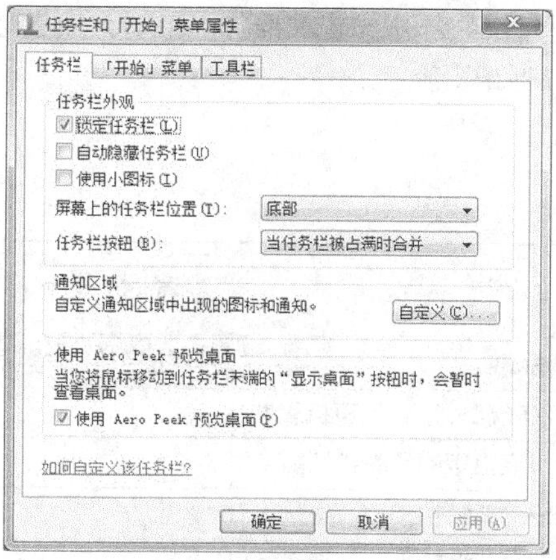

图2-40　“任务栏和「开始」菜单属性”对话框

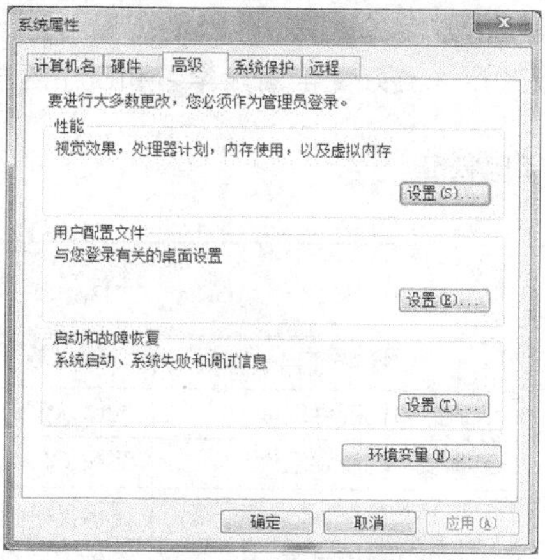

图2-41　“系统属性”对话框

进入“性能选项”对话框，单击“视觉效果”选项卡，在 Windows 外观和性能设置列表中找到“启用 Aero Peek”，勾选，单击“确定”，如图 2-42 所示。

2. 设置个性化鼠标指针

既然是个性化，鼠标指针当然也需要个性化。Windows 7 中个性化鼠标指针设置步骤如下。

（1）在桌面上单击右键，选择“个性化”，在打开的窗口中单击左边的“更改鼠标指针”，弹出“鼠标属性”对话框，如图 2-43 所示。

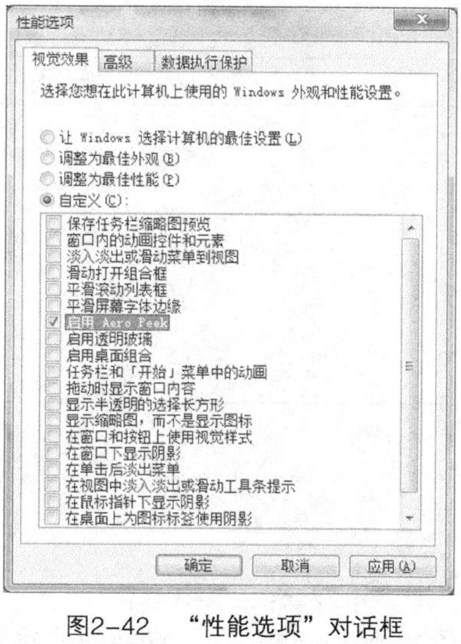

图2-42　“性能选项”对话框

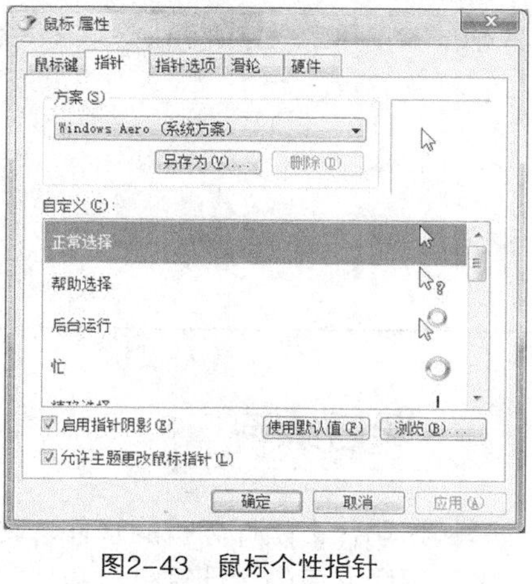

图2-43　鼠标个性指针

（2）我们现在可以对鼠标的指针进行设置了，有多种方案可供选择，选好后单击“确定”按钮退出。

项目小结

通过本项目的练习，我们熟悉了计算机的硬件构成和软件设置。能够简单插拔计算机各组件，了解各组件，如 CPU、主板、内存等的性能；能够个性化设置 Windows7 系统，能够安装并且设置需要的汉字输入法，能够利用资源管理器对文件及文件夹进行基本操作。希望大家在以后能够学以致用，更好更全面地学习和应用这些计算机基础知识。

项目检查

<table>
<tr><td>学习项目</td><td colspan="2">计算机系统的组成</td><td>学时</td><td>4</td></tr>
<tr><td>序号</td><td>检查项目</td><td>检查标准</td><td>学生自检</td><td>教师检查</td></tr>
<tr><td>1</td><td>认识计算机硬件组成</td><td>能够认识计算机硬件以及各端口，了解计算机属性</td><td></td><td></td></tr>
<tr><td>2</td><td>了解硬件的重要组件</td><td>了解 CPU、主板、内存、硬盘等的品牌和性能</td><td></td><td></td></tr>
<tr><td>3</td><td>了解 Windows7 操作系统</td><td>了解 Windows7 操作系统的新特性</td><td></td><td></td></tr>
<tr><td>4</td><td>个性化计算机桌面</td><td>能够设置桌面背景、主题以及图标</td><td></td><td></td></tr>
<tr><td>5</td><td>设置屏幕保护程序</td><td>能够设置屏幕保护程序以及应用外部的屏幕保护程序</td><td></td><td></td></tr>
<tr><td>6</td><td>运行桌面小程序</td><td>能够运行记事本、写字板、截图、日历、时钟和便笺工具</td><td></td><td></td></tr>
<tr><td>7</td><td>文件及文件夹的管理</td><td>能够新建、移动、复制、重命名、删除、搜索、压缩文件及文件夹</td><td></td><td></td></tr>
<tr><td>8</td><td>文件及文件夹属性</td><td>能够设置文件的隐藏和只读属性</td><td></td><td></td></tr>
<tr><td>9</td><td>输入法、日期和时间的设置</td><td>能够设置输入法以及日期和时间</td><td></td><td></td></tr>
<tr><td rowspan="3">检查评价</td><td>班级</td><td></td><td colspan="2">第　组</td></tr>
<tr><td>教师签字</td><td>组长签字</td><td colspan="2">日期</td></tr>
<tr><td colspan="4">评语（学习体会、自我评价以及项目改进意见）</td></tr>
</table>

课后练习

1. 举例说明什么是计算机的软件、硬件，并说明它们之间的关系。
2. 某个同学桌面的“计算机”和“回收站”等系统图标不小心弄丢了，你能帮他找回吗？

3. 规范的文件名字分主文件名和扩展名，中间用“.”分割，通常情况下，名字两部分的含义是什么？

4. 你能解释一下 D:\练习\win7\2013\abc.txt 的含义吗？

5. 某个同学在桌面空白处右击，新建了一个文本文件，并命名为 abc.txt。谁都没有更改该文件的名字，但不知为什么，文件名字莫名其妙地变成了 abc.txt.txt，你知道原因吗？

6. 打开 C 盘，如何能看到 C 盘上 Windows 下的所有内容？（该文件夹下有些重要文件或文件夹是隐藏的。）

7. 将“记事本”程序添加到任务栏中，以便快速启动。

8. 打开的“画图”程序任务，假定无法采用正常途径结束画图（比如死机了），该如何退出画图程序？

9. 在 D 盘上，利用菜单创建“我的练习”文件夹。在桌面上创建一个快捷方式指向上述文件夹。

10. 打开某个盘或文件夹，假定显示了许多文件（夹），除了第一项以外，其他的需要全部选定，如何用最简单的方法实现？

11. 查看整个计算机上有多少个 jpg 文件。

12. 假定未来的某一天有一项重要活动，为了防止遗忘，请你用“便笺”功能建立一个便笺，以便提醒你。

Computer

3 Chapter

项目 3
Word 2013 文字处理

Word 2013 是 Microsoft 公司开发的 Office 2013 办公组件之一，是一款文字处理软件，主要用于创建和编辑各种类型的文档。Word 具有强大的文字处理、图文混排及表格制作功能，它普遍应用于办公商务和个人文档的制作及专业的排版印刷方面。本项目将通过制作图文并茂的文档、设计表格、编辑长文档以及合并邮件 4 个典型任务以及拓展任务，详细介绍 Word 2013 在工作和生活中的实际应用。

任务1 设计社团纳新通知

情境描述

新学期伊始，校学生会本着广泛发掘人才和“公开、公平、公正、客观”的原则，面向2018级同学公开纳新。校学生会秘书处接到任务，要拟写一份学院社团纳新通知，介绍学院社团的基本情况以及纳新的条件和报名方式，并将通知进行适当美化处理，然后打印50份张贴在学院重要的宣传位置。纳新通知有如下要求。

（1）通知用标准A4纸。

（2）标题突出，进行中文版式设计，增强文字的设计感。

（3）正文设置首字下沉和分栏效果，增强排版的美观效果。

（4）设置项目符号，条理清晰，重点突出。

秘书处成员首先拟定了社团纳新内容，利用Word软件的页面设置、输入文字、字符和段落格式化、项目符号以及中文版式等知识点完成了通知的编写和排版，效果如图3-1所示。

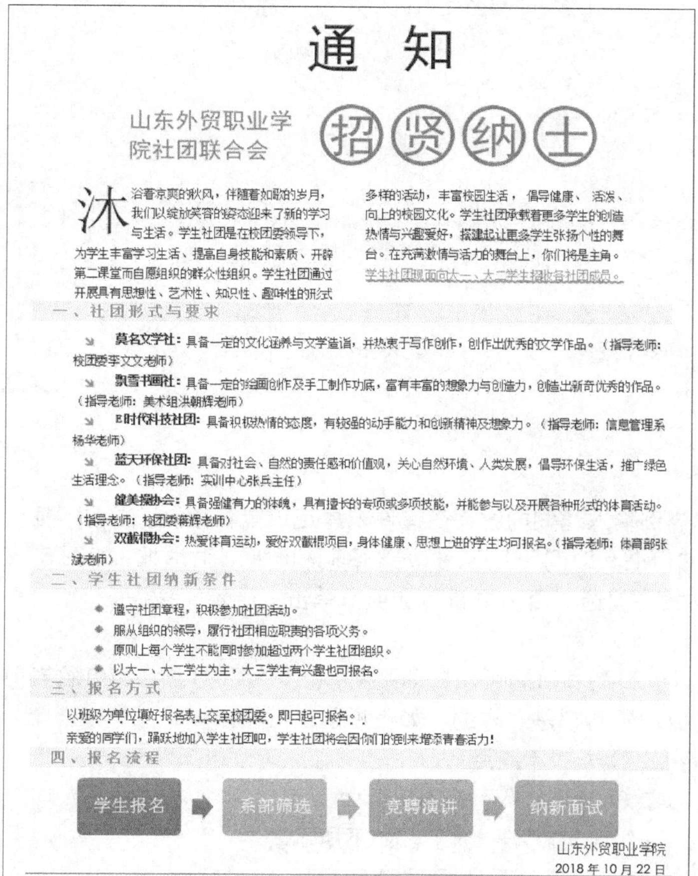

通 知

山东外贸职业学院社团联合会　招贤纳士

沐浴着凉爽的秋风，伴随着如歌的岁月，我们以绽放笑容的姿态迎来了新的学习与生活。学生社团是在校团委领导下，为学生丰富学习生活、提高自身技能和素质、开辟第二课堂而自愿组织的群众性组织。学生社团通过开展具有思想性、艺术性、知识性、趣味性的形式多样的活动，丰富校园生活，倡导健康、活泼、向上的校园文化。学生社团承载着更多学生的创造热情与兴趣爱好，搭建起让更多学生张扬个性的舞台。在充满激情与活力的舞台上，你们将是主角。学生社团现面向大一、大二学生招收各社团成员。

一、社团形式与要求

- **莫名文学社：**具备一定的文化涵养与文学造诣，并热衷于写作创作，创作出优秀的文学作品。（指导老师：校团委李文文老师）
- **飘雪书画社：**具备一定的绘画创作及手工制作功底，富有丰富的想象力与创造力，创造出新奇优秀的作品。（指导老师：美术组洪朝辉老师）
- **E时代科技社团：**具备积极热情的态度，有较强的动手能力和创新精神及想象力。（指导老师：信息管理系杨华老师）
- **蓝天环保社团：**具备对社会、自然的责任感和价值观，关心自然环境、人类发展，倡导环保生活，推广绿色生活理念。（指导老师：实训中心张兵主任）
- **健美操协会：**具备强健有力的体魄，具有擅长的专项或多项技能，并能参与以及开展各种形式的体育活动。（指导老师：校团委蒋辉老师）
- **双截棍协会：**热爱体育运动，爱好双截棍项目，身体健康、思想上进的学生均可报名。（指导老师：体育部张斌老师）

二、学生社团纳新条件

- 遵守社团章程，积极参加社团活动。
- 服从组织的领导，履行社团相应职责的各项义务。
- 原则上每个学生不能同时参加超过两个学生社团组织。
- 以大一、大二学生为主，大三学生有兴趣也可报名。

三、报名方式

以班级为单位填好报名表上交至校团委。即日起可报名。

亲爱的同学们，踊跃地加入学生社团吧，学生社团将会因你们的到来增添青春活力！

四、报名流程

学生报名 → 系部筛选 → 竞聘演讲 → 纳新面试

山东外贸职业学院

2018年10月22日

图3-1 最终效果图

任务实现

编辑通知内容

（1）新建文件。

启动 Word 2013 程序，单击“文件”选项卡，在下拉列表中选择“新建”按钮，在“可用模板”中选择“空白文档”按钮，然后在右侧单击“创建”按钮，如图 3-2 所示，即可创建一个新文档。单击“保存”按钮，在“另存为”对话框中，将保存文件为“社团纳新通知.docx”。单击“页面布局”选项卡，在“页面设置”工具组选择“纸张大小”工具，单击“A4”，设置纸张大小为 A4（21cm×29.7cm）。在“页面设置”工具组选择“页边距”工具，单击“自定义页边距”按钮，在“页面设置”对话框中将页边距设置为（2.54 厘米，2.54 厘米，1.90 厘米，1.90 厘米），效果如图 3-3 所示。

图3-2 创建新文件

（2）输入文字。

在文档中依照样例输入通知内容，在文件末尾定位鼠标指针，单击“插入”选项卡，在“文本”工具组中单击“日期和时间”工具，打开“日期和时间”对话框，如图 3-4 所示。选择“2018 年 10 月 22 日”样式，勾选“自动更新”选项，单击“确定”按钮。

知识点拨

在 Word 中插入的日期和时间可以自动更新，无论何时打开都与电脑当前的时间相匹配。从表面上看，选不选自动更新都是一样的，如下所示。

选中自动更新：二 O 一八年八月八日

没选自动更新：二 O 一八年八月八日

但如果按 Alt + F9 组合键就不一样了，如下所示。

选中自动更新：{TIME\@"EEEE 年 O 月 A 日"}

没选自动更新：二 O 一八年八月八日

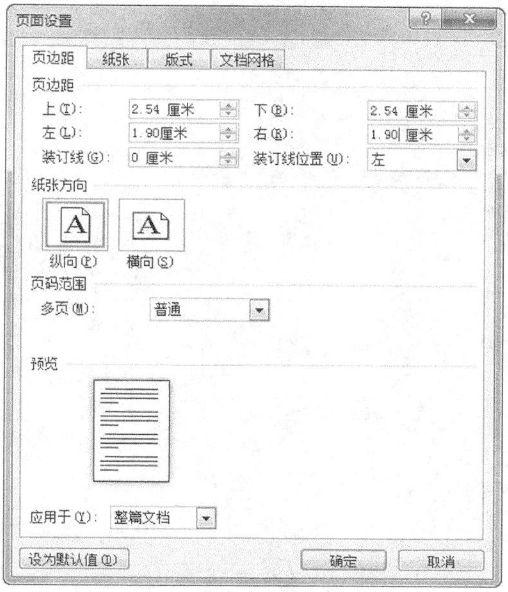

图3-3 页边距

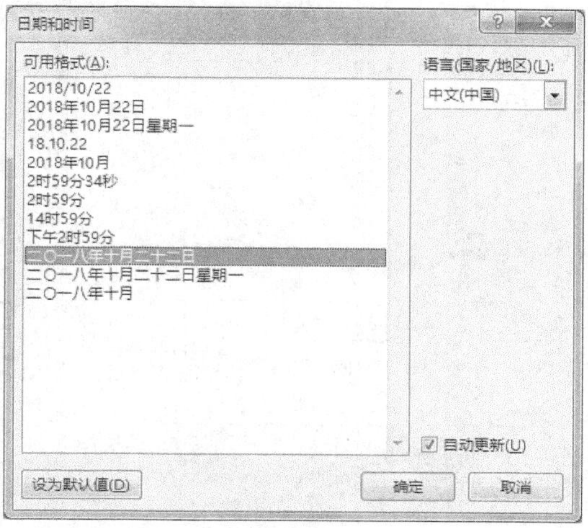

图3-4 “日期和时间”对话框

（3）字符格式化。

① 拖动鼠标选择标题“通知”，在“字体”工具组中将文字设置为黑体、初号，黑色；在“段落”工具组中选择“居中”对齐。

知识点拨

当用“字号”作度量单位时，“字号”越大文字越小，最大的字号为“初号”，最小的字号为“八号”。当用“磅”作度量单位时，“磅”值越大文字越大，最大的磅值为 72 磅，最小的为 5 磅。（实际上最大的磅值不止 72 磅，选中要变大的字，在“字号”小窗口里输入一数字，如 280，再回车，选中的字就变成 280 磅了。）字号“八号”对应磅值 5；字号“七号”对应磅值 5.5；字号“小六”对应磅值 6.5；字号“六号”对应磅值 7.5；字号“小五”对应磅值 9；字号“五号”对应磅值 10.5；字号“小四”对应磅值 12；字号“四号”对应磅值 14；字号“小三”对应磅值 15；字号“三号”对应磅值 16；字号“小二”对应磅值 18；字号“二号”对应磅值 22；字号“小一”对应磅值 24；字号“一号”对应磅值 26；字号“小初”对应磅值 36；字号“初号”对应磅值 42。

② 打开“字体”对话框，在“高级”选项卡中，选择“间距”方式为“加宽”，磅值设置为 15 磅，如图 3-5 所示，单击“确定”按钮。

③ 按住“Ctrl”键将各社团名称依次选中，在“字体”工具组中将文字设置为宋体、小五、加粗；在“字体”工具组右下角单击按钮，打开“字体”对话框，在“高级”选项卡中设置“位置”为“提升”，磅值为 2 磅。在“开始”选项卡的“字体”工具组单击“文本效果和版式”命令，选择“阴影”按钮，为各位指导教师设置适当的外部阴影，如图 3-6 所示。

④ 选择“以班级为单位填好报名表上交至校团委。即日起可报名。”段落，在“字体”对话框中为该段文字设置“.”着重号，以对该段文字进行强调。

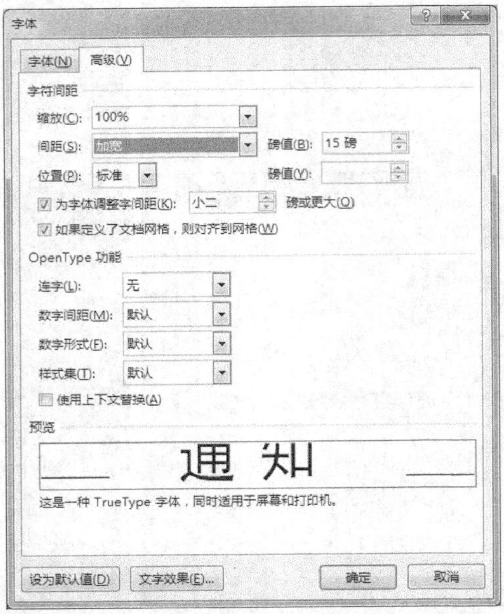

图3-5 字间距设置

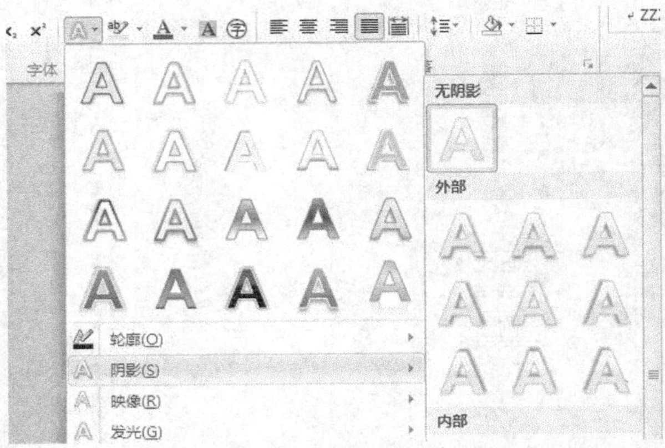

图3-6 字体阴影设置

知识点拨

着重号只有“.”这一种类型，且颜色无法单独设置，与对应的字符颜色保持一致。

（4）中文版式设置。

① 选择“山东外贸职业学院社团联合会招贤纳士”标题文字，在“字体”工具组中将招聘标题设为黑体、36 磅，深红色。在“段落”工具组中选择中文版式“双行合一”按钮，打开“双行合一”对话框，如图 3-7 所示。将“山东外贸职业学院社团联合会”做成双行合一的效果。

② 选择“招”文字，在“段落”工具组中选择中文版式“带圈字符”按钮，如图 3-8 所示。将“招”设置为带圈字符，增大圈号样式。依照上述方法将 “贤”“纳”“士”三个字都设置为带圈字符，增强文字的设计感。

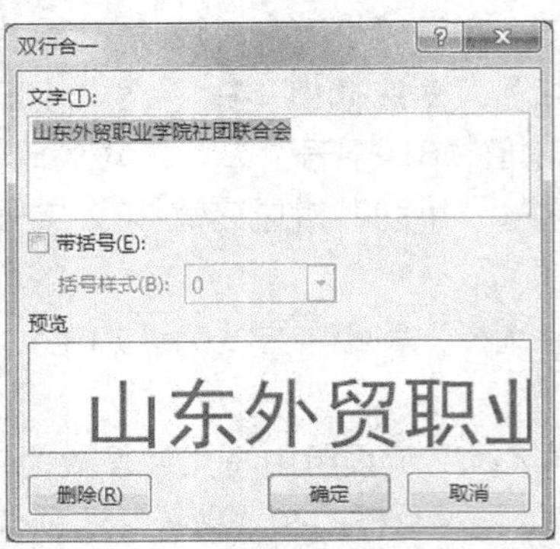

图3-7 双行合一

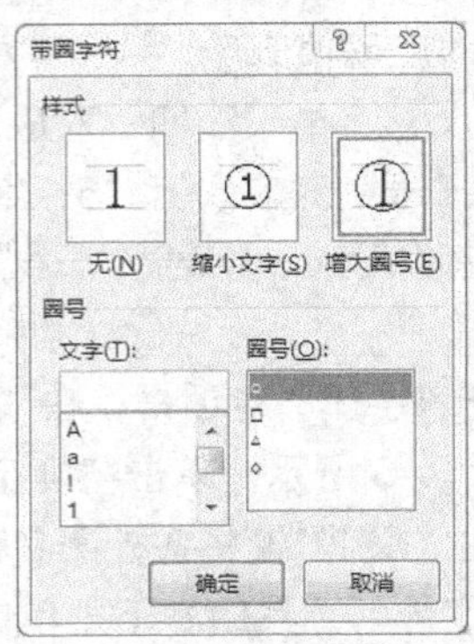

图3-8 带圈字符

③ 选择正文第一段文字，选择“页面布局”选项卡，在“页面设置”工具组中选择“分栏”按钮，打开“分栏”对话框，将该段文字内容分两栏，如图 3-9 所示。

④ 将插入点定位在正文第一段中，在“插入”选项卡的“文本”组中选择“首字下沉”按

钮，将该段设置首字下沉 3 行，如图 3-10 所示。选择“学生社团现面向大一、大二学生招收各社团成员”文字，在“字体”工具组单击“下划线”工具，单击“其他下划线”按钮，打开“字体”对话框，如图 3-11 所示。下划线线型选择“双波浪线”，下划线颜色设置为“红色”，单击“确定”按钮。

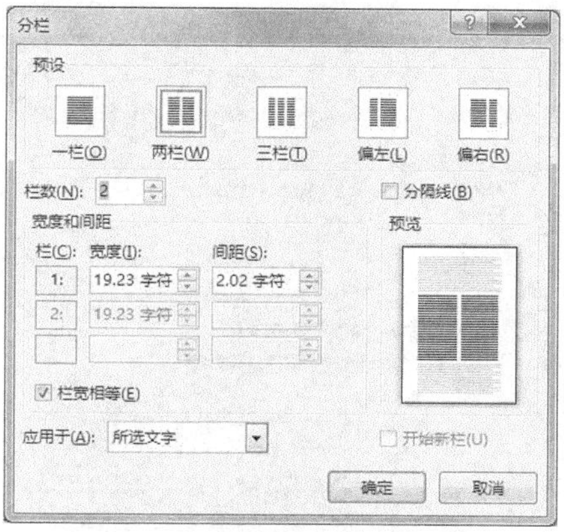

图3-9 “分栏”对话框

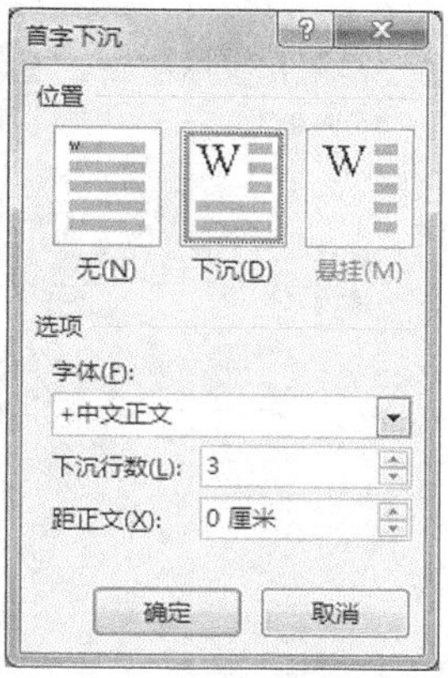

图3-10 首字下沉

知识点拨

把段落的第一个字进行首字下沉的设置，可以很好地凸显出段落的位置和整个段落的重要性，起到引人入胜的效果。首字下沉用途非常广，在报纸上、书籍、杂志上会经常看到首字下沉的效果。可以使用 Word 中的“首字下沉”功能来让某段的首个文字放大或者更换字体，给文档添加了几分美观，让文字更加个性化。在设置首字下沉的时候一定要注意把鼠标的光标放在其段落前面的位置，而在每篇文档的中间是无法进行首字下沉的设置的。

（5）对段落进行格式化。

① 按住“Ctrl”键在左侧选定栏依次选中“一、社团形式与要求”“二、学生社团纳新条件”“三、报名方式”3 个段落，在“字体”对话框中设为宋体、五号，红色；在“高级”选项卡中设置字间距加宽 2 磅。

② 在“段落”对话框中设置段前段后间距 0.5 行，如图 3-12 所示，单击“确定”按钮。

知识点拨

行间距控制段落中行与行之间的距离。

- “单倍行距”将行距设置为该行最大字体的高度加上一小段额外间距。额外间距的大小取决于所用的字体，单位为点数。
- “1.5 倍行距”为单倍行距的 1.5 倍。例如，对于字号为 10 磅的文本，在使用 1.5 倍行距时，行距约为 15 磅。
- “2 倍行距”为单倍行距的 2 倍。例如，对于字号为 10 磅的文本，在使用 2 倍行距时，行距约为 20 磅。
- “最小值行间距”是文档正文中最常用的一种行距设定，在对话框中的“设置值”框中输入磅值，如果行中含有大的字符或图形，Word 会相应地增加行间距。若输入的数值大于该行字符的磅值，则会在字符上方加相应的空白。若输入的数值小于该行中最大字符的磅值，则会自动将行距调整为该字符的磅值数，“设置值”框中输入的数值不起作用。

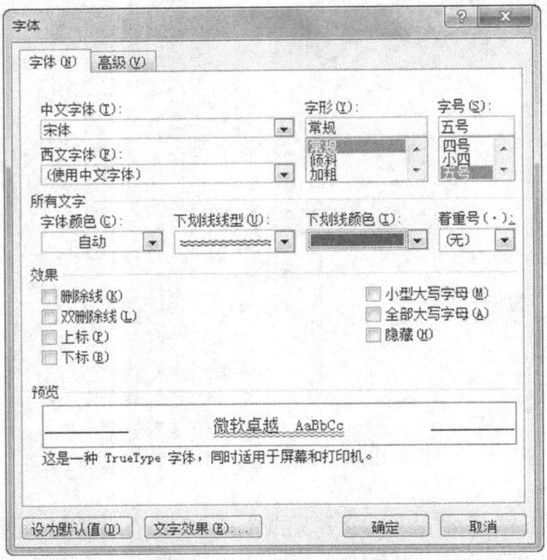

图3-11 设置下划线

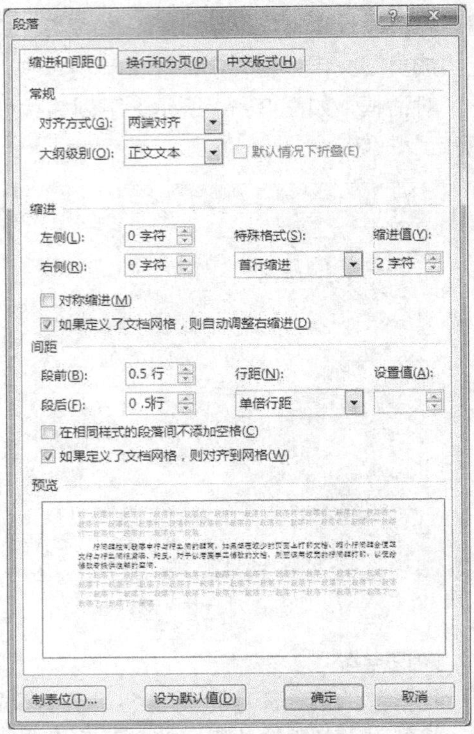

图3-12 设置段落间距

• “固定值行距”使行距固定，Word 不进行调整，该选项使各行间距相等。如果某行包含大字符、图形或公式，Word 将自动增加行距。要使所有行距相同，单击“行距”框中的“固定值”选项，然后在“设置值”框中键入能容纳最大字体或图形的行距。如果字符或图形只能显示一部分，在“设置值”框中选择更大的行距值。

• “多倍行距”按指定百分比增大或减小。例如，将行距设置为 1.2 倍，则行距将增加 20%，而将行距设置为 0.8 倍，则行距将缩小 20%。将多倍行距设置为 2，与使用“2 倍行距”的效果相同。

如果字号设置过大，在将行间距改为 3 倍或更多倍行距时看不到明显的效果，这主要是因为在“页面设置”\”文档网格”选项卡中限制了行跨度为 15.6 磅的原因，此时只要增加其值到足够大即可。

③ 在“段落”工具组中选择“边框”按钮，打开“边框和底纹”对话框，如图 3-13 所示，在“填充”按钮中选“浅灰色”，“应用于”按钮选择“段落”，单击“确定”按钮，为段落设置底纹。

(6) 插入项目符号。

① 单击“段落”工具组的“项目符号”按钮，打开“定义新项目符号”对话框，如图 3-14 所示。选择“符号”按钮，在对话框中挑选“➘”字符，为“一、社团形式与要求”下的各段落设置该类型的项目符号。

② 选择图片类型，在对话框中挑选“✹”图，为“二、学生社团纳新条件”下的各段落设置该类型的项目符号。

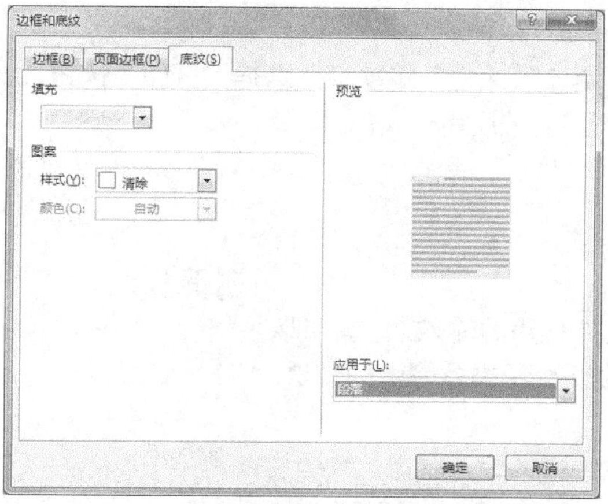

图3-13 设置段落底纹

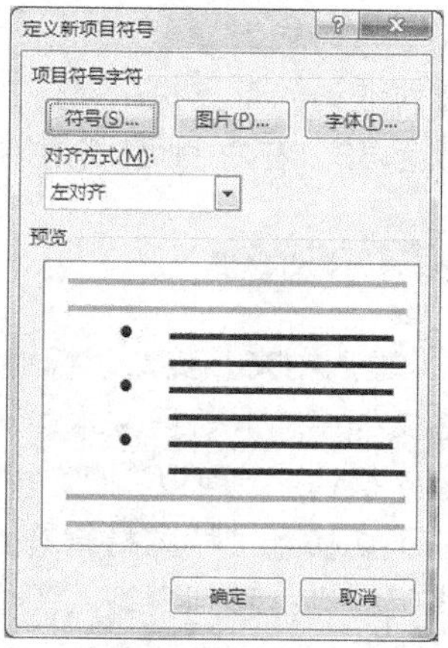

图3-14 设置项目符号

知识点拨

项目符号是放在文本前的点或者其他符号，起到强调作用。合理使用项目符号，可以使文档的层次结构更清晰、更有条理，重点突出，提高文档编辑速度。将光标移到包含项目符号的段结尾按回车，即可在下一段插入一个同样的项目符号。

（7）插入 SmartArt 对象。

在“报名流程”位置定位鼠标光标，单击“插入”选项卡，在“插图”工具组中单击“SmartArt”按钮，打开“选择 SmartArt 图形”对话框，选择“流程”样式，如图 3-15 所示，单击“确定”按钮，即可插入一个 SmartArt 对象。

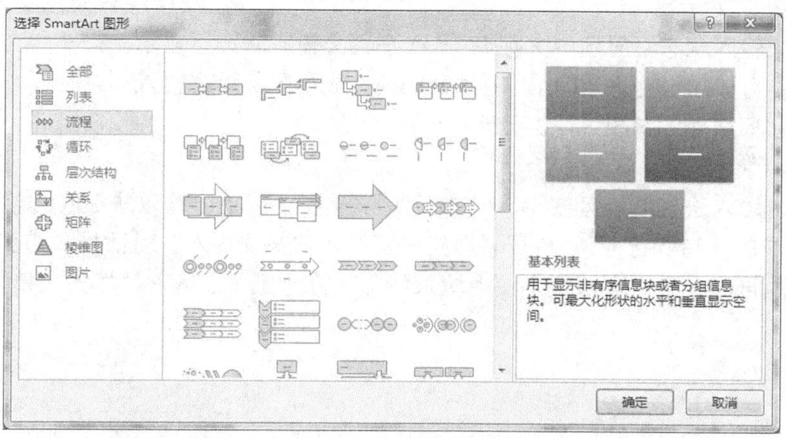

图3-15 选择SmartArt图形

选择 SmartArt 对象，在“SmartArt 工具”选项栏中选择“设计”选项卡，对该对象进行编辑。单击“添加形状”工具，选择“在后面添加形状”按钮，即可插入一个形状。打开“文本窗格”，输入相应文字，在“SmartArt 样式”中选择“中等效果”样式，单击“更改颜色”工具，选择“彩色”中的“彩色范围–着色 5 至 6”。效果如图 3-16 所示。

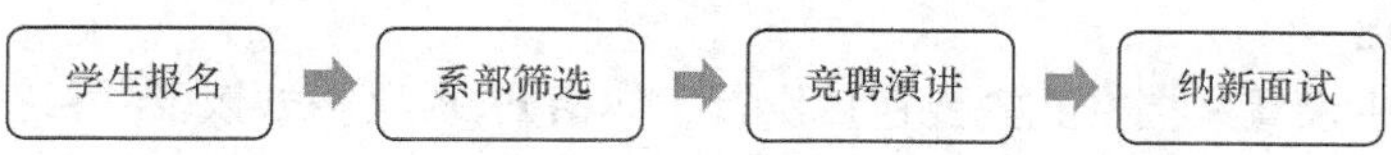

图3-16 SmartArt图形效果

（8）打印输出。

在快速访问工具栏中单击“保存”按钮。单击“文件”选项卡，选择“打印”按钮，设置打印份数为 50，在右侧可以预览打印效果，如图 3-17 所示。

相关知识

1. 输入中文、英文、标点和特殊符号

在文档中输入普通文本时，只需要切换到要使用的输入法，就可以进行输入操作。下面以“搜狗拼音输入法”为例，介绍文本输入的方法。

（1）切换到“搜狗拼音输入法”。

将鼠标光标移到要输入的位置单击，使系统进入输入状态，然后按“Ctrl+Shift”键切换输入法，直到“搜狗拼音输入法”出现即可，如图 3-18 所示。当系统仅有一个输入法或者“搜狗拼音输入法”为默认输入法时，按下“Ctrl”键+空格键即可切换到“搜狗拼音输入法”。

（2）中英文切换输入。

输入法默认是按下“Shift”键就切换到英文输入状态，再按一下“Shift”键就会返回中文状态。用鼠标单击输入栏上面的“中”字图标也可以切换，如图 3-19 所示。

除按“Shift”键切换外，“搜狗拼音输入法”支持回车输入英文：输入英文，直接敲回车即可。

（3）输入中英文标点。

一般在中文输入状态下显示中文标点符号，在英文输入状态下显示英文标点符号，可以用快捷键“Ctrl+.”进行切换，或用鼠标单击输入栏上面的标点图标切换，如图 3-20 所示。

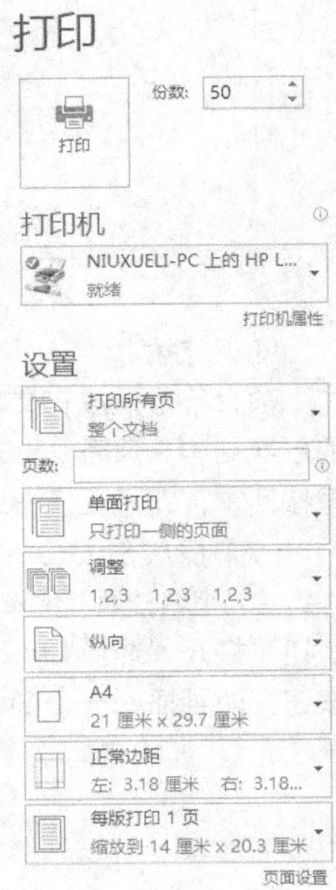

图3-17 打印设置

（4）插入特殊字符。

可通过单击输入法栏的键盘按钮选择“特殊符号”，或单击输入法栏的“菜单”按钮中“表情&符号”中的“特殊符号”，打开“搜狗拼音输入法快捷输入”对话框，如图 3-21 所示，输入需要的特殊符号。不仅可以很方便地输入特殊字符，还可以输入“搜狗表情”“日期时间”“字符画”等。

图3-18 “搜狗输入法”

图3-19 中英文切换

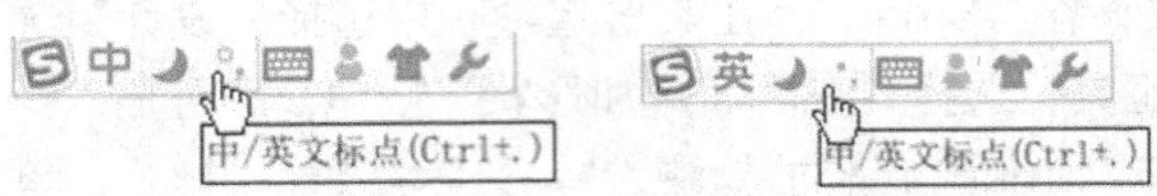

图3-20 中英文标点

2. 文档格式化

在 Word 文档中设置文档格式主要包括设置字体格式、段落格式以及项目符号和编号等应用，使设置后的文本更加专业、整洁和美观。

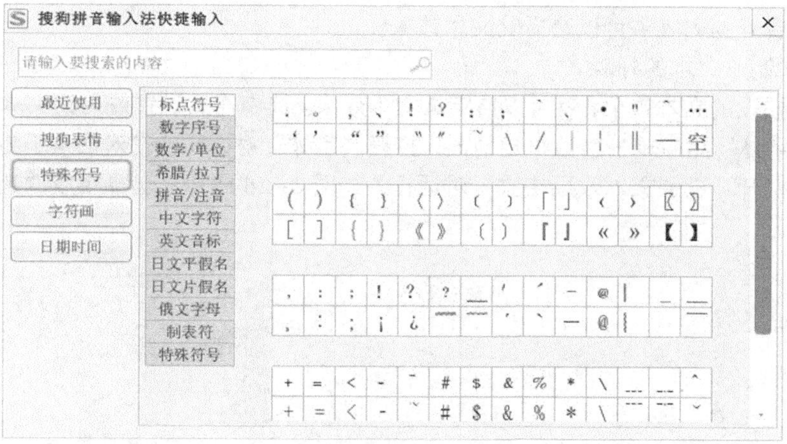

图3-21　特殊符号的输入

（1）设置文字的字体、字号、字形、文本效果等。

文字格式的设置主要通过“字体”组来完成。单击“开始”选项卡，“字体”组中所包括的内容如图 3-22 所示。单击“字体”组的对话框启动器，打开“字体”对话框，可进行更多文字格式设置。

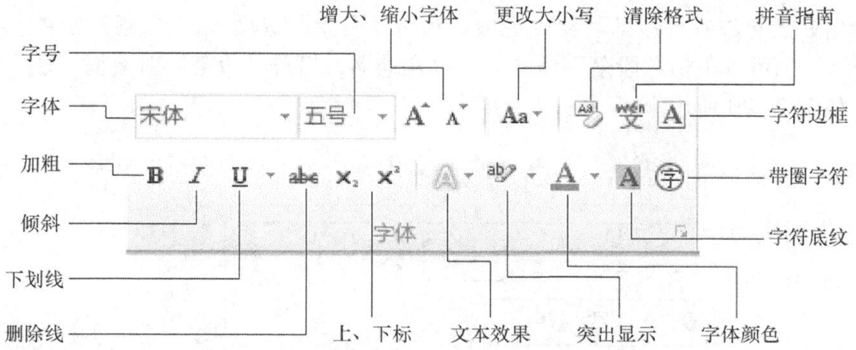

图3-22　“字体”组

选中需要设置格式的文本，在“字体”组中单击“字体”下拉列表框右侧的下三角按钮，展开“字体”下拉列表框后，选择合适的字体。字号设置同理。

文本的字形包括：常规、倾斜、加粗、加粗并倾斜，通过单击“字体”组中的加粗按钮 **B** 和倾斜按钮 *I* 来完成。

（2）设置文本效果。

通过设置文本效果，可以使文本变得更加美观多样。设置时可以直接使用 Word 2013 中预设的效果，也可以自定义制作渐变填充的文本效果。

① 使用预设效果设置文本外观。

选中需要设置效果的文本，单击“开始”选项卡，在“字体”组中单击“文本效果”按钮，展开文本效果库后，鼠标指针指向文本样式，出现文字提示，并可看到应用效果，选择合适的效果单击，确认文本效果，如图 3-23 所示。

同理，单击“文本效果”按钮，在展开的文本效果库中指向“轮廓”“阴影”“映像”或“发光”选项，在展开的列表中可以选择其文本效果。

② 自定义制作文本的外观。

除了使用预设的文本效果，还可以自定义文本效果。选中需要设置效果的文本，单击“开始”选项卡，在“字体”组中单击对话框启动器，打开“字体”对话框，在对话框下方单击“字体效果…”按钮，打开“设置文本效果格式”对话框，如图 3-24 所示。选择相应的选项对文本效果进行设置。

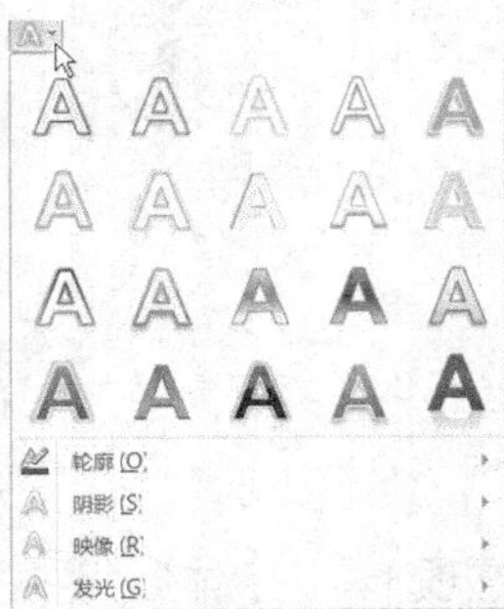

图3-23 “文本效果”列表

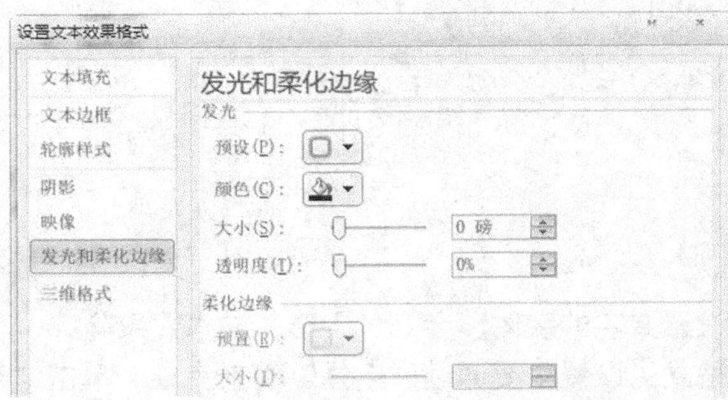

图3-24 “设置文本效果格式”对话框

（3）设置段落的对齐方式、段落缩进、行间距和段间距。

文档段落设置可以在“段落”组中完成。单击“开始”选项卡，“段落”组中包括的内容如图 3-25 所示。也可以单击“段落”组的对话框启动器，打开“段落”对话框，进行更多的段落格式设置，如图 3-26 所示。

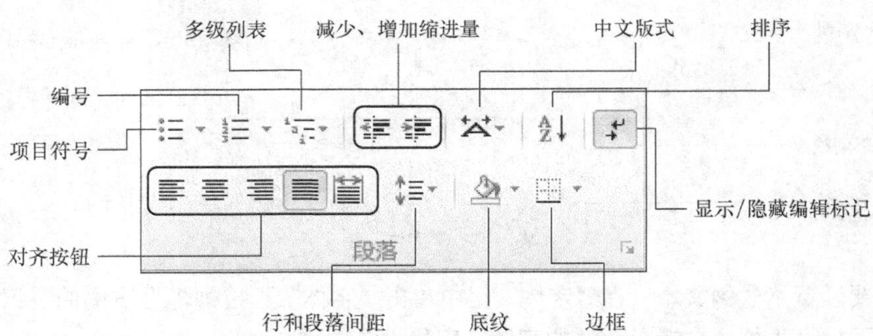

图3-25 “开始”选项卡中的“段落”组

① 设置段落的对齐方式。

选中一个或多个段落，利用下列两种方法之一进行设置。

• 在图 3-25 所示的对齐按钮中选择“左对齐”“居中对齐”“右对齐”“两端对齐”和“分散对齐”选项之一，以设置段落对齐方式。

• 打开“段落”对话框，在“缩进和间距”选项卡中，单击“常规”选项中的“对齐方式”下三角按钮，在列表中选择段落对齐方式。

② 设置段落的缩进。

选中一个或多个段落，利用下列两种方法之一进行设置。

• 在图 3-25 所示面板中，可以选择“减少缩进量”或“增加缩进量”按钮，设置段落的缩进。也可以单击“开始”选项卡，在“段落”组中，选择“缩进”中的“左”或“右”，输入具体的缩进量，如图 3-27 所示。

• 打开“段落”对话框，在“缩进和间距”选项卡中的“缩进”选项的“左侧”和“右侧”中输入相应的值，可以设置段落的左右缩进；在“特殊格式”中选择“首行缩进”或“悬挂缩进”，输入“磅值”，可以调整段落的首行缩进或悬挂缩进的值。

③ 设置段落的行间距和段落间距。

选中一个或多个段落，利用下列两种方法之一进行设置。

• 在图 3-25 所示面板中，单击“行和段落间距”按钮，在展开的列表中选择相应的选项。单击“页面布局”选项卡，在“段落”组中，选择“间距”中的“段前”或“段后”，输入值。

• 打开“段落”对话框，在“缩进和间距”选项卡中“间距”选项中的“段前”“段后”和“行距”中设置相应的值，即可调整段落的行间距和段落间距。

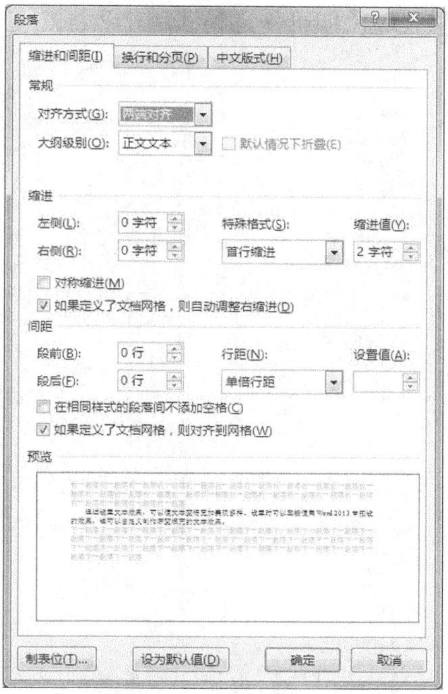

图3-26 “段落”对话框

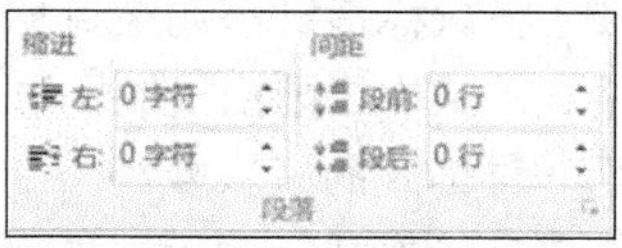

图3-27 “开始”选项卡中的“段落”组

（4）设置边框、底纹和横线。

① 设置边框。

• 为文字设置边框。

选中文字，单击“开始”选项卡，在“字体”组中，单击字符边框按钮，为选中的文字添加边框，再次单击，则取消边框。

• 为段落设置边框。

选中段落，单击“开始”选项卡，在“段落”组中，单击框线按钮右侧的下拉三角，单击“边框和底纹…”，打开“边框和底纹”对话框，如图 3-28 所示。在对话框中选择“边框”选项卡，在“设置”选项中选择边框的类型，“样式”选项中选择需要的线型，“颜色”选项中选择边框的颜色，“宽度”选项中选择边框线的宽度值，“预览”选项中调整段落四周边框线的显示，在“应用于”选择“段落”，即可为选中的段落填充边框。

② 设置底纹。

• 为文字设置底纹。

选中文字，单击“开始”选项卡，在“段落”组中，单击“底纹”按钮右侧的下拉三角，选择其中一种颜色或自定义颜色进行填充。

• 为段落设置底纹。

选中文字或段落，打开“边框和底纹”对话框，如图 3-28 所示。在对话框中选择“底纹”选项卡，选择需要填充的“颜色”“图案”样式等，在“应用于”选择“段落”，即为选中的段落填充底纹。

3. 格式刷

格式刷工具可以将特定文本的格式复制到其他文本中，当用户需要为不同文本重复设置相同格式时，即可使用格式刷工具提高工作效率。操作步骤如下。

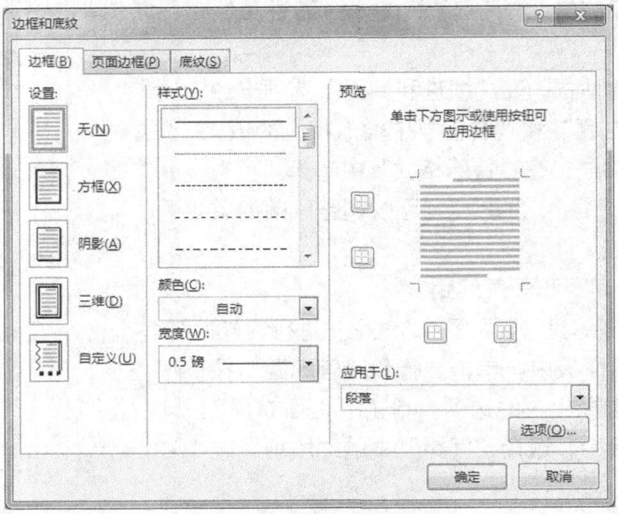

图3-28 “边框和底纹”对话框

（1）选中已经设置好格式的文本，单击“开始”选项卡，在“剪贴板”组中双击“格式刷”按钮。

（2）将鼠标指针移动至目标文本区域，鼠标指针即会变成刷子形状。按住鼠标左键拖选需要设置格式的文本，则格式刷刷过的文本将被应用复制的格式。释放鼠标左键，再次拖选其他文本实现同一种格式的多次复制。

（3）完成格式复制后，再次单击“格式刷”按钮关闭格式刷。如果单击“格式刷”按钮，则格式刷记录的文本格式只能被复制一次。

4. 项目符号和编号

项目符号和编号用于对文档中带有并列性的内容进行排列，项目符号可以使文档更加美观，编号可以对段落进行顺序排列，使文档内容具有一定的条理性。

（1）项目符号。

为文档添加项目符号时，可以使用 Word 中项目符号库中的符号，也可以在符号库中选择已有符号，自定义新的项目符号。

① 使用项目符号库中的符号。

选中文字，单击“开始”选项卡，在“段落”组中，单击“项目符号”按钮右侧的下拉三角，在弹出的项目符号库中单击需要使用的项目符号，即可完成项目符号的操作。

② 自定义新的项目符号。

选中文字，单击“开始”选项卡，在“段落”组中单击“项目符号”按钮右侧的下拉三角，单击“定义新项目符号…”，打开“定义新项目符号”对话框，可以选择“符号”或“图片”，定义一个新的项目符号，还可以调节符号的字体以及对齐方式。

（2）编号。

在 Word 2013 的编号格式库中内置有多种编号，我们还可以根据实际需要定义新的编号格式。

① 使用编号库中的编号。

在“开始”选项卡的“段落”组中单击“编号”下拉三角按钮，并在打开的下拉列表编号库中单击需要使用的编号，即可完成编号的操作。

② 自定义新的编号。

在“开始”选项卡的“段落”组中单击“编号”下拉三角按钮，并在打开的下拉列表中选择“定义新编号格式…”选项，打开“定义新编号格式”对话框，如图 3-29 所示。单击“编号样式”下拉三角按钮，在“编号样式”下拉列表中选择一种编号样式。单击“字体”按钮，可以为编号设置字体格式。在“编号格式”编辑框中保持灰色阴影编号代码不变，根据实际需要在代码前面或后面输入必要的字符。例如，在前面输入“第”，在后面输入“项”，并将默认添加的小点删除。然后在“对齐方式”下拉列表中选择对齐方式，即完成编号设置。

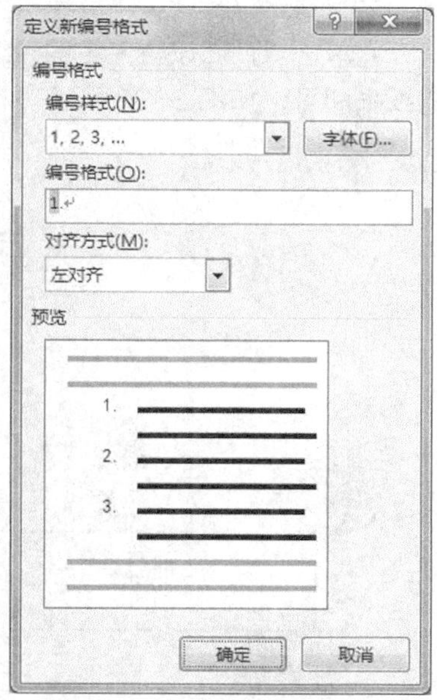

图3-29 “定义新编号格式”对话框

5. 页面布局设置

文档页面布局包括对文档页面、页面背景及页眉页脚等内容的设置，通过完成这些设置可以使打印出的文档更加规范。

（1）设置页边距、纸张大小、纸张方向与页面垂直对齐方式。

单击“页面布局”选项卡，在“页面设置”组（如图 3-30 所示）即能完成页边距、纸张大小、纸张方向的设置。

① 设置页边距。

- 在“页面设置”组中单击“页边距”按钮，并在打开的常用页边距列表中选择合适的页边距。
- 单击页边距列表中的“自定义边距…”命令，如图 3-31 所示，在打开的“页面设置”对话框的“页边距”选项卡上的上、下、左、右输入相应的数值，即完成页边距设置，如图 3-32 所示。

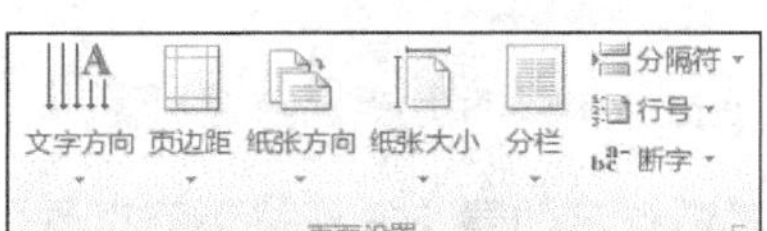

图3-30 “页面设置”组

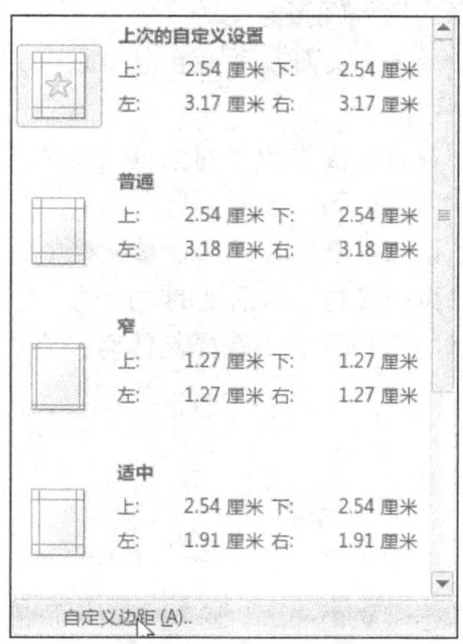

图3-31 “页边距”的下拉列表

② 纸张大小。

• 单击“页面设置”组的“纸张大小”按钮，在打开的“纸张大小”的下拉列表中选择合适的纸张即可，如图 3-33 所示。

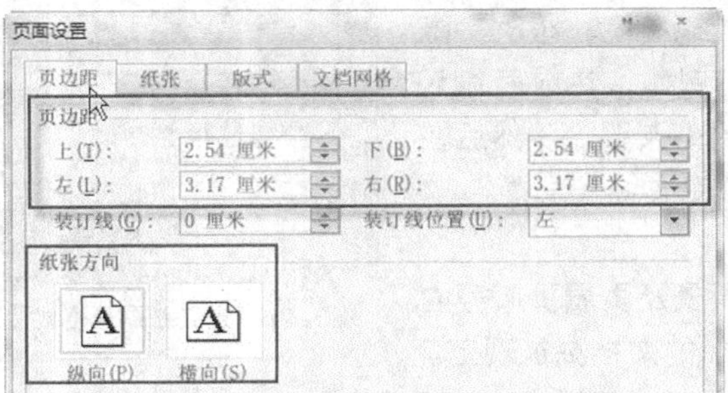

图3-32　设置“页边距”

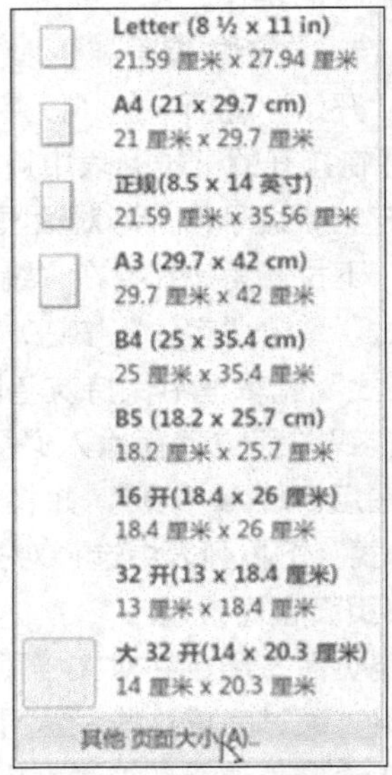

图3-33　“纸张大小”的下拉列表

• 选择“纸张大小”列表中的“其他页面大小…”命令，打开“页面设置”对话框中的“纸张”选项卡，在“纸张大小”区域单击“纸张大小”下拉三角按钮，选择需要的纸张类型，或者自定义纸张尺寸。

③ 纸张方向。

在 Word 2013 文档中，纸张方向包括“纵向”和“横向”两种方向，可以根据页面版式要求选择合适的纸张方向。

• 单击“页面设置”组的“纸张方向”按钮，在打开的下拉列表中选择纸张方向，如图 3-34 所示。

• 在“页面设置”对话框“页边距”的选项卡中，选择合适的纸张方向。

④ 页面垂直对齐方式。

默认情况下，Word 2013 文档中的页面对齐方式为“顶端对齐”。也可以设置其他对齐方式。打开“页面设置”对话框的“版式”选项卡，单击在“页面”的垂直对齐方式右侧的下拉列表框，在展开的下拉列表中选择其他对齐方式，如图 3-35 所示。

图3-34　“纸张方向”的下拉列表

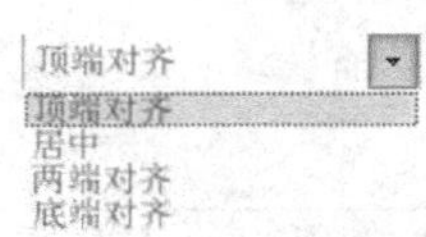

图3-35　页面“垂直对齐方式”的下拉列表

单击“页面布局”选项卡中“页面设置”组右下角的对话框启动器，打开“页面设置”对话框，对“页边距”“纸张方向”“纸张大小”和页面的“垂直对齐”等进行设置。

（2）设置分栏。

分栏就是将 Word 2013 文档全部页面或选中的内容设置为多栏，默认情况下，Word 2013 提供 5 种分栏类型，即一栏、两栏、三栏、偏左、偏右。

① 设置分栏。

• 将鼠标光标定位到需要设置分栏的节或者选中需要设置分栏的特定文档内容（如果当前 Word 文档只有 1 节且未选中内容，则默认为全部文档分栏）。

• 在“页面设置”组中单击“分栏”按钮，在打开的下拉列表中选择合适的分栏类型。其中，“偏左”或“偏右”分栏是指将文档分成两栏，且左边或右边栏相对较窄。

② 分栏对话框。

单击“更多分栏…”，可进入“分栏”对话框，如图 3-36 所示。在“栏数”编辑框中输入分栏数；选中“分隔线”复选框可以在两栏之间显示一条直线分割线；如果选中“栏宽相等”复选框，则每个栏的宽度均相等，取消“栏宽相等”复选框可以分别为每一栏设置栏宽；在“宽度”和“间距”编辑框中设置每个栏的宽度数值和两栏之间的距离数值，在“应用于”编辑框中可以选择当前分栏设置应用于全部文档或当前节。

③ 取消多栏设置。

取消分栏是将设置的分栏效果改为一栏。

（3）设置页面背景。

① 设置页面水印。

在 Word 2013 文档背景中可以设置显示半透明的标识（如“机密”“草稿”等文字或图片），即水印。水印既可以是图片，也可以是文字，并且 Word 2013 内置有多种水印样式。

单击“页面布局”选项卡，在“页面背景”组中单击“水印”按钮，展开“水印”样式下拉列表，如图 3-37 所示，单击选择一种样式。如果想自己设计其他文字或图片水印，则单击“自定义水印…”，打开“水印”对话框，如图 3-38 所示，选择文字水印或图片水印，然后进行相应设置，即可为页面添加自定义的水印效果。如果需要删除已经插入的水印，则在展开的下拉列表中单击“删除水印”即可。

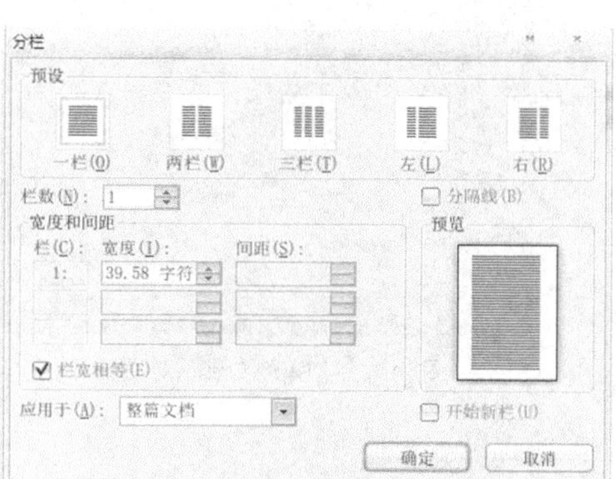

图3-36 “分栏”对话框

图3-37 “水印”的下拉列表

② 页面颜色。

Word 2013 文档的页面颜色可以使用单色、渐变颜色、纹理、图案和图片作为页面背景。其中纹理背景主要使用内置的纹理进行设置，而图片背景则可以使用自定义图片进行设置。

单击“页面布局”选项卡，在“页面背景”组中单击“页面颜色”按钮，展开“页面颜色”样式下拉列表，如图 3-39 所示，在下拉列表中选择其中一种颜色应用于页面背景即可。如果单击“其他颜色…”，则打开“颜色”对话框，如图 3-40 所示，重新设置新的颜色应用于页面背景。如果单击“页面颜色”列表中的“填充效果…”，则打开“填充效果”对话框，如图 3-41 所示，其中有 4 个选项卡，分别是“渐变”“纹理”“图案”和“图片”，可自行设计应用于页面背景。如果想取消页面背景的设置，可单击“页面颜色”列表中的“无颜色”。

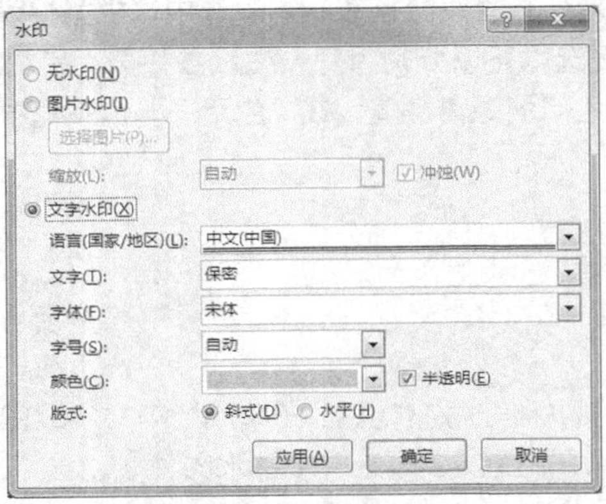

图3-38 “水印”对话框

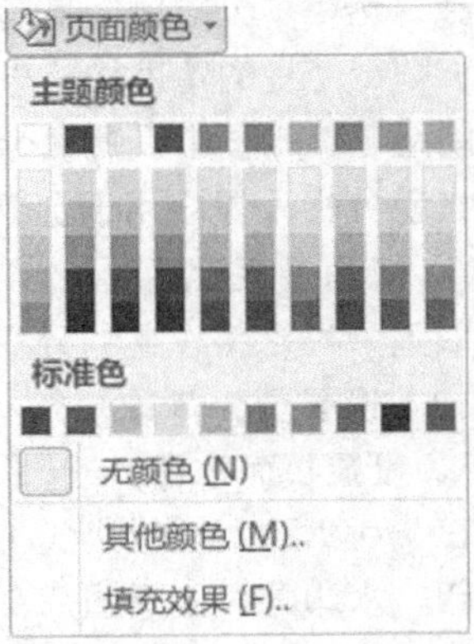

图3-39 “页面颜色”的下拉列表

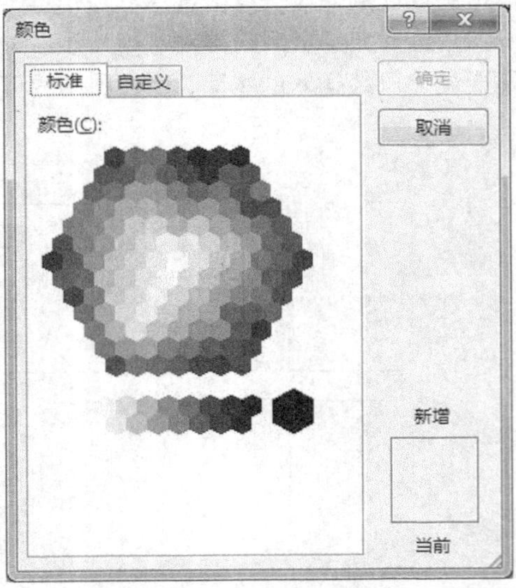

图3-40 “颜色”对话框

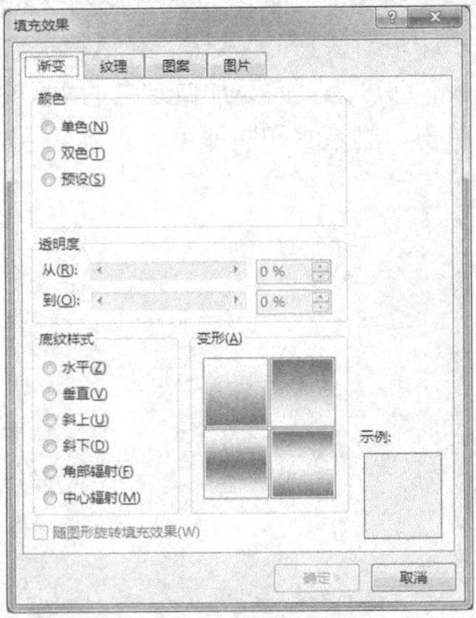

图3-41 “填充效果”对话框

③ 页面边框。

在 Word 2013 文档中设置普通的线型页面边框和各种图标样式的艺术型页面边框，可以使

Word 2013 文档更富有表现力。

单击“页面布局”选项卡，在“页面背景”组中单击“页面边框”按钮，打开“边框和底纹”对话框的“页面边框”选项卡，如图 3-42 所示。在“设置”中选择页面边框的类型，在“样式”列表框中选择页面边框的线型，在“颜色”下拉列表框中选择页面边框的颜色，在“宽度”下拉列表框中选择页面边框线型或边框样式的宽度，在“艺术型”下拉列表框中选择页面边框的边框样式，在“预览”中单击应用线型或边框样式的边框，在“应用于”下拉列表框中可选择应用的范围。如果要取消页面边框的设置，则在“边框和底纹”对话框的“页面边框”选项卡中的“设置”中选择“无”即可。

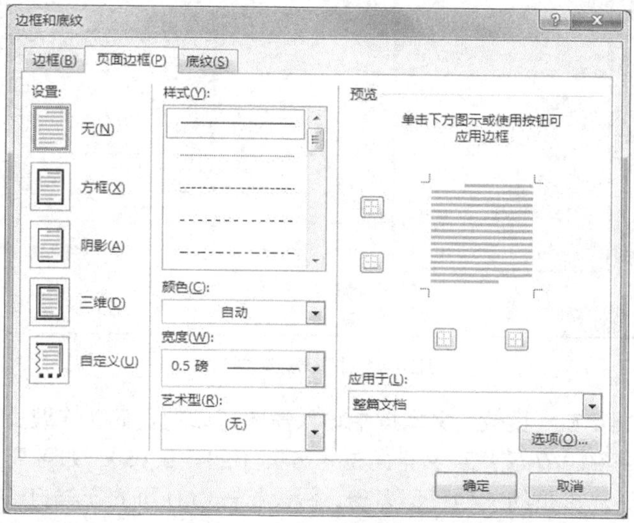

图3-42 “边框和底纹”对话框的“页面边框”选项卡

6. 打印预览及打印设置

(1) 打印预览。

利用文档的“打印预览”功能可以查看文档打印效果，以便及时调整页边距、分栏等设置。

单击“文件”选项卡的“打印”命令，如图 3-43 所示。在打开的“打印”窗口右侧预览区域可以查看文档打印预览效果，可以对纸张方向、页面边距等进行设置，调整的结果可以通过预览区域查看。还可以通过调整预览区下面的滑块改变预览视图的大小，单击右下角的“缩放到页面”按钮，可以单页预览。

(2) 打印设置。

单击“文件”选项卡“打印”命令，展开“打印”窗口，如图 3-43 所示。“打印”窗口左侧是打印的一些相关设置，从上到下分为三栏。

① “打印”按钮和打印份数。

当设置好所有打印参数并且预览满意后，单击“打印”按钮开始打印。

② 打印机的选择及打印机属性的设置：如果电脑中安装有多台打印机，在打印文档时就需要选择合适的打印机，单击打印机展开打印机列表，选择准备使用的打印机即可。

③ 打印项目的设置。

- 打印文档的范围：单击“打印所有页”，展开下拉列表，如图 3-44 所示，可以打印文档、打印文档属性及单独打印奇数页或偶数页。

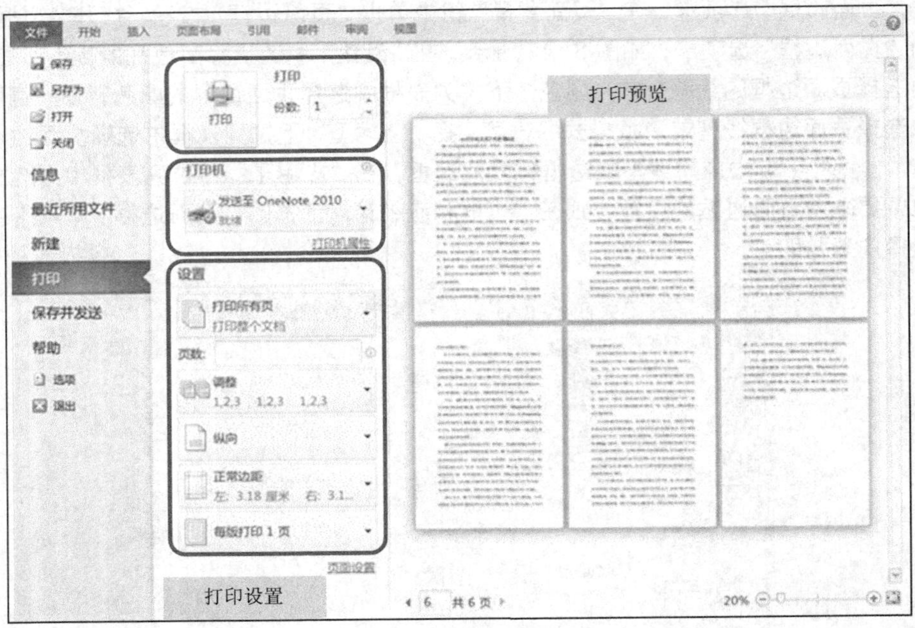

图3-43 打印预览和打印

• 打印页码的范围：在“页数”文本框中输入需要打印的页码，连续页码使用英文半角连接符（如 5-15），不连续的页码使用英文半角逗号分隔（如 5,8,16），即可只打印选定的页。

• 打印顺序：将一篇多页的文档打印多份，假设将一份 3 页的文档打印 2 份，要设置是按照 112233 的顺序还是 123123 的打印顺序。单击“调整”按钮，根据打印需要选择“调整”或者“取消排序”两种方式。

• 设置纸张方向：单击“纵向”，在下拉列表中可以选择纸张的方向。

• 设置页边距：单击“正常边距”，在下拉列表中可以选择各种页面边距以及自定义边距。

• 将多页文档打印在一页纸上：单击“每版打印 1 页”按钮，如图 3-45 所示，在展开的下拉列表中选择合适的版数。

• 按纸张大小缩放打印：单击“每版打印 1 页”按钮，如图 3-45 所示，在展开的下拉列表中选择“缩放至纸张大小”，并在打开的纸张列表中选择合适的纸型。

（3）打印预览编辑模式。

① 添加“打印预览编辑模式”按钮。

单击“文件”选项卡，选择“选项”，打开“Word 选项”对话框，如图 3-46 所示，按照图中的箭头方向，在“快速访问工具栏”中添加“打印预览编辑模式”按钮，如图 3-47 所示。

② 打开“打印预览”选项卡。

添加“打印预览编辑模式”按钮后，单击该按钮，在功能区即可打开“打印预览”选项卡，如图 3-48 所示，可以在打印预览中对文档直接进行修改。

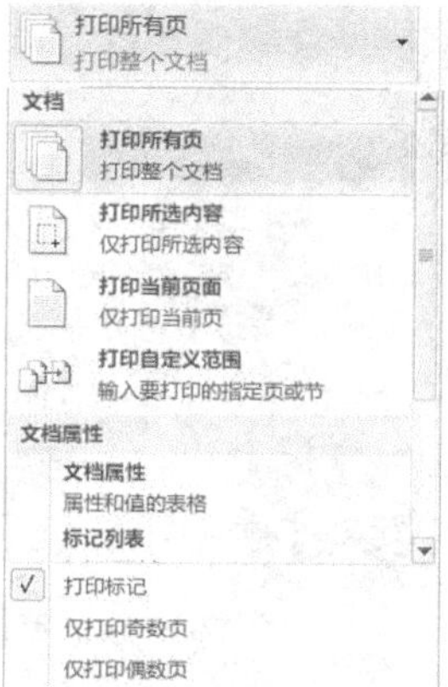

图3-44 打印文档的范围

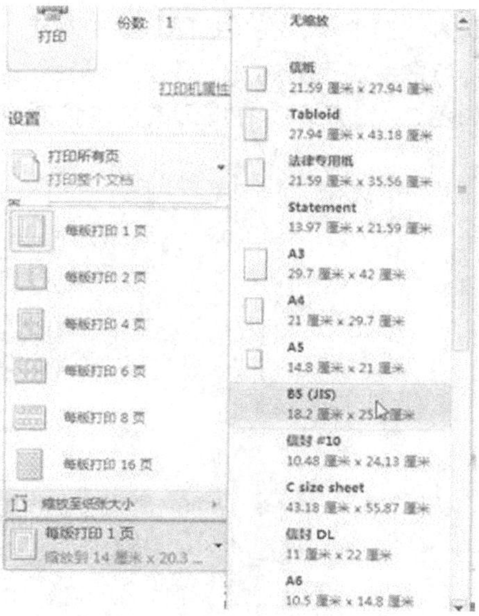

图3-45 打印多页和缩放打印

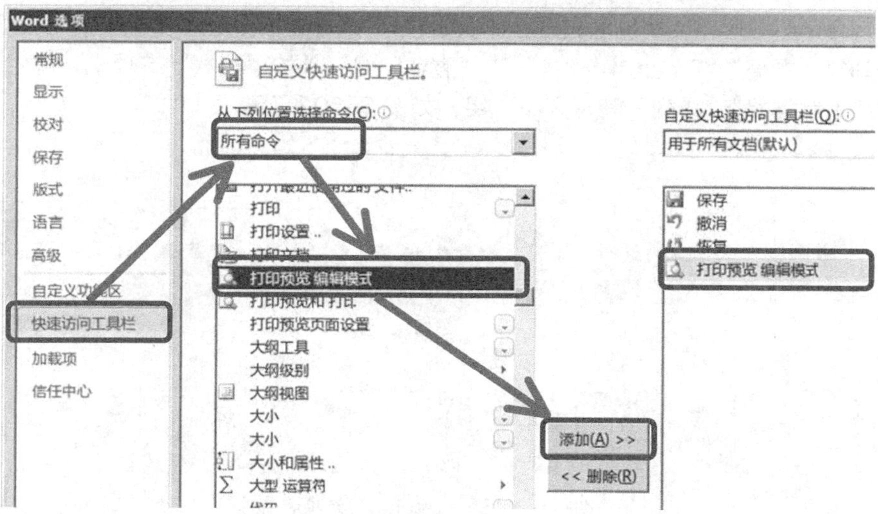

图3-46 添加“打印预览编辑模式”按钮

图3-47 “打印预览编辑模式”按钮

图3-48 “打印预览”选项卡

7. 插入与编辑 SmartArt

（1）插入 SmartArt。

SmartArt 图形是 Word 中预设的形状、文字以及样式的集合，包括列表、流程、循环、层次结构、关系、矩阵、棱锥图和图片等类型，每种类型又包括若干个图形样式。

单击“插入”选项卡，在“插图”组中单击“SmartArt”按钮，打开“选择 SmartArt 图形”对话框，选择所需的类型和布局，单击“确定”按钮，插入 SmartArt 图形，图形自动显示“文本”窗格，如图 3-49 所示，在图形的文本位置或“文本”窗格中输入相应的文字即可。

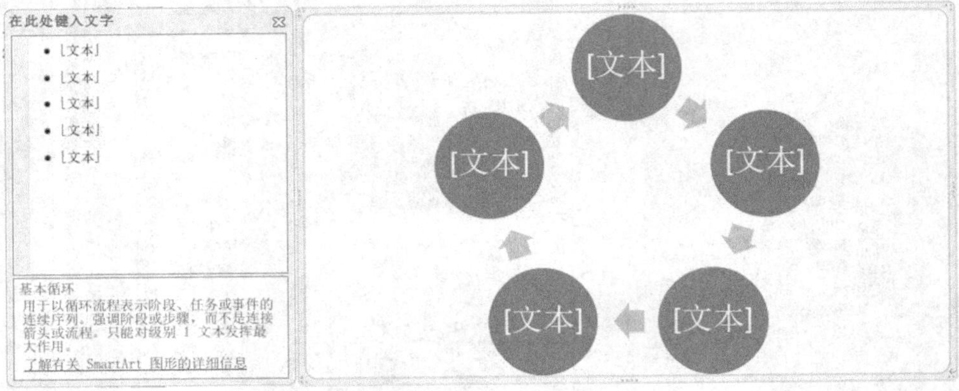

图3-49 插入“SmartArt图形”

（2）编辑 SmartArt 图形。

选中 SmartArt 图形，在功能区出现上下文选项卡“SmartArt 工具”，单击“设计”选项卡，有“创建图形”“布局”“SmartArt 样式”和“重置”组；单击“格式”选项卡，有“形状”“形状样式”“艺术字样式”“排列”和“大小”组，如图 3-50 所示。

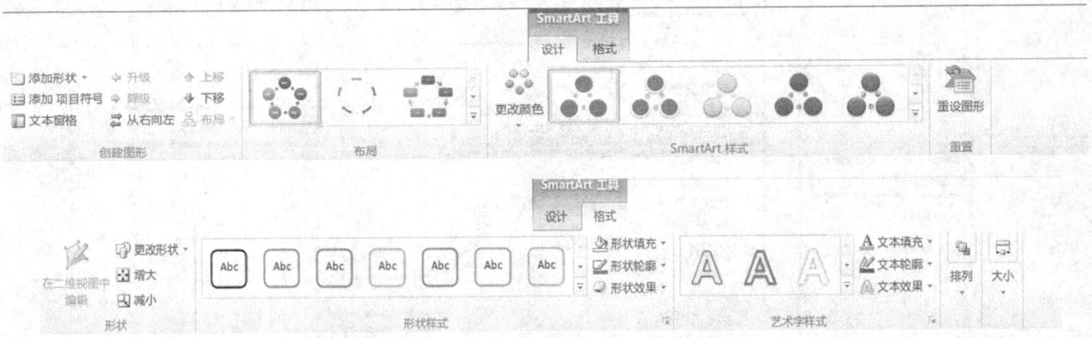

图3-50 “SmartArt工具”选项卡

① 为 SmartArt 图形添加文本。

在左侧单击“文本”窗格中的“[文本]”，然后依次输入文本内容；或者在右侧 SmartArt 图形形状中单击“[文本]”字样，输入文本内容即可。

② 为 SmartArt 图形添加形状。

在 SmartArt 图形中选中与新形状相邻或具有层次关系的已有形状，单击“SmartArt 工具”中的“设计”选项卡，在“创建图形”组中单击“添加形状”下拉三角，在打开的添加形状下拉列表中包含 5 种命令，分别代表不同的意义，根据需要添加合适级别的新形状即可。

- 在后面添加形状：在选中形状的右边或下方添加级别相同的形状。
- 在前面添加形状：在选中形状的左边或上方添加级别相同的形状。
- 在上方添加形状：在选中形状的左边或上方添加更高级别的形状，如果当前选中的形状处于最高级别，则该命令无效。

• 在下方添加形状：在选中形状的右边或下方添加更低级别的形状，如果当前选中的形状处于最低级别，则该命令无效。

• 添加助理：仅适用于层次结构图形中的特定图形，用于添加比当前选中的形状低一级别的形状。

③ 更改 SmartArt 图形布局。

选中 SmartArt 图形，单击“SmartArt 工具”中的“设计”选项卡，在“布局”组中单击“其他”按钮，在打开的布局下拉列表中根据需要重新选择 SmartArt 布局即可。如果当前布局类别中没有合适的 SmartArt 图形布局，则可以单击“其他布局…”命令，在打开的“选择 SmartArt 图形”对话框中重新选择合适的图形布局。

④ 应用 SmartArt 图形样式。

Word 预设了一些 SmartArt 图形样式以及颜色方案，选中 SmartArt 图形，单击“SmartArt 工具”中的“设计”选项卡，在“SmartArt 样式”组中单击“更改颜色”按钮，在展开的下拉列表中选择一种样式应用于 SmartArt 图形；在“SmartArt 样式”组中单击“其他”按钮，每一种布局的 SmartArt 样式分为“文档的最佳匹配对象”和“三维”两组，可以根据需要选择合适的样式应用于 SmartArt 图形。

拓展提升

现今社会发展迅速，家用电器已逐渐改变为智能电器，最常见的如手机、电视等。其余家用电器在近年来也加入智能控制系统，比如现今很多家庭选择的扫地机器人，已经基本智能化，不但加入了智能导航，最新技术已实现通过摄像以及远程红外操控获得更加人性化的清扫体验。海尔集团研发了一款 TAB-T750B 扫地机器人（玛奇朵 M3），该产品专注于室内卫生清洁。为了进行市场推广，让用户了解智能扫地机器人的工作原理，该产品的特性、优势，使用注意事项等信息，集团市场部需要在参考文字和图片素材的基础上，为该型号的产品编写一份产品说明书。说明书必须具备以下特色。

（1）封面设计简洁美观，突出重点，包含公司 logo、产品型号、产品图片等元素。

（2）在说明书中插入合适的图片，进行图文混排设计。

（3）将主要内容进行分栏呈现。

（4）设置适当的页眉和页脚。

经过市场部团队对方案的反复研讨，最后利用 Word 2013 提供的相关技术设计完成，产品说明书设计效果如图 3-51 所示。

操作步骤

（1）新建 Word 文件，保存文档为“产品说明书.docx”。将提供的记事本文档的文字素材复制到产品说明书文件中。

① 在“字体”工具组中将正文各段落文字设置为宋体、小五。

② 在“段落”对话框中将每段首行缩进 2 字符，行间距设置为固定值 20 磅。

（2）在“页面布局”选项卡的“页面设置”工具组中设置纸张大小为 A6。上下页边距设为 0.5cm，左右页边距均设为 1cm。

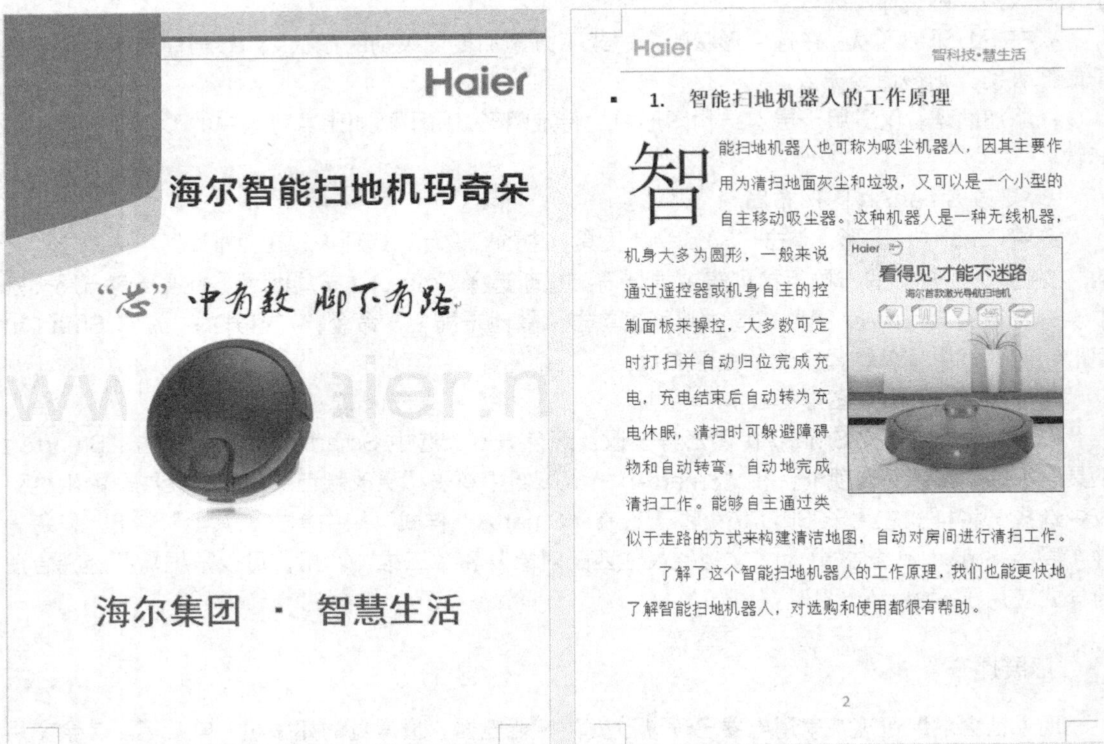

图3-51 产品说明书最终效果截图

（3）将鼠标光标定位在文档开头，单击“插入”选项卡，在“页面”工具组选择“空白页”按钮，新插入的页面将作为说明书的封面。将形状、图片和文字等元素融合在封面设计中。

① 插入“形状”中的矩形，在封面上方拖动鼠标光标绘制矩形条，设置适当的以蓝色为基调的长条形装饰图案。在左侧绘制“对角圆角矩形”，设置形状填充色为蓝色，形状轮廓为无。选择“编辑顶点”按钮，调整图形右下角的角度。按住“Ctrl”键复制一份图形，将形状填充色更改为浅蓝色，向下移动适当的位置。

② 在封面插入提供的玛奇朵 M3 的素材图片，设置一种适当的图片格式。

③ 依照封面样式插入 3 段文字。在电脑的操作系统“Fonts”文件夹中安装“叶根友毛笔行书”字体，将“芯中有数 脚下有路”设置为叶根友毛笔行书字体，蓝色，20 磅。

（4）单击“页面布局”选项卡，在“页面背景”工具组中选择“水印”按钮，将海尔集团的网址“http://www.haier.net/cn/”作为文档的文字水印。

（5）单击“插入”选项卡的“页眉和页脚”工具组，单击“页眉”工具，选择“编辑页眉”按钮进入页眉编辑状态。在页眉处添加 Haier 集团的 logo 图片以及“智科技 · 慧生活”文字。选择一种页码样式，在页面底端中间位置输入页码。

（6）将第一自然段的正文内容设置首字下沉效果。在第一自然段中插入提供的图片，设置为“紧密型环绕”版式，添加黑色细线边框。

（7）将文中提供的“玛奇朵 M3 的产品参数”段落文字直接转换成表格，为表格应用适当的表格样式。单元格中的文字设置为“水平垂直都居中”，效果如图 3-52 所示。

（8）将“扫地机器人玛奇朵 M3 的产品优势”段落正文分成两栏，设置分割线。插入提供的素材图片，设置合适的图片样式。效果如图 3–53 所示。

2. 玛奇朵 M3 的产品参数

品牌名称	Haier/海尔	水箱容量	108mL
资格认证	中国强制性产品 3C 认证	清扫规划	激光探测定位导航
产品型号	海尔 TAB-T750B	吸力强度	1800Pa
电机功率	额定功率 36W	无刷电机	尼得科无刷电机
产品电压	14.8V	电池容量	锂电池 3200mL
定时预约功能	有	清扫面积	80~120m²
过滤网	高级 H10 过滤网	尘盒容积	600mL
清扫模式	全局规划（先以房间为单位分区，每个房间沿边，再弓字型覆盖）		

图3–52　表格效果

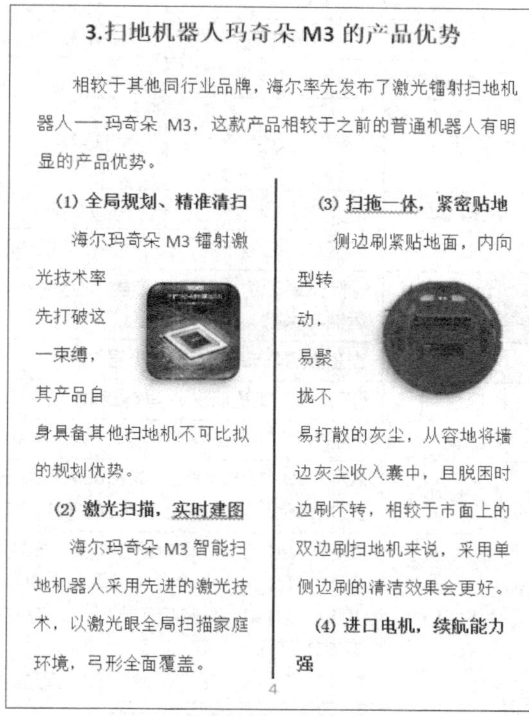
3.扫地机器人玛奇朵 M3 的产品优势

相较于其他同行业品牌，海尔率先发布了激光镭射扫地机器人——玛奇朵 M3，这款产品相较于之前的普通机器人有明显的产品优势。

(1) 全局规划、精准清扫

海尔玛奇朵 M3 镭射激光技术率先打破这一束缚，其产品自身具备其他扫地机不可比拟的规划优势。

(2) 激光扫描，实时建图

海尔玛奇朵 M3 智能扫地机器人采用先进的激光技术，以激光眼全局扫描家庭环境，弓形全面覆盖。

(3) 扫拖一体，紧密贴地

侧边刷紧贴地面，内向型转动，易聚拢不易打散的灰尘，从容地将墙边灰尘收入囊中，且脱困时边刷不转，相较于市面上的双边刷扫地机来说，采用单侧边刷的清洁效果会更好。

(4) 进口电机，续航能力强

4

图3–53　分栏以及图文混排效果

（9）在“5.使用注意事项”中设置适当的项目符号。

（10）将鼠标光标定位在最后一个段落中“关于扫地机器人电池保养”处，单击“引用”选项卡，在“脚注”工具组中单击“插入脚注”工具，即可在页面底端添加一处脚注，脚注内容为“采用的是 3200 毫安时超大容量的电池，约 100 分钟长时间续航，能够做到一次性清扫约 200 平方米的户型地面”。

任务 2　设计求职简历

情境描述

王静是一名高职国际贸易专业三年级学生，按照教育部规定，最后一个学期需要去企业顶岗实习。经过多方了解考察，她看好了一家国际贸易公司。为获得难得的实习机会，她打算利用 Word 软件精心制作一份简洁而醒目的个人简历，设计完成后最终简历效果如图 3-54 所示。

简历是求职者的敲门砖，简历制作的好坏直接影响到求职是否能够成功。简历不一定非要追求与众不同，要能注意以下五大要领。

个人简历

姓名	王静	性别	女	
生日	1999.04	民族	汉族	
籍贯	山东青州	毕业院校	山东外贸职业学院	
政治面貌	中共党员	专业	国际贸易	
学历	大专	邮编	2666100	
联系电话	1527326****	电子邮件	*****	
座右铭	天下难事必做于易，天下大事必做于细			
主要课程	国际贸易理论、国际经济学、世界经济概论、国际市场营销学、国际法、国际贸易实务、国际货物运输与保险、外贸函电等			
现地址	山东省青岛市巨峰路 201 号			
英语水平	CET-6，英语听说、写作能力良好			
计算机水平	熟练掌握 Office 软件操作，熟悉 Internet 应用和多媒体软件			
实习经历	2017.09 参加学院组织的岗位认知实习（熟悉了国际贸易专业的主要岗位） 2018.06 参加学院组织的在青岛新华锦集团的生产实习（熟悉了各类商品及技术的进出口业务）			
个人经历	2017~2018：在体育部任副部，多次参与组织学院篮球赛和足球赛等活动，并任院啦啦队副队，多次参加院里大型晚会；班级组宣委员，组织班级崂山一日游活动。 2017~2018：任班级团支书，组织多次班级活动，参加院乒乓球赛。并成功转正，成为一名正式的中共党员。 2017~2018：任 13 级新生助理班主任（代行班主任职责，积极耐心地做好新生的大学启蒙教育）			
个人奖项	2017 年获院优秀共青团员称号 2017~2018 年获校优秀学生称号 2018 年获校优秀共青团员称号 2018 年“材料杯”乒乓球赛中获女单第二，混双第一			
自我鉴定	本人兴趣广泛，喜欢体育活动，多次参加乒乓球比赛和羽毛球比赛，喜欢游泳，擅长与人交际，喜欢唱歌、读书、下棋、跑步。具备较强的逻辑思维和判断能力，对事情认真负责。独立性强，且不乏良好的团队协调和合作能力。吃苦耐劳、待人和睦、善于与人交往、能与人协调工作、有很强的上进心和持久的工作热情			

图3-54 求职简历效果

1. 语言要言简意赅

招聘的工作人员多半工作量大，时间宝贵，不可能花时间阅读冗长的简历，简历过长反而会增加招聘人员的反感。言简意赅，流畅简练，令人一目了然的简历，也是对求职者的工作能力最直接的反映。所以，简历应在重点突出、内容完整的前提下，尽可能简明扼要，不要陷入无关紧要的说明。多用短句，每段只表达一个意思。

2. 简历内容要真实

写好简历还有一个最基本的要求就是确保内容真实。有许多初次求职者，为了能让公司对自己有一个好的印象，往往会给自己的简历造假，可能短期内未被识破，但终究会有水落石出的那一天。

3. 内容应重点突出

由于时间的关系，招聘人员可能只会花短短几秒钟的时间来审阅你的简历，因此你的简历一定要重点突出。一般来说，对于不同的企业、不同的职位、不同的要求，求职者应当事先进行必要的分析，有针对性地设计准备简历。盲目地将一份标准版本大量复制，效果会大打折扣。

4. 要突出自己的技能

列出所有与求职有关的技能。你将有机会展现你的学历和工作经历以外的天赋与才华。回顾以往取得的成绩，对自己从中获得的体会与经验加以总结、归纳。你的选择标准只有一个，即这一项能否给你的求职带来帮助。

5. 适当引用专业术语

引用应聘职位所需的主要技能和经验术语，使简历重点突出。例如，你要应聘办公室人员，招聘单位就会要求你熟悉文字处理系统，如 WPS 或 Word 等；招工程师，需要你懂绘图和设计软件。如果你符合要求，那么引用这些专业术语在你的简历中描述你的优点。

任务实现

1. 调整文档版面

新建文件，设置纸张大小为 A4，页边距（上、下）为 2.5 厘米，页边距（左、右）为 3.2 厘米。

2. 绘制与编辑表格

（1）单击“插入”选项卡，在“表格”工具组单击“表格”按钮，在“插入表格”对话框中的设置如图 3-55 所示。单击“确定”按钮，即可插入一个 15 行 5 列的表格。

（2）调整表格框架。

在建立的表格基础上，选择相应的单元格，在“表格工具”选项栏中选择“布局”选项卡，在“合并”工具组选择“合并单元格”命令，如图 3-56 所示，进一步合并单元格。

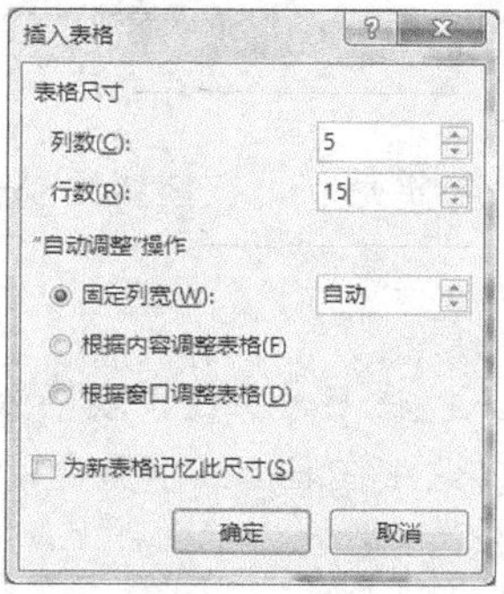

图3-55 插入表格

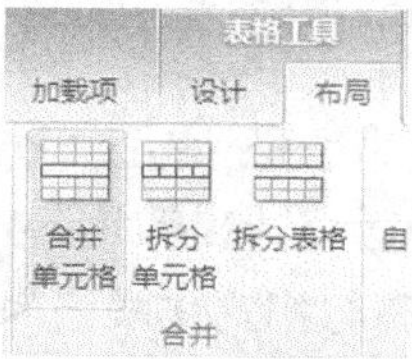

图3-56 表格合并与拆分

也可以插入 2 列 15 行的表格，然后尝试拆分单元格构建表格框架。

（3）选择第 1 列单元格，按住“Ctrl”键依次加选第 3 列的 6 个单元格，在“表格工具”选项栏中选择“设计”选项卡，单击“底纹”命令，填充浅灰色底纹，使得突出和醒目。

3. 编辑简历内容

（1）输入文字，重点强调的文字加粗显示。

（2）在右上角单元格插入求职者图片。

相关知识

1. 创建表格

在 Word 中，可以在表格中输入文字、插入图片、插入图形或 SmartArt 图形，将复杂的内容有条理地表达出来，还可以在表格中进行运算。

单击“插入”选项卡，在“表格”组中单击“表格”，展开下拉列表，如图 3-57 所示。

（1）使用虚拟表格创建表格。

在打开的虚拟表格列表中移动光标，经过需要插入的表格行列，确定后单击，即可快速完成表格的插入，但是这种方式只能插入 10×8 的表格。

（2）使用对话框创建表格。

在打开的列表中选择“插入表格…”命令，打开“插入表格”对话框，如图 3-58 所示，选择相应的数据，即可插入表格。

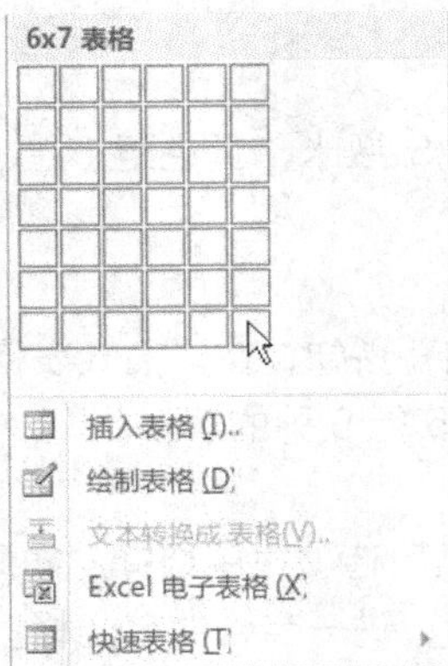

图3-57 “插入表格”的下拉列表

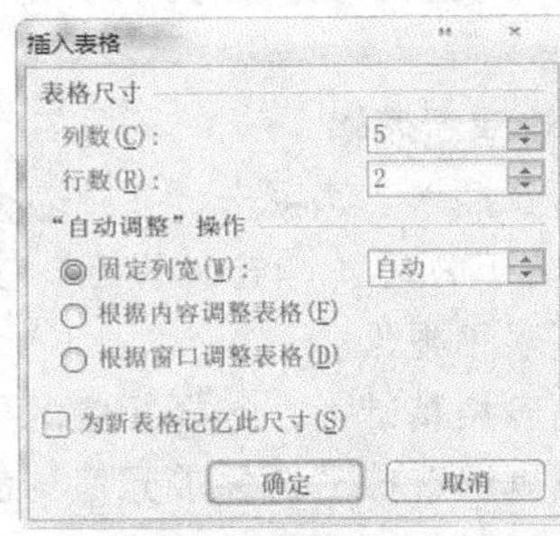

图3-58 “插入表格”对话框

（3）手动绘制表格。

在打开的列表中单击“绘制表格”命令，光标变成铅笔形状，在需要绘制表格的位置按住左键拖动鼠标，绘制表格的行、列和斜线。

（4）插入 Excel 电子表格。

在打开的列表中选择“Excel 电子表格”命令，插入空白 Excel 电子表格以后，即可在 Excel 中进入数据录入、数据计算等数据处理工作，其操作方法跟在 Excel 中完全相同。

2. 输入、编辑与格式化表格内容

（1）在表格中输入文字。

在 Word 2013 中插入表格后，在需要输入内容的单元格中单击，使其处于编辑状态，然后即可输入内容。

（2）编辑表格。

① 插入/删除单元格、行和列。

选中单元格、行或列，在“表格工具”选项卡中，单击“布局”选项卡，在“行和列”组中，选择相应的按钮，即可插入/删除单元格、行和列，如图 3-59 所示。也可在“行和列”组中，单击对话框启动器，打开“插入单元格”对话框，如图 3-60 所示，进行相应的选择，插入单元格、

行或列。

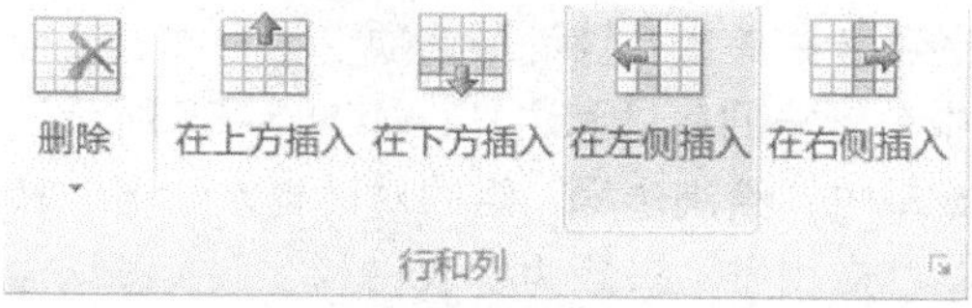

图3-59 “行和列”组

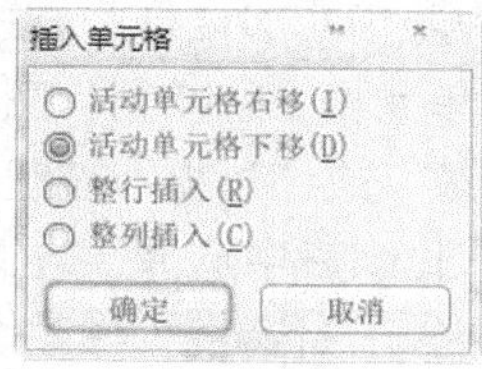

图3-60 “插入单元格”对话框

② 单元格大小。

选中单元格、行或列，在“表格工具”选项卡中单击“布局”选项卡，在“单元格大小”组中（如图 3-61 所示）单击“自动调整”“分布行”和“分布列”等按钮，以及在“高度”和“宽度”框中调整数值，对行、列或单元格的大小进行设置。单击“单元格大小”组的对话框启动器，打开“表格属性”对话框，如图 3-62 所示，单击“行”“列”或“单元格”选项卡，对行、列或单元格的大小进行设置。

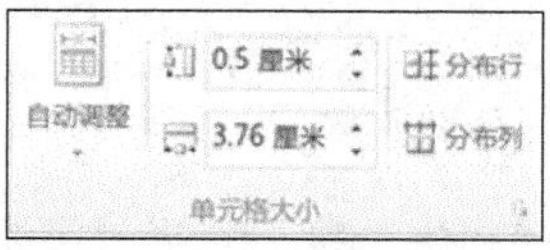

图3-61 “单元格大小”组

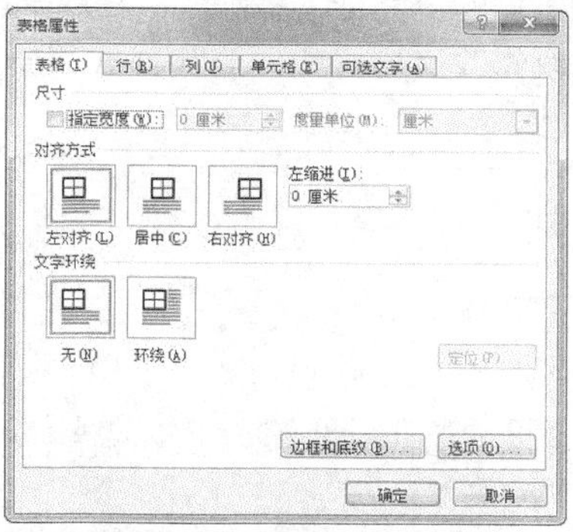

图3-62 “表格属性”对话框

③ 设置单元格文字对齐方式、文字方向和边距。

选中单元格、行或列，在出现的“表格工具”选项卡中单击“布局”选项卡，在“对齐方式”组中（如图 3-63 所示）设置单元格的文字对齐方式和方向。单击“单元格边距”按钮，打开“表格选项”对话框，输入单元格上、下、左、右的值调整单元格边距，如图 3-64 所示。

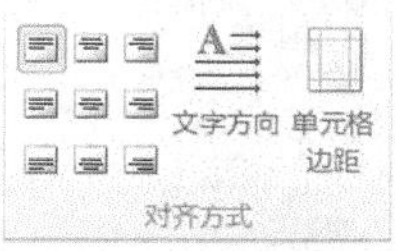

图3-63 “对齐方式”组

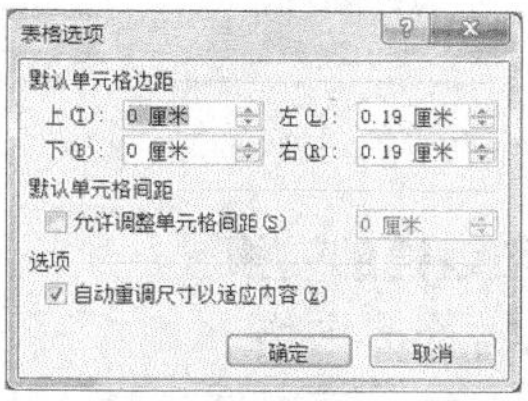

图3-64 “表格选项”对话框

（3）格式化表格。

① 设置表格的对齐方式和文字环绕。

选中单元格、行或列，在“表格工具”选项卡中单击“布局”选项卡，在“表”组中单击“属性”按钮，或在“单元格大小”组中单击“单元格大小”组的对话框启动器，可以打开“表格属性”对话框，如图 3-62 所示，在“表格”选项卡中选择表格的对齐方式和文字环绕方式。

② 为表格添加边框和底纹。

选中单元格、行或列，在“表格工具”选项卡中单击“设计”选项卡，在“表格样式”组中单击“底纹”或“边框”按钮，可以设置选中单元格的底纹和边框，如图 3-65 所示。单击“边框”，在下拉列表中选择“边框和底纹…”，或单击“绘制边框”组的对话框启动器，都可以打开“边框和底纹”对话框（如图 3-66 所示），将“应用于”设置为“表格”。

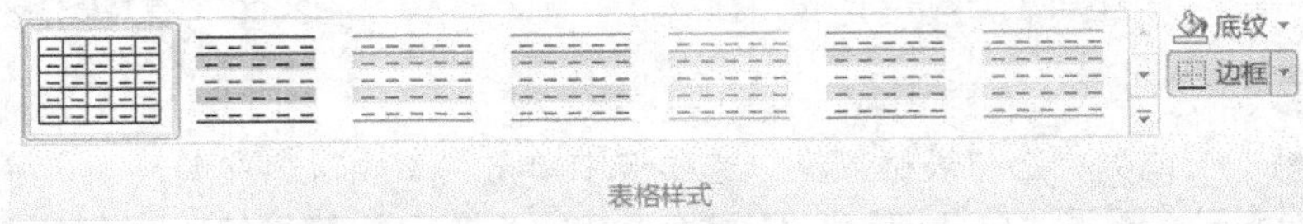

图3-65 “表格样式”组

③ 表格样式的应用。

选中单元格、行或列，在“表格工具”选项卡中单击“设计”选项卡，在“表格样式”组中单击样式右侧的“其他”按钮，在展开的 Word 内置的表格样式中选择一种样式应用于所选表格，也可以修改表格样式、清除样式和新建样式，如图 3-67 所示。

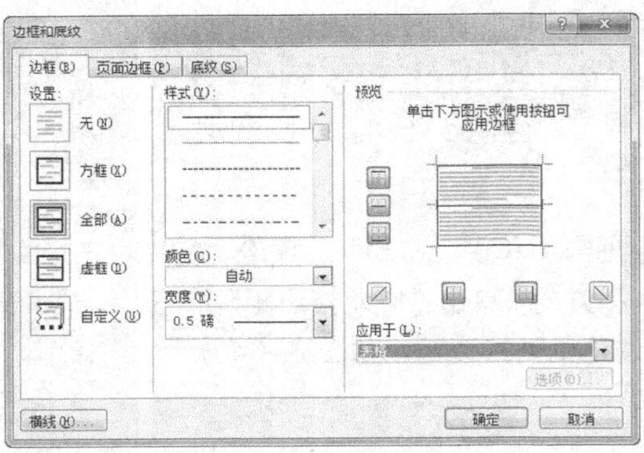

图3-66 表格的“边框和底纹”对话框

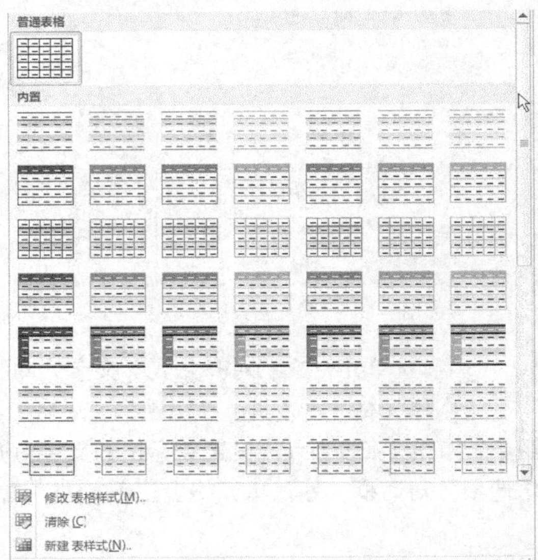

图3-67 “表格样式”列表

3. 文本与表格的转换

（1）文本转换为表格。

在编辑文本时，如果需要将文本内容使用表格进行表现时，可直接将文本转换为表格。

① 整理文本。

在转换时首先需要设置文字的分隔符位置，插入分隔符（例如逗号或制表符），以指示将文本分成列的位置。使用段落标记指示要开始新行的位置。

② 转换成表格。

选择要转换的文本，单击“插入”选项卡，在“表格”组中单击“表格”，展开下拉列表，单击“文本转换成表格…”按钮 文本转换成表格(V)... ，打开“将文字转换成表格”对话框，如图 3-68 所示，根据文本内容，将表格的尺寸、文字分隔位置设置好，单击“确定”按钮即可。

（2）表格转换成文本。

在 Word 2013 文档中，可以将 Word 表格中指定单元格或整张表格转换为文本内容。

选中需要转换为文本的单元格，如果需要将整张表格转换为文本，则只需单击表格中任意单元格。单击“表格工具”中“布局”选项卡，然后在“数据”组中单击“转换为文本”按钮 转换为文本，打开的“表格转换成文本”对话框如图 3-69 所示。选中文字分隔符中任意一种标记符号选项，最常用的是“段落标记”和“制表符”两个选项。如果表格中有嵌套表格，则选中“段落标记”，同时勾选“转换嵌套表格”，可以将嵌套表格中的内容转换为文本。

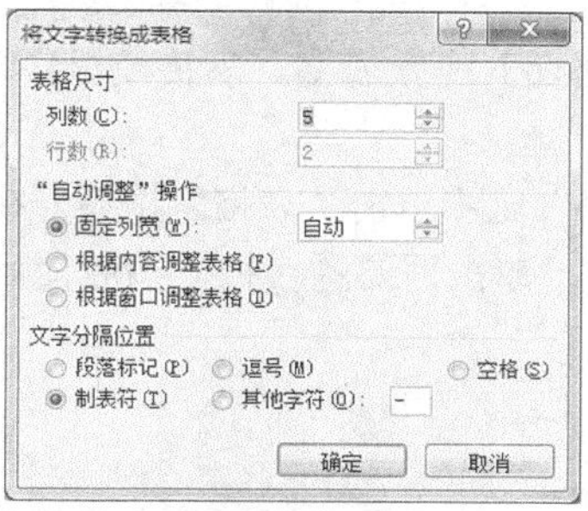

图3-68 “将文字转换成表格”对话框

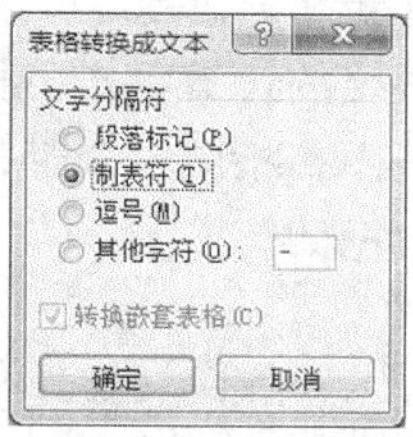

图3-69 “表格转换成文本”对话框

4. 拆分、合并表格、单元格以及使用表格模板

（1）拆分、合并表格。

① 拆分表格。

- 可以将一个表格拆分成多个表格。表格只能从行拆分，不能从列拆分。
- 单击表格拆分的分界行中任意单元格，单击“表格工具”中的“布局”选项卡，在“合并”组中单击“拆分表格”按钮 拆分表格 即可。
- 单击表格拆分的分界行中任意单元格，按快捷键“Ctrl+Shift+Enter”键。

② 合并表格。

可以将多个表格合并成一个表格。将光标选中的两个表格之间的空行删除即可。

（2）拆分、合并单元格。

① 拆分单元格。

可以将表格的一个单元格拆分成两个或多个单元格。

- 右击需要拆分的单元格，在打开的列表中选择“拆分单元格…”命令，打开“拆分单元格”对话框，分别设置需要拆分成的“列数”和“行数”，单击“确定”按钮完成拆分。
- 选中需要拆分的单元格，单击“布局”选项卡，单击“拆分单元格”按钮 拆分单元格，打开“拆分单元格”对话框，分别设置需要拆分成的“列数”和“行数”，单击“确定”按钮完成拆分。
- 选择表格中任意一个单元格，单击“表格工具”中的“设计”选项卡，在“绘图边框”组中单击“绘图表格”按钮，指针变成铅笔形状，拖动鼠标左键即可在表格中绘制线条，将单元格拆分成多个行或列。按“Esc”键或再次单击“绘图表格”按钮取消绘制状态。

② 合并单元格。

可以将表格中两个或两个以上的单元格合并成一个单元格。

• 选择表格中需要合并的两个或两个以上的单元格，右击选中的单元格，选择“合并单元格”菜单命令即可。

• 选择表格中需要合并的两个或两个以上的单元格，单击“布局”选项卡，在“合并”组中单击“合并单元格”按钮 合并单元格 即可。

• 选择表格中需要合并的两个或两个以上的单元格，单击“表格工具”中的“设计”选项卡，在“绘图边框”组中单击“擦除”按钮，指针变成橡皮擦形状，在表格线上拖动鼠标指针即可擦除线条，将两个单元格合并。按“Esc”键或再次单击“擦除”按钮取消擦除状态。

（3）使用表格模板。

可以使用表格模板并基于一组预先设好格式的表格插入一张表格。表格模板包含示例数据，可以帮助设计表格的外观。

在插入表格的位置单击“插入”选项卡，在“表格”组中单击“表格”按钮，在展开的“插入表格”列表中，指向“快速表格”，如图 3-70 所示，单击需要的模板，然后使用新的数据替换模板中的数据即可。

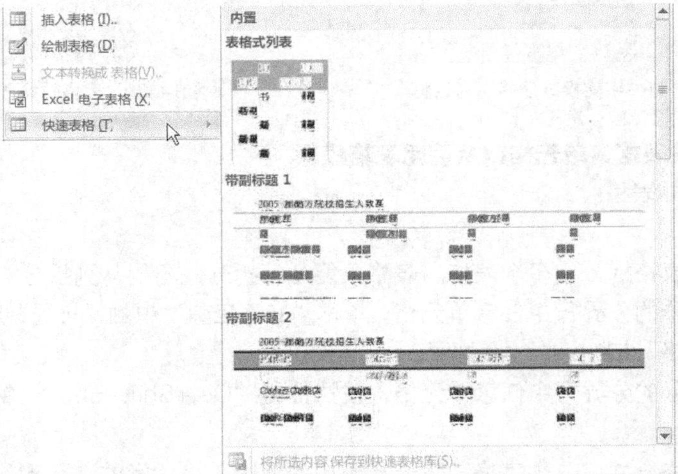

图3-70 “快速表格”列表

5. 设置标题行重复

在 Word 2013 文档中，如果一张表格需要在多页中跨页显示，则设置标题行重复显示很有必要，因为这样会在每一页都明确显示表格中的每一列所代表的内容。

• 在表格中选中标题行（必须是表格的第一行）。单击“表格工具”中的“布局”选项卡，在“表”组中单击“属性”按钮，打开“表格属性”对话框，如图 3-62 所示。切换到“行”选项卡，勾选“在各页顶端以标题行形式重复出现”复选框，单击“确定”按钮即可。

• 单击“表格工具”中的“布局”选项卡，在“数据”组中单击“重复标题行”按钮 重复标题行，设置跨页表格标题行重复显示。

6. 对表格数据进行计算

在 Word 中使用表格，可以对表格的内容进行排序与运算等操作。使用这两个功能可以对表格中的数据进行分析处理，使表格中的内容更有条理，更清晰。

（1）对表格数据进行排序。

单击需要数据排序的表格，单击“表格工具”中的“布局”选项卡，在“数据”组中单击“排序”按钮，打开“排序”对话框，如图 3-71 所示，在“主要关键字”区域，单击关键字下拉三角按钮选择排序依据的主要关键字；单击“类型”下拉三角按钮，在“类型”列表中选择“笔画”“数字”“日期”或“拼音”选项；选中“升序”或“降序”单选框，设置排序的顺序类型。如果需要，可以在“次要关键字”和“第三关键字”区域进行相关设置。在“列表”区域选中“有标题行”单选框。如果选中“无标题行”单选框，则表格中的标题也会参与排序。

（2）在表格中进行运算。

Word 2013 提供的数学公式运算功能可对表格中的数据进行数学运算，包括加、减、乘、除，以及求和、求平均值等常见运算。可以使用运算符号和 Word 2013 提供的函数进行运算。

在准备数据计算的表格中单击计算结果单元格，单击“表格工具”中的“布局”选项卡，在“数据”组中单击“公式”按钮，打开“公式”对话框，如图 3-72 所示。“公式”编辑框中会根据表格中的数据和当前单元格所在位置自动推荐一个公式，例如“=SUM（ABOVE）”是指计算当前单元格上方单元格的数据之和。可以单击“粘贴函数”下拉三角按钮选择合适的函数，例如平均数函数 AVERAGE、计数函数 COUNT 等。其中，公式中括号内的参数包括 4 个，分别是左侧（LEFT）、右侧（RIGHT）、上方（ABOVE）和下方（BELOW）。完成公式的编辑后单击“确定”按钮即可得到计算结果。

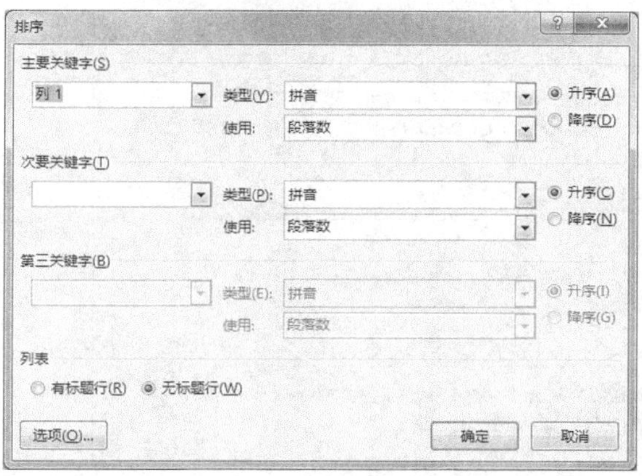

图3-71　“排序”对话框

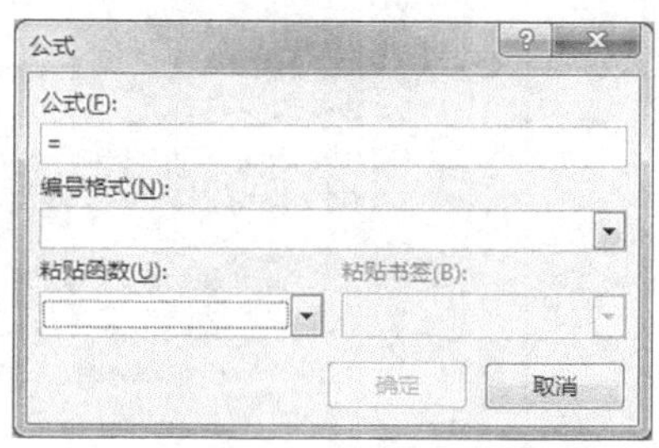

图3-72　“公式”对话框

拓展提升

又是一年毕业在即，市场营销专业的学生需要制作一份精致的求职简历去参加应聘，我们想为本届毕业生设计一个求职简历模板，设计完成后的效果如图 3-73 所示。

操作步骤

（1）新建文件，设置表格框架。

① 新建 A4 文件，保存成“***简历.docx”（将***改成自己的姓名）。设置文档页边距，上边距设为 3.2 厘米、下边距设为 3 厘米，左右页边距均设为 2.5 厘米。

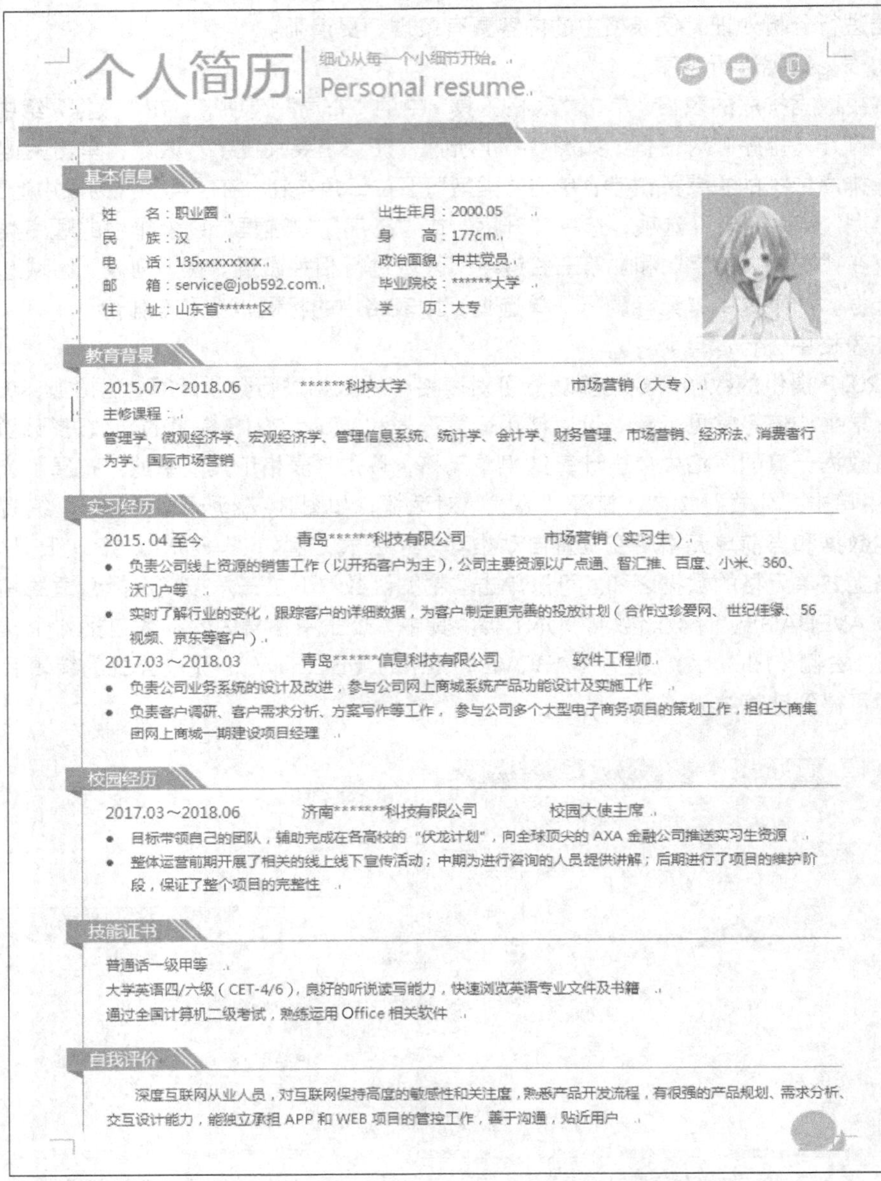

图3–73　简历设计效果图

② 插入一个 12 行 3 列的表格。

③ 调整表格框架，进行合并单元格。

④ 在单元格中输入文字内容，设置左对齐。

⑤ 选中表格，在“表格工具”选项栏“设计”选项卡的“边框”工具组的“边框”工具中，将表格边框设置为“无框线”。

（2）文字设置。

① 选择标题“个人简历”，在“字体”工具组设置成微软雅黑、二号、绿色。

② 选择“细心从每一个小细节开始”“Personal resume”文字，在“字体”工具组设置成

微软雅黑、五号、绿色，双行合一。

（3）图形编辑。

① 单击“插入”选项卡，在“形状”工具选择线条中的“直线”，按住“Shift”键绘制垂直竖线。

② 在右上角插入3个图标，按住“Shift”键全选，在“排列”工具组单击“对齐”按钮，选择“横向平均分布”以及“底端对齐”。

③ 绘制矩形，绿色形状填充，无形状轮廓，编辑右上角顶点，按住“Shift”键向左微调到合适的角度。

④ 按住“Ctrl”键将该矩形复制一份放在右侧，降低高度和颜色饱和度，进行水平翻转和垂直翻转，适当降低高度。

⑤ 组合图形绘制。

- 按照上边图形的制作方法绘制绿色图形，右击输入文字“基本信息”。
- 绘制直角三角形，进行水平翻转和垂直翻转，降低颜色明度，放在左下方，增强立体效果。
- 绘制平行四边形，然后进行水平翻转。
- 按住“Ctrl”键将该平行四边形复制一份放在右侧，调整宽度。
- 在右侧按住“Shift”键绘制绿色横线。

⑥ 最后按住“Shift”键依次选择5个图形，在“绘图工具”选项卡的“排列”工具组，单击“组合”按钮，将5个图形进行组合。

（4）将组合后的图形按住“Ctrl”键依次复制5份，适当调整位置。将文字内容依次更改为“教育背景”“实习经历”“校园经历”“技能证书”“自我评价”。

（5）在页面左侧按住“Shift”键绘制竖线；按住“Shift”键依次加选6个图形，在“绘图工具”选项卡的“排列”工具组中单击“对齐”按钮，将图形进行左侧对齐。

（6）将文字在单元格中设置左对齐，“实习经历”和“校园经历”前设置适当的项目符号。

（7）插入图片。

① 在基本信息行的最后一个单元格中插入人物图片。

② 在右下角插入修饰图片。

（8）单击“文件”选项卡，单击“另存为”按钮，打开“另存为”对话框，在保存类型中选择“Word 模板”，将文件保存为模板，以供后期方便使用。

任务3 策划方案排版

情境描述

某学生电商运营社团要做一个 “1Buy 万”一元预约消费平台的商业项目，首先需要制作该电子商务运营项目的商业策划书。要求设计策划书封面，格式要整洁规范、字体正确、段落分明、插入目录、编制页码、设置页眉页脚、进行页面设置、打印输出。“1Buy 万”一元预约消费平台策划书如图3-74所示。

制作策划方案时，需要注意以下几个原则。

（1）符合策划方案的格式规范，页面设置合适，字体段落格式得体。

（2）文中各级标题文字要醒目，同一级标题数字格式一致。

（3）页眉页脚的设置体现文章排版的风格（奇偶页不同）。

（4）注释内容利用脚注和尾注的方式来设置。

（5）对于比较长的策划书，要制作封面和目录。

（6）中间的插图、插表大小要合适，位置恰当，要有相应的名称标注。

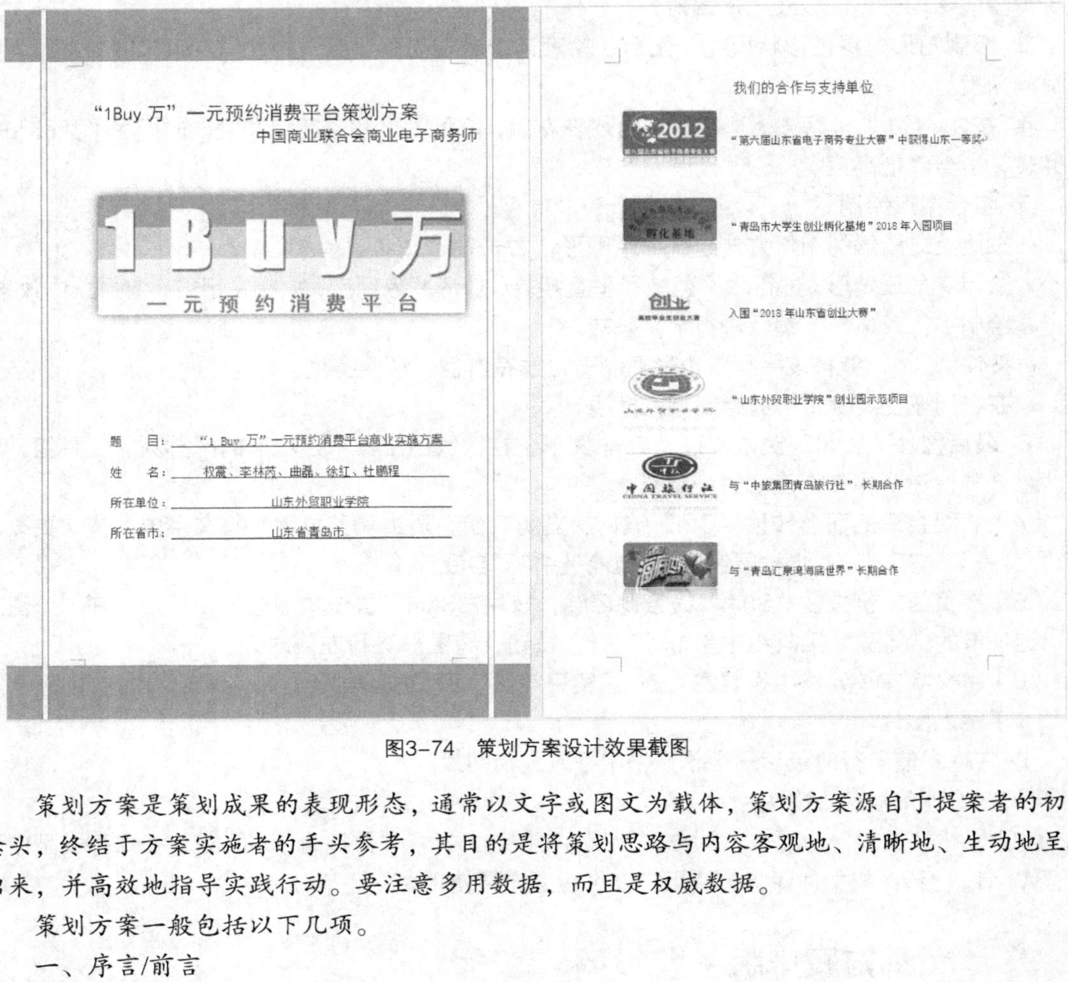

图3-74 策划方案设计效果截图

策划方案是策划成果的表现形态，通常以文字或图文为载体，策划方案源自于提案者的初始念头，终结于方案实施者的手头参考，其目的是将策划思路与内容客观地、清晰地、生动地呈现出来，并高效地指导实践行动。要注意多用数据，而且是权威数据。

策划方案一般包括以下几项。

一、序言/前言

二、市场分析/市场背景

三、产品/服务优劣势分析

四、市场战略/推广策略/广告或促销策略

五、广告或促销文案

六、媒体投放分析/计划

七、费用预算

八、前景预测/效果评估

九、市场资源创拓

十、宣传规划

任务实现

1. 插入封面

（1）新建 Word 文件，保存为“策划方案.docx”。在“插入”选项卡的“页面”工具组选择“封面”工具，选择“细条纹”形的封面（见图 3–75）。

（2）将标题设为“1Buy 万”一元预约消费平台网站策划方案，副标题设置为“中国商业联合会商业电子商务师”。

（3）选择封面上的“日期、公司和作者”，按“Delete”键删除。

（4）按照样文格式输入“题目”“姓名”“所在单位”“所在省市”等信息。

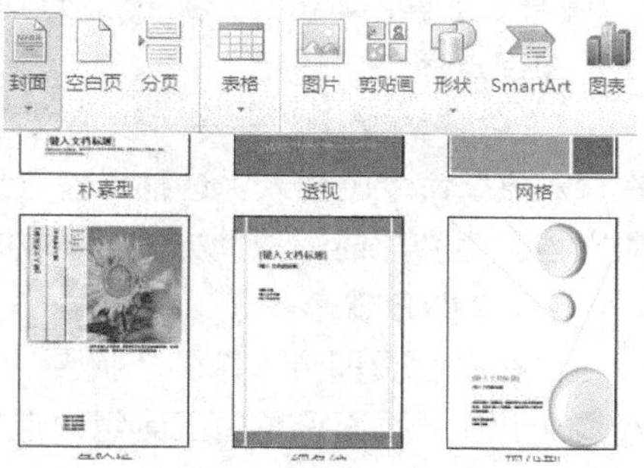

图3–75 封面

2. 格式设置

（1）选择策划方案的标题，在“字体”工具组中将其设置为二号、黑体，副标题设置为小二号、黑体，题目、姓名等信息设为宋体、四号。

（2）选择“摘要”两字，在“字体”对话框中将策划方案的“摘要”设置为四号、黑体、加粗，字间距加宽 2 磅；选择摘要的其余文字，在“字体”工具组中设置为 4 号宋体。

（3）在正文处单击鼠标，按住“Ctrl+End”键，单击，插入点跳转到文档结尾，按住“Shift”键，则会将正文部分全部选中，在“字体”工具组中设置策划书正文统一使用 5 号宋体。

（4）在“字体”工具组中将“附录”和“参考文献”设置为四号、黑体、加粗，参考文献中的其余文字设置为 5 号宋体。

（5）设置行（段）间距：除标题外，在“段落”对话框中设置其余文字首行缩进 2 字符。标题行的段前 1 行，段后 1 行，摘要部分的行距为 1.5 倍行距，正文的段前、段后各 0.5 行，行距为固定值 20 磅。

（6）在“开始”选项卡“编辑”工具组中单击“替换”工具，打开“查找和替换”对话框，如图 3–76 所示。将文中所有的“qq”更改为大写的“QQ”，单击“全部替换”按钮。

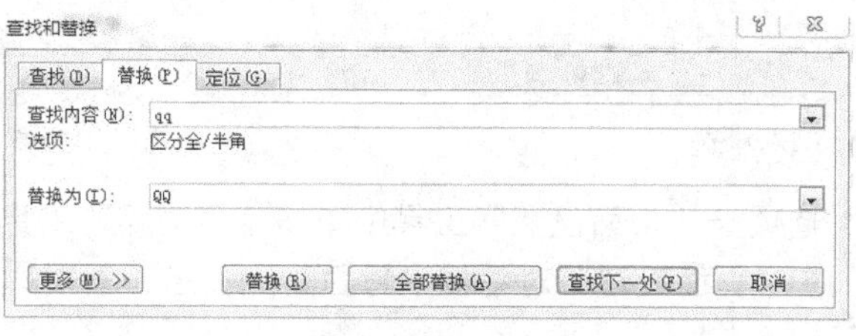

图3–76 “查找和替换”对话框

3. 插入图片

在页面空白处单击“插入”选项卡，在“插图”工具组中单击“图片”工具，在打开的“插入图片”对话框中选择提供的 logo.jpg 图片。选择图片，在“图片工具”选项栏中设置图片样式为“居中矩形阴影”。

4. 插入文件

（1）在附录位置单击“插入”选项卡，在“文本”工具组中选择“对象”工具，在打开的“对象”对话框中选择“由文件创建”选项卡，如图 3-77 所示。单击“浏览”按钮，将委托服务合同.docx 选中，单击“确定”按钮，将委托服务合同.docx 文件插入到附录中。

（2）依照上述方法将市场调查问卷.docx 文件插入到附录中。

（3）在市场问卷调查前定位鼠标光标，单击“页面布局”选项卡，在“页面设置”工具组选择“分隔符”工具，单击“分页符”，选择“下一页”类型，则会在插入的两个文件之间设置分页符。

知识点拨

“文件中的文字”命令可以将文档中的文字插入到当前的文档中，并包含已有的文字格式。在“对象”命令中插入：这种操作效果就好像复制粘贴文档到当前文档中一样。插入为链接：当原文档发生变化时，以此方式插入的文档也会发生相同的变化。

5. 文档分节

请在第 2 页即合作单位、摘要、附录之后，参考文献之前定位鼠标光标，单击“页面布局”选项卡，在“页面设置”工具组中选择“分隔符”工具，单击“分页符”，选择“下一页”类型，则会在相应的位置设置分页符。操作完成后，该文档被强制分为 5 节，请将视图方式切换到“草稿视图”下观察分节符的标记。

6. 页面设置

（1）将鼠标光标定位在文档的第 1 节第 2 页（即我们的合作和支持单位表格），单击“页面布局”选项卡，在“页面背景”工具组单击“页面边框”工具，打开“边框和底纹”对话框，为该页设置页面边框，边框线为 1 磅粗细的黑色实线，应用范围为“本节-除首页外的所有页”，如图 3-78 所示。

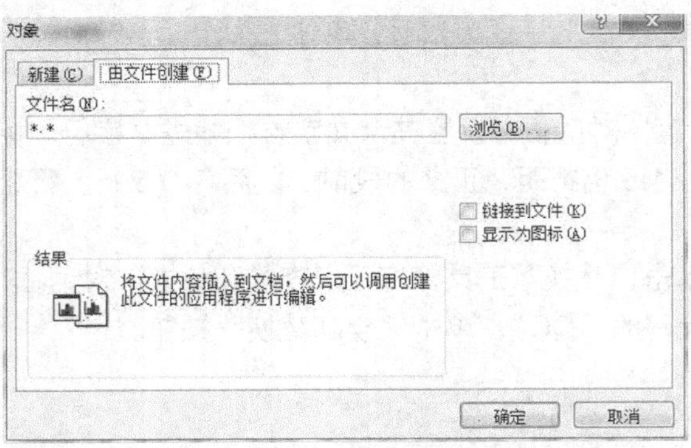

图3-77 插入对象

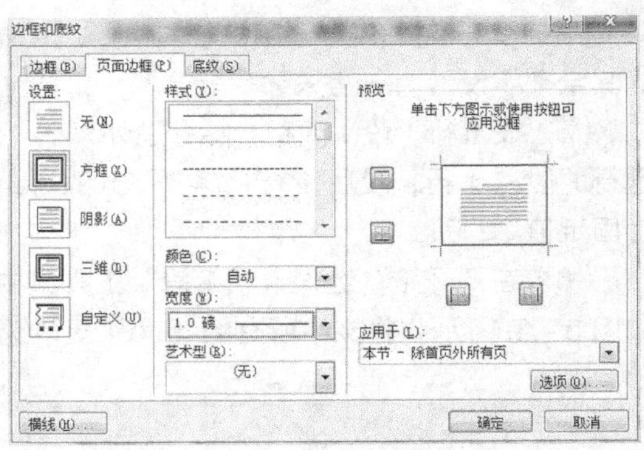

图3-78 设置页面边框

（2）在“页面布局”选项卡“页面设置”工具中单击“页边距”工具，打开“页面设置”对话框，如图 3-79 所示。在“页面设置”对话框设置页边距，上、下页边距为 4 厘米，左、右页边距为 3.5 厘米，应用于“本节”。

7. 插入页码

单击“插入”选项卡，在“页眉和页脚”工具组中单击“页码”工具，在文档中底部中间位置插入页码，首页不显示页码，合作单位和摘要用大写罗马字符编码，文档正文、附录和参考文献部分的页码使用默认格式连续编号。

8. 添加页眉

单击“插入”选项卡，在“页眉和页脚”工具组中单击“页眉”工具，选择“编辑页眉”命令，进入页眉和页脚编辑状态，在“选项”工具组中勾选“奇偶页不同”选项，给文档奇数页插入页眉“1Buy 万一元预约消费平台商业实施方案”（首页、摘要、目录除外），偶数页插入页眉“山东省电子商务运营项目参赛作品”。

9. 添加尾注和脚注

（1）在正文“1.1 公司成立背景”部分中的“数据显示”后定位插入点，在“引用”选项卡中单击“脚注”工具组右下角中的“脚注和尾注”工具，打开“脚注和尾注”对话框，如图 3-80 所示，设置脚注编号格式为“①”，内容为“数据来源：中国电子商务研究中心发布的《2018（上）年度中国电子商务市场数据监测报告》”。

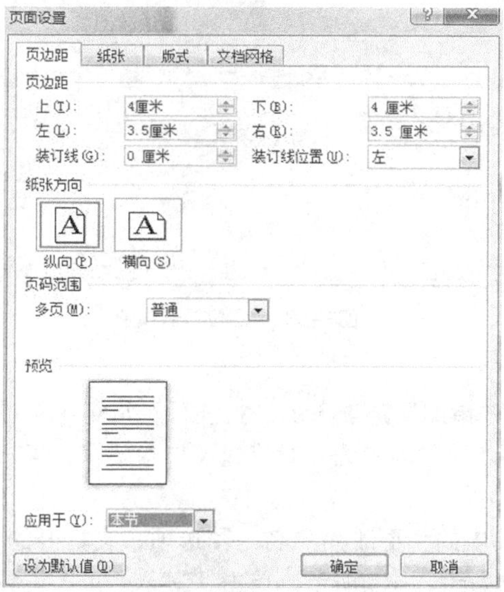

图3-79 设置页边距

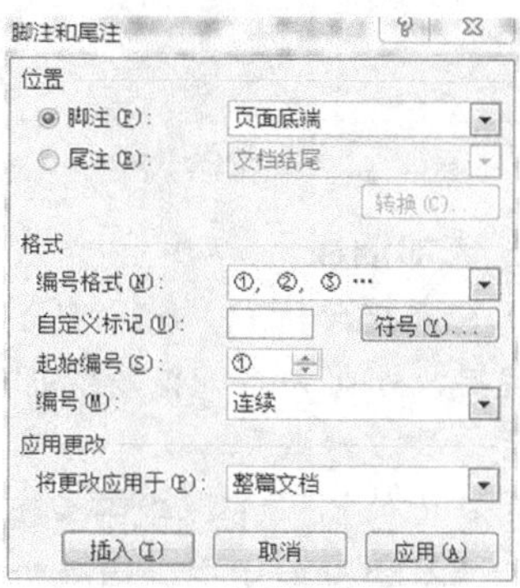

图3-80 “脚注和尾注”对话框

（2）在正文“1.2 公司成立与目标”部分中的“本公司创始人是 5 名在校大学生”后插入第 2 处脚注，内容为“山东外贸职业学院信息管理系 2018 级电子商务 2 班权震、李林芮、曲磊、徐红、杜鹏程”，脚注编号为“②”。

（3）在正文“8.2.1 投资净现值（NPV）”后定位插入点，在“引用”选项卡中单击“脚注”工具组右下角中的“脚注和尾注”工具，设置尾注编号格式为“ i ”，内容为“净现值（NPV）是反映投资方案在计算期内获利能力的动态评价指标。投资方案的净现值是指用一个预定的基准收益率（或设定的折现率），分别把整个计算期间内各年所发生的净现金流量都折现到投资方案开始实施时的现值之和”。

（4）在“脚注和尾注”对话框中单击“转换”按钮，打开“转换注释”对话框，如图 3-81 所示，选择“尾注全部转换为脚注”，单击“确定”按钮。

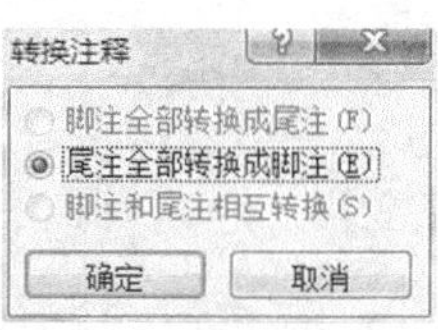

图3-81 “转换注释”对话框

知识点拨

在“开始”选项卡中单击“编辑”工具组中的“查找”工具，在左侧出现“导航”窗格，输入相应的内容，包含该内容的部分将会出现在窗格下方，单击即可快速查找定位。

10. 设置书签

（1）在“第八部分 财务评价”处定位鼠标光标，单击“插入”选项卡，在“链接”工具组单击“书签”工具，打开“书签”对话框，如图 3-82 所示。书签名中输入“已阅”，单击“添加”按钮，即可将“已阅”的书签设置成功。

（2）单击“开始”选项卡，在“编辑”工具组中单击“查找”工具的“转到”工具，在“查找和替换”对话框中单击“定位”选项卡，如图 3-83 所示，可以利用定位功能快速定位到书签位置。也可以在“书签”对话框中选择相应的书签，单击“定位”按钮。

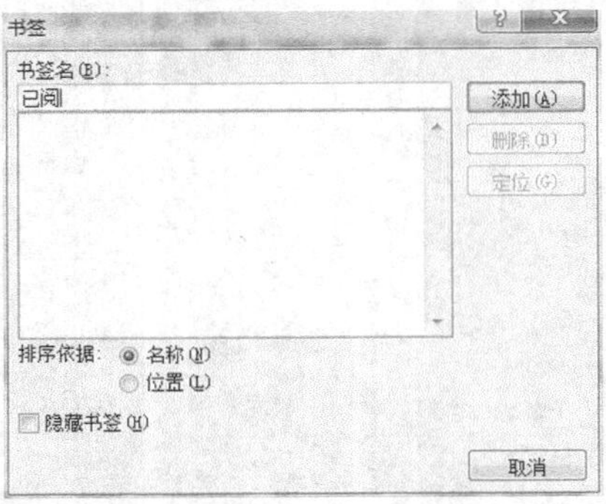

图3-82 “书签”对话框

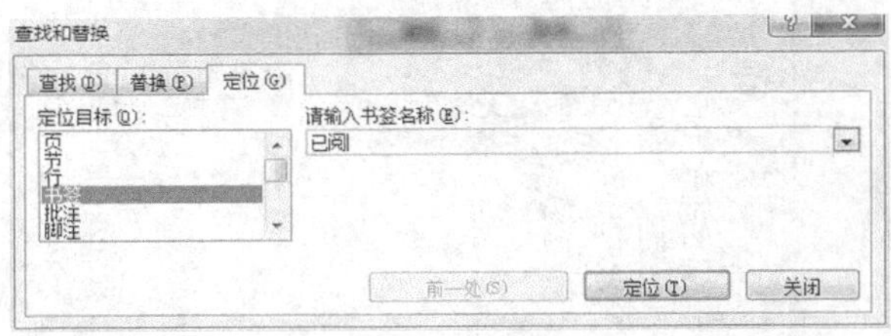

图3-83 “定位”选项卡

11. 添加批注

（1）在文档分标题“6.2 对策”处定位，在“审阅”选项卡的“批注”工具组中单击“新建批注”工具，即可为当前位置添加一处批注，输入批注内容为“对策建议切中要害，但市场调查证据不足，建议修改”。

（2）在“修订”工具组中单击“修订”工具中的“更改用户名…”选项，在打开的“Word 选项”对话框中设置用户名信息为自己的姓名，如图 3-84 所示。单击“显示标记”工具，取消“批注”的勾选，即可隐藏批注气球。

图3-84 修改用户名

12. 插入公式

（1）在“8.2.1 投资净现值（NPV）”处定位鼠标光标，单击“插入”选项卡，在“符号”工具组中单击“公式”工具，单击“插入新公式”按钮，即可打开公式编辑状态。输入公式内容为：$NPV=\sum_{t=1}^{n}NCF_t(1+i)^{-t}$。

（2）在“8.2.1 内含报酬率（IRR）”处插入公式：

$$NPV(IRR)=\sum_{t=1}^{n}NCF_t(1+IRR)^{-t}$$

13. 插入项目符号和编号

（1）利用导航功能快速定位到“1.6 发展战略”段落，在“段落”工具组单击“项目符号”工具，添加 4 个项目符号“◆”。

（2）利用导航功能快速定位到“9.1 企业前期规划”，在“段落”工具组单击“编号”工具，将第一、第二、第三替换成①、②、③样式的编号。

14. 设置样式

在“开始”选项卡中单击“样式”工具组右下角按钮，单击“新建样式”按钮，打开“根据格式设置创建新样式”对话框，如图 3-85 所示。新建“样式 1”，样式类型为“字符”，格式为“四号、宋体、加粗”，勾选“添加到快速样式列表”，单击“确定”按钮，样式 1 新建成功。选择标题段落“第一部分”“第二部分”等大标题，在快速样式库中单击“样式 1”，即可应用该格式。新建“样式 2”，样式类型为“字符”，格式为“小四号、宋体、加粗”，分标题“1.1”“1.2”应用样式 2。新建“样式 3”，样式类型为“字符”，格式为“五号、宋体、加粗”，分标题“1.1.1”“1.2.1”应用样式 3。

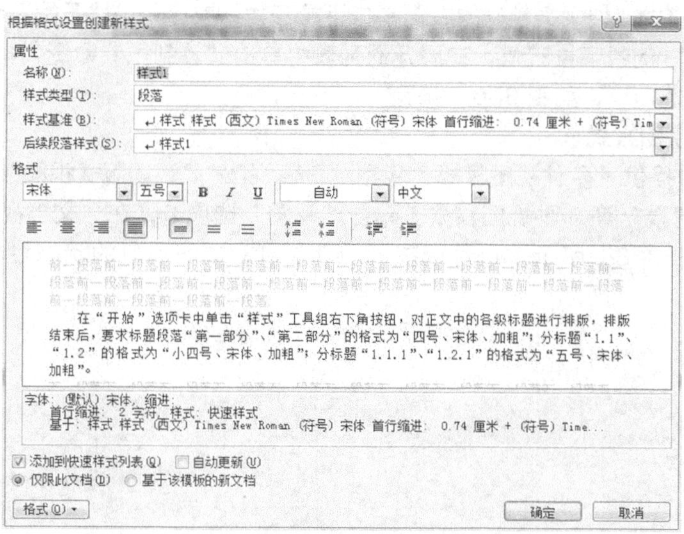

图3-85 新建样式

15. 设置文档结构

单击“视图”选项卡，在“文档视图”工具组单击“大纲视图”，文档切换至大纲视图，在“大纲工具”中设置本论文中的各级标题的级别，建议设置两个级别，设置完成后单击“关闭大纲视图”按钮切换回页面视图。

16. 生成目录

在文档中第 2 页（第 1 页为封面）定位插入点，单击“引用”选项卡，在“目录”工具组中单击“目录”工具，单击“插入目录…”按钮，打开“目录”对话框，如图 3-86 所示，设置“显示级别”为 3，勾选“显示页码”和“页码右对齐”按钮，生成该论文的目录。

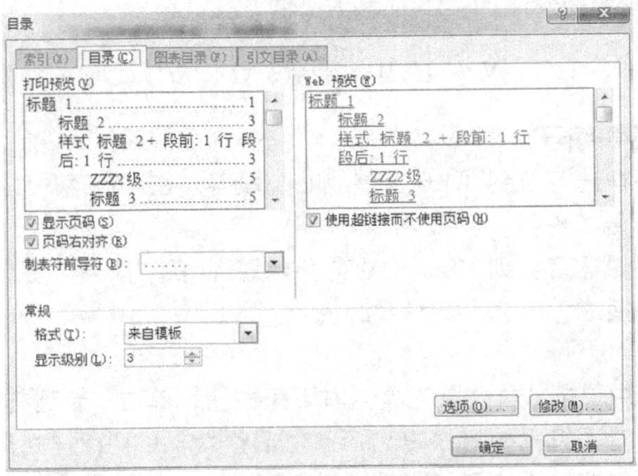

图3-86 “目录”对话框

相关知识

1. 文档的定位功能

在“导航”窗格的“搜索文档”的右侧单击下拉三角，或者单击“开始”选项卡，在“编辑”组中单击“查找”右侧的下拉三角，在展开的列表中单击“转到…”命令，打开“查找和替换”对话框的“定位”选项卡，如图 3-87 所示。

2. Word 的视图方式

Word 2013 中提供了多种视图模式，包括“页面视图”“阅读版式视图”“Web 版式视图”“大纲视图”和“草稿”等 5 种视图模式。单击“视图”选项卡，在“文档视图”组中选择需要的视图模式，如图 3-88 所示。也可以在 Word 2013 文档窗口的状态栏右侧单击视图按钮 。

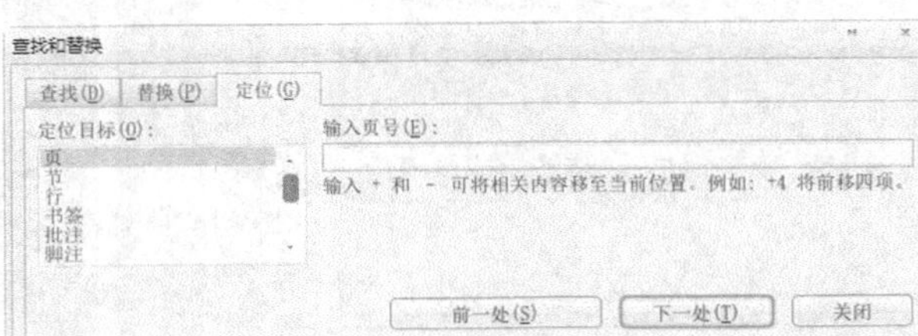

图3-87 “定位”选项卡

图3-88 文档视图

（1）页面视图。

“页面视图”显示 Word 2013 文档的打印结果外观，主要包括页眉、页脚、图形对象、分栏设置、页面边距等元素，是最接近打印结果的页面视图。

（2）阅读版式视图。

“阅读版式视图”以图书的分栏样式显示 Word 2013 文档，“文件”选项卡等功能区窗口元素被隐藏起来。在阅读版式视图中，还可以单击“工具”按钮选择各种阅读工具。

（3）Web 版式视图。

“Web 版式视图”以网页的形式显示 Word 2013 文档，Web 版式视图适用于发送电子邮件和创建网页。

（4）大纲视图。

“大纲视图”主要用于 Word 2013 文档的设置和显示标题的层级结构，并可以方便地折叠和展开各种层级的文档。大纲视图广泛用于 Word 2013 长文档的快速浏览和设置中。

（5）草稿。

“草稿”视图取消了页面边距、分栏、页眉页脚和图片等元素，仅显示标题和正文，是最节省计算机系统硬件资源的视图方式。

3. 插入分页、分节符

（1）分页符。

① 插入手动分页符。

单击“插入”选项卡，在“页”组中单击“分页”按钮，在光标位置插入分页符，光标指向下一个页面。如果单击“空白页”，在光标位置插入一个新的空白页。

单击“页面布局”选项卡，在“页面设置”组中单击“分隔符”按钮 分隔符 ▾，在下拉列表中选择“分页符”，即在光标位置插入分页符，如图 3-89 所示。

② 删除手动分页符。

Word 不能删除自动插入的分页符，但可以删除手动插入的任何分页符。单击“开始”选项卡，在“段落”组中单击“显示/隐藏编辑标记”按钮 ¶，显示编辑标记，然后选中分页符 ………分页符………，按“Delete”键删除手动分页符。

（2）分节符。

可以使用分节符改变文档中一个或多个页面的版式或格式。例如，可以将单栏页面的一部分设置为双栏页面；可以分隔文档中的各章，以便每一章的页码编号都从 1 开始；也可以为文档的某节创建不同的页眉或页脚等。

① 插入分节符。

单击“页面布局”选项卡，在“页面设置”组中单击“分隔符”按钮，在下拉列表中选择一种分节符的类型即可，如图 3-90 所示。双虚线代表分节符。

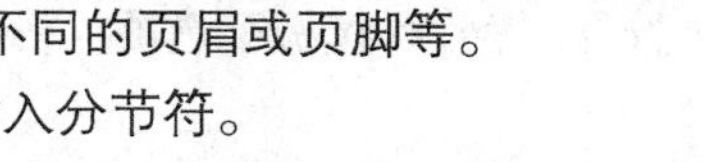

图3-89　插入分页符

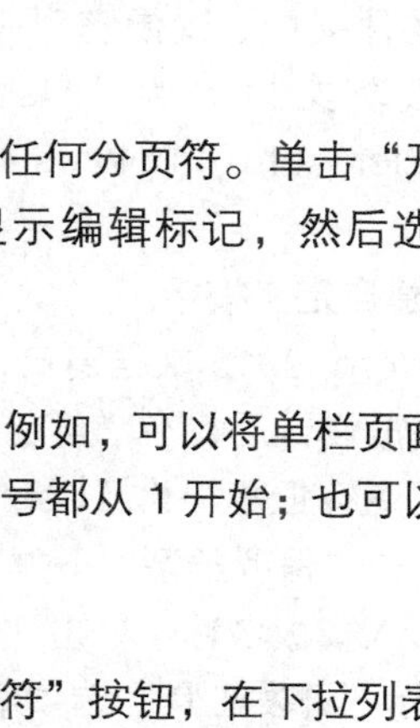

图3-90“分节符”列表

② 删除分节符。

单击“开始”选项卡，在“段落”组中单击“显示/隐藏编辑标记”按钮，显示编辑标记，然后选中分节符，按“Delete”键删除分节符。

4. 插入脚注、尾注和批注

（1）插入脚注和尾注。

脚注是标明资料来源、为文章补充注解的一种方法。尾注是对文本的补充说明，一般位于文档的末尾，列出引文的出处等。

单击“引用”选项卡，在“脚注”组中选择“插入脚注”或“插入尾注”按钮即可。也可以单击“脚注”组中的对话框启动器，打开“脚注和尾注”对话框，如图3-91所示。

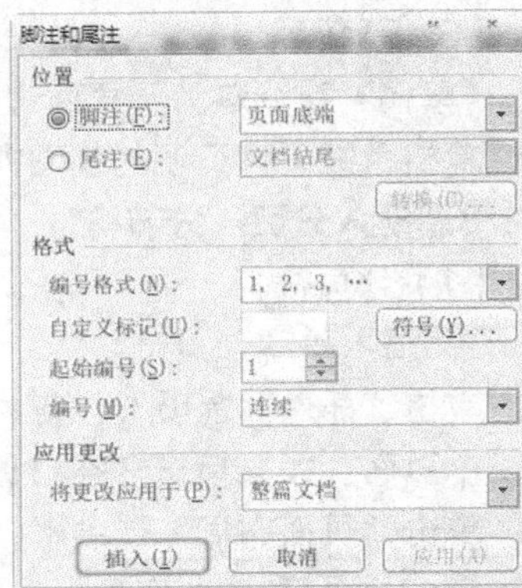

图3-91 “脚注和尾注”对话框

（2）插入批注。

阅读的时候许多人有把读书感想和疑难问题随手写在书中空白地方的习惯。在计算机中我们可以利用批注来标注文字。

选中文本，单击“审阅”选项卡，在“批注”组中单击“创建批注”按钮创建文本的批注。如果想删除批注，在“批注”组中单击“删除”按钮即可。

5. Word 2013文档的高级应用

模板。Word 2013允许用户创建自定义的Word模板，以适合实际工作需要。可将自定义的Word模板保存在“我的模板”文件夹中，以便随时使用。在Windows 7系统中，“我的模板”文件夹为“Users\Administrator\AppData\Roaming\Microsoft\Templates”。要想找到上述文件夹，必须在当前系统中允许显示隐藏文件和文件夹。

① 创建自定义模板。

打开Word 2013文档窗口，在当前文档中设计自定义模板所需要的元素，如文本、图片、样式等。完成设计后，在“自定义快速访问工具栏”中单击“保存”按钮，打开“另存为”对话框，选择“保存位置”为“Users\Administrator\AppData\Roaming\Microsoft\Templates”文件夹，然后单击“保存类型”下拉三角按钮，在下拉列表中选择“Word模板”选项。在“文件名”编辑框中输入模板名称，单击“保存”按钮即可。

② 显示“开发工具”选项卡。

“开发工具”选项卡中包括VBA代码、宏代码、模板和控件等Word 2013开发工具，如图3-92所示。默认情况下，“开发工具”选项卡并未显示在Word 2013窗口中，用户需要手动设置使其显示。单击“文件”选项卡，单击“选项”命令，打开“Word选项”对话框，单击“自定义功能区”命令，勾选“开发工具”，单击“确定”即可显示。

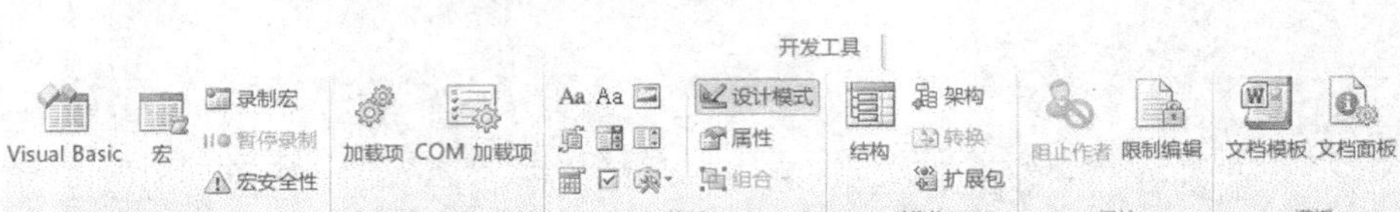

图3-92 “开发工具”选项卡

③ 在文档中应用模板。

单击“开发工具”选项卡，在“模板”组中单击“文档模板”按钮，打开“模板和加载项”对话框，如图3-93所示。选择“模板”选项卡，在“文档模板”区域单击“选用…”按钮，打开“选用模板”对话框，如图3-94所示。查找并选中准备选用的Word模板，单击“打开”按钮，返回“模板和加载项”对话框，单击“确定”按钮即可。

图3-93 “模板和加载项”对话框

6. 样式

样式是多种格式的集合，通常一个样式中会包括很多种格式效果，为文本应用了一个样式后，就等于为文本设置了多种格式。

(1) 使用预设样式。

Word 2013中预设了一些标题、要点、明显引用等样式，需要为文本设置相应的效果时，可直接使用预设的样式。

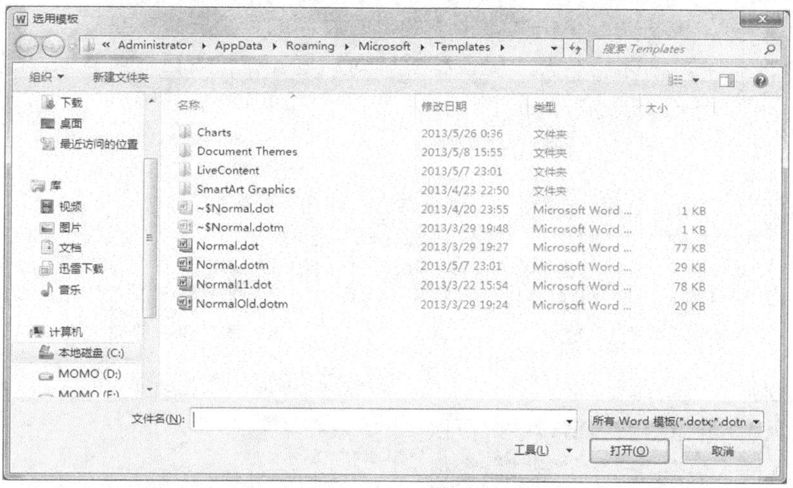

图3-94 “选用模板”对话框

① 快速选择样式。

单击“开始”选项卡，在“样式”组中单击“其他”按钮，展开样式库后单击需要设置的样式，即可应用于所选的段落中。如“标题1”“标题2”“正文”等，如图3-95所示。

② 样式集。

“样式集”提供了几种最常用的文档样式，使用Word 2013内置的样式可以快速格式化Word文档的所有标题、正文等样式。

单击“开始”选项卡，在“样式”组中单击“更改样式”按钮，在弹出的下拉列表中选择“样式集”，展开“样式集”的下拉列表，如图3-96所示。

③ “样式”窗格。

单击“开始”选项卡，在“样式”组中单击“对话框启动器”，打开“样式”窗格，如图3-97所示。在“样式”窗格的底部有3个按钮，分别是：新建样式、样式检查器和管理样式，单击这些按钮，会分别打开相应的对话框。

图3-95 “样式”列表

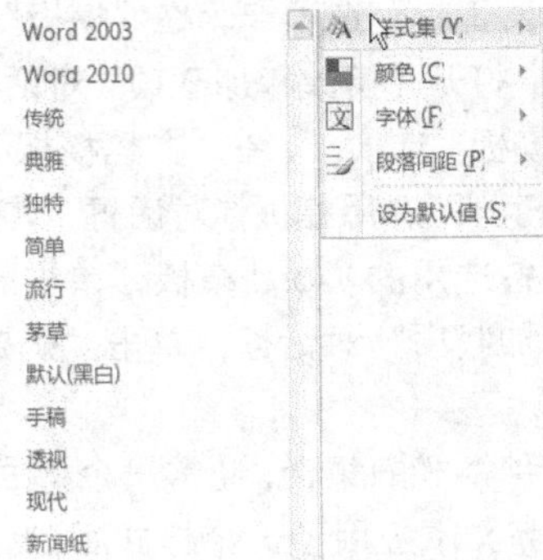

图3-96 “样式集”的下拉列表

（2）编辑样式。

① 修改样式。

无论是 Word 2013 的内置样式，还是 Word 2013 的自定义样式，都可以对其进行修改。

在打开的“样式”窗格中，单击准备修改的样式右侧的下拉三角，在打开的列表中选择“修改…”命令，如图 3-98 所示，打开“修改样式”对话框，在该对话框中重新设置样式。

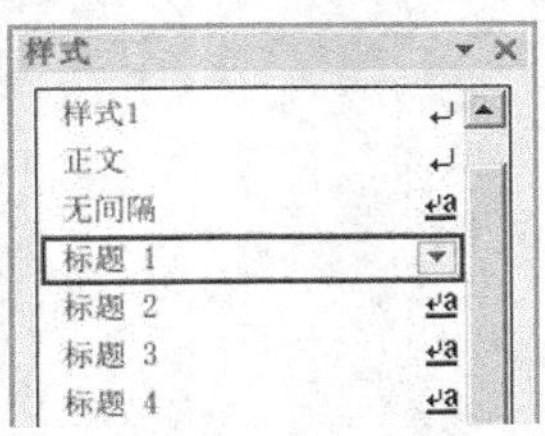

图3-97 “样式”窗格

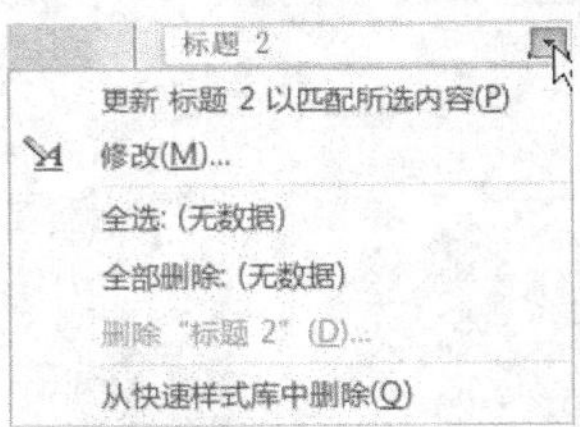

图3-98 修改样式

② 新建样式。

在 Word 2013 的空白文档窗口中，可以新建一种全新的样式。在打开的“样式”窗格中单击“新建样式”按钮，打开“根据格式设置创建新样式”对话框，如图 3-99 所示。

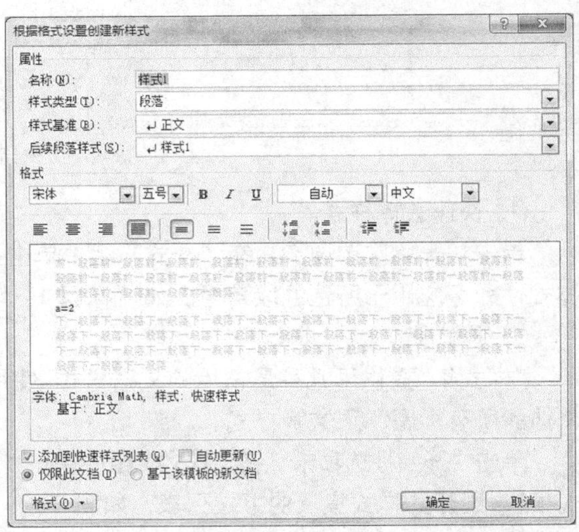

图3-99 “根据格式设置创建新样式”对话框

在“名称”编辑框中输入新建样式的名称；单击“样式类型”下拉三角按钮，在“样式类型”下拉列表中选择一种样式类型；单击“样式基准”下拉三角按钮，在“样式基准”下拉列表中选择一种内置样式作为新建样式的基准样式；单击“后续段落样式”下拉三角按钮，在“后续段落样式”下拉列表中选择新建样式的后续样式；在“格式”区域，根据实际需要设置字体、字号、颜色、段落间距、对齐方式等段落格式和字符格式。如果希望该样式应用于所有文档，则需要选中“基于该模板的新文档”

单选框。

③ 清除样式。

对于已经应用了样式或设置了格式的文档，可以随时将其样式或格式清除。选中需要清除样式或格式的文本或段落，单击“开始”选项卡，在“样式”组中单击“其他”按钮，在打开的快速样式列表中选择“清除格式”命令 清除格式(C)；或者在“字体”组中单击“清除格式”按钮。

7. 创建目录

对于一些比较长的文档，常常需要为文档制作一个目录。有了目录，可以了解整个文档的纲要内容，还可以按住“Ctrl”键单击该标题，跳转到相应标题内容的位置上，快速浏览到某个标题的具体内容。在目录中包含标题和页码，当文档内容发生变化时，还可以更新目录。

（1）使用标题样式创建目录。

将光标定位在插入目录的位置处，单击“引用”选项卡，在“目录”组中单击“目录”按钮，展开目录列表。可以选择内置的目录格式，也可以单击“插入目录…”，打开“目录”对话框，如图 3-100 所示。

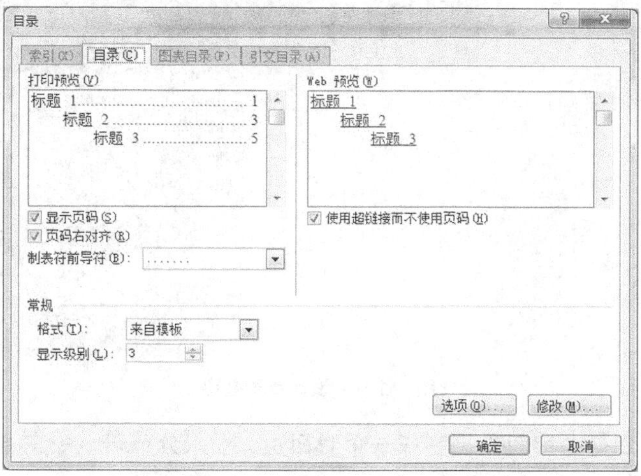

图3-100 “目录”对话框

（2）修改文档后更新目录。

创建好目录后，还可能会修改文档，这样目录的标题和页码就会有改动。选中目录右击，选择“更新域”命令，打开“更新目录”对话框，根据情况做出选择，单击“确定”即可。

拓展提升

文档“2018 年济南市政府统计工作年报.docx”是一篇从互联网上获取的文字资料，某部门要组织群众学习，请秘书处整理文档格式并保存成 PDF 文档打印输出。排版整理后效果如图 3-101 所示。

操作步骤

（1）利用查找和替换功能将文档中的西文空格全部删除。

（2）将纸张大小设为 16 开，上边距设为 3.2 厘米、下边距设为 3 厘米，左右页边距均设为 2.5 厘米。

图3-101 设计效果截图

（3）利用素材前 3 行内容为文档制作一个封面页，插入分节符，令其独占一页（参考样例见文件“封面样例.png”）。

（4）将标题“（七）切实加强政府自身建设，行政效能明显提高。”下用蓝色标出的段落部分转换为表格，为表格套用一种表格样式使其更加美观。基于该表格数据，在表格下方插入一个饼图，用于反映各种咨询形式所占比例，要求在饼图中仅显示百分比。

（5）将文档中以“一、”“二、”……开头的段落设为“标题 1”样式；以“（一）”“（二）”……开头的段落设为“标题 2”样式；以“1.”“2.”……开头的段落设为“标题 3”样式。

（6）为正文第 3 段中用红色标出的文字“统计局队政府网站”添加超链接，链接地址为“http://www.jinan.gov.cn/”。同时在“统计局队政府网站”后添加脚注，内容为“http://www.jinan.gov.cn/”。

（7）将除封面页外的所有内容分为两栏显示，但是前述表格及相关图表仍需跨栏居中显示，无需分栏。

（8）在封面页与正文之间插入目录，目录要求包含标题第 1～3 级及对应页号。目录单独占用一页，且无须分栏。

（9）除封面页和目录页外，在正文页上添加页眉，内容为文档标题“济南市政府信息公开工作年度报告”和页码，要求正文页码从第 1 页开始，其中奇数页眉居右显示，页码在标题右侧，偶数页眉居左显示，页码在标题左侧。

（10）将完成排版的文档先以原 Word 格式即文件名“2018 年济南市政府统计工作年报.docx”进行保存，再另行生成一份同名的 PDF 文档进行保存。

任务 4 制作邀请函

情境描述

山东某高校学生会计划举办一场“大学生创新创业交流会”的活动，拟邀请部分专家和老师给在校学生进行演讲。因此，校学生会外联部需制作一批邀请函，分别递送给相关的专家和老师。请按如下要求，完成邀请函的制作。

（1）内容符合邀请函的要求。

（2）调整邀请函中内容文字的字体、字号和颜色；文字段落对齐方式。

（3）根据页面布局需要，调整邀请函中“大学生创新创业交流会”和“邀请函”两个段落的间距。

（4）在“尊敬的”和“老师”文字之间，插入拟邀请的专家和老师姓名，所有的邀请函页面请另外保存在一个名为“Word 邀请函.docx”文件中。邀请函制作完成后，将主文档保存为 Word.docx 文件。制作完成后的效果图如图 3-102 所示。

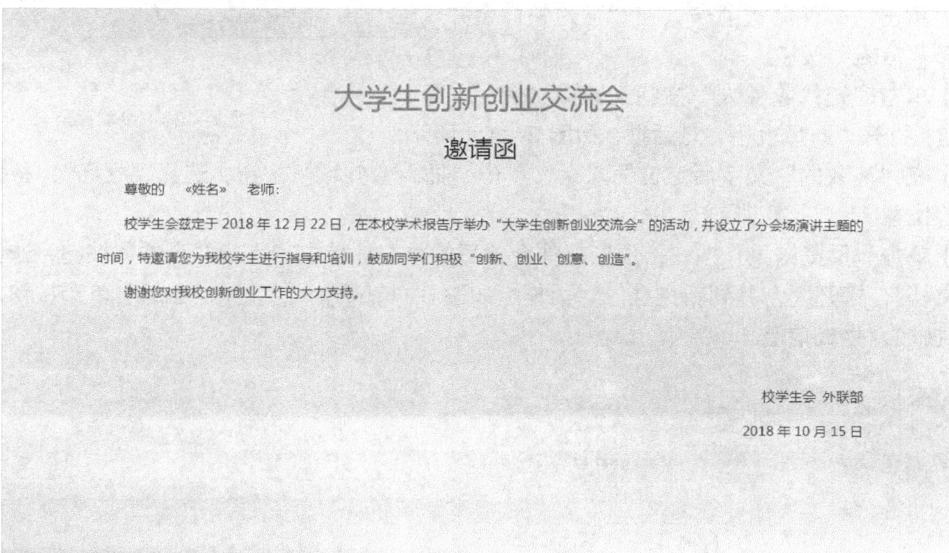

大学生创新创业交流会

邀请函

尊敬的 «姓名» 老师：

校学生会兹定于 2018 年 12 月 22 日，在本校学术报告厅举办“大学生创新创业交流会”的活动，并设立了分会场演讲主题的时间，特邀请您为我校学生进行指导和培训，鼓励同学们积极“创新、创业、创意、创造”。

谢谢您对我校创新创业工作的大力支持。

校学生会 外联部

2018 年 10 月 15 日

图3-102 邀请函效果截图

邀请函是邀请亲朋好友或知名人士、专家等参加某项活动时所发的请约性书信。它是现实生活中常用的一种日常应用写作文种。在国际交往以及日常的各种社交活动中，这类书信使用广泛。在应用写作中邀请函是非常重要的，邀请函的结构一般由标题、称谓、正文、落款组成。要注意简洁明了，不要太多文字。

任务实现

1. 页面设置

（1）新建 Word 空白文档。

（2）单击“页面布局”选项卡，然后单击“纸张大小”按钮，设置纸张大小为高度 18 厘米、宽度 30 厘米。单击“页边距”按钮，设置上下为 2 厘米，左右为 3 厘米。

（3）单击“页面布局”选项卡，在“页面背景”工具组选择“页面颜色”按钮，单击“填充效果”按钮，如图 3–103 所示。选择“图片”选项卡，将“背景图片.jpg”设置为邀请函背景。

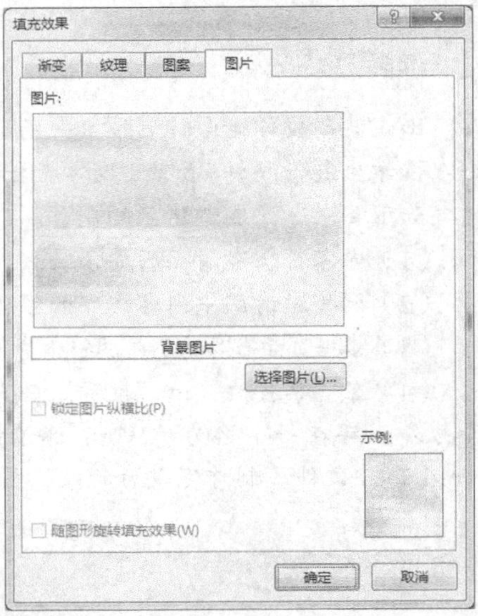

图3–103　设置背景

2. 输入邀请函文字内容，进行字符和段落格式美化

（1）将标题文字“大学生创新创业交流会”设置为微软雅黑、一号、蓝色。居中对齐，段前 2 行、段后 1 行。

（2）“邀请函”设置为微软雅黑、二号、黑色。居中对齐，段后 0.5 行。

（3）正文文字设置为微软雅黑、小四号、黑色。首行缩进 2 字符，行间距 1.5 倍。

（4）落款文字设置为微软雅黑、小四号、黑色。行间距 1.5 倍，右对齐。

3. 邮件合并

（1）单击“邮件”选项卡，在“开始邮件合并”工具组选择“信函”按钮。

（2）单击“选择收件人”按钮，选择“使用现有列表”按钮，打开“选择表格”对话框，如图 3–104 所示。

（3）在“尊敬的”文字后定位插入点，单击“插入合并域”按钮，选择“姓名”，将域插入到合适的位置。

（4）单击“预览结果”按钮，预览邮件合并后的结果。单击“完成并合并”按钮，选择“编辑单个文档”，打开“合并到新文档”对话框，如图 3–105 所示，选择“全部”单选按钮，单击“确定”按钮，生成信函 1。

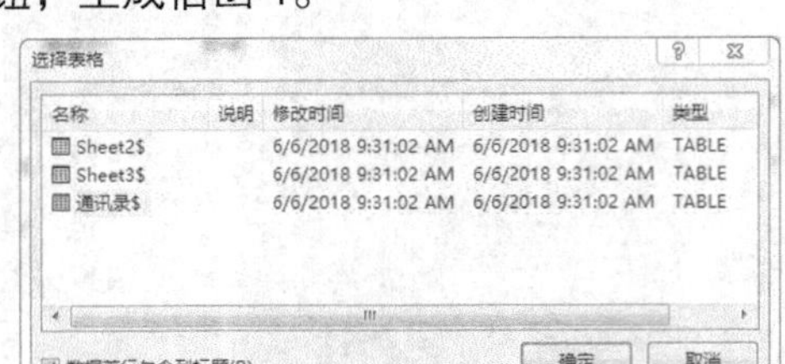

图3–104　选择数据清单

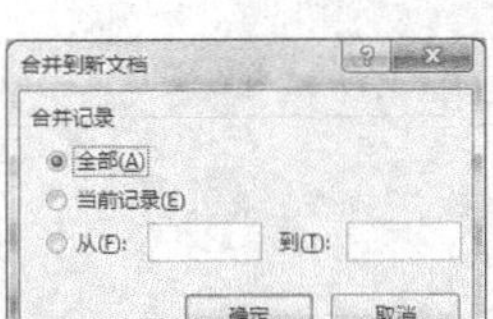

图3–105　合并新文档

相关知识

1. 什么是邮件合并

利用邮件合并可以批量地制作出相同格式的文档并发给不同的多个用户。

2. 主文档和数据源

邮件合并的原理是将发送的文档中相同的部分保存为一个文档，称为主文档；将不同的部分以二维表的形式，存储在另一个文档中作为数据源。邮件合并的操作主要就是主文档和数据源的创建。

3. 邮件合并过程

（1）在主文档中打开数据源。

打开主文档，单击“邮件”选项卡，如图 3-106 所示，在“开始邮件合并”组中单击“选择收件人”按钮，在打开的下拉列表中单击“使用现有列表…”，打开“选取数据源”对话框，选择已经保存好的数据源文件，单击“打开”按钮，打开“选择表格”对话框，选择数据源所在的工作表，然后单击“确定”按钮，打开数据源文件。

图3-106 “邮件”选项卡

（2）插入合并域。

合并域是数据源中变化的一些信息，插入合并域是把数据源中的信息添加到主文档中。在“编写和插入域”组中单击“插入合并域”按钮，展开需要插入的合并域列表，分别将合并域插入主文档的相应位置，这样就在主文档与数据源之间建立了数据的链接。

（3）合并数据与主文档。

在“完成”组中单击“完成并合并”，选择“编辑单个文档”，打开“合并到新文档”对话框，进行相应选择，单击“确定”按钮，就生成了一个新文档。

（4）域。

① 什么是域。

域是文档中的变量，分为域代码和域结果。域代码是由域标记、域名、域开关和其他条件元素组成的字符串；域结果是域代码所代表的信息。域就是引导 Word 在文档中自动插入文字、图形、页码或其他信息的一组代码，如图 3-107 所示。

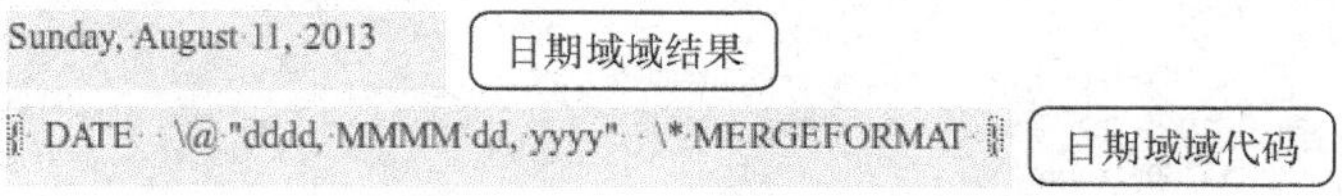

图3-107 域

域也可被格式化，可以将字体、段落和其他格式应用于域结果，使它们融合在文档中。

② 域的编辑。

- 插入域。

单击“插入”选项卡，在“文本”组中单击“文档部件”，在列表中单击“域…”，打开“域”对话框，如图 3-108 所示。

- 更新域。

大多数域是可以更新的，当域中的源信息发生了改变，可以更新域让其显示最新的信息。选中要更新的域按“F9”键或右击，在快捷菜单中选择“更新域”。

- 显示或隐藏域。

显示或者隐藏指定的域代码：单击需要实现域代码的域或其结果，然后按下“Shift＋F9”组合键。显示或者隐藏文档中所有域代码：按下“Alt＋F9”组合键。

- 锁定或解除锁定域。

要锁定某个域，以防止修改当前的域结果：单击域，然后按下“Ctrl＋F11”组合键。要解除锁定，以便对域进行更改：单击域，然后按下“Ctrl＋Shift＋F11”组合键。

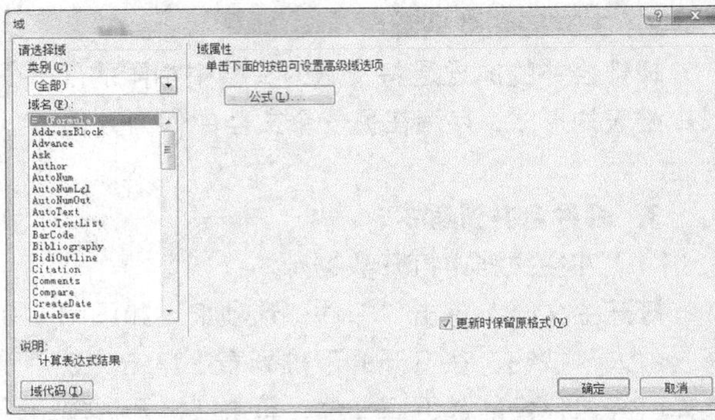

图3-108 “域”对话框

拓展提升

某公司将于今年举办“创新产品展示说明会”，市场部助理王浩需要制作会议邀请函，并寄送给相关客户。设计完成后的效果如图 3-109 所示。

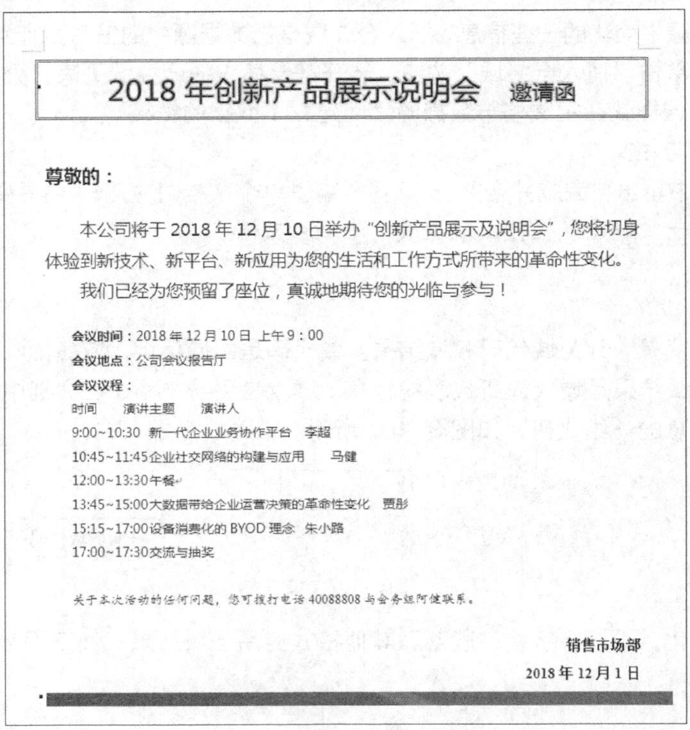

2018 年创新产品展示说明会 邀请函

尊敬的：

本公司将于 2018 年 12 月 10 日举办“创新产品展示及说明会”，您将切身体验到新技术、新平台、新应用为您的生活和工作方式所带来的革命性变化。

我们已经为您预留了座位，真诚地期待您的光临与参与！

会议时间：2018 年 12 月 10 日 上午 9：00

会议地点：公司会议报告厅

会议议程：

时间 演讲主题 演讲人

9:00~10:30 新一代企业业务协作平台 李超

10:45~11:45 企业社交网络的构建与应用 马健

12:00~13:30 午餐

13:45~15:00 大数据带给企业运营决策的革命性变化 贾彤

15:15~17:00 设备消费化的 BYOD 理念 朱小路

17:00~17:30 交流与抽奖

关于本次活动的任何问题，您可拨打电话 40088808 与会务组阿健联系。

销售市场部

2018 年 12 月 1 日

图3-109 邀请函设计截图

操作步骤

（1）将文档中“会议议程：”段落后的 7 行文字转换为 3 列 7 行的表格，并根据窗口大小自动调整表格列宽。

（2）为表格套用一种表格样式，使表格更加美观。

(3)为了可以在以后的邀请函制作中再利用会议议程内容，将文档中的表格内容保存至“表格”部件库，并将其命名为“会议议程”。

(4)在文档末尾处的日期调整为可以根据邀请函生成日期而自动更新的格式，日期格式显示为“2018 年 12 月 1 日”。

(5)在“尊敬的”文字后面，插入拟邀请的客户姓名和称谓。拟邀请的客户姓名在提供的“通讯录.xlsx”文件中，客户称谓则根据客户性别自动显示为“先生”或“女士”，例如“范俊弟先生”“黄雅玲女士”。

(6)每个客户的邀请函占 1 页内容，且每页邀请函中只能包含 1 位客户姓名，所有的邀请函页面另外保存在一个名为“Word 邀请函.docx”的文件中。如果需要，删除“Word 邀请函.docx”文件中的空白页面。

(7)本次会议邀请的客户均来自台资企业，因此，将“Word 邀请函.docx”中的所有文字内容设置为繁体中文格式，以便于客户阅读。

(8)文档制作完成后，分别保存主文档和“Word 邀请函.docx”文件。

知识点拨

在“邮件”选项下的“编写和插入域”中，单击“规则”的“如果……那么……否则……”选项，在弹出的对话框中的“域名”下拉列表中选择性别，在“比较条件”下拉列表中选择等于，在“比较对象”中输入“男”，在“则插入此文字”中输入“(先生)”，在“否则插入此文字”中输入“(女士)”。完成后单击“确定”。

项目小结

本章通过设计与制作，我们逐步领悟编排图文并茂作品的基本方法。初步掌握图文混排作品的整体设计思路与基本制作方法。通过个人求职简历的设计，我们了解了通知、产品说明书和简历的制作流程，学习了利用 Word 软件进行长文档排版的技巧，进行策划方案、政府工作报告等长文档的排版制作。通过制作邀请函，我们学习了 Word 软件的高级应用功能——邮件合并的使用。希望大家将所学知识融会贯通，利用各种软件灵活地解决实际问题。

项目检查

学习项目	Word 2013 文字处理		学时	16
序号	检查内容	检查标准	学生自检	教师检查
1	模板的应用和保存	能够应用模板，将文件保存成模板		
2	字符格式化	能够设置字符的字体、字号、颜色		
3	段落格式化	能够设置段落的首行缩进和行间距、段间距、首字下沉		
4	项目符号和编号	能够设置项目符号和编号		
5	边框和底纹	能够设置文字和段落边框、底纹		
6	打印文档	能够进行打印文档设置		
7	页面设置	能够设置页面大小和页边距		
8	插入封面	能够插入封面，修改封面模板		

（续表）

学习项目	Word 2013 文字处理		学时	16
序号	检查内容	检查标准	学生自检	教师检查
9	水印	能够设置和编辑文字、图片水印		
10	文档分节	能够将文档分节		
11	页眉和页脚	能够设置页眉和页脚		
12	插入与编辑表格	能够插入表格，合并与拆分单元格，调整单元格中的对齐方式，设置边框和底纹，绘制斜线表头，应用表格公式和表格样式		
13	插入自选图形	能够插入和编辑自选图形，旋转、组合、排列自选图形		
14	插入文本框和艺术字	能够插入文本框和艺术字，设置属性		
15	插入脚注尾注、批注、书签	能够插入脚注、尾注、批注和书签		
16	插入图片和剪贴画	能够插入图片和剪贴画，设置图片样式和版式		
17	插入公式	能够插入和编辑公式		
18	应用样式	能够新建样式，应用、删除样式		
19	生成目录	能够添加目录		
20	邮件合并	能够将数据源和主文档进行邮件合并，并设置邮件合并的条件		
21	美观性	设计的作品要排版美观，布局合理		
22	时效性	完成任务要及时、高效		
检查评价	班级		组长签字	第　组
	教师签字			日期
	评语（学习体会、自我评价以及项目改进意见）			

课后练习

一、选择题

1. 在 Word 2013 软件中，下列操作中能够切换“插入和改写”两种编辑状态的是（　　）。

   A. 按 Ctrl + I 键　　B. 按 Shift + I 键

   C. 用鼠标单击状态栏中的“插入”或“改写”　　D. 用鼠标单击状态栏中的“修订”。

2. 在 Word 2013 的“字体”对话框中，不可设定文字的（　　）。

A. 删除线　B. 行距　C. 字号　D. 字符间距

3. 在 Word 2013 中，"段落"格式设置中不包括设置（　）。

A. 首行缩进　B. 对齐方式　C. 段间距　D. 字符间距

4. 在 Word 2013 的编辑状态，选择了文档全文，若在"段落"对话框中设置行距为 20 磅的格式，应当选择"行距"列表框中的（　）。

A. 单倍行距　B. 1.5 倍行距　C. 固定值　D. 多倍行距

5. 在 Word 2013 中，选择某段文本，双击格式刷进行格式应用时，格式刷可以使用的次数是（　）。

A. 1　B. 2　C. 有限次　D. 无限次

6. 在 Word 2013 中，下列叙述正确的是（　）。

A. 不能够将"考核"替换为"kaohe"，因为一个是中文，一个是英文字符串
B. 不能够将"考核"替换为"中级考核"，因为它们的字符长度不相等
C. 能够将"考核"替换为"中级考核"，因为替换长度不必相等
D. 不可以将含空格的字符串替换为无空格的字符串

7. 在 Word 2013 中，如果使用了项目符号或编号，则项目符号或编号在（　）时会自动出现。

A. 每次按回车键　B. 一行文字输入完毕并回车
C. 按 Tab 键　D. 文字输入超过右边界

8. 在 Word 2013 中，当文档中插入图片对象后，可以通过设置图片的文字环绕方式进行图文混排，下列哪种方式不是 Word 提供的文字环绕方式（　）。

A. 四周型　B. 衬于文字下方　C. 嵌入型　D. 左右型

9. 在 Word 2013 中，如果在有文字的区域绘制图形，则在文字与图形的重叠部分（　）。

A. 文字不可能被覆盖　B. 文字可能被覆盖
C. 文字小部分被覆盖　D. 文字大部分被覆盖

10. 在 Word 2013 中，下列关于多个图形对象的说法中正确的是（　）。

A. 可以进行"组合"图形对象的操作，也可以进行"取消组合"操作
B. 既不可以进行"组合"图形对象操作，也不可以进行"取消组合"操作
C. 可以进行"组合"图形对象操作，但不可以进行"取消组合"操作
D. 以上说法都不正确。

11. 在 Word 2013 中，下述关于分栏操作的说法，正确的是（　）。

A. 栏与栏之间不可以设置分隔线　B. 任何视图下均可看到分栏效果
C. 设置的各栏宽度和间距与页面宽度无关　D. 可以将指定的段落分成指定宽度的两栏

12. 在 Word 2013 中，表格和文本是可以互相转换的，有关它的操作，不正确的是（　）。

A. 文本能转换成表格　B. 表格能转换成文本
C. 文本与表格可以相互转换　D. 文本与表格不能相互转换

13. 在 Word 2013 编辑状态下，若想将表格中连续 3 列的列宽调整为 1 厘米，应该先选中这 3 列，然后在（　）对话框中设置。

A. "行和列"　B. "表格属性"　C. "套用格式"　D. 以上都不对

14. 在 Word 编辑状态下，若光标位于表格外右侧的行尾处，按 Enter（回车）键，结果为（　）。

A. 光标移到下一行，表格行数不变　　B. 光标移到下一行

C. 在本单元格内换行，表格行数不变　　D. 插入一行，表格行数改变

15. 在 Word 2013 中，可以把预先定义好的多种格式的集合全部应用在选定的文字上的特殊文档称为（　　）。

A. 母板　　B. 项目符号　　C. 样式　　D. 格式

16. 在 Word 编辑状态下，对当前文档中的文字进行“字数统计”操作，应当使用的功能区是（　　）。

A. “字体”功能区 B. “段落”功能区　　C. “样式”功能区 D. “校对”功能区

17. 在 Word 2013 中，下面关于页眉和页脚的叙述错误的是（　　）。

A. 一般情况下，页眉和页脚适用于整个文档

B. 在编辑“页眉与页脚”时可同时插入时间和日期

C. 在页眉和页脚中可以设置页码

D. 一次可以为每一页设置不同的页眉和页脚

18. 在 Word 2013 中，各级标题层次分明的是（　　）。

A. 草稿视图　　B. Web 版式视图　　C. 页面视图　　D. 大纲视图

19. 在 Word 2013 中，要打印一篇文档的第 1，3，5，6，7 和 20 页，需在打印对话框的页码范围文本框中输入（　　）。

A. 1–3,5–7,20　　B. 1–3,5,6,7–20　　C. 1,3–5,6–7,20　D. 1,3,5–7,20

20. 在 Word 文档中包含了文档目录，将文档目录转变为纯文本格式的最优操作方法是（　　）。

A. 文档目录本身就是纯文本格式，不需要再进一步操作

B. 使用 Ctrl+Shift+F9 组合键

C. 在文档目录上单击鼠标右键，然后执行“转换”命令

D. 复制文档目录，然后通过选择性粘贴功能以纯文本方式显示

二、操作题

财务部助理王红需要协助公司管理层制作本部门的年度报告，请按照如下需求完成年度报告的制作。

（1）打开提供的“年度报告.docx”文件。查看文档中含有绿色标记的标题，例如“致我们的股东”“财务概要”等，将其段落格式赋予到本文档样式库中的“样式 1”。

（2）修改“样式 1”样式，设置其字体为黑色、黑体，并为该样式添加 0.5 磅的黑色、单线条下划线边框，该下划线边框应用于“样式 1”所匹配的段落，将“样式 1”重新命名为“报告标题 1”。

（3）将文档中所有含有绿色标记的标题文字段落应用“报告标题 1”样式。

（4）在文档的第 1 页和第 2 页之间插入新的空白页，并将文档目录插入到该页中。文档目录要求包含页码，并仅包含“报告标题 1”样式所示的标题文字。将自动生成的目录标题“目录”段落应用“目录标题”样式。

（5）因为财务数据信息较多，因此设置文档第 5 页“现金流量表”段落区域的表格标题行可以自动出现在表格所在页面的表头位置。

（6）在“产品销售一览表”段落区域的表格下方插入一个产品销售分析图，图表样式参

考“分析图样例.jpg”文件所示，参考效果如图 3-110 所示。并将图表调整到与文档页面宽度相匹配。

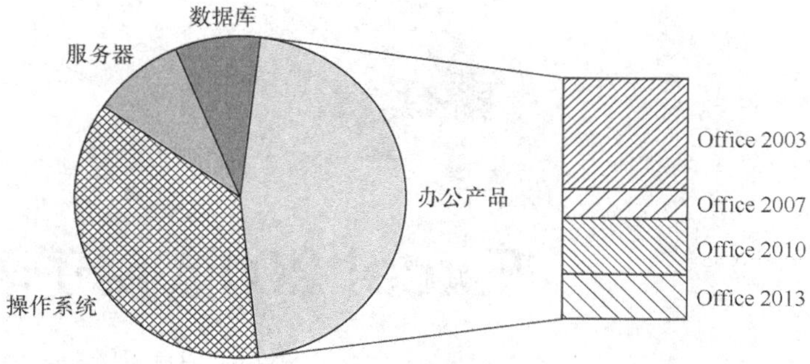

图3-110 分析图例样效果图

（7）修改文档页眉，要求文档第 1 页不包含页眉，文档目录页不包含页码，从文档第 3 页开始在页眉的左侧区域包含页码，在页眉的右侧区域自动填写该页中“报告标题 1”样式所示的标题文字。

（8）为文档添加水印，水印文字为“机密”，并设置斜式版式。

（9）根据文档内容的变化，更新文档目录的内容与页码。

Computer

4 Chapter

项目 4 Excel 2013 电子表格制作

Excel 2013 是 Microsoft 公司开发的 Office 2013 办公组件之一。它是一个电子表格软件，可以用来制作电子表格，完成许多复杂的数据运算，进行数据的分析和预测，同时还具有强大的制作图表的功能。它已成为国内外广大用户管理公司和个人财务、统计数据、绘制各种专业化表格的得力助手。在本项目中，我们将通过 4 个典型的任务具体介绍它的各种应用。

任务 1　设计公司员工基本信息表

情境描述

三福汽车贸易有限公司人事部门要进行管理改革，要求设计出新的公司员工基本信息表，其中包括员工的部门、职位、学历、联系方式等基本信息。通过此表可以直观快捷地了解员工的基本情况，方便对公司员工的管理。具体要求如下。

（1）在表格中输入员工编号、姓名、性别等各列数据，并对每列数据进行数据格式、数据验证方面的设置，以便准确快捷地插入数据。

（2）对工作时间列设置条件格式，能更直观地体现员工的工作时间。

（3）对表格进行格式化，使其美观大方。

（4）设置打印格式，并打印两份存档。

实现效果图如图 4-1 所示。

三福汽车贸易有限公司员工信息表

更新日期 2018-7-20 15:42

编号	职工号	姓名	性别	学历	部门	职位	参加工作时间	联系电话
01	GSF-1	李津津	男	专科	生产部	职员	1999年7月6日	13548681212
02	GSF-5	赵佳	女	专科	生产部	职员	1999年7月2日	15201927375
03	GSF-7	李海	男	本科	生产部	职员	1996年7月3日	15201927831
04	GSF-4	王顺	女	硕士	财务部	职员	1996年7月5日	13482264893
05	GSF-2	刘天明	男	硕士	人事部	部门经理	2005年7月10日	13816483506
06	GSF-6	周基	男	专科	营销部	部门经理	1990年6月11日	13611808789
07	GSF-3	宁江	男	专科	生产部	职员	1990年7月10日	13916597127
08	GSF-8	苗东东	女	专科	营销部	职员	1989年6月9日	13916364451
09	GSF-9	萧海东	男	专科	生产部	职员	1999年7月14日	13482526664
10	GSF-10	王静	女	博士	人事部	职员	2002年6月18日	13482547556
11	GSF-11	王续东	男	博士	秘书部	部门经理	2004年7月2日	13917044685
12	GSF-14	宋毛东	男	本科	物流部	职员	**2018年7月10日**	13917427477
13	GSF-13	黄平	男	本科	营销部	职员	2002年7月11日	13916226679
14	GSF-12	马天民	女	专科	生产部	职员	2006年7月12日	13774367296
15	GSF-15	孙建平	男	本科	生产部	职员	1998年7月13日	13651957001
16	GSF-20	高明	男	硕士	人事部	部门经理	1999年7月14日	13564462163
17	GSF-17	郑诗聪	男	硕士	营销部	经理助理	2000年7月15日	13818268034
18	GSF-18	邓国明	男	本科	物流部	职员	2006年7月16日	13918248698
19	GSF-24	孙朋志	男	专科	财务部	职员	2006年7月17日	13764348963
20	GSF-16	张国华	女	本科	人事部	职员	2006年7月18日	15121013735
21	GSF-21	刘慧英	女	专科	营销部	职员	2006年7月19日	15901957995
22	GSF-22	王立萍	女	本科	后勤部	部门经理	1998年7月20日	13817972560
23	GSF-23	刘嘉林	男	专科	生产部	职员	2000年7月21日	13564145597
24	GSF-19	李莉	女	硕士	人事部	经理助理	2010年7月22日	13455049006
25	GSF-25	张扬	男	本科	物流部	部门经理	2012年7月23日	13548681213
26	GSF-28	黄哲	女	硕士	物流部	经理助理	2003年7月24日	13548681787
27	GSF-27	李爽	女	硕士	营销部	职员	1998年7月25日	13548681365
28	GSF-26	周深伟	男	专科	生产部	职员	1996年7月26日	13448681212
29	GSF-52	蓝兰	女	本科	秘书部	部门经理	2005年7月27日	13616339238

三福公司员工信息表

图4-1　员工基本信息表设计效果图

任务实现

1. 编辑表格内容

（1）新建工作簿。

启动 Excel 2013 程序，在可供选择的模板中，单击“空白文档”，即可创建一个新的工作簿。

保存文件名为“三福公司员工信息.xlsx”。

在此工作簿中有一个名为Sheet1的工作表，右击Sheet1工作表标签，选择“重命名”，将Sheet1工作表重命名为“三福公司员工信息表”，如图4-2所示。

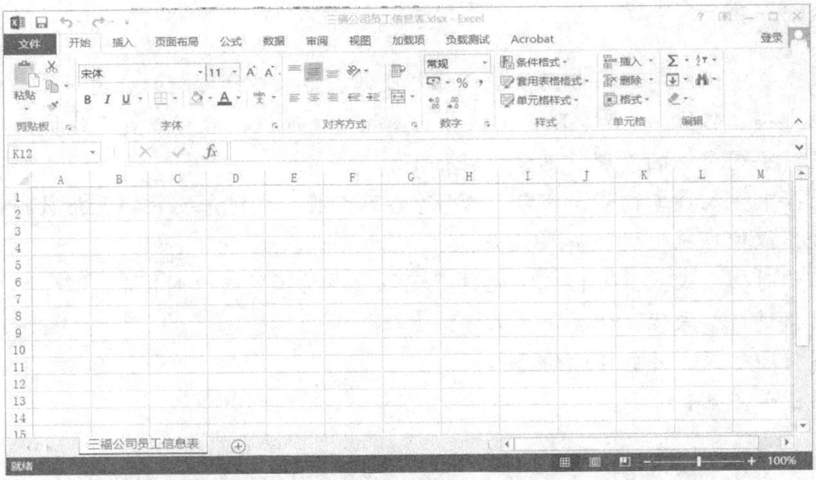

图4-2 新建工作簿

（2）设置表格标题。

① 插入列名。

双击A1单元格，进入单元格编辑状态，在其中输入“编号”，用此方法，依次在B1~I1单元格中分别输入“职工号”“姓名”“性别”“学历”“部门”“职位”“参加工作时间”和“联系电话”列。如果文本越过网格线，可以适当拖动网格线，加大列宽，使得文本显示在一列中，如图4-3所示。

	A	B	C	D	E	F	G	H	I
1	编号	职工号	姓名	性别	学历	部门	职位	参加工作时间	联系电话

图4-3 插入列名

知识点拨

- 单击单元格，使其成为活动单元格，输入内容，可修改单元格的内容。
- 双击单元格，将光标移动到指定位置，可在单元格中插入内容。

② 插入一行。

选择第1行，右击调出快捷菜单，如图4-4所示。单击“插入”，在第1行前面插入一行。右击此行调出快捷菜单，如图4-4所示，单击“行高”，调出“行高”对话框，设置行高为26，如图4-5所示。

③标题设计。

在A1单元格中输入表格标题“三福汽车贸易有限公司员工信息表”，选择A1~I1单元格区域，单击“开始”选项卡，在“对齐方式”工具组选择“合并后居中”，如图4-6所示。在“开始”选项卡“字体”工具组中设置填充颜色为蓝色底纹，字体设置为黑体、20磅、白色。

知识点拨

- 合并后居中：单元格合并为一个单元格，并居中显示。

- 跨行居中：只将内容居中，并不合并单元格。
- 合并单元格：只合并单元格，并不居中内容。

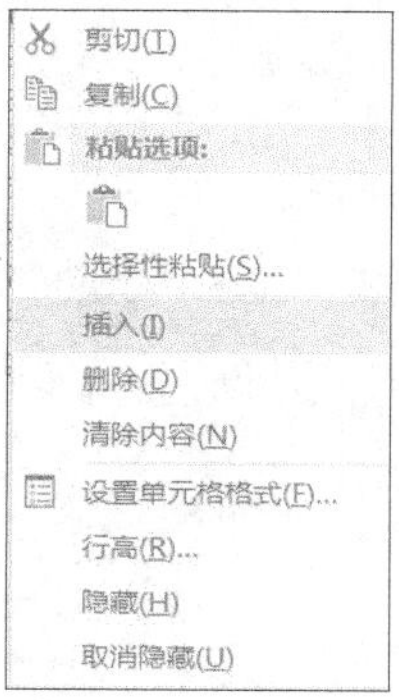

图4-4　行的快捷菜单

图4-5　设置行高

④ 用插入行的方式，在标题行后面插入一行。

插入时，会出现插入行格式的选项，如图 4-7 所示，选择“清除格式”，设置行高为 15。输入“更新日期”，用快捷键“Ctrl+;”插入系统日期，用快捷键“Ctrl+Shift+;”插入当前系统时间。合并单元格，左对齐，字体为黑体、10 磅。完成后的效果如图 4-8 所示。

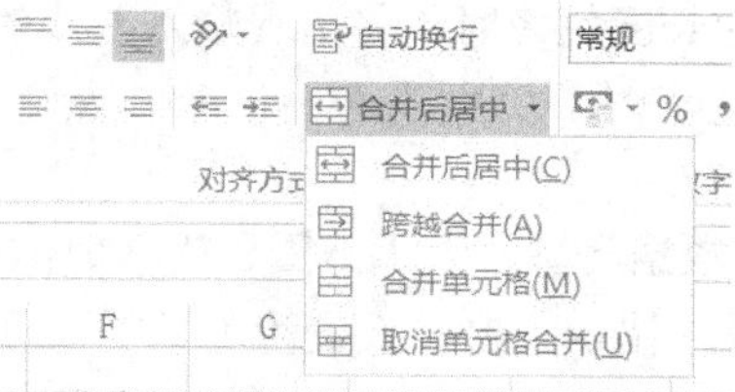

图4-6　合并居中的设置

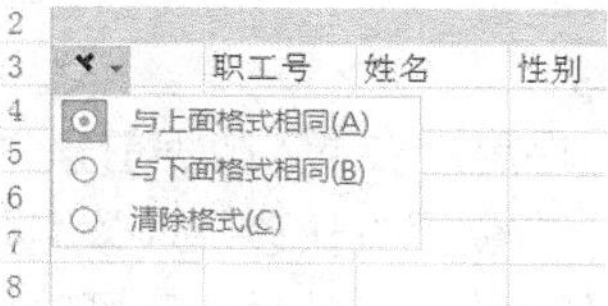

图4-7　插入行格式选择

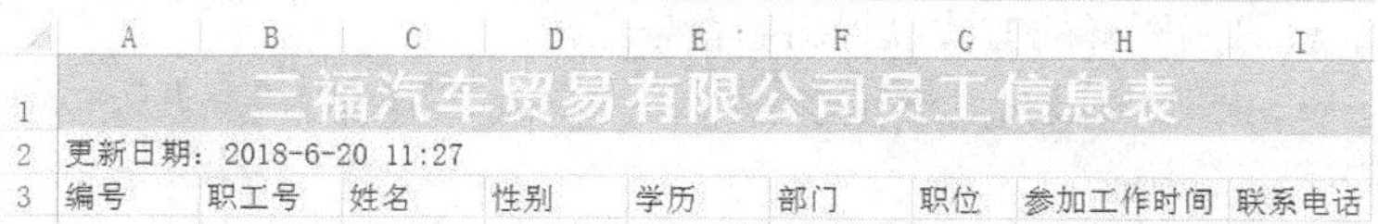

图4-8　设置表格标题后的效果

（3）输入数据。

① 输入编号列数据。

选择编号列 A4~A63 单元格右击，在弹出的快捷菜单中选择“设置单元格格式”，打开相应对话框，如图 4-9 所示。在“数字”选项卡“分类”中选择“文本”，使得此行的数据类型为文本格式。在 A4、A5 单元格中分别输入“01”“02”，然后按下鼠标右键拖动填充柄快速填充至“60”。

②采用固定内容输入方式输入职工号。

选定输入区域 B4:B63，打开“设置单元格格式”对话框中的“数字”选项卡，选择“自定义”中的通用格式，在类型中输入“"GSF-"@”，如图 4-10 所示。然后在 “职工号”列中输入数字，可以发现数字前会自动出现“GSF-”。

③ 利用数据验证来设置“姓名”列长度在 2~4 个字之间。

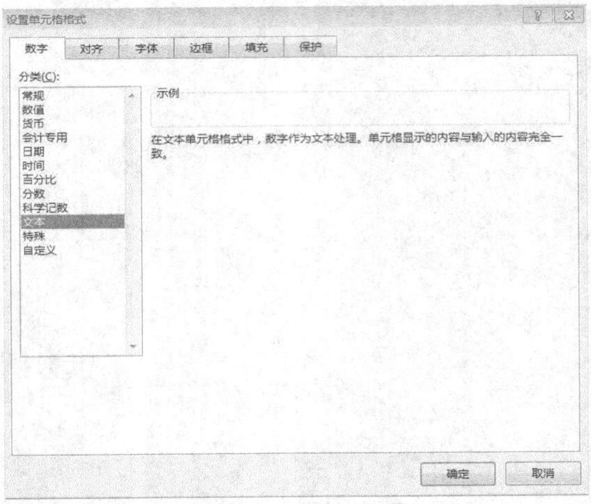

图4-9 设置单元格格式

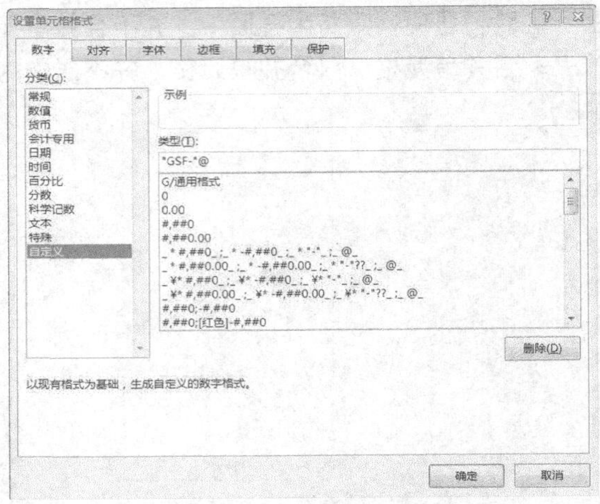

图4-10 设置固定内容重复输入

选定姓名列数据区域，选择“数据”选项卡，单击“数据工具”工具组中的“数据验证”，进入“数据验证”对话框，如图 4-11 所示。设置允许栏为“文本长度”，数据介于 2~4，单击“确定”按钮，此列的数据验证就设置完成了。完成后，向姓名列插入数据，如样例。

知识点拨

插入的姓名长度必须是 2 到 4 个字符，插入其他长度姓名时，将出现输入非法的错误提示，插入不成功。

知识点拨

Excel 允许用户在录入数据前预先设置单元格内数据类型、大小范围、输入时的信息提示及错误提示等，方便用户快速录入数据并能及时发现录入错误，这种设置称为数据验证。

设置好数据验证条件后，还可以切换到“输入信息”选项卡，如图 4-12 所示。在“标题”和“输入信息”文本框中输入要显示的信息，单击“确定”按钮。选定设置的单元格，即可显示设置的提示信息。也可用同样的方式设置出错警告信息。

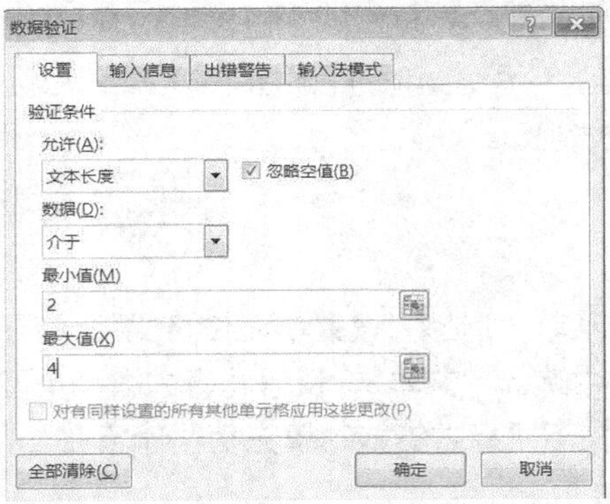

图4-11 用数据验证设置姓名长度

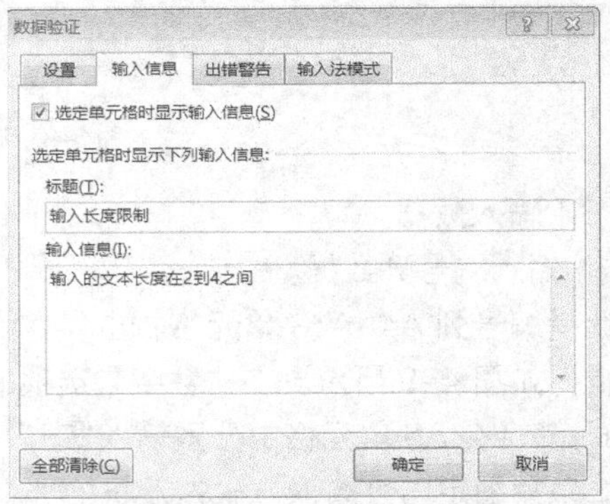

图4-12 “数据验证”对话框的“输入信息”选项卡

④ 设置“性别”列为下拉列表方式（男，女）。

选择“性别”列数据区域，用上面的方式打开数据验证，设置验证条件允许栏为“序列”，来源栏输入“男,女”。注意：其中的逗号用英文半角输入，如图 4-13 所示。

设置好后，单击性别列区域任意一个单元格，单元格右侧将显示一个下拉按钮，单击该按钮会弹出一个列表，其中显示了可以输入的内容（男，女），按需要选择其一即可。

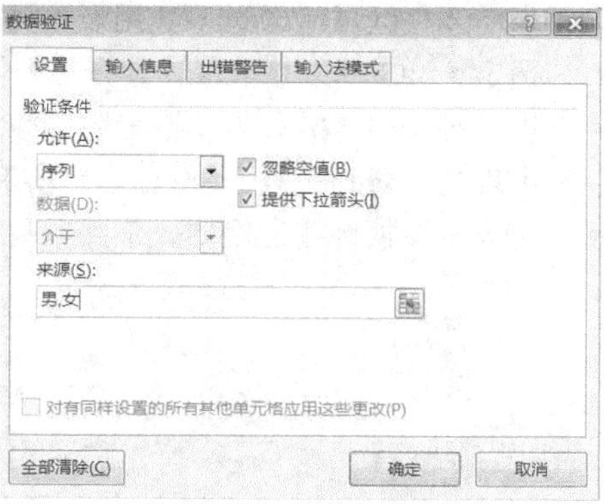

图4-13 用数据验证设置性别列

⑤ 用上述数据验证的方式，设置“学历”列为下拉列表方式（博士、硕士、本科、专科），并选择输入数据，如样例。

⑥ 在“部门”和“职位”列批量录入相同的数据。

按住“Ctrl”键，选定要输入相同数据的单元格区域，在编辑栏中输入数据（如“生产部”），然后按“Ctrl+Enter”组合键则可同时录入相同的数据。

⑦ 选择“参加工作时间”列数据区域，打开“设置单元格格式”对话框，设置数据类型为日期格式，形如 2012 年 3 月 14 日。

知识点拨

如果单元格出现“#”字样，说明数据宽度超过了单元格宽度，只需调整单元格宽度，即可显示完整的数据。

⑧ 设置单元格格式，将“联系电话”列设置为文本类型数据。

数据输入后的效果如图 4-14 所示。

三福汽车贸易有限公司员工信息表

更新日期 2018-7-20 15:42

编号	职工号	姓名	性别	学历	部门	职位	参加工作时间	联系电话
01	GSF-1	李津津	男	专科	生产部	职员	1999年7月6日	13548681212
02	GSF-5	赵佳	女	专科	生产部	职员	1999年7月2日	15201927375
03	GSF-7	李海	男	本科	生产部	职员	1996年7月3日	15201927831
04	GSF-4	王顺	女	硕士	财务部	职员	1996年7月5日	13482264893
05	GSF-2	刘天明	男	硕士	人事部	部门经理	2005年7月10日	13816483506
06	GSF-6	周基	男	专科	营销部	部门经理	1990年6月11日	13611808789
07	GSF-3	宁江	男	专科	生产部	职员	1990年7月10日	13916597127
08	GSF-8	苗东东	女	专科	营销部	职员	1989年6月9日	13916364451
09	GSF-9	萧海东	男	专科	生产部	职员	1999年7月14日	13482526664
10	GSF-10	王静	女	博士	人事部	职员	2002年6月18日	13482547556
11	GSF-11	王续东	男	博士	秘书部	部门经理	2004年7月2日	13917044685
12	GSF-14	宋毛东	男	本科	物流部	职员	2018年7月10日	13917427477
13	GSF-13	黄平	男	本科	营销部	职员	2002年7月11日	13916226679
14	GSF-12	马天民	女	专科	生产部	职员	2006年7月12日	13774367296
15	GSF-15	孙建平	男	本科	生产部	职员	1998年7月13日	13651957001
16	GSF-20	高明	男	硕士	人事部	部门经理	1999年7月14日	13564462163
17	GSF-17	郑诗聪	男	硕士	营销部	经理助理	2000年7月15日	13818268034
18	GSF-18	邓国明	男	本科	物流部	职员	2006年7月16日	13918248698
19	GSF-24	孙朋志	男	专科	财务部	职员	2006年7月17日	13764348963
20	GSF-16	张国华	女	本科	人事部	职员	2006年7月18日	15121013735
21	GSF-21	刘慧英	女	专科	营销部	职员	2006年7月19日	15901957995
22	GSF-22	王立萍	女	本科	后勤部	部门经理	1998年7月20日	13817972560
23	GSF-23	刘嘉林	男	专科	生产部	职员	2000年7月21日	13564145597
24	GSF-19	李莉	女	硕士	人事部	经理助理	2010年7月22日	13455049006
25	GSF-25	张扬	男	本科	物流部	部门经理	2012年7月23日	13548681213

三福公司员工信息表

图4-14 数据输入后的效果图

2. 表格格式化

（1）套用表格样式。

Excel 系统设置了多种专业性的报表格式供选择，可以选择其中一种格式自动套用到选定的工作表单元格区域。通过“套用表格格式”，可以快速美化表格。具体操作如下。

选定 A3:I3 单元格区域，选择“开始”选项卡，单击“样式”工具组中的“套用表格样式”，会出现多种表格样式，为表格套用中等深浅 2 样式。套用格式后，表格会进入数据筛选模式，可以在出现的“表格工具”“设计”选项卡中，选择“工具”栏中的“转换为区域”，如图 4-15 所示，将表格转换为普通区域，最终效果如图 4-16 所示。

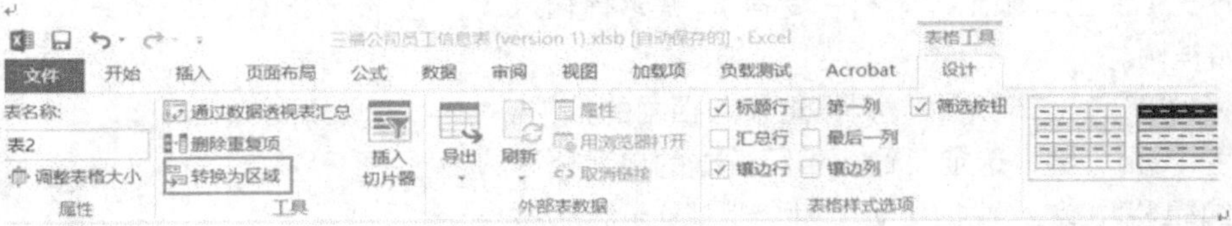

图4-15　将表格转换为普通区域

三福汽车贸易有限公司员工信息表

更新日期 2018-7-20 15:42

编号	职工号	姓名	性别	学历	部门	职位	参加工作时间	联系电话
01	GSF-1	李津津	男	专科	生产部	职员	1999年7月6日	13548681212
02	GSF-5	赵佳	女	专科	生产部	职员	1999年7月2日	15201927375
03	GSF-7	李海	男	本科	生产部	职员	1996年7月3日	15201927831
04	GSF-4	王顺	女	硕士	财务部	职员	1996年7月5日	13482264893
05	GSF-2	刘天明	男	硕士	人事部	部门经理	2005年7月10日	13816483506
06	GSF-6	周基	男	专科	营销部	部门经理	1990年6月11日	13611808789
07	GSF-3	宁江	男	专科	生产部	职员	1990年7月10日	13916597127
08	GSF-8	苗东东	女	专科	营销部	职员	1989年6月9日	13916364451
09	GSF-9	萧海东	男	专科	生产部	职员	1999年7月14日	13482526664
10	GSF-10	王静	女	博士	人事部	职员	2002年6月18日	13482547556
11	GSF-11	王续东	男	博士	秘书部	部门经理	2004年7月2日	13917044685
12	GSF-14	宋毛东	男	本科	物流部	职员	2018年7月10日	13917427477
13	GSF-13	黄平	男	本科	营销部	职员	2002年7月11日	13916226679
14	GSF-12	马天民	女	专科	生产部	职员	2006年7月12日	13774367296
15	GSF-15	孙建平	男	本科	生产部	职员	1998年7月13日	13651957001
16	GSF-20	高明	男	硕士	人事部	部门经理	1999年7月14日	13564462163
17	GSF-17	郑诗聪	男	硕士	营销部	经理助理	2000年7月15日	13818268034
18	GSF-18	邓国明	男	本科	物流部	职员	2006年7月16日	13918248698
19	GSF-24	孙朋志	男	专科	财务部	职员	2006年7月17日	13764348963
20	GSF-16	张国华	女	本科	人事部	职员	2006年7月18日	15121013735
21	GSF-21	刘慧英	女	专科	营销部	职员	2006年7月19日	15901957995
22	GSF-22	王立萍	女	本科	后勤部	部门经理	1998年7月20日	13817972560
23	GSF-23	刘嘉林	男	专科	生产部	职员	2000年7月21日	13564145597
24	GSF-19	李莉	女	硕士	人事部	经理助理	2010年7月22日	13455049006
25	GSF-25	张扬	男	本科	物流部	部门经理	2012年7月23日	13548681213

三福公司员工信息表

图4-16　套用表格样式后效果图

（2）给“参加工作时间”列设置条件格式：要求 2018 年参加工作的用黄色填充，红色字体；2000 年之前参加工作的用红色填充；2000 年到 2018 年参加工作的用绿色填充。

具体操作：选择“开始”选项卡“样式”工具组中的“条件格式”。在右边的弹出菜单中选择“突出显示单元格规则”中的“其他规则…”，如图 4-17 所示。在“新建格式规则”对话框中，设置单元格值的范围以及对应的格式，如图 4-18 所示。然后以同样的操作设定其他的条件格式。

（3）单击“视图”选项卡，选择“显示”工具组中“网格线”选项，取消勾选“网格线”。

（4）单击“页面布局”选项卡，在“页面设置”工具组中单击“背景”，选择从文件插入图片 get.jpg，为工作表设置背景图片。

（5）右击工作表标签，将工作表标签的颜色设为红色。

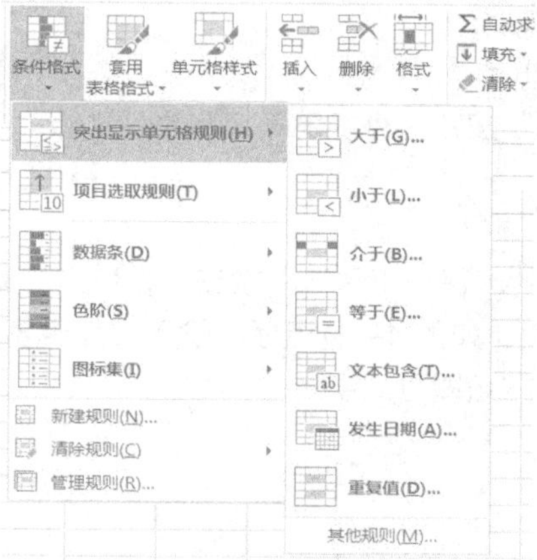

图4-17　选择条件格式

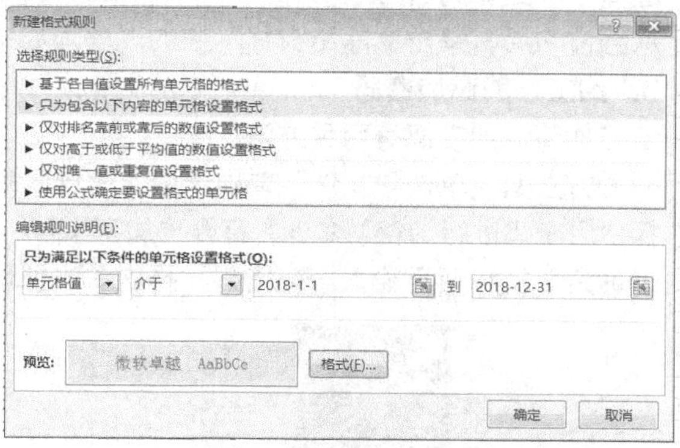

图4-18　新建格式规则

（6）在第 3 行和第 4 行之间冻结窗格。

冻结窗格可将工作表的上窗格和左窗格冻结在屏幕上，滚动工作表时，行标题和列标题可以一直在屏幕上显示。

具体操作为：选中第 4 行，选择“视图”选项卡，在“窗口”工具组中单击“冻结窗格”，选择 “冻结拆分窗格”。冻结后，第 3 行和第 4 行之间有一条黑色横线，滚动工作表，行标题不会再随之滚动，如图 4-19 所示。

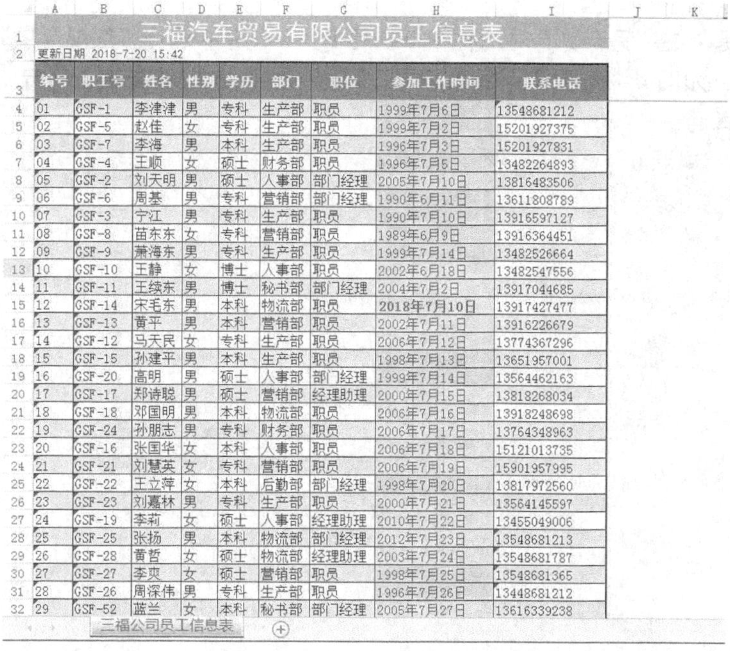

三福汽车贸易有限公司员工信息表

更新日期 2018-7-20 15:42

编号	职工号	姓名	性别	学历	部门	职位	参加工作时间	联系电话
01	GSF-1	李津津	男	专科	生产部	职员	1999年7月6日	13548681212
02	GSF-5	赵佳	女	专科	生产部	职员	1999年7月2日	15201927375
03	GSF-7	李海	男	本科	生产部	职员	1996年7月3日	15201927831
04	GSF-4	王顺	女	硕士	财务部	职员	1996年7月5日	13482264893
05	GSF-2	刘天明	男	硕士	人事部	部门经理	2005年7月10日	13816483506
06	GSF-6	周基	男	专科	营销部	部门经理	1990年6月11日	13611808789
07	GSF-3	宁江	男	专科	生产部	职员	1990年7月10日	13916597127
08	GSF-8	苗东东	女	专科	营销部	职员	1989年6月9日	13916364451
09	GSF-9	萧海东	男	专科	生产部	职员	1999年7月14日	13482526664
10	GSF-10	王静	女	博士	人事部	职员	2002年6月18日	13482547556
11	GSF-11	王续东	男	博士	秘书部	部门经理	2004年7月2日	13917044685
12	GSF-14	宋毛东	男	本科	物流部	职员	**2018年7月10日**	13917427477
13	GSF-13	黄平	男	本科	营销部	职员	2002年7月11日	13916226679
14	GSF-12	马天民	女	专科	生产部	职员	2006年7月12日	13774367296
15	GSF-15	孙建平	男	本科	生产部	职员	1998年7月13日	13651957001
16	GSF-20	高明	男	硕士	人事部	部门经理	1999年7月14日	13564462163
17	GSF-17	郑诗聪	男	硕士	营销部	经理助理	2000年7月15日	13818268034
18	GSF-18	邓国明	男	本科	物流部	职员	2006年7月16日	13918248698
19	GSF-24	孙朋志	男	专科	财务部	职员	2006年7月17日	13764348963
20	GSF-16	张国华	女	本科	人事部	职员	2006年7月18日	15121013735
21	GSF-21	刘慧英	女	专科	营销部	职员	2006年7月19日	15901957995
22	GSF-22	王立萍	女	本科	后勤部	部门经理	1998年7月20日	13817972560
23	GSF-23	刘嘉林	男	专科	生产部	职员	2000年7月21日	13564145597
24	GSF-19	李莉	女	硕士	人事部	经理助理	2010年7月22日	13455049006
25	GSF-25	张扬	男	本科	物流部	部门经理	2012年7月23日	13548681213
26	GSF-28	黄哲	女	硕士	物流部	经理助理	2003年7月24日	13548681787
27	GSF-27	李爽	女	硕士	营销部	职员	1998年7月25日	13548681365
28	GSF-26	周深伟	男	专科	生产部	职员	1996年7月26日	13448681212
29	GSF-52	蓝兰	女	本科	秘书部	部门经理	2005年7月27日	13616339238

三福公司员工信息表

图4-19　设置冻结窗格效果图

知识点拨

冻结窗格时：

选择“冻结拆分窗格”，则活动单元格上边和左边的所有单元格被冻结在窗口上；

选择“冻结首行”，则首行的所有单元格被冻结在窗口上；

选择“冻结首列”，则首列的所有单元格被冻结在窗口上。

冻结窗格后，单击“冻结窗格”中的“取消冻结窗格”按钮，可取消冻结窗格。

3. 给工作簿添加密码

给工作簿添加密码有两种方法。

一种方法是：单击“文件”选项卡中“信息”命令下的“保护工作簿”按钮，在弹出的菜单中选择“用密码进行加密”命令，打开“加密文档”对话框，如图 4-20 所示。输入工作簿密码，单击“确定”按钮后再输入一遍密码，再次单击“确定”按钮即可。

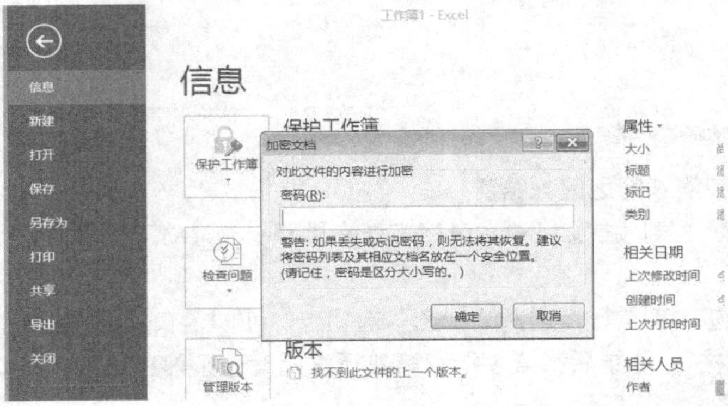

图4-20　给工作簿加密

另一种方法是：在“另存为”对话框中单击“工具”按钮，选择“常规选项”命令，打开“常规选项”对话框，如图 4-21 所示。输入打开权限密码和修改权限密码，单击“确定”按钮，然后输入确认密码即可。

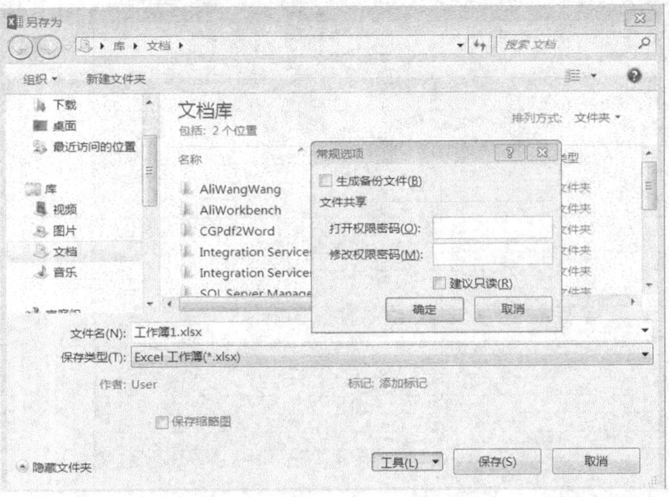

图4-21　保存文件时给文件加密

4. 页面设置

(1) 插入分页符，把“王均”以及以后的员工打印在另外一张纸上。

具体操作：首先选中王均所在的行，然后单击“页面布局”，在“页面设置”栏中单击“分隔符”，选择插入“分页符”即可。如果删除分页符，则单击“分隔符”，选择“删除分页符”即可。

（2）设置页边距。

打开“页面设置”对话框中的“页边距”选项卡，设置上下左右及页眉页脚页边距，并设置居中方式为水平垂直居中。

（3）设置页眉和页脚。

打开“页面设置”对话框中的“页眉页脚”选项卡，单击“自定义页眉”，在页眉左边插入公司 logo 图片，中间插入文件名称，右边插入日期，如图 4-22 所示。在页脚栏下拉列表中选择“第 1 页 共? 页”，设置页脚。

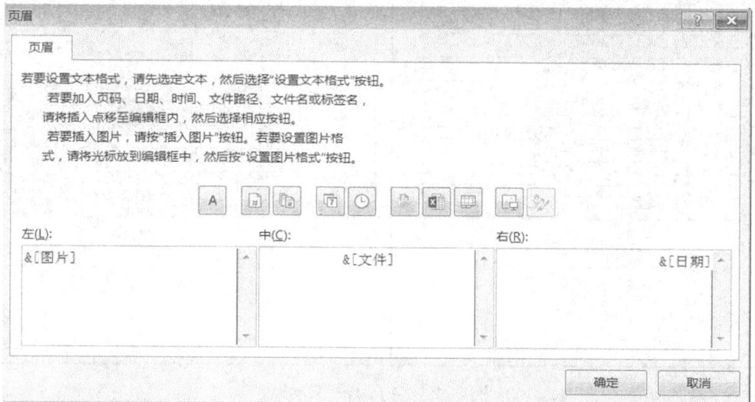

图4-22　页眉的设置

5. 打印工作表

（1）设置打印区域。

首先选定数据区域，然后单击“页面布局”选项卡中“页面设置”工具组的“打印区域”按钮，在弹出的菜单中选择“设置打印区域”命令，在所选区域四周会自动添加虚的边框线，系统将只打印边框线包围部分的内容。

（2）设置打印行和列的标题。

打开 “页面设置”对话框，单击“工作表”选项卡。将光标放到“顶端标题行”文本框，在工作表中单击行标题所在的行号，或直接输入行号，单击“确定”按钮即可，如图 4-23 所示。

（3）打印输出。

选择“文件”选项卡中的“打印”命令，展开“打印面板”，面板左侧分布了多个选项，用于对打印机、打印范围和页数、打印方向、纸张大小、页边距等进行设置。面板右侧显示了当前工作表第 1 页的预览效果，设置好后，确认无误，可以单击打印面板中的“打印”按钮，将工作表打印输出。打印效果如图 4-24 所示。

图4-23　设置顶端标题行

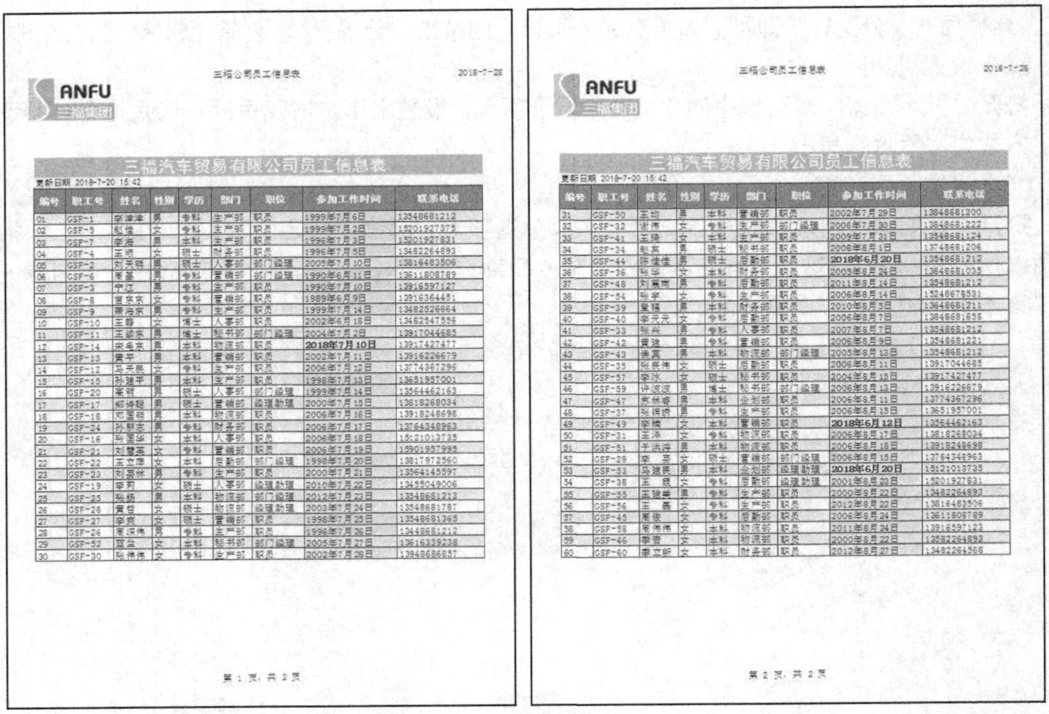

图4-24　打印预览效果

相关知识

1. 工作簿与工作表的基本操作

（1）工作簿、工作表与单元格。

工作簿是 Excel 用来存储并处理数据的一个或多个工作表的集合，其默认文件名是工作簿 1，默认的扩展名是.xlsx。在一个工作簿中可以包含多张具有不同类型的工作表，最多可包含 255 张工作表。

工作表是 Excel 用来处理和存储数据的载体。工作表是一个由若干行与列交叉构成的表格，每一行与每一列都有一个单独的标号来标识，用于标识行的称为行号，由阿拉伯数字表示，从上到下由 1，2，3，…，1 048 576 编号；用于标识列的称为列标，由英文字母表示从左到右依次为 A，B，C，… ，AA，AB，…，XFD（共 16 384 列）。

单元格是 Excel 的基本操作单位。输入任何数据，如：数值、文本、公式等，都保存在单元格中。为了方便操作，每个单元格都有一个地址，其形式是由单元格所在列的列标和所在行的行号组成的。例如，C4 表示第 4 行第 C 列的单元格。

由于一个工作簿可有多个工作表，为区分不同工作表的单元格，可在单元格地址前加上工作表名来区分。例如，Sheet3!A3 表示该单元格为 Sheet3 工作表中的 A3 单元格。由一组连续的或不连续的多个单元格组成的区域称为单元格区域。例如，单元格区域 A1:C2 由单元格 A1、A2、B1、B2、C1、C2 六个单元格组成。

（2）Excel 2013 操作界面。

在启动 Excel 2013 时，系统会自动打开一个工作簿，并自动命名为“工作簿 1”，此工作簿包含一个工作表，为 Sheet1。界面显示如图 4-25 所示。下面介绍一下 Excel 2013 界面特有的一些组成部分，主要包括：编辑栏、行号与列标、工作表标签、活动单元格。

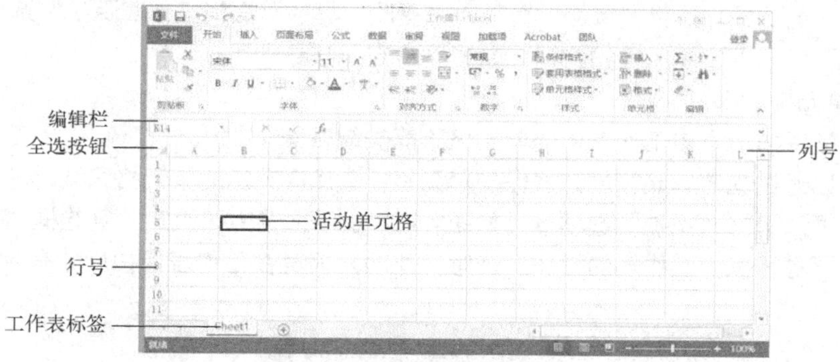

图4-25　Excel 2013界面组成

- 编辑栏。

编辑栏是 Excel 特有的工具栏，主要由两部分组成：名称框和编辑框。左侧的名称框用于显示当前单元格的名称或单元格地址，右侧的编辑框中，可以输入单元格的内容，也可以编辑各种复杂的公式或函数。

- “全选按钮”。

单击该按钮，可以选择工作表中的所有单元格。

- 工作表标签。

在工作簿中，每一个工作表都有自己的名称，默认名称为 Sheet1、Sheet2、Sheet3…显示在工作界面的左下角，称为“工作表标签”，右击它，可以选择进行重命名、复制移动、插入工作表，还可以改变工作表标签的颜色。

- 活动单元格。

当前正在使用的单元格称为“活动单元格”，外观上显示为一个明显的黑框。单击某个单元格，它便成为活动单元格，可以向活动单元格内输入数据，活动单元格的地址会显示在名称框中。

（3）工作簿、工作表、单元格的保护。

① 保护工作簿的窗口和结构。

如果不想让其他用户随意改变工作簿窗口的大小和位置，或者新建/删除工作表，那么需要对工作簿窗口做进一步保护。

保护工作簿的结构：是指工作簿所包含的工作表的名称、排列顺序不可改变。

保护工作簿的窗口：是指工作簿窗口大小不可改变。

方法是：选择“审阅”选项卡“更改”栏的“保护工作簿”选项，打开“保护结构和窗口”对话框，如图 4-26 所示。选择要保护的内容，输入保护密码，单击“确定”按钮。

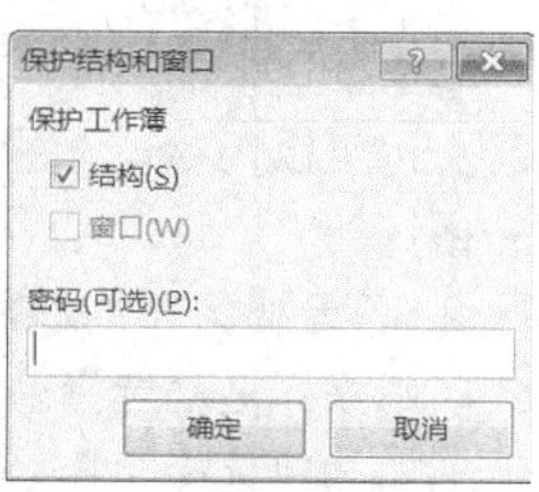

图4-26　保护工作簿结构和窗口

如果要撤销工作簿的保护，则选择“审阅”→“更改”→“保护工作簿”选项，打开“撤销工作簿保护”对话框，输入保护密码，单击“确定”按钮即可。

② 保护工作表。

如果工作表的内容不想被更改，可对工作表设置保护。方法是：选择“审阅”选项卡“更改”

栏的“保护工作表”选项，打开“保护工作表”对话框，如图 4-27 所示。选择允许用户进行的操作，输入保护密码，单击“确定”按钮确定即可。

取消工作表的保护：选择“审阅”选项卡“更改”栏的“撤销工作表保护”选项，打开“撤销工作表保护”对话框，输入保护密码，单击“确定”按钮即可。

③ 保护单元格。

当工作表被保护后，该工作表中的单元格不能被编辑修改。

我们也可以通过锁定单元格的方式保护单元格：选择需锁定的单元格区域，打开“设置单元格格式”对话框，选择“保护”选项卡，如图 4-28 所示，选中“锁定”复选框，单击“确定”按钮。然后，再进行保护工作表的操作。注意：此功能只有在工作表保护后才有效！

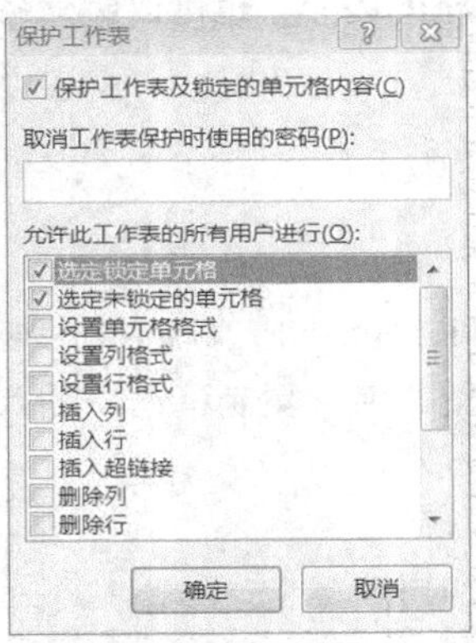

图4-27 “保护工作表”对话框

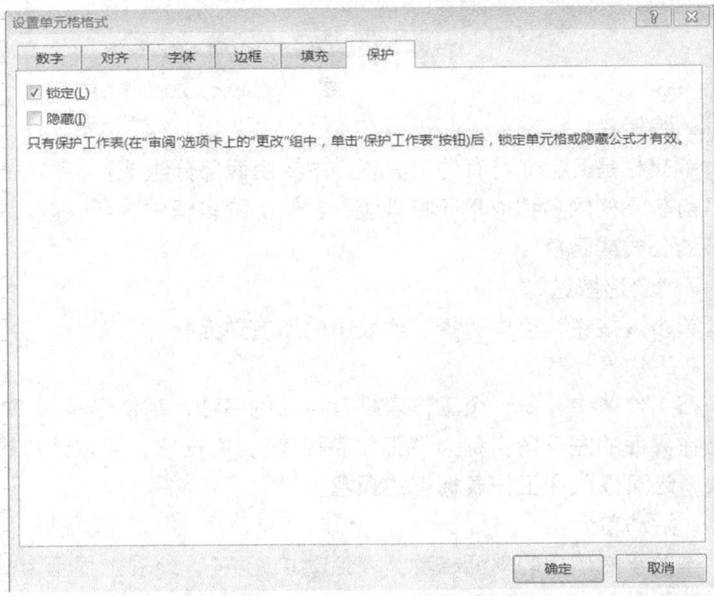

图4-28 “设置单元格格式”对话框

2. 工作表数据的输入

（1）单元格、单元格区域的选定。

单元格是 Excel 存放数据的最小独立单元。输入和编辑数据前，需要先选定单元格，使其成为活动单元格。根据不同需要，有时要选择独立的单元格，有时则需要选择多个单元格。

① 单个单元格的选择。

单击要选择的单元格，该单元格成为活动单元格，对应行号中的数字和列标中的字母会突出显示。也可以用键盘上的方向键（↑、↓、←、→）、Tab 键（右移）、Shift+Tab 键（左移）选择单元格。

② 单元格区域的选择。

- 用鼠标拖动选择。

例如，要选择 A1:G5 为活动单元格区域，先用鼠标光标指向单元格 A1，按下鼠标左键并拖动到单元格 G5 后释放鼠标即可。

- 用鼠标单击选择。

选择连续的单元格区域：例如，要选择 A1:D40 为活动单元格区域，先单击单元格 A1，然后按住“Shift”键再单击单元格 D40 即可。

选择不连续的单元格区域：按住 Ctrl 键单击要选择的单元格（或区域）。

- 用定位命令选择。

当要选择的单元格区域较大时，可用“定位”命令选择。例如，要选择单元格区域 A1:N100，可先选择“开始”选项卡“编辑”工具组“查找和替换”中的“转到”命令（或按“F5”键），弹出“定位”对话框，如图 4-29 所示，在“引用位置”框输入 A1:N100，最后单击“确定”按钮。

在“定位”对话框中单击“定位条件”按钮，弹出“定位条件”对话框，如图 4-30 所示，可根据单元格的数据类型选定需要的内容。

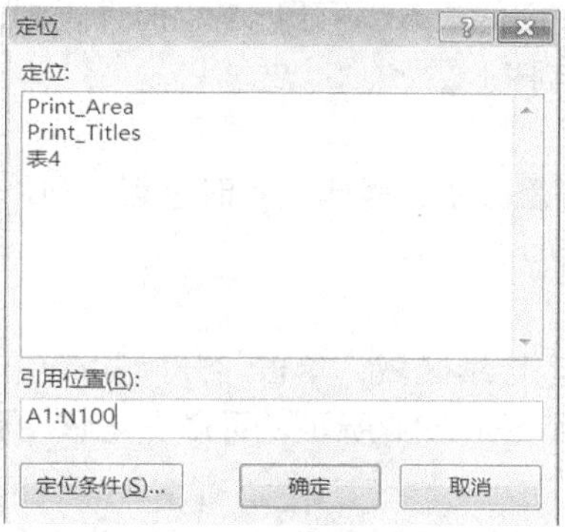

图4-29 “定位”对话框

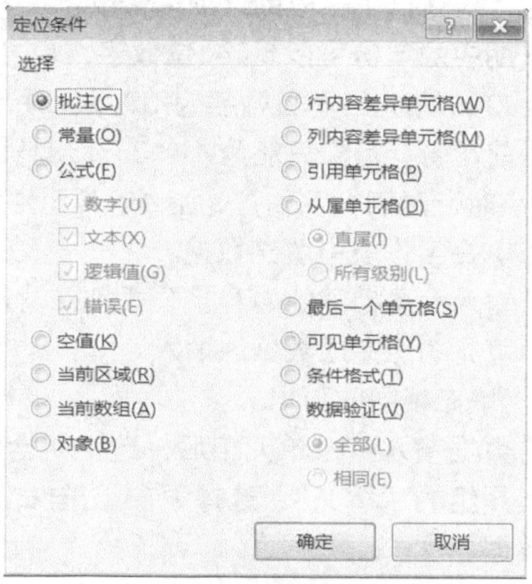

图4-30 “定位条件”对话框

- 在名称框中直接输入单元格的地址或名称，可快速定位到指定单元格（区域）。例如，快速选定 IG6789 单元格，可在名称框中输入 IG6789，然后按“Enter”键。

③ 行、列的选择。

单击行号或列标，可以选定一行或一列。用鼠标拖动行号或列标，可选择一个连续的行区域或列区域。按住“Ctrl”键单击行号或列标，可选择一个不连续的行区域或列区域。

④ 选定整个工作表（全选）。

按“Ctrl+A”或“Ctrl+Shift+Space”组合键或单击工作簿窗口左上角的全选按钮（行号与列标的交叉处）可全部选定工作表。

（2）各种类型数据的输入。

① 文本的输入。

文本可以是任何字符串（包括字母、数字、符号）。单元格中输入文本时自动左对齐。输入的文本长度超过单元格显示宽度且右边单元格中未有数据时，允许覆盖相邻的单元格（仅仅是显示），但该文本只存放在一个单元格内。

如果要将数字作为文本输入，应在其前面加上单引号（英文半角），如'123.45；或在数字前面加等号并把输入数字用双引号括起来，如="123.45"。其中，单引号表示输入的文本在单元格中左对齐。

② 数值的输入。

数值在单元格中自动右对齐。输入负数时要在前面加一个负号。若数字宽度超过单元格显示宽度，用一串“#”号表示，或用科学记数法显示（整数位数超过 11 位时）。单元格中数字格式的显示取决于显示方式的设定。

在单元格中输入分数时，为避免将分数视作日期，要在输入分数之前先输入“0”和空格作为引导符，如：“0 1/2”表示二分之一。

③ 日期和时间的输入。

Excel 提供了多种日期和时间的显示格式，日期的数据可用“YY-MM-DD”或“YY/MM/DD”格式输入；时间的数据可用“时:分:秒”格式输入。输入的日期和时间数据可以通过“设置单元格格式”对话框中相应的选项来修改。

日期中的年份可以是 4 位数字，也可为两位数字。当两位数字为 00~29 时，系统解释为 2000~2029 年；当两位数字为 30~99 时，系统解释为 1930~1999 年。若省略年份时，系统解释为当前年份。月份只能为 1~12，日期只能为 1~31。时间的录入，可用 12 小时计时制，也可用 24 小时计时制，例如，晚上 10 点 5 分可计为 10:05:00PM 或 22:05:00。

（3）在工作表中填充数据。

若输入大量相同的内容、公式，或输入的数据存在等差关系、等比关系时，可以利用 Excel 的自动填充功能完成数据的输入。

① 填充相同的数据。

将数据输入一个单元格后，选中包含此单元格的一个连续区域，单击“开始”选项卡“编辑”工具组的“填充”，选择“向下/向右/向上/向左”，如图 4-31 所示，可填充与该单元格相同的数据。

也可将数据（不具有增减的文本或数字）输入一个单元格后，选中此单元格，将鼠标指针指向填充柄，按下左键同时拖动填充柄，可填充与该单元格相同的内容。

②等比或等差数列的填充。

一种方法是：在相邻的两个单元格中输入成等比或等差级数关系的数字，选定这两个单元格，拖动填充柄。若是等差序列，则按下左键拖动填充柄，直接填充完毕；若是等比序列，则需按下右键拖动填充柄，至目标单元格后释放鼠标按键，在弹出的快捷菜单中选择等比序列即可。

另一种方法是：将序列首项输入一个单元格后，选中包含此单元格的一个连续区域（一行或一列），单击“开始”选项卡“编辑”工具组“填充”中的“序列…”，打开“序列”对话框，如图 4-32 所示。选择“序列产生在”行/列，在“类型”中选择等差/等比序列，在“步长值”中输入所需步长，单击“确定”按钮，即可填充相应序列。

③ 快捷填充。

将数据输入一个单元格后，选中此单元格，再按下鼠标右键拖动填充柄到指定点，在快捷菜单中可以选择合适的方式填充，如图 4-33 所示。

④ 用户自定义序列填充。

系统已定义的序列，用户可以直接应用。如果用户需要经常应用某个序列，则可自己定义序列。例如，语文、数学、英语、体育、政治序列；鼠、牛、虎、兔、龙、蛇……猪序列等。方法如下。

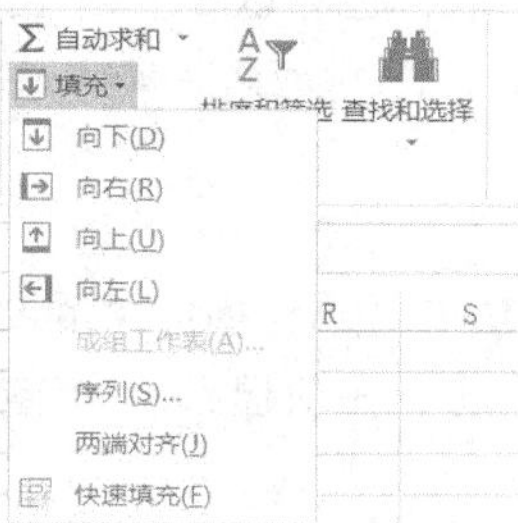

图4-31 “填充”选项

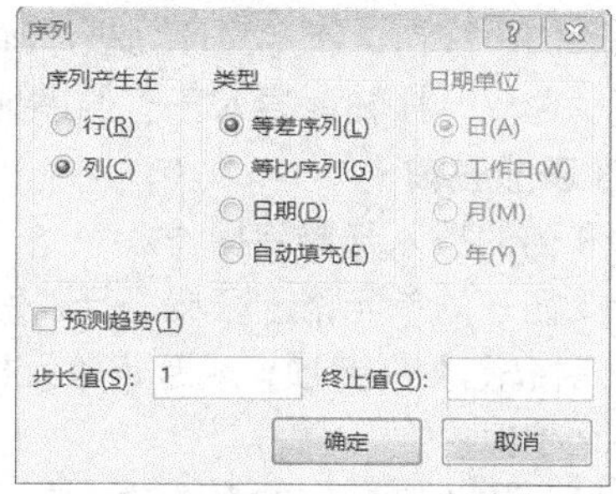

图4-32 “序列”对话框

选择“文件”中的“选项”命令，打开“Excel 选项”对话框，如图 4-34 所示。

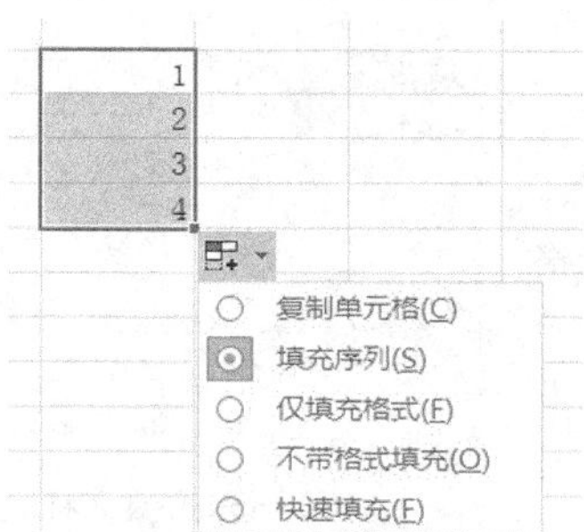

图4-33 “填充柄”快捷菜单

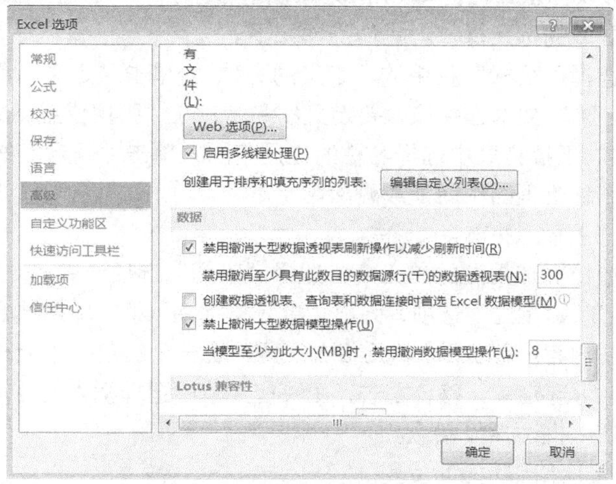

图4-34 “Excel选项”对话框

选择左侧列表中的“高级”选项，然后单击右侧“常规”中的“编辑自定义列表”按钮，弹出“自定义序列”对话框，选择左侧的“新序列”，在右侧的“输入序列”列表中逐项输入自定义的数据序列，每项数据输入完后按回车键，如图 4-35 所示。

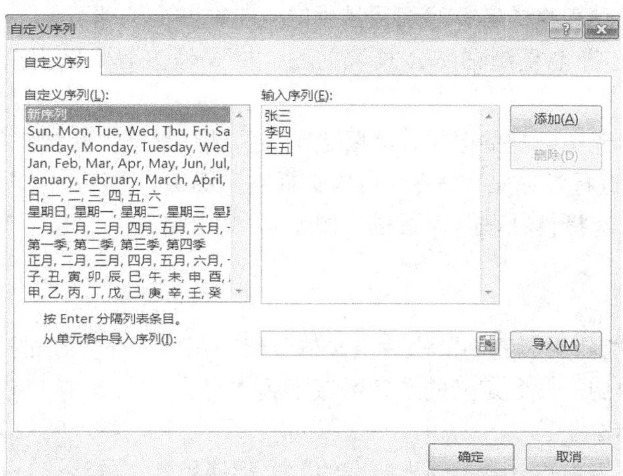

图4-35 “自定义序列”对话框

单击“添加”按钮，新定义序列被添加到“自定义序列”列表，也可以在“自定义序列”对话框中单击“导入”按钮，导入已有的序列。单击“确定”按钮，序列定义完毕。

3. 工作表的编辑

（1）行和列的插入与删除操作。

选定需要插入的单元格（区域、行、列），选择“开始”选项卡“单元格”中的“插入”，单击“插入单元格/行/列”选项；或选定单元格（区域、行、列）右击，在快捷菜单中选择“插入”。删除操作与之相似。

（2）为单元格（区域）定义名称。

单元格或单元格区域命名是给工作表中某个单元格或单元格区域取一个名字，在以后的操作中，涉及已被命名的单元格或单元格区域时，只要使用名字即可操作，不再需要进行单元格或单元格区域的选定操作。具体操作如下。

选择“公式”栏中的“定义的名称”，单击“定义名称”选项，弹出“新建名称”对话框。在“名称”文本框中输入要定义的名字；在“引用位置”文本框中输入要命名的单元格区域；在“范围”下拉列表中选择名称的应用范围。单击“确定”按钮即可完成，如图 4-36 所示。也可以在名称管理器中新建或删除名称。

（3）插入批注。

选择需加批注的单元格，选择“审阅”选项卡中的“批注”，单击“新建批注”选项，弹出“单元格批注”框，输入选定单元格的批注内容。完成后，单元格右上角出现一个红色的单元格批注标志。也可选定单元格，右击，在快捷菜单中选择插入批注。删除批注与插入批注操作相似。

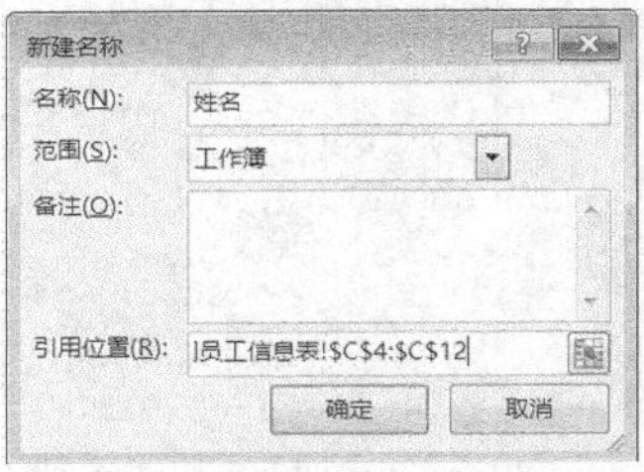

图4-36 新建名称

（4）清除功能的使用。

如果需要清除单元格的内容，可以选定单元格，按“Delete”键。

如果需要清除单元格的格式或者批注等其他信息，可以单击“开始”选项卡“编辑”工具组中的“清除”按钮，在“全部清除/清除格式/清除内容/清除批注”选项中根据需要选择，如图 4-37 所示。

（5）“选择性粘贴”的使用。

如果只需要复制粘贴表格内容，我们用常用的复制粘贴方法即可。

如果我们需要有选择地复制粘贴公式、批注、格式等，需要采用选择性粘贴。其操作步骤如下。

首先选定要复制单元格数据的区域，然后选定准备粘贴数据的区域，右击调出快捷菜单，在“粘贴选项” 中单击“选择性粘贴”命令，可以选择粘贴图标，进行不同方式的粘贴，如图 4-38 所示。也可在弹出的“选择性粘贴”对话框（如图 4-39 所示）中，按照对话框上的选项选择需要粘贴的方式。

知识点拨

“选择性粘贴”只能将用“复制”命令定义的数值、格式、公式或批注粘贴到当前选定单元格区域中，对使用“剪切”命令定义的选定区域不起作用。

4. 工作表的格式化

在最初建立的工作表中输入数据时，所有的数据都使用默认的格式，如文字左对齐，数值右对齐，字体采用五号、宋体、黑色字等。这样的工作表一般不能符合要求。因此，创建工作表后还需要对工作表进行格式化。

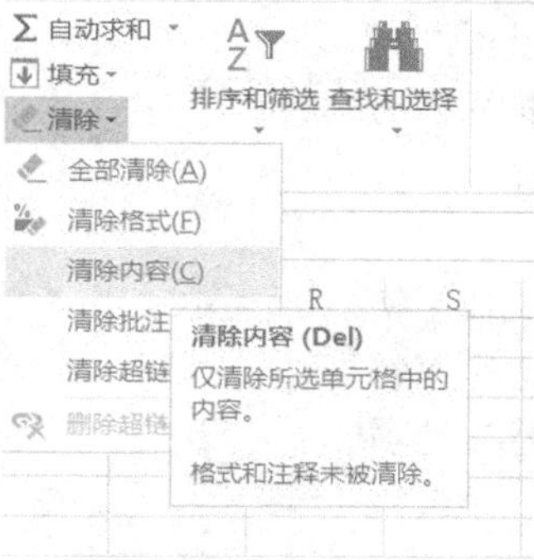

图4-37 “清除”的下拉列表

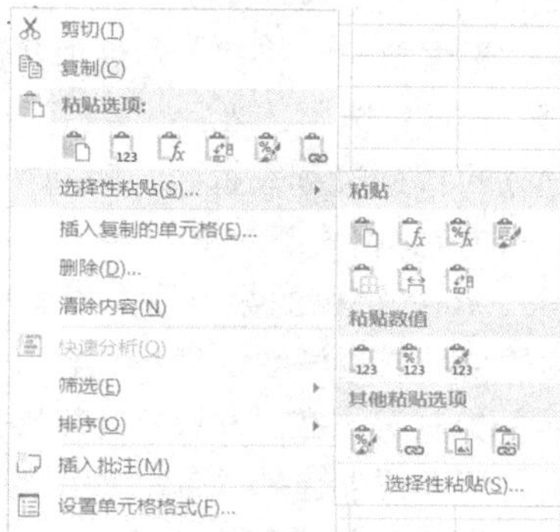

图4-38 选择性粘贴列表

（1）设置单元格格式。

打开“设置单元格格式”对话框，如图 4-40 所示。

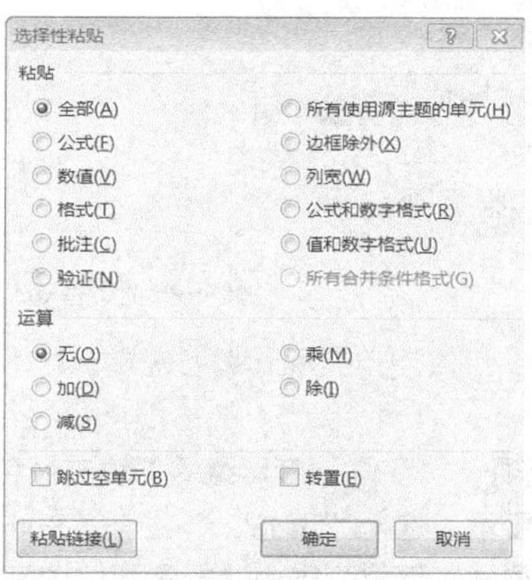

图4-39 “选择性粘贴”对话框

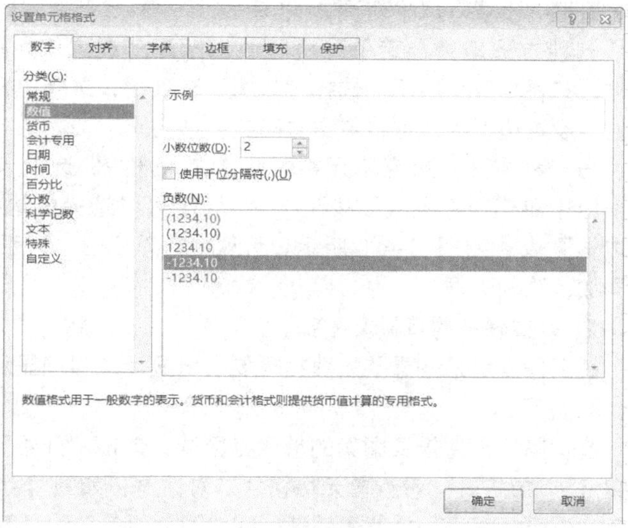

图4-40 “设置单元格格式”对话框

在“设置单元格格式”对话框中，可以设置单元格的数字、对齐、字体和边框等格式。

① 设置数值格式。

打开“设置单元格格式”对话框，在“数字”选项卡的“分类”列表框中选择“数值”选项，如图 4-40 所示。在选项卡的右边设置小数位数、选择负数的表示方法以及是否使用千位分隔符。另外，使用“开始”→“数字”选项组中的“增加小数位数”“减小小数位数”选项 可调整数值的小数位数。

② 设置货币格式。

货币格式用于表示一般货币数值，常用的两种货币符号分别是￥和$。设置货币格式的方法与设置数值格式相同。在“设置单元格格式”对话框的“数字”选项卡的“分类”列表框中选择“货币”选项，然后设置保留小数位数、货币符号及负数的表示方式等即可。

③ 设置日期或时间格式。

设置日期格式可以使日期以不同的形式显示出来，设置方法与设置“数值”和“货币”的方法类似，在“设置单元格格式”对话框“数字”选项卡的“分类”列表框中选择“日期”选项，然后设置日期的类型和所属区域即可。利用同样的方法可以通过列表框的“时间”选项设置时间格式。

④ 创建自定义格式。

若觉得 Excel 提供的数字格式不够用，可以创建自定义数字格式，如专门的会计或科学数值表示、电话号码、区号或其他必须以特定格式显示的数据等。在“设置单元格格式”对话框的“数字”选项卡的“分类”列表框中选择“自定义”选项，在列表中选择一个最接近需要的自定义格式并进行修改即可。

(2) 设置边框、背景及图案。

① 设置表格的边框。

在工作表中给单元格加上不同的边框线，可以画出各种风格的表格。边框的设置有以下两种方法。

一种方法是：选定单元格区域，打开“设置单元格格式”对话框，如图 4-40 所示。选择“边框”选项卡，选择边框线条样式、颜色，设置边框的位置，单击“确定”按钮。

另一种方法：选定单元格区域，在“开始”选项卡的“字体”选项组中单击“下框线”按钮，弹出可供选择的边框类型、绘制边框列表，如图 4-41 所示。可从中选择线型、颜色等，根据需要添加、绘制边框。

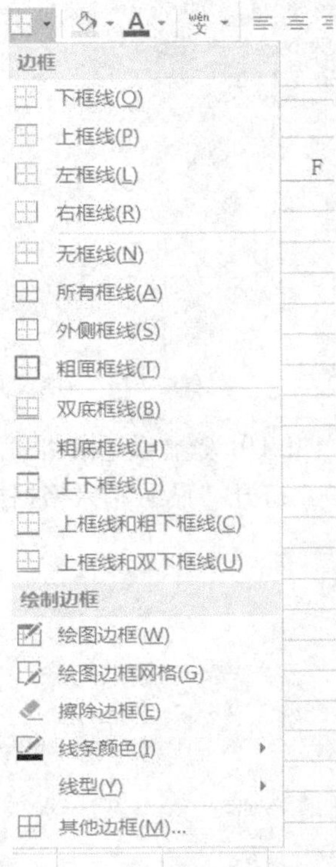

图 4-41 表格框线

② 设置表格的背景及图案。

在工作表中某些重要的数据需要突出显示或强调显示时，可以使用某种背景及图案。具体操作步骤如下。

选定需设置背景及图案的单元格区域，单击“开始”选项卡“字体”工具组的“填充颜色”按钮；或打开“设置单元格格式”对话框，如图 4-40 所示，选择“填充”选项卡，在“背景色”中选择需添加的背景颜色，在“图案颜色”和“图案样式”下拉列表中选择需要的图案颜色和样式即可。

(3) 套用表格格式和单元格样式。

Excel 系统设置了多种专业性的报表格式供选择，可以选择其中一种格式自动套用到选定的工作表单元格区域，通过“套用表格格式”，可以对表格起到快速美化的效果。

其应用方法如下。

① 单击“开始”选项卡“样式”工具组中的“套用表格格式”按钮，弹出如图 4-42 所示的“套用表格格式”下拉列表，选择一个合适的格式，即可打开“套用表格格式”对话框。

② 选择要套用格式的单元格区域，如图 4-43 所示，单击“确定”按钮，将会为选择的数据区设置指定的表格样式。

③ 套用样式后的表格为筛选模式，单击“设计”选项卡中的“转换为区域”，则可转换为普通的区域。

同样地，系统也提供了多种类型的单元格样式，可以选定需要设置格式的单元格区域，选择“样式”工具组中的“单元格样式”来快速设置合适的单元格格式，如图 4-44 所示。

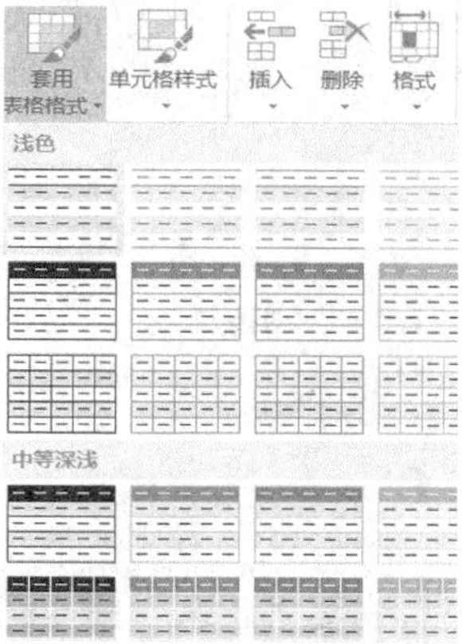

图4-42　套用表格样式

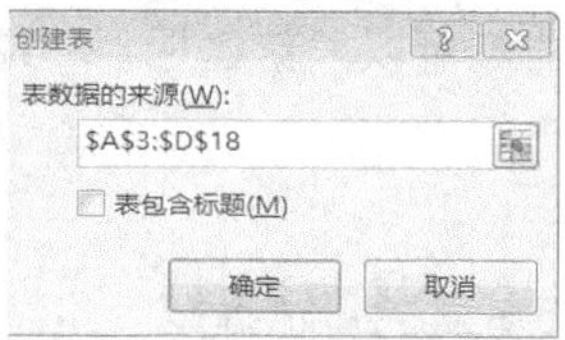

图4-43　套用表格样式区域设置

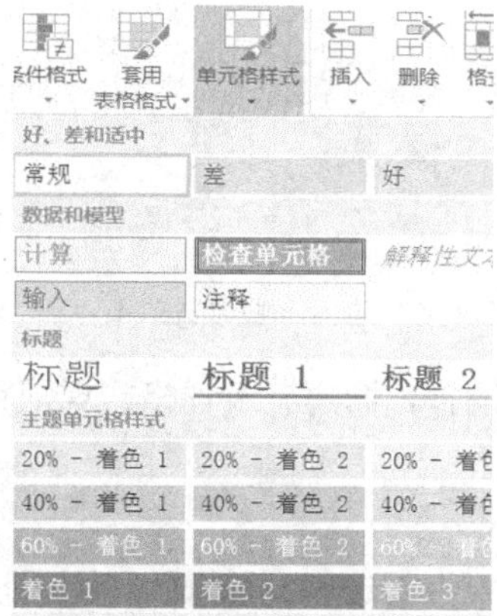

图4-44　单元格样式

（4）设置条件格式。

对于 Excel 表格中的不同数据，可以按照不同的条件和要求设置它的显示格式，以便把不同的数据更加醒目地表示出来，在 Excel 2013 中除了应用突出显示单元格规则，还可以为单元格设置数据条、图标集等，让数据更加形象直观。

① 设置数据条。

条件格式中可以设置数据条，通过列出数据条的长短，醒目地表示数据的大小。例如在图 4-45 所示的表格中给成绩列设置数据条。首先选择成绩数据区域，然后选择“条件格式”中的“数据条”，如图 4-46 所示，使用红色渐变填充，效果如图 4-47 所示。

图4-45　成绩表

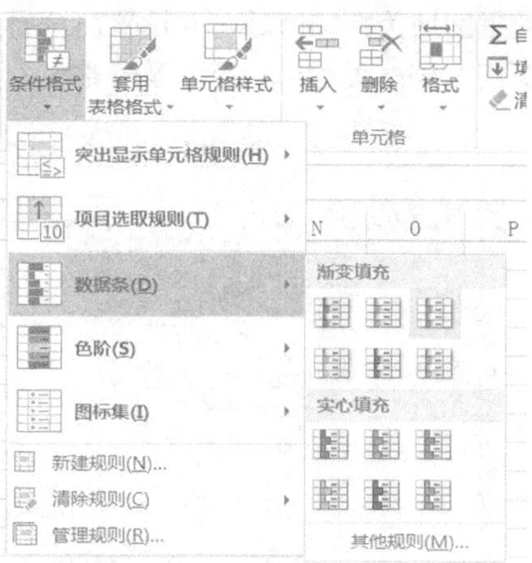

图4-46　设置数据条

② 条件格式的编辑。

选择“开始”选项卡“样式”中的“条件格式”，单击“管理规则”按钮，打开“条件格式规则管理器”对话框，如图 4-48 所示。选定规则，单击“编辑规则”按钮，可编辑指定的规则。

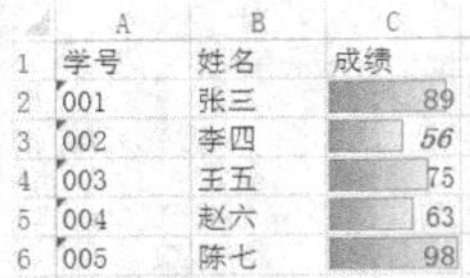

	A	B	C
1	学号	姓名	成绩
2	001	张三	89
3	002	李四	56
4	003	王五	75
5	004	赵六	63
6	005	陈七	98

图4-47 使用数据条的效果

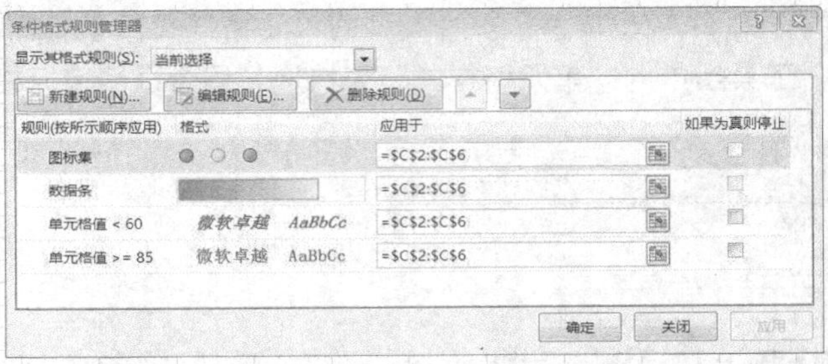

图4-48 “条件格式规则管理器”对话框

同样，利用“条件格式规则管理器”可以“新建规则”或“清除规则”。

拓展提升

东方商场要为 2018 年 6 月上旬的家电销售情况做一个数据统计表。要求此表用 Excel 设计，清晰准确，美观直观。效果如图 4-49 所示。

操作步骤如下。

（1）打开素材工作表，将第 1 行合并单元格，套用单元格样式中的标题 1 样式。

（2）第 1 行后插入一行，行高为 15，输入制表人姓名及当前的日期时间。

（3）“商品”列采用数据验证设置下拉列表，下拉列表内容包括：电视机、电冰箱、洗衣机。

（4）“单价”和“总金额”列采用会计专用格式。

（5）为数据区域套用表格样式中等深浅 2。

（6）设置条件格式，使得单价大于 10 000 的以红色文本显示，小于 1500 的以绿色文本显示。并给总销售额添加红色渐变数据条。

（7）为前 3 行设置冻结窗格。

（8）设置数据区域为打印区域，并设置前 3 行为打印标题行。

（9）插入页眉页脚。页眉为自己的学号姓名，页脚为第 ？ 页 共 ？ 页。

东方商场2018年6月上旬家电销售列表

制表人：张三　　2018-6-20 8:13

营业员	日期	商品	型号	数量	单价	总销售额
柯夏令	2018-6-1	电视机	CY5	11	¥ 10,390.00	¥ 114,290.00
柯夏令	2018-6-2	电视机	CY5	7	¥ 10,390.00	¥ 72,730.00
励为何	2018-6-3	电视机	CC6	5	¥ 8,090.00	¥ 40,450.00
文微微	2018-6-4	电视机	CC7	3	¥ 9,020.00	¥ 27,060.00
柯夏令	2018-6-5	电冰箱	JJI	9	¥ 2,080.00	¥ 18,720.00
高娃娃	2018-6-6	洗衣机	XI2	12	¥ 980.00	¥ 11,760.00
柯夏令	2018-6-7	电冰箱	JJI	3	¥ 2,080.00	¥ 6,240.00
曲新	2018-6-8	洗衣机	XI1	4	¥ 1,290.00	¥ 5,160.00
高娃娃	2018-6-9	洗衣机	XI2	5	¥ 980.00	¥ 4,900.00
文微微	2018-6-10	电冰箱	JJI	2	¥ 2,080.00	¥ 4,160.00
曲新	2018-6-11	洗衣机	XI1	3	¥ 1,290.00	¥ 3,870.00
曲新	2018-6-12	洗衣机	XI2	3	¥ 980.00	¥ 2,940.00
励为何	2018-6-13	洗衣机	XI1	2	¥ 1,290.00	¥ 2,580.00
励为何	2018-6-14	洗衣机	XI1	2	¥ 1,290.00	¥ 2,580.00
文微微	2018-6-15	电冰箱	JJI	1	¥ 2,080.00	¥ 2,080.00
高娃娃	2018-6-16	洗衣机	XI2	2	¥ 980.00	¥ 1,960.00

图4-49 东方商场2018年6月上旬家电销售列表

任务 2 员工工资表的制作与数据统计

情境描述

三福公司的薪资体系有大的变动，公司人力资源部门需要依据公司最新的薪资制度，用 Excel 重新设置一系列员工工资统计表格。其中包括员工出勤表、员工加班表、员工工资表、工资条以及工资统计表。其中员工工资表效果如图 4-50 所示。

具体要求如下。

（1）在员工加班表中根据员工 4 个周加班时长计算员工每月加班时长。

（2）在员工工资表中引用员工加班表以及员工出勤表的对应数据计算全勤奖和旷工扣款。

（3）利用公式或函数设计并核算员工的应发工资、实发工资等。

（4）将工资表的核算结果做成工资条的形式，打印发放到每一个员工手中。

（5）利用相关公式或函数制作工资统计表。

（6）美化表格。

三福汽车贸易有限公司 8 月工资表

职工号	姓名	所在部门	基本工资	住房补贴	绩效奖金	全勤奖	加班费	旷工扣款	应发工资	扣集资后所得	扣税	实发工资	工资排名
GSF-1	李津津	生产部	¥3,500.00	¥200.00	¥600.00	¥800.00	¥950.00	¥ -	¥6,050.00	¥5,050.00	¥760.00	¥5,290.00	9
GSF-5	赵佳	销售部	¥4,000.00	¥500.00	¥1,500.00	¥ -	¥1,180.00	¥200.00	¥6,980.00	¥5,980.00	¥946.00	¥6,034.00	5
GSF-12	马天民	生产部	¥3,800.00	¥500.00	¥600.00	¥800.00	¥1,600.00	¥ -	¥7,300.00	¥6,300.00	¥1,010.00	¥6,290.00	3
GSF-23	刘嘉林	生产部	¥3,800.00	¥500.00	¥1,000.00	¥ -	¥1,660.00	¥200.00	¥6,760.00	¥5,760.00	¥902.00	¥5,858.00	6
GSF-26	周深伟	营销部	¥3,500.00	¥200.00	¥1,000.00	¥ -	¥1,000.00	¥200.00	¥5,500.00	¥4,500.00	¥550.00	¥4,950.00	11
GSF-30	张伟伟	销售部	¥4,500.00	¥500.00	¥1,500.00	¥ -	¥800.00	¥ -	¥7,300.00	¥6,300.00	¥1,010.00	¥6,290.00	3
GSF-32	谢伟	生产部	¥4,245.00	¥500.00	¥1,000.00	¥ -	¥1,060.00	¥100.00	¥6,705.00	¥5,705.00	¥891.00	¥5,814.00	7
GSF-37	张锦绣	销售部	¥4,567.00	¥550.00	¥1,500.00	¥800.00	¥850.00	¥ -	¥8,267.00	¥7,267.00	¥1,203.40	¥7,063.60	1
GSF-55	王建美	营销部	¥5,321.00	¥600.00	¥1,000.00	¥ -	¥1,480.00	¥300.00	¥8,101.00	¥7,101.00	¥1,170.20	¥6,930.80	2
GSF-56	王　磊	营销部	¥3,349.00	¥500.00	¥600.00	¥800.00	¥1,060.00	¥ -	¥6,309.00	¥5,309.00	¥811.80	¥5,497.20	8
GSF-41	王琦	生产部	¥3,312.00	¥200.00	¥600.00	¥ -	¥1,480.00	¥100.00	¥5,492.00	¥4,492.00	¥548.80	¥4,943.20	12
GSF-15	孙建平	生产部	¥3,365.00	¥500.00	¥600.00	¥ -	¥1,120.00	¥100.00	¥5,485.00	¥4,485.00	¥547.75	¥4,937.25	13
GSF-9	萧海东	生产部	¥3,000.00	¥200.00	¥600.00	¥800.00	¥1,300.00	¥ -	¥5,900.00	¥4,900.00	¥610.00	¥5,290.00	9
GSF-54	张宇	生产部	¥3,236.00	¥200.00	¥600.00	¥ -	¥850.00	¥300.00	¥4,586.00	¥3,586.00	¥412.90	¥4,173.10	14

图4-50 三福汽车贸易有限公司8月工资表效果图

制作工资表是财务及 HR 必不可少的工作之一，制作过程一般有以下几步。

（1）横向的设置。一般包括以下三部分。

- 第 1 部分为基本信息，包括序号、公司、部门、职位、姓名，还有薪点、出勤天数等。有的公司还有工号，设置工号的好处可避免姓名重复。
- 第 2 部分为应发工资对应的二级科目，包括基本工资、绩效工资、司龄工资、津贴补贴、计件工资、销售提成、加班工资、年休假补偿、其他。每个公司会有变化。
- 第 3 部分为代扣代缴、实发工资。包括个税、养老、医疗、工伤、生育、失业保险、公积金、工会费等。

（2）纵向的设置。包括序号、基本信息填写、合计。

- 序号填写要规范。
- 基本信息的录入要完整准确。
- 当有多个子公司账户分别做工资表，或各部门分类做工资表时，最后还需要将它们合并，称为合计。

（3）规范表式。包括：考虑页面横向设置、字体及大小、小数点、打印需要等。

- 页面为横向设置。
- 字体为宋体，一般建议选 9 号（或更小号），小数点保留 2 位。
- 单元格中的数据要统一对齐方式，横向内容设计在一个页面，方便打印。

任务实现

1. 设计 8 月份加班统计表

（1）利用合并计算求出 8 月份加班时长

打开“8 月份加班统计表”工作簿，其中有 5 个表。前 4 个表中分别存放着 4 个周加班时长，要求在第 5 个表“8 月份加班统计表”加班时长列中统计出每个员工对应的 4 周总的加班时长。对两个以上相似表格的内容进行汇总可以采用“合并计算”的方法。具体操作如下。

① 选择工作表“8 月份加班统计表”的单元格区域 C5:C18，单击“数据”选项卡，选择“数据工具”工具组中的“合并计算”命令，打开“合并计算”对话框，如图 4-51 所示。

② 在“函数”下拉列表中选择“求和”。

③ 将光标置于“引用位置”文本框，单击“员工第 1 周加班统计表”工作表，选择该工作表的单元格区域 C5:C18（此时在“引用位置”文本框中输入了“员工第 1 周加班统计表!$C$3:$C$18”）。单击“添加”按钮，将“引用位置”文本框中的“员工第 1 周加班统计表!$C$3:$C$18”添加到“所有引用位置”列表中。

④ 同样地，将其他周的加班时长也添加到“所有引用位置”列表中，单击“确定”按钮完成数据合并。

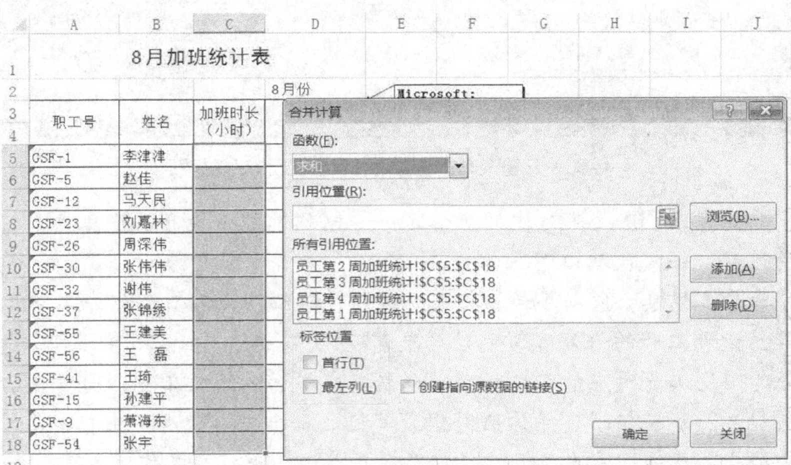

图4-51　合并计算8月份加班时长

（2）利用 IF 函数计算 8 月份加班费。

加班费的计算方法是：每月加班 20 小时以下，每小时加班费为 50 元；若每月加班超过 20 小时，则超过 20 小时的时间每小时加班费为 60 元。可以看出加班费计算是根据加班时长而分段计算的。这种根据条件不同，设定不同计算公式的工作，可以用 IF 函数实现。

IF 函数的功能：根据给定的条件进行判断，若条件是真，则返回第 2 个参数的值；否则返回第 3 个参数的值。

IF 函数的格式：IF（logical-test,value-if-true, value-if-false）

IF 函数的参数说明：

- logical-test——条件表达式；
- value-if-true——条件为真时返回的结果；
- value-if-false——条件为假时返回的结果。

具体操作步骤如下。

① 插入 IF 函数。

选定要插入函数的单元格 D5，单击编辑栏旁边的 f_x 图标，弹出“插入函数”对话框，如图 4-52 所示。

② 在“或选择类别”下拉列表框中选择函数类型为“常用函数”。

③ 从“选择函数”列表框中选择要输入的函数 IF，单击“确定”按钮。弹出“函数参数”对话框，设置函数参数，如图 4-53 所示。单击“确定”按钮，插入函数成功，并在 D5 单元格显示出了计算结果。

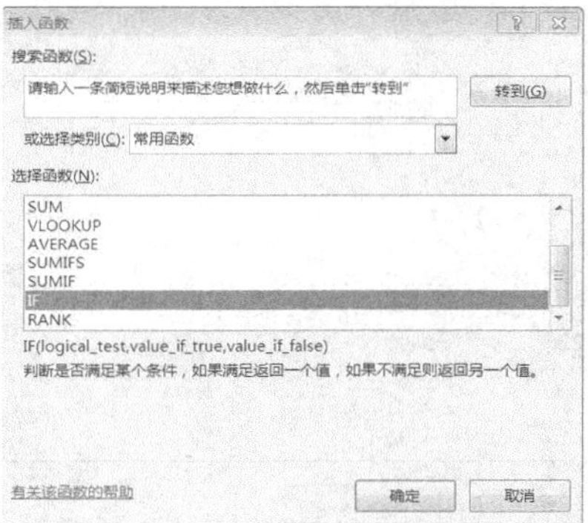

图4-52 “插入函数”对话框

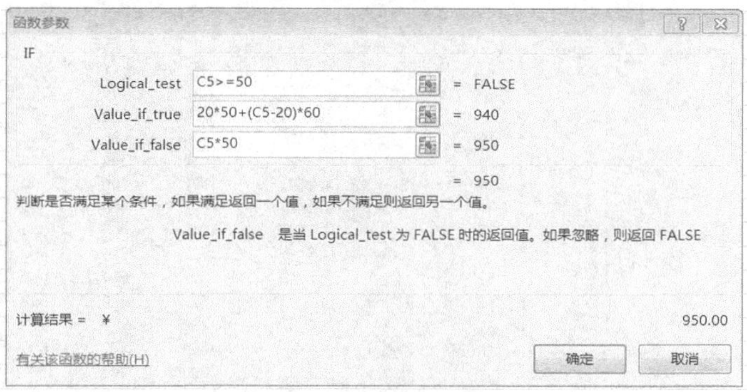

图4-53 “函数参数”对话框

④ 选定 D5 单元格，向下拖动填充柄填充此公式至单元格 D18，效果如图 4-54 所示。

2. 设计员工工资表

（1）引用加班费到员工工资表。

打开员工工资表，利用公式将员工加班统计表中的加班费引用到当前“加班费”列中。操作步骤如下。

单击加班费列的 H3 单元格，输入“=”，选择加班统计表加班费列对应的 D5 单元格，在员工工资表编辑栏中出现“=[员工加班统计表素材.xlsx]员工 8 月份加班统计!$D$5”，按“F4”取消绝对引用，即将 H3 编辑栏改为：“=[员工加班统计表素材.xlsx]员工 8 月份加班统计!D5”。回车，加班费被引用到了员工工资表 H3 单元格中。

拖动填充柄，填充下面的加班费，如图 4-55 所示。

知识点拨

向下复制公式时，如果希望被引用的单元格区域随之变化，应把绝对引用改为相对引用。

D5　=IF(C5>=50,20*50+(C5-20)*60,C5*50)

8月加班统计表			
			8月份
职工号	姓名	加班时长（小时）	加班费
GSF-1	李津津	19	¥ 950.00
GSF-5	赵佳	23	¥ 1,150.00
GSF-12	马天民	30	¥ 1,500.00
GSF-23	刘嘉林	31	¥ 1,550.00
GSF-26	周深伟	20	¥ 1,000.00
GSF-30	张伟伟	16	¥ 800.00
GSF-32	谢伟	21	¥ 1,050.00
GSF-37	张锦绣	17	¥ 850.00
GSF-55	王建美	28	¥ 1,400.00
GSF-56	王　磊	21	¥ 1,050.00
GSF-41	王琦	28	¥ 1,400.00
GSF-15	孙建平	22	¥ 1,100.00
GSF-9	萧海东	25	¥ 1,250.00
GSF-54	张宇	17	¥ 850.00

Microsoft:
每月加班 20 小时以下，每小时加班费为 50元；超过20小时的每小时加班费 60 元。

图4-54　8月份加班统计表效果图

H3　=[员工加班统计表素材.xlsx]员工 8 月份加班统计!D5

三福汽车贸易有限公司 8 月工资表								
职工号	姓名	所在部门	基本工资	住房补贴	绩效奖金	全勤奖	加班费	旷工扣
1	李津津	生产部	3500	200	600	800	¥ 950.00	
5	赵佳	销售部	4000	500	1500	0	¥ 1,150.00	
12	马天民	生产部	3800	500	600	800	¥ 1,500.00	
23	刘嘉林	生产部	3800	500	1000	0	¥ 1,550.00	
26	周深伟	营销部	3500	200	1000	0	¥ 1,000.00	
30	张伟伟	销售部	4500	500	1500	0	¥ 800.00	
32	谢伟	生产部	4245	500	1000	0	¥ 1,050.00	
37	张锦绣	销售部	4567	550	1500	800	¥ 850.00	
55	王建美	营销部	5321	600	1000	0	¥ 1,400.00	
56	王　磊	营销部	3349	500	600	800	¥ 1,050.00	
41	王琦	生产部	3312	200	600	0	¥ 1,400.00	
15	孙建平	生产部	3365	500	600	0	¥ 1,100.00	
9	萧海东	生产部	3000	200	600	800	¥ 1,250.00	
54	张宇	生产部	3236	200	600	0	¥ 850.00	

图4-55　加班费的引用

（2）在员工工资表中计算旷工扣款。

旷工扣款的计算方法是，每旷工一天扣款 100 元。操作方法如下。

打开员工出勤表，将员工出勤表中的旷工天数引用到员工工资表旷工扣款栏中，并乘以 100，即可得旷工扣款。此时单元格 I3 编辑栏公式为：“=100*[员工出勤表.xlsx]生产部 8 月份出勤表!AT6”。

（3）计算应发工资。

应发工资的计算公式为：应发工资=基本工资+绩效奖金+住房补贴+全勤奖+加班费−旷工扣款。

操作方法：在应发工资 I3 栏中输入公式“=D3+E3+F3+G3+H3−I3”，回车，得到计算结果。然后向下填充公式计算每个人的应发工资。

（4）用 IF 函数计算扣集资后所得额。

扣集资后所得额的计算方法：如应发工资少于 1000 元，则扣税所得额为 0；否则，扣集资后所得额为应发工资减去 1000 元。

我们可以采用 IF 函数计算此列。操作方法与计算加班费方法相似。K3 单元格输入的内容为："=IF(J3>1000,J3-1000,0)"。

（5）用 IF 函数计算扣税。

扣税的计算方法为：若扣集资后所得额<500，扣税=扣集资后所得额×5 %；若 500≤扣集资后所得额<2000，扣税=扣集资后所得额×10 %-25；若 2000≤扣集资后所得额<5000，扣税=扣集资后所得额×15 %-125；若扣集资后所得额≥5000，个人所得税=扣集资后所得额×20 %-250。

在此，需要在 IF 中嵌套 IF 来实现多个条件的设定。其对应的单元格 L3 中应输入如下内容："=IF(K3<500,K3*0.05,IF(K3<2000,K3*0.1-25,IF(K3<5000,K3*0.15-125,K3*0.2-250)))"，回车插入函数，然后拖动填充柄，向下填充即可。

（6）用公式求实发工资。

实发工资的计算方法为：实发工资=应发工资-扣税。

在实发工资对应的 M3 单元格中输入公式"=J3-L3"，则得实发工资值，拖动填充柄，向下填充即可。

（7）用 RANK 函数计算工资排名。

RANK 函数的功能：返回指定数字在一列数字中的排位。

RANK 函数的格式：RANK（number,ref,order）

RANK 函数参数说明：

number——需要排名的单元格；

ref——排名的区域范围（一般需要绝对引用）；

order——指定排名的方式（0 或省略为降序；非 0 值为升序）。

单击 N5 单元格，在"插入函数"对话框中选择 RANK 函数（如果常用函数类别中没有，可以在全部函数中找），设置参数如图 4-56 所示。编辑栏中对应的内容为："=RANK(M3,$M$3:$M$16)"。

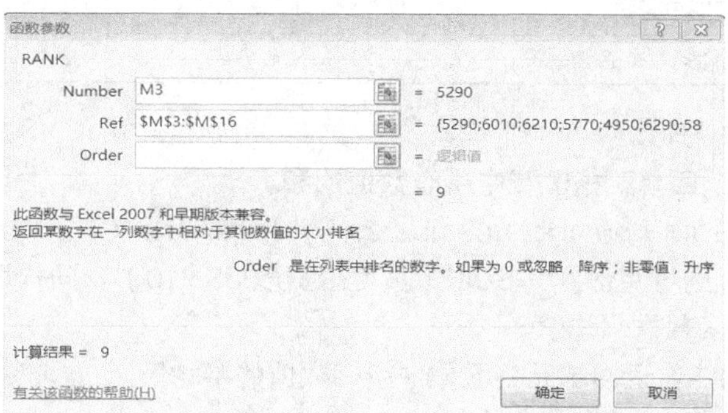

图4-56　用RANK函数算工资排名

知识点拨

在复制公式时，排名的范围 M3:M16 不能随之改变，所以必须采用绝对引用。

（8）调整美化表格。

将表格数据区域设置会计专用数据格式，职工号中设置固定输入内容"GSF-"，标题行合并居中，设置合适的标题字体，表格套用中等深浅 9 样式。效果如图 4-57 所示。

三福汽车贸易有限公司 8 月工资表

职工号	姓名	所在部门	基本工资	住房补贴	绩效奖金	全勤奖	加班费	旷工扣款	应发工资	扣集资后所得	扣税	实发工资	工资排名
GSF-1	李津津	生产部	¥3,500.00	¥200.00	¥ 600.00	¥800.00	¥ 950.00	¥ -	¥6,050.00	¥5,050.00	¥ 760.00	¥5,290.00	9
GSF-5	赵佳	销售部	¥4,000.00	¥500.00	¥1,500.00	¥ -	¥1,180.00	¥ 200.00	¥6,980.00	¥5,980.00	¥ 946.00	¥6,034.00	5
GSF-12	马天民	生产部	¥3,800.00	¥500.00	¥ 600.00	¥800.00	¥1,600.00	¥ -	¥7,300.00	¥6,300.00	¥1,010.00	¥6,290.00	3
GSF-23	刘嘉林	生产部	¥3,800.00	¥500.00	¥1,000.00	¥ -	¥1,660.00	¥ 200.00	¥6,760.00	¥5,760.00	¥ 902.00	¥5,858.00	6
GSF-26	周深伟	营销部	¥3,500.00	¥200.00	¥1,000.00	¥ -	¥1,000.00	¥ 200.00	¥5,500.00	¥4,500.00	¥ 550.00	¥4,950.00	11
GSF-30	张伟伟	销售部	¥4,500.00	¥500.00	¥1,500.00	¥ -	¥ 800.00	¥ -	¥7,300.00	¥6,300.00	¥1,010.00	¥6,290.00	3
GSF-32	谢伟	生产部	¥4,245.00	¥500.00	¥1,000.00	¥ -	¥1,060.00	¥ 100.00	¥6,705.00	¥5,705.00	¥ 891.00	¥5,814.00	7
GSF-37	张锦绣	销售部	¥4,567.00	¥550.00	¥1,500.00	¥800.00	¥ 850.00	¥ -	¥8,267.00	¥7,267.00	¥1,203.40	¥7,063.60	1
GSF-55	王建美	营销部	¥5,321.00	¥600.00	¥1,000.00	¥ -	¥1,480.00	¥ 300.00	¥8,101.00	¥7,101.00	¥1,170.20	¥6,930.80	2
GSF-56	王　磊	营销部	¥3,349.00	¥500.00	¥ 600.00	¥800.00	¥1,060.00	¥ -	¥6,309.00	¥5,309.00	¥ 811.80	¥5,497.20	8
GSF-41	王琦	生产部	¥3,312.00	¥200.00	¥ 600.00	¥ -	¥1,480.00	¥ 100.00	¥5,492.00	¥4,492.00	¥ 548.80	¥4,943.20	12
GSF-15	孙建平	生产部	¥3,365.00	¥500.00	¥ 600.00	¥ -	¥1,120.00	¥ 100.00	¥5,485.00	¥4,485.00	¥ 547.75	¥4,937.25	13
GSF-9	萧海东	生产部	¥3,000.00	¥200.00	¥ 600.00	¥800.00	¥1,300.00	¥ -	¥5,900.00	¥4,900.00	¥ 610.00	¥5,290.00	9
GSF-54	张宇	生产部	¥3,236.00	¥200.00	¥ 600.00	¥ -	¥ 850.00	¥ 300.00	¥4,586.00	¥3,586.00	¥ 412.90	¥4,173.10	14

图4-57　员工工资表效果图

3. 设计工资统计表

（1）在工资统计工作表中，利用相关函数完成如表 4-1 所示的工资统计。

表 4-1　工资统计表

统计项目	应发工资	实发工资
总值		
平均值		
最高值		
最低值		
≥6000 人数		
4000~6000 人数		
<4000 人数		
总人数		
生产部总工资		
生产部获全勤奖人员的总工资		

① 用 SUM 函数求总值。

SUM 函数功能：返回单元格区域中所有数值的和。

SUM 函数格式：SUM（number1,number2,……）

求应发工资总值，则可写作："=SUM（员工工资表!J3:J16）"。同样地求出实发工资总值。

② 用 AVERAGE 函数求平均值。

AVERAGE 函数功能：返回单元格区域中所有数值的平均值。

AVERAGE 函数格式：AVERAGE（number1,number2,……）

求应发工资平均值则可写作："=AVERAGE（员工工资表!J3:J16）"。

③ 用 MAX 函数求最高值。

MAX 函数功能：返回单元格区域中所有数值的最大值。

MAX 函数格式：MAX（number1,number2,……）

求应发工资最大值可写作："=MAX（员工工资表!J3:J16）"。

④ 用 MIN 函数求最低值。

MIN 函数功能：返回单元格区域中所有数值的最小值。

MIN 函数格式：MIN（number1,number2,……）

求应发工资最低值可写作："=MIN（员工工资表!J3:J16）"

⑤ 用 COUNTIF 函数求满足条件的人数。

COUNTIF 函数功能：计算某个区域中满足给定条件的单元格数目。

COUNTIF 函数格式：COUNTIF（range,criteria）

COUNTIF 函数参数说明：Range——统计的区域，criteria——满足的条件。

统计应发工资>6000 的人数时，统计的区域为员工工资表应发工资列，条件为 ">=6000"，参数设置如图 4-58 所示。编辑栏公式可写作："=COUNTIF（员工工资表!J3:J16,">=6000"）"。

统计应发工资 4000～6000 的人数时，可以用大于 4000 的人数减去大于 6000 的人数，公式可写作："=COUNTIF（员工工资表!J3:J16,">=4000"）-COUNTIF（员工工资表!J3:J16,">=6000"）"。

统计应发工资<4000 的人数可写作 "=COUNTIF（员工工资表!J3:J16,"<4000"）"。

⑥ 用 COUNTA 函数求总人数。

COUNTA 函数功能：计算参数中包含非空的单元格个数。

COUNTA 函数格式：COUNTA（value1,value2,……）

统计总人数可写作："=COUNTA（员工工资表!B3:B16）"。

⑦ 用 SUMIF 函数统计生产部总工资。

SUMIF 函数功能：根据指定条件对若干单元格区域求和。

SUMIF 函数格式：SUMIF（range, criteria, sum_range）

SUMIF 函数参数说明：

Range——为条件区域，用于条件判断的单元格区域；

Criteria——是求和条件，由数字、逻辑表达式等组成的判定条件；

Sum_range——为实际求和区域，需要求和的单元格区域。当省略时条件区域就是实际求和区域。

求生产部应发工资之和时，条件为员工工资表的部门列为生产部，求和区域为应发工资列。参数设置如图 4-59 所示。编辑栏公式可写作 "=SUMIF（员工工资表!C3:C16,"生产部",员工工资表!J3:J16）"。

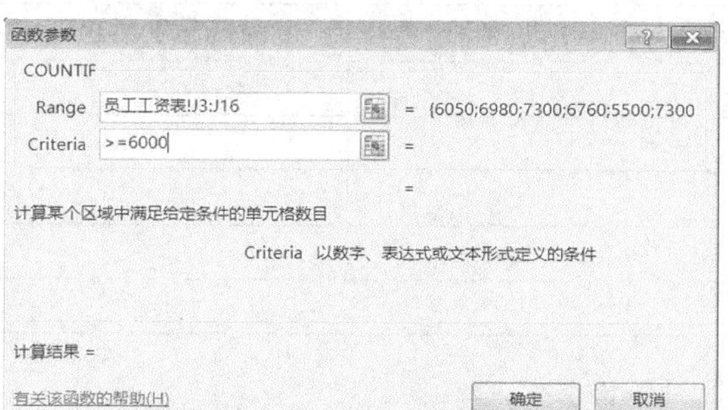

图4-58 求应发工资>=6000人数时COUNTIF函数参数设置

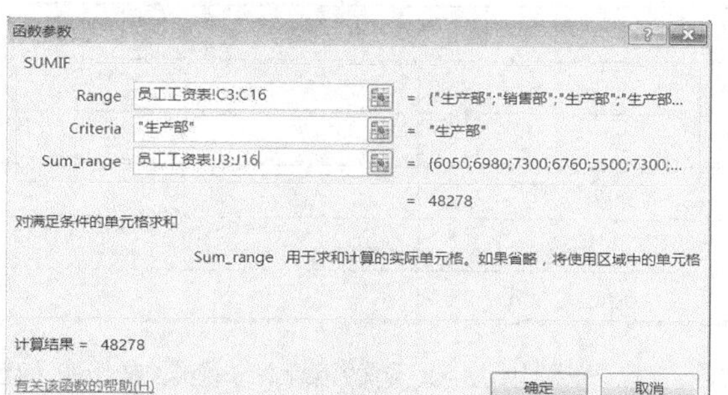

图4-59 求生产部总应发工资时SUMIF函数的参数设置

⑧ 用 SUMIFS 函数统计生产部获全勤奖人员的总工资。

SUMIFS 函数功能：根据多个条件对单元格区域求和。

SUMIFS 函数格式：

SUMIFS (sum_range, criteria_range1, criteria1, [criteria_range2, criteria2], ……)

SUMIFS 函数参数说明：

sum_range——是需要求和的单元格；

criteria_range1——第 1 个条件区域；

criteria1——为条件 1；

criteria_range2——第 2 个条件区域；

criteria2——为条件 2。

其中 criteria_range 和 criteria 成对出现，最多可达 127 对。

求生产部获全勤奖人员的总的应发工资时，有两个条件，分别是：所在部门列为生产部和全勤奖为 800，所以参数设置如图 4-60 所示。编辑栏中的公式可写作："=SUMIFS (员工工资表!J3:J16,员工工资表!C3:C16,"生产部",员工工资表!G3:G16,800)"。

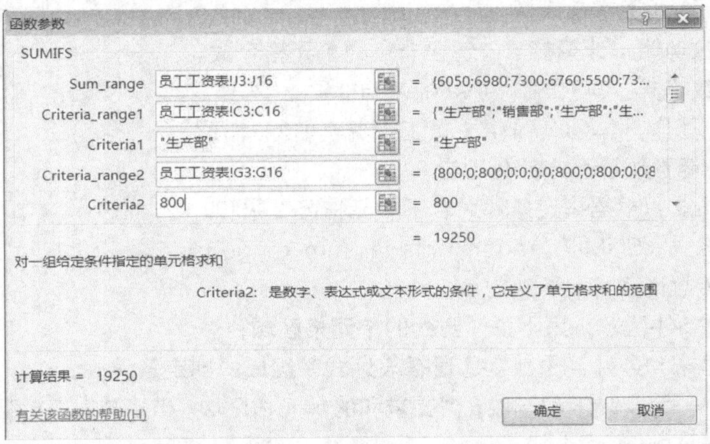

图4-60 统计生产部获全勤奖人员的总应发工资时SUMIFS函数参数设置

（2）在工资统计工作表中，利用相关函数完成如表 4-2 所示的工资统计。

表 4-2 工资统计表

	最高	最高员工姓名	最低	最低员工姓名
应发工资				
实发工资				
加班费				
扣税				
全勤奖人数				

① 分别用 MAX 函数和 MIN 函数求最高和最低列的值。

② 用 VLOOKUP 函数求最高员工姓名和最低员工姓名。

VLOOKUP 函数功能：根据已知的数值，在一定数据范围内，查找与之对应的值。

VLOOKUP 函数格式：VLOOKUP (lookup_value,table_array,col_index_num,range_lookup)

VLOOKUP 函数参数说明：

lookup_value——已知的参照值；

table_array——要查找的区域，要保证已知参照值在此区域内属于第 1 列；

col_index_——要查找的对应值在查找区域中属于第几列；

range_lookup——选 TRUE 是精确匹配，选 FALSE 是近似匹配，一般选 FALSE。

查找最高应发工资所对应的员工姓名时，首先在员工工资表中，将要查询的员工姓名列复制到后面的空列中（如 P 列），以保证已知参照值（应发工资）列为查询首列，如图 4-61 所示。

三福汽车贸易有限公司 8 月工资表

职工号	姓名	所在部门	基本工资	住房补贴	绩效奖金	全勤奖	加班费	旷工扣款	应发工资	扣集资后所得	扣税	实发工资	工资排名		
GSF-1	李津津	生产部	¥3,500.00	¥200.00	¥600.00	¥800.00	¥950.00	¥ -	¥6,050.00	¥5,050.00	¥760.00	¥5,290.00	9		李津津
GSF-5	赵佳	销售部	¥4,000.00	¥500.00	¥1,500.00	¥ -	¥1,180.00	¥ 200.00	¥6,980.00	¥5,980.00	¥946.00	¥6,034.00	5		赵佳
GSF-12	马天民	生产部	¥3,800.00	¥500.00	¥600.00	¥800.00	¥1,600.00	¥ -	¥7,300.00	¥6,300.00	¥1,010.00	¥6,290.00	3		马天民
GSF-23	刘嘉林	生产部	¥3,800.00	¥500.00	¥1,000.00	¥ -	¥1,660.00	¥ 200.00	¥6,760.00	¥5,760.00	¥902.00	¥5,858.00	6		刘嘉林
GSF-26	周深伟	营销部	¥3,500.00	¥200.00	¥1,000.00	¥ -	¥1,000.00	¥ 200.00	¥5,500.00	¥4,500.00	¥550.00	¥4,950.00	11		周深伟
GSF-30	张伟伟	销售部	¥4,500.00	¥500.00	¥1,500.00	¥ -	¥800.00	¥ -	¥7,300.00	¥6,300.00	¥1,010.00	¥6,290.00	3		张伟伟
GSF-32	谢伟	生产部	¥4,245.00	¥500.00	¥1,000.00	¥ -	¥1,060.00	¥ 100.00	¥6,705.00	¥5,705.00	¥891.00	¥5,814.00	7		谢伟
GSF-37	张锦绣	销售部	¥4,567.00	¥550.00	¥1,500.00	¥800.00	¥850.00	¥ -	¥8,267.00	¥7,267.00	¥1,203.40	¥7,063.60	1		张锦绣
GSF-55	王建美	营销部	¥5,321.00	¥600.00	¥1,000.00	¥ -	¥1,480.00	¥ 300.00	¥8,101.00	¥7,101.00	¥1,170.20	¥6,930.80	2		王建美
GSF-56	王　磊	营销部	¥3,349.00	¥500.00	¥600.00	¥800.00	¥1,060.00	¥ -	¥6,309.00	¥5,309.00	¥811.80	¥5,497.20	8		王　磊
GSF-41	王琦	生产部	¥3,312.00	¥200.00	¥600.00	¥ -	¥1,480.00	¥ 100.00	¥5,492.00	¥4,492.00	¥548.80	¥4,943.20	12		王琦
GSF-15	孙建平	生产部	¥3,365.00	¥500.00	¥600.00	¥ -	¥1,120.00	¥ 100.00	¥5,485.00	¥4,485.00	¥547.75	¥4,937.25	13		孙建平
GSF-9	萧海东	生产部	¥3,000.00	¥200.00	¥600.00	¥800.00	¥1,300.00	¥ -	¥5,900.00	¥4,900.00	¥610.00	¥5,290.00	9		萧海东
GSF-54	张宇	生产部	¥3,236.00	¥200.00	¥600.00	¥ -	¥850.00	¥ 300.00	¥4,586.00	¥3,586.00	¥412.90	¥4,173.10	14		张宇

图4-61　将员工姓名复制到工资统计表P列

然后在最高员工姓名列的单元格中应用 VLOOKUP 函数，参数设置如图 4-62 所示。

编辑栏中写作“=VLOOKUP (F2,员工工资表!J3:P16,7,FALSE)”。

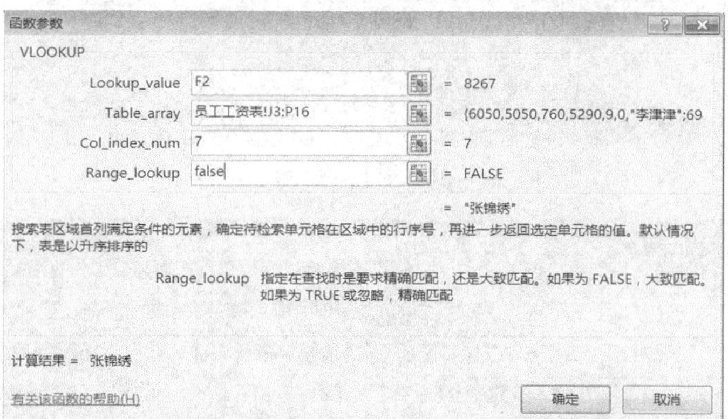

图4-62　求最高值对应员工姓名时VLOOKUP函数参数设置

4. 设计工资条

① 将 A1: M63 数据区域复制到“工资条”工作表中。复制标题行填充 16 至 28 行，如图 4-63 所示。

② 在 N1 单元格输入数字 1，N2:N15 填充偶数序列 2，4，6……，N16:N28 填充奇数序列 3，5，7……如图 4-64 所示。

③ 选择 N 列任意单元格，单击“数据”选项卡中“排序”中的 A↓Z，对数据区域进行升序排列。这样就给每行数据都加上了标题。设置行高为 20，并调整列宽，效果如图 4-65 所示。

④ 页面设置：纸张方向为横向，水平垂直居中，将工资条打印两份。

	A	B	C	D	E	F	G	H	I	J	K	L	M
1	职工号	姓名	所在部门	基本工资	住房补贴	绩效奖金	全勤奖	加班费	旷工扣款	应发工资	扣集资后所得	扣税	实发工资
2	GSF-1	李津津	生产部	¥3,500.00	¥200.00	¥600.00	¥800.00	¥ -	¥ -	¥5,100.00	¥4,100.00	¥490.00	¥4,610.00
3	GSF-5	赵佳	销售部	¥4,000.00	¥500.00	¥1,500.00	¥ -	¥950.00	¥200.00	¥6,750.00	¥5,750.00	¥900.00	¥5,850.00
4	GSF-12	马天民	生产部	¥3,800.00	¥500.00	¥600.00	¥800.00	¥1,180.00	¥ -	¥6,880.00	¥5,880.00	¥926.00	¥5,954.00
5	GSF-23	刘嘉林	生产部	¥3,800.00	¥500.00	¥1,000.00	¥ -	¥1,600.00	¥200.00	¥6,700.00	¥5,700.00	¥890.00	¥5,810.00
6	GSF-26	周深伟	营销部	¥3,500.00	¥200.00	¥1,000.00	¥ -	¥1,660.00	¥200.00	¥6,160.00	¥5,160.00	¥782.00	¥5,378.00
7	GSF-30	张伟伟	销售部	¥4,500.00	¥500.00	¥1,500.00	¥ -	¥1,000.00	¥ -	¥7,500.00	¥6,500.00	¥1,050.00	¥6,450.00
8	GSF-32	谢伟	生产部	¥4,245.00	¥500.00	¥1,000.00	¥ -	¥800.00	¥100.00	¥6,445.00	¥5,445.00	¥839.00	¥5,606.00
9	GSF-37	张锦绣	销售部	¥4,567.00	¥550.00	¥1,500.00	¥800.00	¥1,060.00	¥ -	¥8,477.00	¥7,477.00	¥1,245.40	¥7,231.60
10	GSF-55	王建美	营销部	¥5,321.00	¥600.00	¥1,000.00	¥ -	¥850.00	¥300.00	¥7,471.00	¥6,471.00	¥1,044.20	¥6,426.80
11	GSF-56	王 磊	营销部	¥3,349.00	¥500.00	¥600.00	¥800.00	¥1,480.00	¥ -	¥6,729.00	¥5,729.00	¥895.80	¥5,833.20
12	GSF-41	王琦	生产部	¥3,312.00	¥200.00	¥600.00	¥ -	¥1,060.00	¥100.00	¥5,072.00	¥4,072.00	¥485.80	¥4,586.20
13	GSF-15	孙建平	生产部	¥3,365.00	¥500.00	¥600.00	¥ -	¥1,480.00	¥100.00	¥5,845.00	¥4,845.00	¥601.75	¥5,243.25
14	GSF-9	萧海东	生产部	¥3,000.00	¥200.00	¥600.00	¥800.00	¥1,120.00	¥ -	¥5,720.00	¥4,720.00	¥583.00	¥5,137.00
15	GSF-54	张宇	生产部	¥3,236.00	¥200.00	¥600.00	¥ -	¥1,300.00	¥300.00	¥5,036.00	¥4,036.00	¥480.40	¥4,555.60
16	职工号	姓名	所在部门	基本工资	住房补贴	绩效奖金	全勤奖	加班费	旷工扣款	应发工资	扣集资后所得	扣税	实发工资
17	职工号	姓名	所在部门	基本工资	住房补贴	绩效奖金	全勤奖	加班费	旷工扣款	应发工资	扣集资后所得	扣税	实发工资
18	职工号	姓名	所在部门	基本工资	住房补贴	绩效奖金	全勤奖	加班费	旷工扣款	应发工资	扣集资后所得	扣税	实发工资
19	职工号	姓名	所在部门	基本工资	住房补贴	绩效奖金	全勤奖	加班费	旷工扣款	应发工资	扣集资后所得	扣税	实发工资
20	职工号	姓名	所在部门	基本工资	住房补贴	绩效奖金	全勤奖	加班费	旷工扣款	应发工资	扣集资后所得	扣税	实发工资
21	职工号	姓名	所在部门	基本工资	住房补贴	绩效奖金	全勤奖	加班费	旷工扣款	应发工资	扣集资后所得	扣税	实发工资
22	职工号	姓名	所在部门	基本工资	住房补贴	绩效奖金	全勤奖	加班费	旷工扣款	应发工资	扣集资后所得	扣税	实发工资
23	职工号	姓名	所在部门	基本工资	住房补贴	绩效奖金	全勤奖	加班费	旷工扣款	应发工资	扣集资后所得	扣税	实发工资
24	职工号	姓名	所在部门	基本工资	住房补贴	绩效奖金	全勤奖	加班费	旷工扣款	应发工资	扣集资后所得	扣税	实发工资
25	职工号	姓名	所在部门	基本工资	住房补贴	绩效奖金	全勤奖	加班费	旷工扣款	应发工资	扣集资后所得	扣税	实发工资
26	职工号	姓名	所在部门	基本工资	住房补贴	绩效奖金	全勤奖	加班费	旷工扣款	应发工资	扣集资后所得	扣税	实发工资
27	职工号	姓名	所在部门	基本工资	住房补贴	绩效奖金	全勤奖	加班费	旷工扣款	应发工资	扣集资后所得	扣税	实发工资
28	职工号	姓名	所在部门	基本工资	住房补贴	绩效奖金	全勤奖	加班费	旷工扣款	应发工资	扣集资后所得	扣税	实发工资

图4-63 复制标题行

	A	B	C	D	E	F	G	H	I	J	K	L	M	N
1	职工号	姓名	所在部门	基本工资	住房补贴	绩效奖金	全勤奖	加班费	旷工扣款	应发工资	扣集资后所得	扣税	实发工资	1
2	GSF-1	李津津	生产部	¥3,500.00	¥200.00	¥600.00	¥800.00	¥ -	¥ -	¥5,100.00	¥4,100.00	¥490.00	¥4,610.00	2
3	GSF-5	赵佳	销售部	¥4,000.00	¥500.00	¥1,500.00	¥ -	¥950.00	¥200.00	¥6,750.00	¥5,750.00	¥900.00	¥5,850.00	4
4	GSF-12	马天民	生产部	¥3,800.00	¥500.00	¥600.00	¥800.00	¥1,180.00	¥ -	¥6,880.00	¥5,880.00	¥926.00	¥5,954.00	6
5	GSF-23	刘嘉林	生产部	¥3,800.00	¥500.00	¥1,000.00	¥ -	¥1,600.00	¥200.00	¥6,700.00	¥5,700.00	¥890.00	¥5,810.00	8
6	GSF-26	周深伟	营销部	¥3,500.00	¥200.00	¥1,000.00	¥ -	¥1,660.00	¥200.00	¥6,160.00	¥5,160.00	¥782.00	¥5,378.00	10
7	GSF-30	张伟伟	销售部	¥4,500.00	¥500.00	¥1,500.00	¥ -	¥1,000.00	¥ -	¥7,500.00	¥6,500.00	¥1,050.00	¥6,450.00	12
8	GSF-32	谢伟	生产部	¥4,245.00	¥500.00	¥1,000.00	¥ -	¥800.00	¥100.00	¥6,445.00	¥5,445.00	¥839.00	¥5,606.00	14
9	GSF-37	张锦绣	销售部	¥4,567.00	¥550.00	¥1,500.00	¥800.00	¥1,060.00	¥ -	¥8,477.00	¥7,477.00	¥1,245.40	¥7,231.60	16
10	GSF-55	王建美	营销部	¥5,321.00	¥600.00	¥1,000.00	¥ -	¥850.00	¥300.00	¥7,471.00	¥6,471.00	¥1,044.20	¥6,426.80	18
11	GSF-56	王 磊	营销部	¥3,349.00	¥500.00	¥600.00	¥800.00	¥1,480.00	¥ -	¥6,729.00	¥5,729.00	¥895.80	¥5,833.20	20
12	GSF-41	王琦	生产部	¥3,312.00	¥200.00	¥600.00	¥ -	¥1,060.00	¥100.00	¥5,072.00	¥4,072.00	¥485.80	¥4,586.20	22
13	GSF-15	孙建平	生产部	¥3,365.00	¥500.00	¥600.00	¥ -	¥1,480.00	¥100.00	¥5,845.00	¥4,845.00	¥601.75	¥5,243.25	24
14	GSF-9	萧海东	生产部	¥3,000.00	¥200.00	¥600.00	¥800.00	¥1,120.00	¥ -	¥5,720.00	¥4,720.00	¥583.00	¥5,137.00	26
15	GSF-54	张宇	生产部	¥3,236.00	¥200.00	¥600.00	¥ -	¥1,300.00	¥300.00	¥5,036.00	¥4,036.00	¥480.40	¥4,555.60	28
16	职工号	姓名	所在部门	基本工资	住房补贴	绩效奖金	全勤奖	加班费	旷工扣款	应发工资	扣集资后所得	扣税	实发工资	3
17	职工号	姓名	所在部门	基本工资	住房补贴	绩效奖金	全勤奖	加班费	旷工扣款	应发工资	扣集资后所得	扣税	实发工资	5
18	职工号	姓名	所在部门	基本工资	住房补贴	绩效奖金	全勤奖	加班费	旷工扣款	应发工资	扣集资后所得	扣税	实发工资	7
19	职工号	姓名	所在部门	基本工资	住房补贴	绩效奖金	全勤奖	加班费	旷工扣款	应发工资	扣集资后所得	扣税	实发工资	9
20	职工号	姓名	所在部门	基本工资	住房补贴	绩效奖金	全勤奖	加班费	旷工扣款	应发工资	扣集资后所得	扣税	实发工资	11
21	职工号	姓名	所在部门	基本工资	住房补贴	绩效奖金	全勤奖	加班费	旷工扣款	应发工资	扣集资后所得	扣税	实发工资	13
22	职工号	姓名	所在部门	基本工资	住房补贴	绩效奖金	全勤奖	加班费	旷工扣款	应发工资	扣集资后所得	扣税	实发工资	15
23	职工号	姓名	所在部门	基本工资	住房补贴	绩效奖金	全勤奖	加班费	旷工扣款	应发工资	扣集资后所得	扣税	实发工资	17
24	职工号	姓名	所在部门	基本工资	住房补贴	绩效奖金	全勤奖	加班费	旷工扣款	应发工资	扣集资后所得	扣税	实发工资	19
25	职工号	姓名	所在部门	基本工资	住房补贴	绩效奖金	全勤奖	加班费	旷工扣款	应发工资	扣集资后所得	扣税	实发工资	21
26	职工号	姓名	所在部门	基本工资	住房补贴	绩效奖金	全勤奖	加班费	旷工扣款	应发工资	扣集资后所得	扣税	实发工资	23
27	职工号	姓名	所在部门	基本工资	住房补贴	绩效奖金	全勤奖	加班费	旷工扣款	应发工资	扣集资后所得	扣税	实发工资	25
28	职工号	姓名	所在部门	基本工资	住房补贴	绩效奖金	全勤奖	加班费	旷工扣款	应发工资	扣集资后所得	扣税	实发工资	27

图4-64 N列中插入数字列

职工号	姓名	所在部门	基本工资	住房补贴	绩效奖金	全勤奖	加班费	旷工扣款	应发工资	扣集资后所得	扣税	实发工资
GSF-1	李津津	生产部	¥3,500.00	¥200.00	¥600.00	¥800.00	¥ -	¥ -	¥5,100.00	¥4,100.00	¥490.00	¥4,610.00
职工号	姓名	所在部门	基本工资	住房补贴	绩效奖金	全勤奖	加班费	旷工扣款	应发工资	扣集资后所得	扣税	实发工资
GSF-5	赵佳	销售部	¥4,000.00	¥500.00	¥1,500.00	¥ -	¥950.00	¥200.00	¥6,750.00	¥5,750.00	¥900.00	¥5,850.00
职工号	姓名	所在部门	基本工资	住房补贴	绩效奖金	全勤奖	加班费	旷工扣款	应发工资	扣集资后所得	扣税	实发工资
GSF-12	马天民	生产部	¥3,800.00	¥500.00	¥600.00	¥800.00	¥1,180.00	¥ -	¥6,880.00	¥5,880.00	¥926.00	¥5,954.00
职工号	姓名	所在部门	基本工资	住房补贴	绩效奖金	全勤奖	加班费	旷工扣款	应发工资	扣集资后所得	扣税	实发工资
GSF-23	刘嘉林	生产部	¥3,800.00	¥500.00	¥1,000.00	¥ -	¥1,600.00	¥200.00	¥6,700.00	¥5,700.00	¥890.00	¥5,810.00
职工号	姓名	所在部门	基本工资	住房补贴	绩效奖金	全勤奖	加班费	旷工扣款	应发工资	扣集资后所得	扣税	实发工资
GSF-26	周深伟	营销部	¥3,500.00	¥200.00	¥1,000.00	¥ -	¥1,660.00	¥200.00	¥6,160.00	¥5,160.00	¥782.00	¥5,378.00
职工号	姓名	所在部门	基本工资	住房补贴	绩效奖金	全勤奖	加班费	旷工扣款	应发工资	扣集资后所得	扣税	实发工资
GSF-30	张伟伟	销售部	¥4,500.00	¥500.00	¥1,500.00	¥ -	¥1,000.00	¥ -	¥7,500.00	¥6,500.00	¥1,050.00	¥6,450.00
职工号	姓名	所在部门	基本工资	住房补贴	绩效奖金	全勤奖	加班费	旷工扣款	应发工资	扣集资后所得	扣税	实发工资
GSF-32	谢伟	生产部	¥4,245.00	¥500.00	¥1,000.00	¥ -	¥800.00	¥100.00	¥6,445.00	¥5,445.00	¥839.00	¥5,606.00
职工号	姓名	所在部门	基本工资	住房补贴	绩效奖金	全勤奖	加班费	旷工扣款	应发工资	扣集资后所得	扣税	实发工资
GSF-37	张锦绣	销售部	¥4,567.00	¥550.00	¥1,500.00	¥800.00	¥1,060.00	¥ -	¥8,477.00	¥7,477.00	¥1,245.40	¥7,231.60
职工号	姓名	所在部门	基本工资	住房补贴	绩效奖金	全勤奖	加班费	旷工扣款	应发工资	扣集资后所得	扣税	实发工资
GSF-55	王建美	营销部	¥5,321.00	¥600.00	¥1,000.00	¥ -	¥850.00	¥300.00	¥7,471.00	¥6,471.00	¥1,044.20	¥6,426.80
职工号	姓名	所在部门	基本工资	住房补贴	绩效奖金	全勤奖	加班费	旷工扣款	应发工资	扣集资后所得	扣税	实发工资
GSF-56	王 磊	营销部	¥3,349.00	¥500.00	¥600.00	¥800.00	¥1,480.00	¥ -	¥6,729.00	¥5,729.00	¥895.80	¥5,833.20
职工号	姓名	所在部门	基本工资	住房补贴	绩效奖金	全勤奖	加班费	旷工扣款	应发工资	扣集资后所得	扣税	实发工资
GSF-41	王琦	生产部	¥3,312.00	¥200.00	¥600.00	¥ -	¥1,060.00	¥100.00	¥5,072.00	¥4,072.00	¥485.80	¥4,586.20
职工号	姓名	所在部门	基本工资	住房补贴	绩效奖金	全勤奖	加班费	旷工扣款	应发工资	扣集资后所得	扣税	实发工资
GSF-15	孙建平	生产部	¥3,365.00	¥500.00	¥600.00	¥ -	¥1,480.00	¥100.00	¥5,845.00	¥4,845.00	¥601.75	¥5,243.25
职工号	姓名	所在部门	基本工资	住房补贴	绩效奖金	全勤奖	加班费	旷工扣款	应发工资	扣集资后所得	扣税	实发工资
GSF-9	萧海东	生产部	¥3,000.00	¥200.00	¥600.00	¥800.00	¥1,120.00	¥ -	¥5,720.00	¥4,720.00	¥583.00	¥5,137.00
职工号	姓名	所在部门	基本工资	住房补贴	绩效奖金	全勤奖	加班费	旷工扣款	应发工资	扣集资后所得	扣税	实发工资
GSF-54	张宇	生产部	¥3,236.00	¥200.00	¥600.00	¥ -	¥1,300.00	¥300.00	¥5,036.00	¥4,036.00	¥480.40	¥4,555.60

图4-65 工资条效果图

相关知识

1. 引用单元格

Excel 公式的计算过程需要指明单元格的区域，即引用单元格。所以在公式中经常需要引用单元格，例如，在单元格 E1 中输入公式：=A1+B1+C1，则 E1 中存放 A1、B1、C1 三个单元格的数据之和。

（1）单元格地址的引用格式。

在公式中可以引用本工作簿或其他工作簿中任何单元格区域的数据。单元格地址的引用格式是：[工作簿名]工作表名!单元格地址。

说明

当引用当前工作簿或工作表中的数据时，相应项可省略。如引用当前工作簿 book1 当前工作表 sheet1 中的单元格区域 C3:C9，可写作“[book1]sheet1! C3:C9”，也可写作：“[sheet1! C3:C9”，也可写作：“C3:C9”。

（2）引用的类型。

Excel 提供 3 种不同的引用类型：相对引用、绝对引用和混合引用（可用功能键“F4”切换 3 种类型）。在实际应用中，要根据数据的关系决定采用那种引用类型。

① 相对引用：直接引用单元格区域名，不需要加“$”符号。例如，公式=A1+B1+C1 中的 A1、B1、C1 都是相对引用。使用相对引用后，系统记住建立公式的单元格和被引用单元格的相对位置。复制公式时，新的公式单元格和被引用的单元格之间仍保持这种相对位置关系。

② 绝对引用：绝对引用的单元格名中，列标、行号前都有“$”符号。例如，上述公式改为绝对引用后，单元格中输入的公式应为：=$A$1+$B$1+$C$1。使用绝对引用后，被引用的单元格与引用公式所在单元格之间的位置关系是绝对的，无论这个公式复制到哪个单元格，公式所引用的单元格都不变，因而引用的数据也不变。

③ 混合引用：混合引用有两种情况，若在列标（字母）前有“$”符号，而行号（数字）前没有“$”符号，被引用的单元格列的位置是绝对的，行的位置是相对的；反之，列的位置是相对的，行的位置是绝对的。例如，$A1 是列绝对、行相对，A$1 是列相对、行绝对。

2. 公式的应用

公式是进行计算和分析的等式，可以对数据进行加、减、乘、除等运算，也可以对文本进行比较。公式必须以等号“=”开头，后面是由运算符、单元格地址（也称单元格引用）、常量、函数等组成的式子。公式可以在单元格中直接录入，也可以在编辑栏中录入。

知识点拨

公式中使用的运算符必须是英文半角。

（1）公式的组成。

在 Excel 中，公式通常以“=”开头，是由数据、运算符、单元格引用、函数等组成的序列。其中，单元格引用可以得到其他单元格数据计算后得到的值。如公式：“=E2+F2+G2+H2–I2”。

注意

输入公式后，在编辑栏中显示输入的公式，在活动单元格中显示公式的计算结果。

（2）公式中的运算符。

运算符一般有算术运算符、比较运算符、文本运算符和引用运算符。

① 算术运算符。

算术运算符包括："加"（+）、"减"（–）、"乘"（*）、"除"（/）、"幂"（^）、"负号"（–）、"百分号"（%）等，算术运算符连接数字并产生计算结果。例如，公式"=30^2*20%"是先分别求30的平方及20%，然后再两者相乘，公式的值是180。

② 比较运算符。

比较运算符比较两个数值的大小并返回逻辑值True（真）和False（假）。比较运算符包括："等于"（=）、"大于"（>）、"小于"（<）、"大于等于"（>=）、"小于等于"（<=）、"不等于"（< >）。例如，若单元格A1中的数值为20，则公式"=A1<25"的逻辑值是True。

③ 文本运算符。

文本运算符"&"将多个文本（字符串）连接成一个连续的字符串（组合文本）。例如，设单元格A1中的文字为"青岛市"，则公式 ="山东省"& A1"的值为"山东省青岛市"。

④ 引用运算符。

引用运算符可以将单元格区域合并运算，包括冒号（:）、逗号（,）和空格。

冒号（:）是区域运算符，可对两个引用之间（包括这两个引用在内）的所有单元格进行引用。例如，A1:H1是引用从A1到H1的所有单元格。

逗号（,）是联合运算符，可将多个引用合并为一个引用。例如，SUM（A1:H1,B2:F2）是将A1:H1和B2:F2两个单元格区域合并为一个。

空格是交叉运算符，可产生同时属于两个引用的单元格区域的引用（交集）。例如，SUM（A1:H1 B1:B4）中只有B1单元格同时属于两个引用A1:H1和B1:B4。

⑤ 运算符的运算顺序（优先级）。

如果一个公式中含有多个运算符号，其执行的先后顺序为：冒号（:）→逗号（,）→空格→负号→百分号→幂→乘、除→加、减→&→比较。括号可以改变运算的先后顺序。

3. 函数的应用

函数是Excel内部已经定义的公式，对指定的值区域执行运算。Excel提供的函数包括数学与三角、时间与日期、财务、统计、查找和引用、数据库、文本、逻辑、信息等，它为数据运算和分析带来了极大的方便。

（1）函数语法。

函数由函数名和参数组成。函数名通常以大写字母出现，用以描述函数的功能。参数是数字、单元格引用、工作表名字或函数计算所需要的其他信息。其格式是：函数名（参数列表）。

例如，函数SUM（A1:A10）是一个求和函数，SUM是函数名，A1:A10是函数的参数。

函数的语法规定以下几点。

① 函数与公式一样必须以"="开头，例如：=SUM（A1:A10）。

② 函数的参数用圆括号"( )"括起来。其中，左括号必须紧跟在函数名后，否则出现错误信息。个别函数如PI( )等虽然没有参数，也必须在函数名之后加上空括号。例如：=A2*PI( )。

③ 函数的参数多于一个时，要用“,”号分隔。参数可以是数值、有数值的单元格或单元格区域、单元格名称，也可以是一个表达式或函数。例如：=SUM(SIN(A3*PI()),2*COS(A5*PI()),B6:B6,D6)。参数是文本时要用英文的双引号括起来。

（2）函数的输入方法。

① 插入函数。

• 选定要输入函数的单元格，选择“公式”选项卡“函数库”选项组中的“插入函数”选项 f_x 或按快捷键“Shift+F3”，弹出“插入函数”对话框。

• 在“或选择类别”下拉列表框中选择函数类型，如“常用函数”，如图 4-66 所示。

• 从“选择函数”列表框中选择要输入的函数，单击“确定”按钮，弹出“函数参数”对话框，（以 SUM 函数为例），如图 4-67 所示。在参数框中输入数据或单元格引用。可单击参数框右侧的“折叠对话框”按钮，暂时折叠起对话框，在工作表中选择单元格区域后，单击折叠后的输入框右侧按钮，即可恢复参数输入对话框。

• 输入函数的参数后，单击“确定”按钮，即可在选定的单元格中插入函数并显示结果。

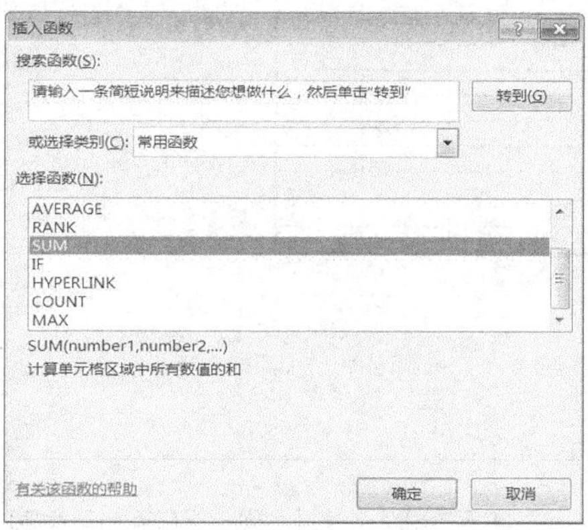

图4-66 “插入函数”对话框

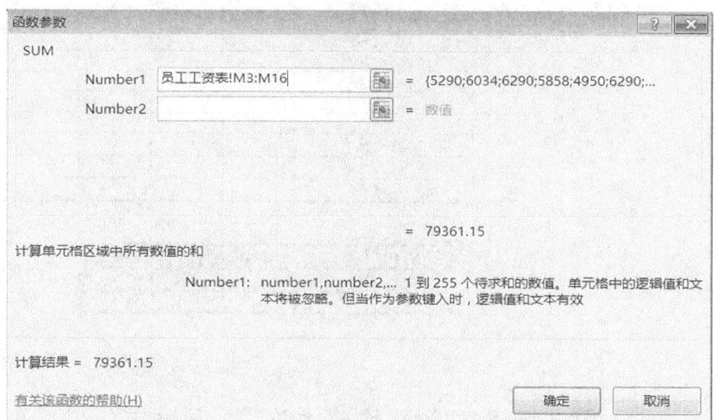

图4-67 “函数参数”对话框

② 使用函数选项板。

可以用函数选项板输入函数。输入等号“=”后，函数选项板即可打开（在原名称框的位置）。单击右侧的▼，可打开常用函数列表，如图 4-68 所示。

③ 直接输入函数。

选定单元格，直接输入函数，按回车键得出函数结果。函数输入后，如果需要修改，可以在编辑栏中直接修改，也可以用“插入函数”按钮进入参数输入框进行修改。

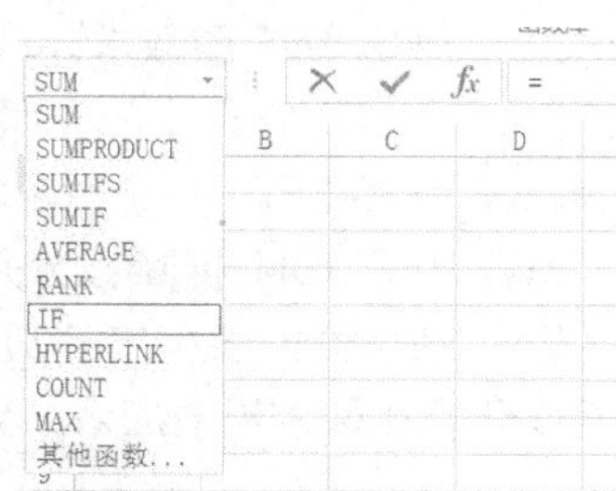

图4-68 函数选项板

拓展提升

学生期末成绩统计分析是一项繁杂的工作，我们可以利用 Excel 软件对学生的成绩进行整理统计。请根据下面给出的学生成绩表（如图 4-69 所示），按要求对学生成绩进行统计分析。

操作步骤

（1）分别用 SUM、AVERAGE、RANK 函数求出平均分，总分和名次。平均分结果要求保留两位小数。

信管系期末考试成绩表

学号	班级	姓名	信息技术	C语言	英语	数学	平均分	总分	名次	总评
2E+08	18计算机	于洪涛	70	74	68	85				
2E+08	18计算机	于国防	68	61	92	79				
2E+08	18计算机	马建民	92	96	90	95				
2E+08	18计算机	王　巍	73	67	85	74				
2E+08	18计算机	王建美	85	70	79	61				
2E+08	18计算机	王　磊	79	91	83	80				
2E+08	18计算机	艾晓敏	83	92	74	67				
2E+08	18计算机	刘方明	52	60	61	60				
2E+08	18计算机	刘大力	61	85	80	91				
2E+08	18计算机	刘国强	80	89	88	93				
2E+08	18计算机	刘凤昌	67	83	70	82				
2E+08	18计算机	刘国明	70	93	91	65				
2E+08	18计算机	孙海亭	91	82	93	76				
2E+08	18计算机	牟希雅	93	76	90	86				
2E+08	18计算机	张　英	80	67	65	82				
2E+08	18计算机	张海冉	65	72	76	90				
2E+08	18计算机	张玉银	76	82	72	64				
2E+08	18计算机	张问叶	72	90	64	74				
2E+08	18软件1	张　革	82	84	74	84				
2E+08	18软件1	李　嘉	90	63	84	63				
2E+08	18软件1	李赫相	64	89	63	89				
2E+08	18软件1	李单辉	62	50	65	50				
2E+08	18软件1	李美红	84	68	82	68				
2E+08	18软件1	肖桂蕊	63	64	70	92				
2E+08	18软件1	肖　莲	89	79	90	89				
18计算机1班总分										
18计算机1班前五名总分										
平均分										
>=90的人数										
80-90的人数										
<60分的人数										

科目	最高分	姓名	最低分	姓名
英语				
数学				

图4-69　拓展任务学生成绩表

（2）用 IF 函数根据平均分求总评。具体要求是：平均分在 85 分以上为优秀，75～84 为良好，60～74 为及格，否则为不及格。

（3）用 SUMIF 函数求计算机 1 班的每门课的总分。

（4）用 SUMIFS 函数求计算机 1 班名次为前 5 名的每门课的总分。

（5）用 AVERAGE 函数求每门课的平均分。

（6）用 COUNTIF 函数分别求每门课大于 90 分、80～90 分和小于 60 分的人数。

（7）在下面的表格中分别用 MAX 和 MIN 函数求出英语和数学的最高分和最低分，并用 VLOOKUP 函数求出对应最高分和最低分的学生姓名。

任务 3　设计汽车销量统计分析表

情境描述

三福汽车贸易有限公司销售部要对 2018 年汽车销量进行统计分析，Excel 不仅具有数据计算能力，还具有数据管理功能，特别是在数据分析方面更加便捷高效。所以公司决定利用 Excel 软件中的排序、筛选和分类汇总以及数据透视表等数据管理工具，对汽车 4 个季度销量数据进行分析，从而得到客观准确的结果，给企业领导提供正确有效的决策依据。

具体要求如下。

（1）采用排序工具，根据给定的排序依据，对数据进行排序。

（2）采用自动筛选工具，根据给定的条件，筛选出需要的结果。

（3）采用高级筛选工具，设置较复杂的条件，筛选出需要的结果。

（4）采用分类汇总工具，根据需要分类汇总数据。

（5）采用数据透视工具，对数据进行交叉分析，得到需要的结果。

任务实现

1. 创建统计表

（1）新建 Excel 文件，保存为“2018 年汽车销量统计表.xlsx”。

（2）单击“数据”，选择“获取外部数据”栏中的“自 Acess”，将 Access 文件“2018 年汽车销量统计.accdb”导入到当前工作表中。

（3）将 Sheet1 工作表重命名为“素材”。在当前工作表后面依次新建排序工作表、筛选工作表、分类汇总工作表和数据透视表，用于存放相应数据分析结果。

2. 对相关数据排序

（1）按照“利润”列升序排列。

这种只按照一列进行的排序，称为单列排序。具体操作如下。

① 单击利润列数据区域中的任意单元格。

② 选择“数据”选项卡，单击“排序和筛选”工具组的图标 A↓Z，如图 4-70 所示。即可得到需要的排序结果，将它们复制到排序工作表中的合适位置。

（2）按照“利润”列降序排列，“利润”列数据相同的再按“销量”降序排列。

这种按两列或两列以上的列进行的排序称为多列排序。具体操作如下。

图4-70　排序菜单

① 单击利润列数据区域任意单元格。

② 选择 “数据”选项卡，单击“排序和筛选”工具组中的“排序”，打开“排序”对话框，如图 4-71 所示。

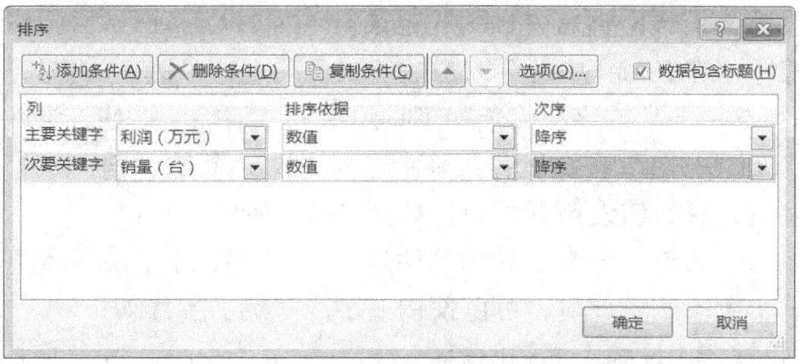

图4-71　多列排序条件设置

③ 在“主要关键字”下拉列表中选择“利润”选项，在“排序依据”下拉列表中选择“数

值”选项，次序为“降序”。

④ 单击“排序”对话框中的“添加条件”按钮，添加第 2 个条件。在“次要关键字”中选择“销量”，在“排序依据”中选择“数值”，“次序”设置为“降序”。

⑤ 单击确定，排序完成。将排序结果复制到排序工作表合适位置。

（3）按照汽车品牌的笔划顺序升序排列。

排序依据可以按照默认字母顺序，也可按照汉字的笔划顺序进行排序。具体操作如下。

① 选择汽车品牌列数据区域的任意单元格，并打开“排序”对话框。

② 在“主要关键字”下拉列表中选择“汽车品牌”选项，在“排序依据”下拉列表中选择“数值”选项。单击“选项”按钮，在弹出的如图 4-72 所示的对话框中，选择 “笔划排序”。

③ 单击“确定”按钮，返回“排序”对话框，在“次序”下拉列表中选择“升序”选项，确定即可。

3. 对数据进行筛选

（1）利用自动筛选命令，筛选出青岛分公司的记录。

自动筛选是以表格中的某几列（字段）的值为依据筛选。操作如下。

① 单击数据区域的任意单元格，单击“数据”选项卡“排序和筛选”工具组的“筛选”按钮，进入筛选状态，此时在数据区域首行每个标题的右侧显示一个筛选按钮，如图 4-73 所示。

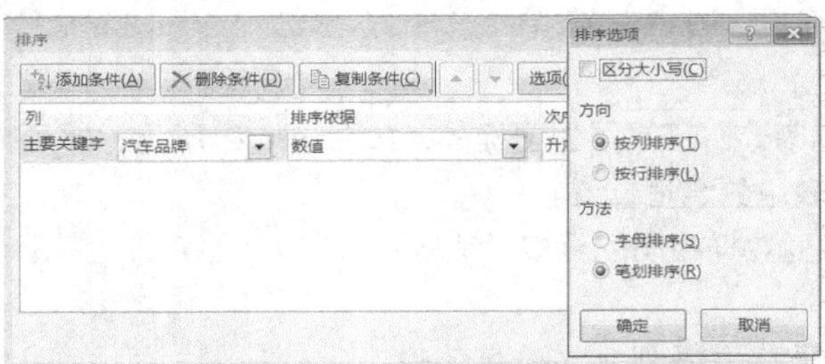

图4-72 设置排序方法为笔划排序

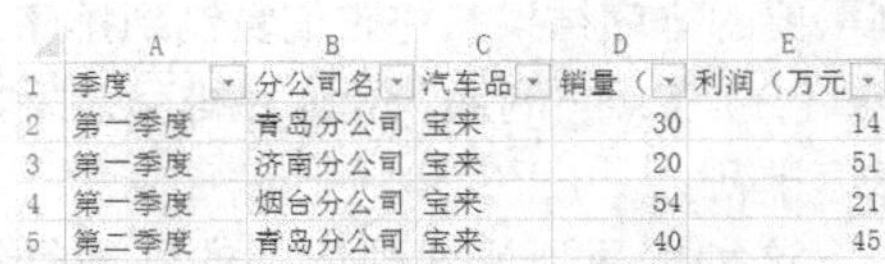

图4-73 进入筛选状态

② 单击“分公司名称”右侧的筛选按钮，打开如图 4-74 所示的筛选列表。取消勾选“（全选）”复选框，勾选“青岛分公司”复选框，单击“确定”按钮，得到如图 4-75 所示的筛选结果。将筛选结果复制到筛选工作表中的合适位置。

（2）取消条件设置，筛选出销量前 3 名的记录。

除了对文本的筛选，在 Excel 中还可以对数值或日期进行筛选。操作如下。

① 单击“数据”选项卡“排序和筛选”工具组中的“清除”按钮，清除上面的筛选。

② 单击“销量”筛选按钮，在弹出的菜单中选择“数字筛选”“前 10 项”，如图 4-76 所示。进入参数设置对话框后，将数值设为 3 即可，如图 4-77 所示。

（3）取消条件设置，筛选出汽车品牌为“朗逸”或者“速腾”，且销量在 40 台以上的记录。

需要同时满足多个字段的条件时，可以使用多字段筛选。操作如下。

① 单击“清除”按钮，清除上面的筛选。

② 单击“汽车品牌”列筛选按钮，选择“朗逸”和“速腾”。

③ 单击“销量”列筛选按钮，选择“数字筛选”的“大于”，设置参数为 40 即可。

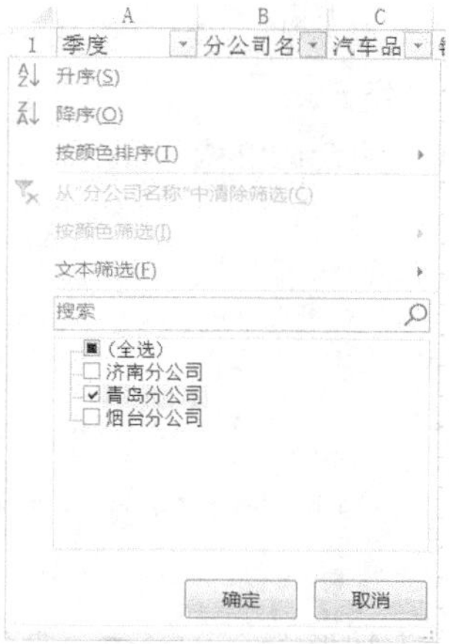

图4-74　青岛分公司筛选列表

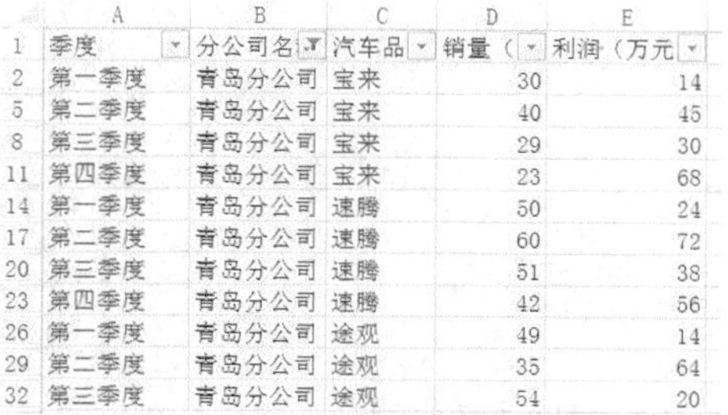

	A	B	C	D	E
1	季度	分公司名	汽车品	销量（	利润（万元
2	第一季度	青岛分公司	宝来	30	14
5	第二季度	青岛分公司	宝来	40	45
8	第三季度	青岛分公司	宝来	29	30
11	第四季度	青岛分公司	宝来	23	68
14	第一季度	青岛分公司	速腾	50	24
17	第二季度	青岛分公司	速腾	60	72
20	第三季度	青岛分公司	速腾	51	38
23	第四季度	青岛分公司	速腾	42	56
26	第一季度	青岛分公司	途观	49	14
29	第二季度	青岛分公司	途观	35	64
32	第三季度	青岛分公司	途观	54	20

图4-75　青岛分公司筛选结果

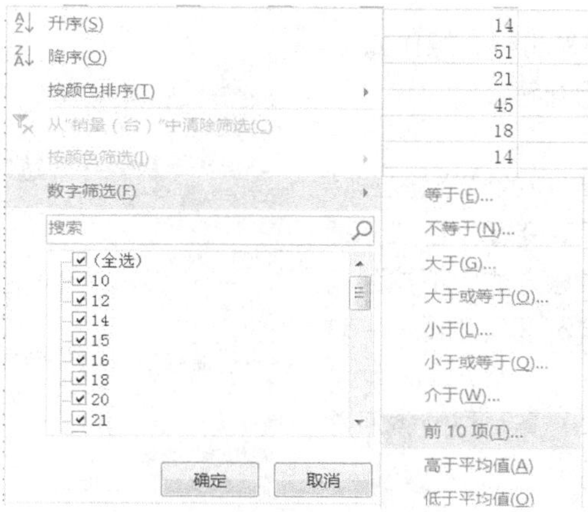

图4-76　数字筛选前3项

图4-77　自动筛选设置显示参数

（4）取消自动筛选，执行高级筛选命令，筛选出汽车品牌为“朗逸”，且年度销量在 40 台以上的记录。

高级筛选可依据多个字段进行复杂的筛选，筛选的条件（条件区域）放在数据区域之外，条件区域与数据区域至少要留一空行（列）。高级筛选可以将符合条件的数据复制（抽取）到另一个工作表或当前工作表的其他空白位置上。操作如下。

① 单击“数据”选项卡“排序和筛选”工具组中的“筛选”按钮，取消自动筛选。

② 创建条件区域。要筛选出汽车品牌为“朗逸”，且年度销量在 40 台以上的记录，需要创建如图 4-78 所示的条件区域。

③ 单击数据区域中的任意单元格，然后单击“数据”选项卡 “排序和筛选”工具组中的“高级”按钮，打开“高级筛选”对话框，在“列表区域”中选择原数据区域； 在“条件区域”中选择之前定义的条件区域，如图 4-79 所示。

④ 单击“确定”按钮，即可筛选出满足条件的数据。将筛选结果复制到筛选工作表中。

（5）执行第 2 次高级筛选命令，筛选出汽车品牌为“朗逸”且销量在 40 台以上或者汽车品牌为“朗逸”且利润大于 50 的记录，将筛选结果复制到筛选工作表中的合适位置。

① 设置条件区域：此条件既有“与”的关系又有“或”的关系，要注意“与”的条件放在同一行中，“或”的条件放在不同行中。条件区域设置如图 4-80 所示。

② 对原数据进行高级筛选，将筛选结果复制到筛选工作表中的合适位置。

汽车品牌	销量（台）
朗逸	>=40

图4-78　高级筛选条件区域

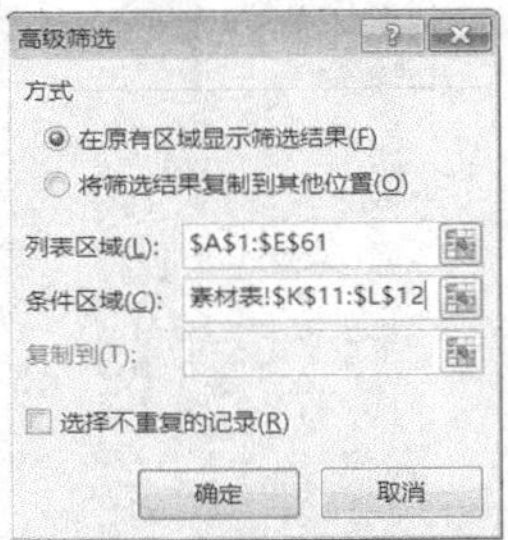

图4-79　“高级筛选”对话框

汽车品牌	销量（台	利润（万元）
朗逸	>=40	
朗逸		>50

图4-80　二次高级筛选条件区域

4. 对数据进行分类汇总

（1）以分公司名称为单位，汇总各分公司利润和。操作如下。

① 将数据区域按“分公司名称”字段进行排序。

② 单击数据区域任意单元格。

③ 单击“数据”选项卡“分级显示”工具组中的“分类汇总”按钮，打开“分类汇总”对话框，然后进行以下设置：在“分类字段”下拉列表中选择“分公司名称”；在“汇总方式”下拉列表中选择“求和”；在“选定汇总项”列表中选择“利润”，如图 4-81 所示。

④ 单击“确定”按钮，得到分类汇总结果，复制到分类汇总工作表中。

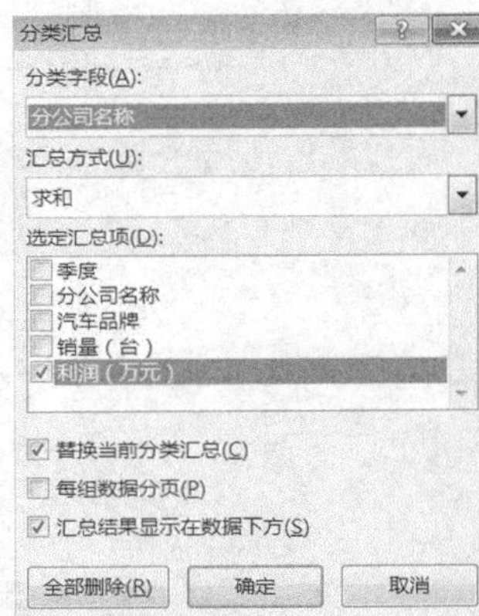

图4-81　“分类汇总”对话框设置

（2）以季度为单位，汇总利润平均值。

① 打开“分类汇总”对话框，单击全部删除，删除前面的分类汇总。

② 将数据区域按“季度”字段进行排序。

③ 单击数据区域中的任意单元格；打开“分类汇总”对话框，在“分类字段”下拉列表中选择“季度”；在“汇总方式”下拉列表中选择“平均值”；在“选定汇总项”列表中选择“利润”。

④ 得到汇总结果，复制到分类汇总工作表中并在素材表中删除汇总。

5. 制作数据透视表

制作各分公司各汽车品牌 4 个季度的销量数据透视表，效果如图 4-82 所示。

操作如下。

① 单击数据区域中的任意单元格，单击“插入”选项卡“表格”工具组中的“数据透视表”按钮，打开“创建数据透视表”对话框，通常默认情况下，数据透视表会被创建在一个新工作表中，此处选择“现有工作表”，并在“位置”文本框中指定为“数据透视”工作表的 A1 单元格，如图 4-83 所示，将数据透视表建在现有的“数据透视”工作表中。

② 单击“确定”按钮，即可创建一个空白的数据透视表，并在窗口的右侧自动显示“数据透视表字段列表”窗格，如图 4-84 所示。

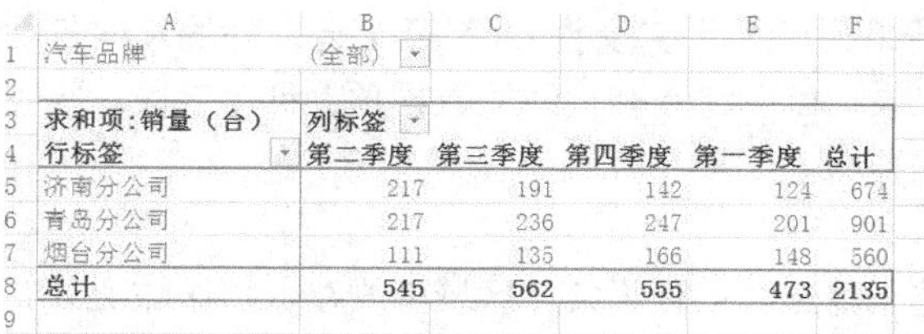

	A	B	C	D	E	F
1	汽车品牌	(全部)				
2						
3	求和项:销量（台）	列标签				
4	行标签	第二季度	第三季度	第四季度	第一季度	总计
5	济南分公司	217	191	142	124	674
6	青岛分公司	217	236	247	201	901
7	烟台分公司	111	135	166	148	560
8	总计	545	562	555	473	2135
9						

图4-82　各分公司各汽车品牌4个季度的销量数据透视图

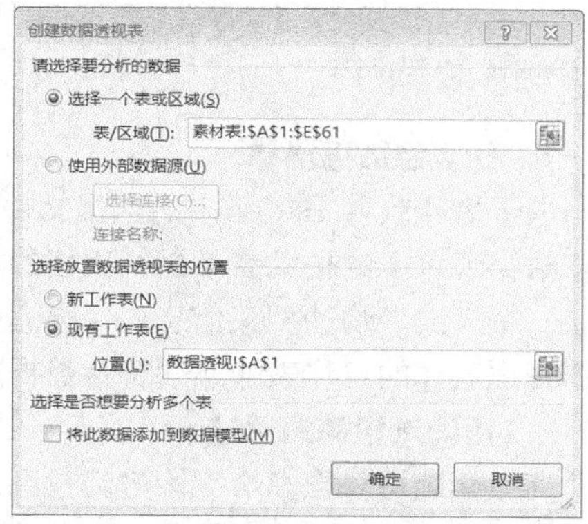

图4-83　“创建数据透视表”对话框

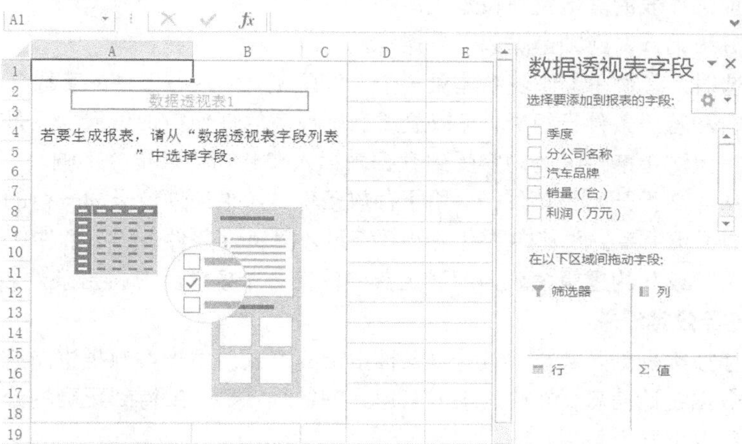

图4-84　创建一个空白的数据透视表

③ 在“数据透视表字段列表”窗格中，将要出现在数据透视表中的字段名称拖动到合适的区域，即可得到所需的数据透视表，如图 4-85 所示。

④ 单击数据透视表，激活“数据透视表工具”，选择“设计”选项卡中的“数据透视表样式”，应用数据透视表样式浅色 9，并镶边行和列，效果如图 4-82 所示。

图4-85　通过布置字段位置得到报表

相关知识

1. 什么是数据清单

电子表格软件 Excel 中的数据文件一般称为数据列表（或数据清单），又称为记录单。记录单（数据清单）的格式要求是：表格的第 1 行是列标题（字段名），除第 1 行之外的其他各行是描述一个人或事物的相关信息的，称为一个记录；每一列具有相同的数据项，称为字段。要进行数据管理工作的工作表，必须符合数据清单的要求。

2. 正确设置高级筛选

高级筛选可依据多个字段进行复杂的筛选，筛选的条件（条件区域）放在数据区域之外，条件区域与数据区域间至少要留一空行（列）。高级筛选可以将符合条件的数据复制（抽取）到另一个工作表或当前工作表的其他空白位置上。

要正确使用高级筛选，必须遵循以下几条原则。

（1）高级筛选时，必须在工作表中建立一个条件区域，输入各条件的字段名和条件值。条件区由一个字段名行和若干条件行组成，可以放置在工作表的任何空白位置，但必须与数据区隔开最少一行或一列，以防止条件区的内容受到数据表插入或删除记录行的影响。

（2）条件区从第 2 行开始是条件行，用于存放条件，如果条件位于同一行的不同列中，则表示条件为“与”的逻辑关系，即其中所有条件都满足才算符合条件；如果条件位于不同行单元格中，则表示条件为“或”的逻辑关系，即满足其中任何一个条件就算符合条件。

3. 对数据进行分类汇总

分类汇总是指按类别分开数据，然后以某种指定的方式对每一类数据进行统计。这样就可以得到不同类别的数据统计信息，并快速生成有意义的数据报表。要得到正确的分类汇总数据，原数据区域需要满足以下几个条件。

（1）每列都有列标题。

（2）每列都包含类型相同的数据。

（3）数据区域是一个连续的普通区域，其中不包含空行或空列，也不是被筛选的区域。

（4）分类汇总前必须先对要分类的列进行排序，否则无法得到正确的结果。

如果需要得到更详细的汇总数据，可以分别对两类以上的数据进行汇总。例如，在统计出各班同学总分平均分的基础上，再统计出各班中男女生分别的总分平均值。因为要对两列数据进行分类（“班级”和“性别”），因此需要先对这两列数据进行排序（即多列排序，“班级”是“主要关键字”，“性别”是次要关键字），然后再按下列操作进行分类汇总。

- 首先，完成对每个班级平均总分的分类汇总。
- 然后再打开“分类汇总”对话框，设置第 2 次分类汇总：在“分类字段”下拉列表中选择“性别”；在“汇总方式”下拉列表中选择“平均值”；在“选定汇总项”列表中选择“总分”。
- 取消勾选“替换当前分类汇总”复选框，单击“确定”按钮，将统计出每个班级男女同学总分的平均值，如图 4-86 所示。

分类汇总将会在分类汇总数据的左端自动产生分级显示控制符 1 2 3 4。其中，“1、2、3、4”为分级编号，单击这些图标即可按不同汇总级别查看数据，数字越大表示可查看到的内容越多。

	A	B	C	D	E	F	G	H	I
1	学号	姓名	性别	班级	高等代数	大学英语	大学物理	C语言程序设计	总分
2	120103	齐飞	女	一班	95	96	98	92	381
3	120105	苏放	女	一班	88	99	89	95	371
4			女 平均值						376
5	120104	杜江	男	一班	93	72	78	86	329
6			男 平均值						329
7				一班 平均值					360
8	120204	刘康	女	二班	96	96	84	91	367
9	120206	李北	女	二班	98	99	88	78	363
10			女 平均值						365
11	120202	孙玉	男	二班	86	89	88	88	351
12	120203	孙毅	男	二班	93	92	86	73	344
13	120201	刘鹏举	男	二班	94	96	100	92	382
14			男 平均值						359
15				二班 平均值					361
16	120305	杨青	女	三班	92	94	92	86	364
17	120306	胡杨	女	三班	99	99	90	95	383
18			女 平均值						373
19	120301	李佳	男	三班	99	92	78	95	364
20	120302	李娜	男	三班	78	94	82	93	347
21	120304	倪冬声	男	三班	95	96	93	92	376
22			男 平均值						362
23				三班 平均值					367
24				总计平均值					363

图4-86　按班级和性别统计总分平均值

4. 应用数据透视表

（1）什么是数据透视表。

在进行比较复杂的综合数据分析时，常常借助数据透视表。它是一种交互的、交叉制表的 Excel 报表，用于对数据进行汇总和分析，它是集排序、筛选、分类汇总及合并计算为一体的综合性数据分析工具。

在设计数据透视表时，用户可以旋转数据表的行或列，对数据源的不同汇总情况进行查看，在需要汇总大量数据并对每种数据进行多层次比较时，数据透视表会给用户带来极大方便。

数据透视表的数据源可以是 Excel 数据表或表格，也可以是外部数据表和 Internet 上的数据源，还可以是经过合并计算的多个数据区域以及另一个数据透视表。

（2）数据透视表的结构。

一个数据透视表通常分为 4 个部分，如图 4-87 所示。

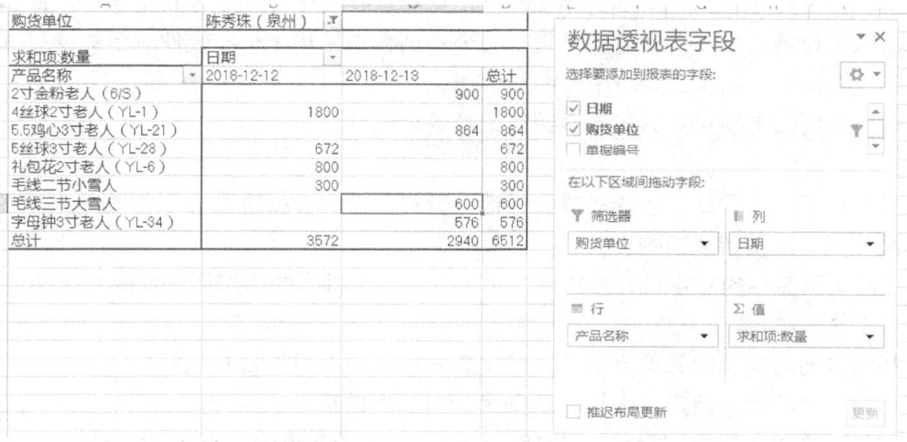

图4-87　“数据透视表”的结构

① 筛选器：该区域位于数据透视表的顶部，主要用于对数据透视表进行整体数据的筛选。在报表筛选区中主要放置一些要重点统计的数据类别。

② 行：该区域位于数据透视表的左侧，包括具有水平方向的字段。行标签区中的标题可以有多个层次，它们的关系类似于父文件夹和子文件夹。在行标签区中主要放置一些可用于进行分组或分类的内容。

③ 列：该区域位于数据透视表中各列的顶端，包括具有列方向的字段。与行标签区类似，列标签区中的标题也可以有多个层次。在列标签区中主要放置一些随时间变化的内容。

④ 值：除了前面 3 个区域之外，剩下的区域就是数值区。数值区主要用于显示明细数据、并进行各种不同类型的统计工作，将统计结果显示在数据透视表中，这些都可以由用户来控制。

（3）改变数据透视表的布局。

可以根据不同需要随时改变数据透视表的报表结构，从而得到不同的汇总结果，这也是数据透视表的魅力所在。

在创建数据透视表时，除了在“数据透视表字段列表”窗格中选择要出现在数据透视表中的字段名外，也可以拖动字段名到下方的 4 个区域列表框中，每个区域列表框都可以包含多个字段，但要注意先后顺序，因为先后顺序会影响数据透视表的显示结果。另外，字段也可以在 4 个区域列表框中任意拖动，以改变显示布局。

（4）设置数据透视表中的数据汇总方式。

在默认创建的数据透视表中，数据汇总方式为求和，可以根据实际需要改变汇总方式。例如，可能需要统计出每个产品的平均数量。其实现方式如下。

右击该列中包含数据的任意一个单元格，在弹出的快捷菜单中选择“值汇总依据”→“平均值”命令，如图 4-88 所示。

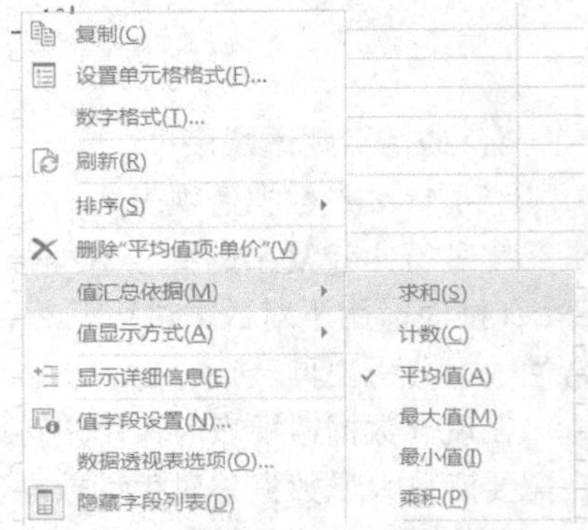

图4-88 改变数据汇总方式

拓展提升

某食品公司主要经营各类干货的零售和批发业务，各类干货均有零售指导价，即销售单价，批发价根据购买数量的多少有相应的折扣。该公司销售部使用 Excel 软件对销售情况进行管理，每月将销售数据记录在销售记录表中，如图 4-89 所示。

请你帮助公司销售部对各类产品的销售记录进行统计。

操作步骤

（1）在素材工作表后依次创建排序、筛选、分类汇总和数据透视等工作表。

（2）用公式求出销售金额列。

（3）按照商品名称的首字母升序排序，如果商品名称相同的再按照日期降序排序。将排序结果放到排序工作表中。

（4）利用自动筛选功能筛选出杭州地区销售单价大于 30 的商品。

（5）利用自动筛选功能筛选出销售金额大于前 5 名的商品名单。

（6）利用高级筛选功能，筛选出 2018 年 8 月 10 日销售单价大于 30 的商品。

（7）分类汇总各种商品的总销售金额。

（8）分类汇总各种商品每个地区的平均销售金额。

商品名称	日期	购货商	销售地区	数量	销售单价	销售金额
牛肉干	2018年8月2日	A超市	杭州	280	30	
山核桃	2018年8月3日	B超市	上海	100	35	
香蕉干	2018年8月4日	C超市	南京	80	10	
榛子	2018年8月5日	D超市	杭州	500	25	
开心果	2018年8月6日	D超市	杭州	225	38	
腰果	2018年8月7日	E超市	青岛	210	22	
山核桃	2018年8月8日	A超市	青岛	280	35	
香蕉干	2018年8月9日	B超市	北京	254	10	
山核桃	2018年8月9日	C超市	北京	360	35	
开心果	2018年8月9日	B超市	南京	50	38	
牛肉干	2018年8月9日	F超市	青岛	42	30	
牛肉干	2018年8月10日	F超市	南京	86	30	
开心果	2018年8月10日	C超市	杭州	420	38	
榛子	2018年8月10日	A超市	北京	214	25	
开心果	2018年8月10日	A超市	青岛	25	38	
开心果	2018年8月10日	B超市	南京	35	38	
榛子	2018年8月10日	E超市	杭州	145	25	
山核桃	2018年8月10日	F超市	北京	542	35	
开心果	2018年8月12日	B超市	北京	630	38	
榛子	2018年8月12日	B超市	南京	520	25	
牛肉干	2018年8月12日	F超市	北京	275	30	
开心果	2018年8月13日	C超市	青岛	158	38	
榛子	2018年8月14日	F超市	北京	476	25	
香蕉干	2018年8月20日	C超市	南京	369	10	
榛子	2018年8月24日	F超市	青岛	85	25	
牛肉干	2018年8月27日	D超市	杭州	54	30	
开心果	2018年8月28日	D超市	杭州	78	38	

素材 | 排序 | 筛选 | 分类汇总 | 数据透视表

图4-89 某食品公司销售统计表

任务 4 设计汽车销量图表

情境描述

三福汽车贸易有限公司销售部要对 2018 年汽车销量的统计结果进行分析，要求利用 Excel 软件的图表设计功能，设计柱状图、折线图、饼形图、条形图、数据透视图等一系列图表，以便于更加直观形象地展示相关数据的变化，给决策者提供更清楚直观的数据依据。具体要求如下。

（1）将素材表分类汇总，形成汇总结果表。

（2）根据汇总结果表数据，分别根据需要做柱形图、折线图、饼形图和条形图。

（3）美化上述图表。

（4）在汇总结果表中做对应的迷你图。

（5）根据素材表，按需要，做数据透视图。

插入图表可使繁杂的数据更加生动、易懂，可以直观、清晰地显示不同数据间的差异或规律。在实际工作中图表应用非常广泛。图表的设置原则如下。

（1）表要有明确的作用。图表的目的是反映隐藏在数据背后的信息，促进信息的理解，回答你的商业问题。作为花瓶或者凑数的图表，应该杜绝或只能偶尔而为之。

（2）要考虑图表的受众。确认他们能看懂和接受你的图表，否则会适得其反。

（3）图表要简洁易懂，让人一目了然地获得信息。过多的数据和细节只能淹没信息。

（4）在图表标题中要直接说明需要强调的重点。同一份图表，不同的人可能有不同的解读，你要确保阅读者了解你强调的内容。

（5）永远不要使用 Excel 图表的默认设置，包括颜色、字体、布局、样式等所有方面。图表应该有独立的风格，并保持一致。

（6）有目的地、克制地使用颜色。

任务实现

1. 根据素材表创建汇总结果表

（1）打开“2018 年汽车销量.xlsx”文件。

（2）将 Sheet1 工作表重命名为“素材”。在当前工作表后面依次新建“汇总结果表”“柱形图”“条形图”“饼图”和“数据透视图”5 个新的工作表，以便存放对应的统计结果。

（3）在素材表中利用公式或者函数计算“合计”列的数据。

（4）在素材表中，按照汽车品牌进行分类汇总，选择分级显示控制符 2，使其显示每个汽车品牌对应的每个季度总销量。选择此汇总结果区域，单击“开始”选项卡“编辑”工具组“查找与选择”中的“定位条件”，选择“可见单元格”。如图 4-90 所示。右击复制，将区域内可见单元格的数据复制到汇总结果表中。并整理出如图 4-91 所示的表格。

图4-90　复制可见单元格数据

2. 创建柱形图

（1）选择图 4-91 所示的汇总结果表中各汽车品牌四季度的数据区域（A1:E6），选择“插入”选项卡“图表”工具组，单击其对话框启动器，打开“插入图表”对话框，选择图表类型为柱形图中的三维簇状柱形图，如图 4-92 所示，单击“确定”按钮。

汽车品牌	第一季度	第二季度	第三季度	第四季度	合计
宝来	104	164	138	106	512
高尔夫	117	105	86	105	413
朗逸	63	84	153	130	430
速腾	108	121	101	116	446
途观	81	71	84	98	334
总计	473	545	562	555	2135

图4-91　汇总结果表

（2）单击图表区，选择“图表工具”栏“设计”选项卡，在“图表布局”工具组“快速布局”

中选择布局 2，如图 4-93 所示。

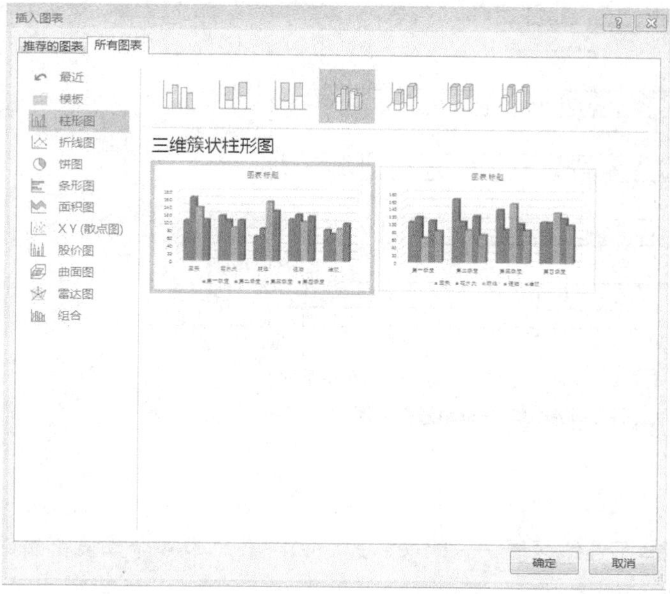

图4-92 “插入图表”对话框

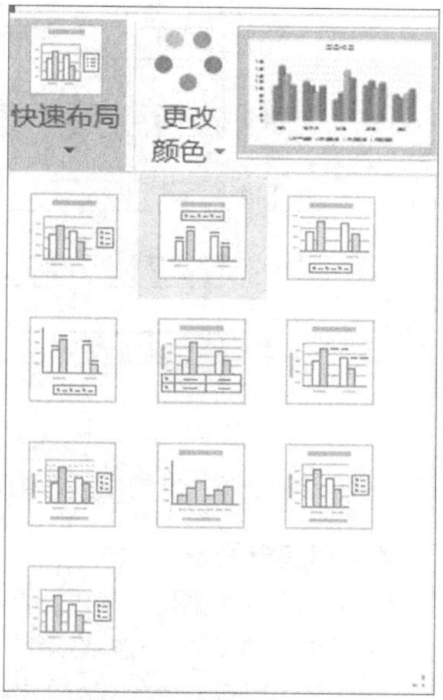

图4-93 设置快速布局2

（3）单击图表区，设置标题为“三福公司 2018 年汽车销量”，字体设置为宋体、12 号、加粗。

（4）单击图表区，在“设计”选项卡“位置”工具组中单击移动图表按钮，将图表移动到柱形图工作表中，结果如图 4-94 所示。

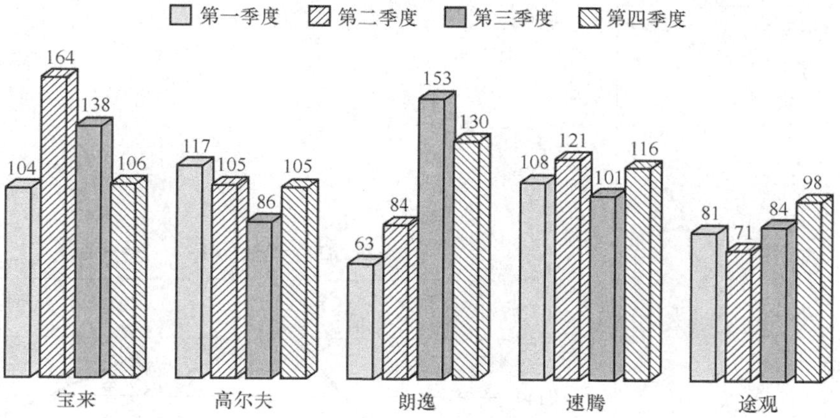

图4-94 三福公司2018年汽车销量柱形图

3. 创建条形图

（1）插入条形图。在条形图工作表中插入各汽车品牌 4 个季度的条形图。

（2）选择“设计”选项卡中的图表样式，套用图表样式 6。设置图表标题为：“三福公司 2018 年汽车销量条形图”。

（3）选择“图表工具”中的“格式”选项卡，在“形状样式”栏为图表区设置形状样式为：细微效果-蓝色，强调颜色 1。单击绘图区，为绘图区设置形状样式为：彩色轮廓-橄榄色，强调颜色 3，如图 4–95 所示。

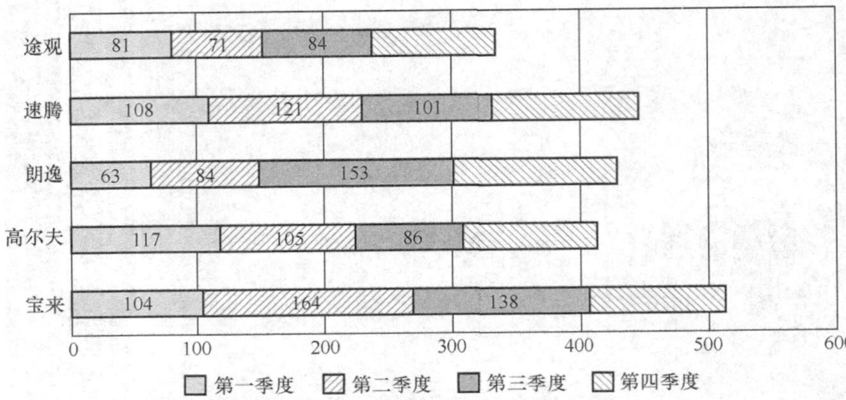

图4–95　三福公司2018年汽车销量条形图

4. 创建折线图

（1）插入折线图。

在汇总结果表中，按“Ctrl”键选择不连续区域——朗逸、速腾和宝来汽车 4 个季度销量数据（A2:E2,A4:E5），插入带数据标记的折线图。

（2）设置格式。

选择快速布局 9，双击垂直坐标轴，在右边的设置坐标轴选项中，设置最小值为 60，最大值为 180。如图 4–96 所示，设置图表标题为：“2018 部分汽车销量折线图”。最终效果如图 4–97 所示。

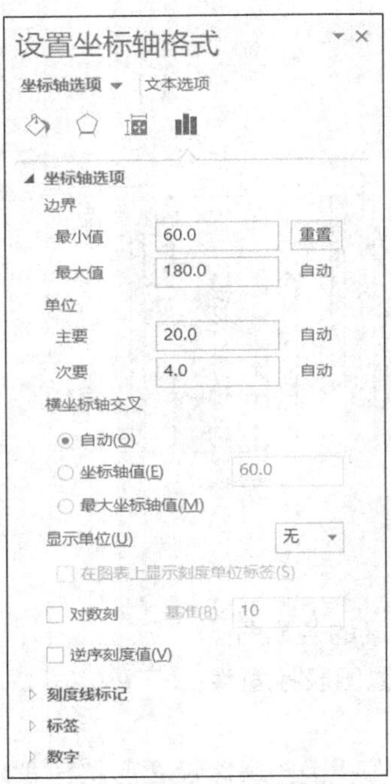

图4–96　设置坐标轴格式

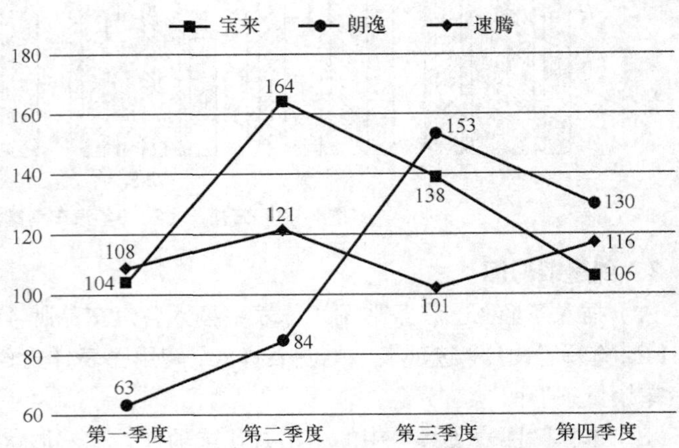

图4–97　三福公司2018年汽车销量折线图

5. 创建饼图

（1）插入图表。

在汇总结果表中，按“Ctrl”键选择不连续区域——4 个汽车品牌以及它们对应的合计值区域（A1:A6，F1:F6）。为各品牌汽车建立三维饼图。

（2）添加数据标签。

单击图表，在“设计”选项卡“图表布局“工具组中点开“添加图表元素”，添加内部数据标签，如图 4-98 所示。

（3）设置图表标签格式。

单击图表中的数据标签，调出“设置数据标签格式”栏，设置数据标签选项，使其显示百分比以及类别名称，字体设置为：宋体、12 磅、黄色，如图 4-99 所示。

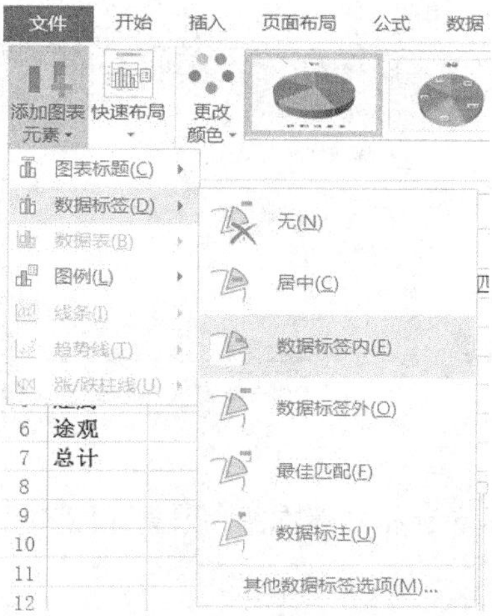

图4-98　添加数据标签

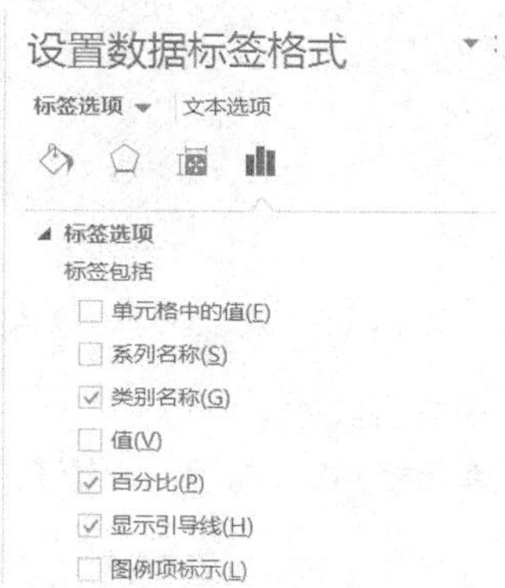

图4-99　数据标签格式设置

（4）设置数据系列格式。

双击绘图区，设置数据系列格式中的系列选项，图饼分离程度设为 6%，如图 4-100 所示。

（5）美化图表。

将图表区和绘图区设置为不同的形状样式。效果如图 4-101 所示。

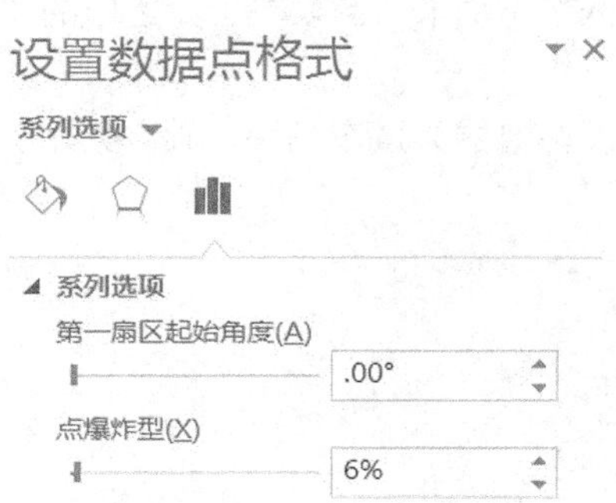

图4-100　设置系列选项

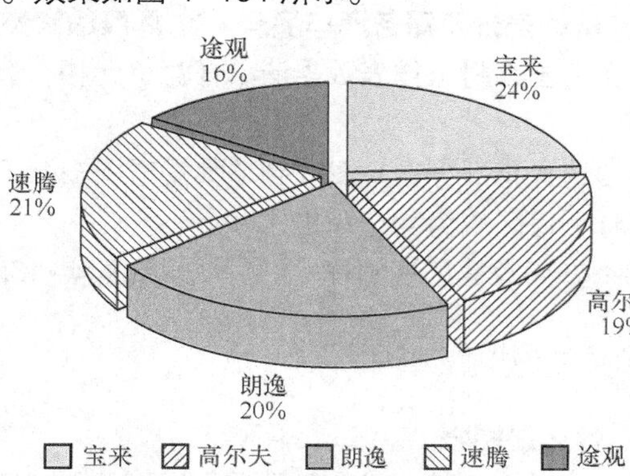

图4-101　2018年汽车销量饼图

（6）存为模板。

右击图表区，在弹出的快捷菜单中选择“另存为模板”，将其保存到默认的目录下，名为“饼图模板”。

（7）应用上述的“饼图模板”，快速制作速腾品牌 4 个季度销量百分比饼图。效果如图 4-102 所示。

6. 在汇总结果表中添加迷你图

（1）在第 1 个单元格中创建折线图。

单击“插入”选项卡“迷你图”工具组中的“折线图”，打开“创建迷你图”对话框，在“数据范围”文本框中输入数据区域，如图 4-103 所示。单击“确定”按钮，在 G2 单元格中创建了一个折线迷你图。

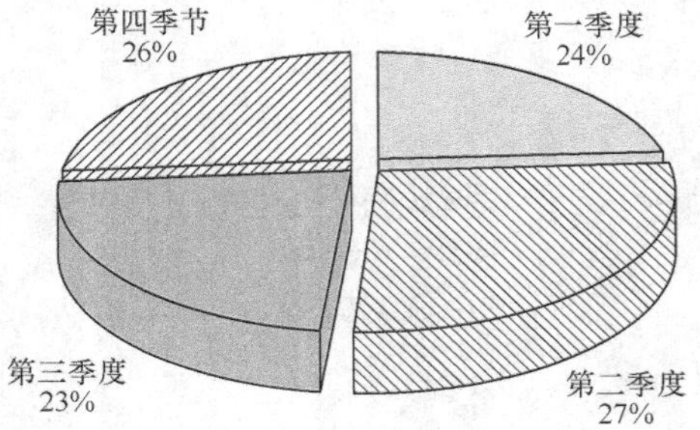

图4-102 速腾四季度销售饼图

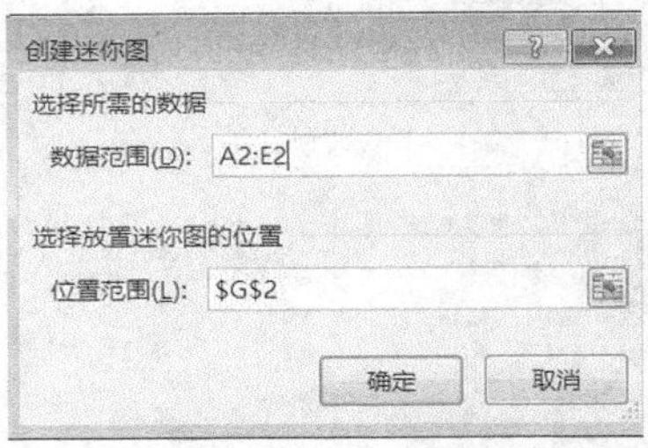

图4-103 设置迷你图数据区域

（2）填充折线图。

单击单元格 G2，向下拖动填充柄，可自动创建其他单元格的迷你图，效果如图 4-104 所示。

汽车品牌	第一季度	第二季度	第三季度	第四季度	合计	销售趋势
宝来	104	164	138	106	512	
高尔夫	117	105	86	105	413	
朗逸	63	84	153	130	430	
速腾	108	121	101	116	446	
途观	81	71	84	98	334	
总计	473	545	562	555	2135	

图4-104 设计迷你图

7. 设计各分公司各汽车品牌 4 个季度的销量数据透视柱形图

（1）单击素材工作表数据清单任意单元格，选择“插入”选项卡“图表”工具组中的“数据透视图”。

（2）选择将数据透视图放到“数据透视图”工作表中。筛选器为汽车品牌，轴（类别）为分公司名称，值区域为 4 个季度求和。

（3）套用数据透视图样式 6，效果如图 4-105 所示。

相关知识

1. 什么是图表

把工作表中的部分或全部数据用图形的形式表示出来就是图表。图表可使繁杂的数据更加生动、易懂，可以直观、清晰地显示不同数据间的差异或规律。当工作表中的数据发生变化时，图表中对应项的数据也自动更新。

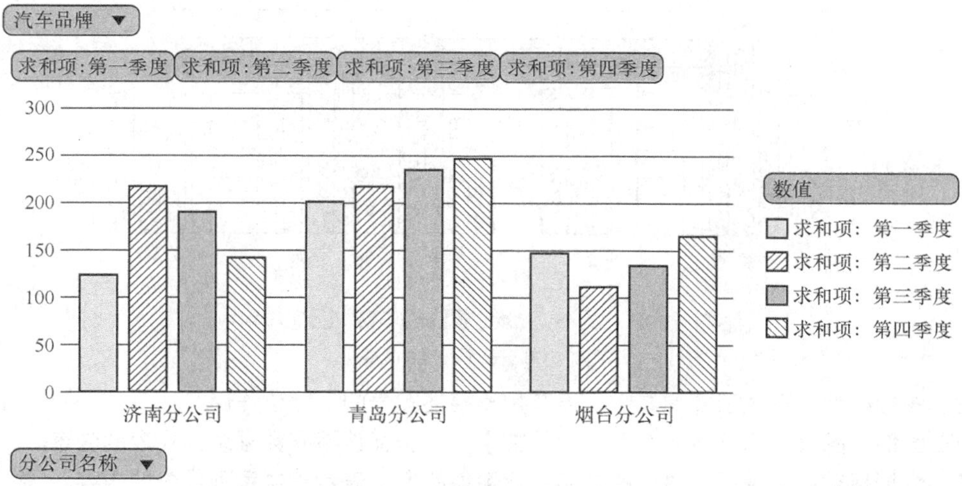

图4-105　4个季度的销量数据透视柱形图

2. 图表的类型

Excel 一共包含了 10 个图表大类（见表 4-3），每个大类里又包含了数量不等的图表子类型。每种类型的图表有其各自不同的特点，适合于不同的数据结构。

表 4-3　图表类型及其特点

图表名称	特　　点
柱形图	柱形图用于显示一段时间内的数据变化或显示各项之间的比较情况，通常沿水平轴组织类别，而沿垂直轴组织数值
条形图	条形图显示各个项目之间的比较情况或类别的名称过长时
折线图	折线图可以显示随时间而变化的连续数据，类别数据沿水平轴均匀分布，所有值数据沿垂直轴均匀分布
饼图	饼图显示一个数据系列中各项的大小与各项总和的比例。饼图中的数据点显示为整个饼图的百分比
xy 散点图	散点图显示若干数据系列中各数值之间的关系，或者将两组数绘制为 *xy* 坐标的一个系列
面积图	面积图强调数量随时间而变化的程度，也可用于引起人们对总值趋势的注意
曲面图	如果您要找到两组数据之间的最佳组合，可以使用曲面图。与地形图类似，颜色和图案表示具有相同数值范围的区域
组合图	多个图表组合在一起的图表称为组合图
股价图	特殊的图表，需要根据股价图的子类型来选择合适的数据区
雷达图	每一个分类都有自己的坐标轴。雷达图用于显示数据系列相对于中心点以及各数据分类间的变化

3. 图表的组成

一个图表可以由很多部分组成，而在默认情况下创建的图表只包含了几部分。图 4-106 所示是一个包含了大部分元素的图表。

在图表中包含了以下几项图表元素。

（1）图表区：图表中最大的白色区域，作为其他图表元素的容器。

（2）绘图区：图表中灰色底纹部分，其中包含了数据系列和数据标签。

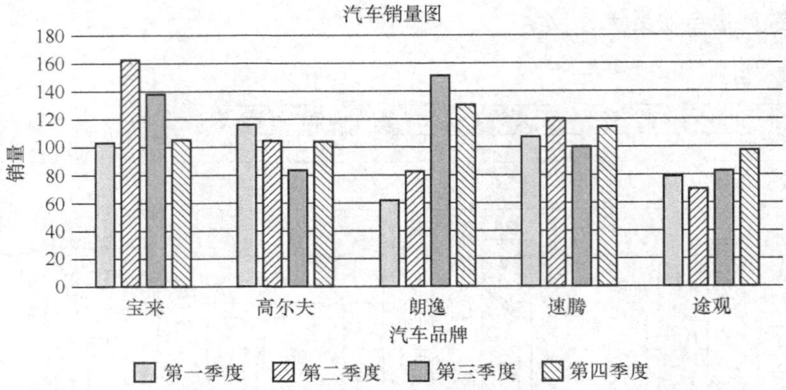

图4-106 一个标准的图表

（3）图标标题：图表顶部的文字，通常用于描述图表的功能或作用。

（4）图例：图表标题下方带有颜色块的文字，用于标识不同数据系列代表的内容。

（5）数据标签：数据系列顶部的数字，以数值的方式表示数据系列代表的内容。

（6）数据系列：绘图区中不同颜色的矩形，表示用于创建图表的数据区域中的行或列。

（7）横坐标轴：绘图区下方诸如“宝来”“速腾”的内容，用于显示数据的分类信息。

（8）纵坐标轴：绘图区左侧诸如“20”“40”的内容，用于显示数据的数值。

（9）横坐标轴标题：横坐标轴下方的文字，用于说明横坐标轴的含义。

（10）纵坐标轴标题：纵坐标轴左侧的文字，用于说明纵坐标轴的含义。

（11）网格线：贯穿绘图区的线条，用于作为估算数据系列所示值的标准。

除了上面的图表元素外，在图表中还可以包含数据表。数据表通常显示在绘图区的下方。但由于数据表的占用区域比较大，为了节省空间，通常情况下不需要在图表中显示数据表。

4. 图表的存在形式

图表有两种存在形式，即嵌入式图表和图表工作表（独立式图表）。

（1）嵌入式图表：嵌入式图表与数据源放置在同一张工作表中，是工作表中的一个图表对象；选中图表，拖动图表可调整图表的位置；拖动四周的控制点，可以调整图表的大小。

（2）独立图表是独立的图表工作表，打印时与数据表分开打印。

5. 设置图表各选项

当选中图表时，会激活“图表工具”栏，此工具栏包括“设计”和“格式”选项卡，如图 4-107 所示。

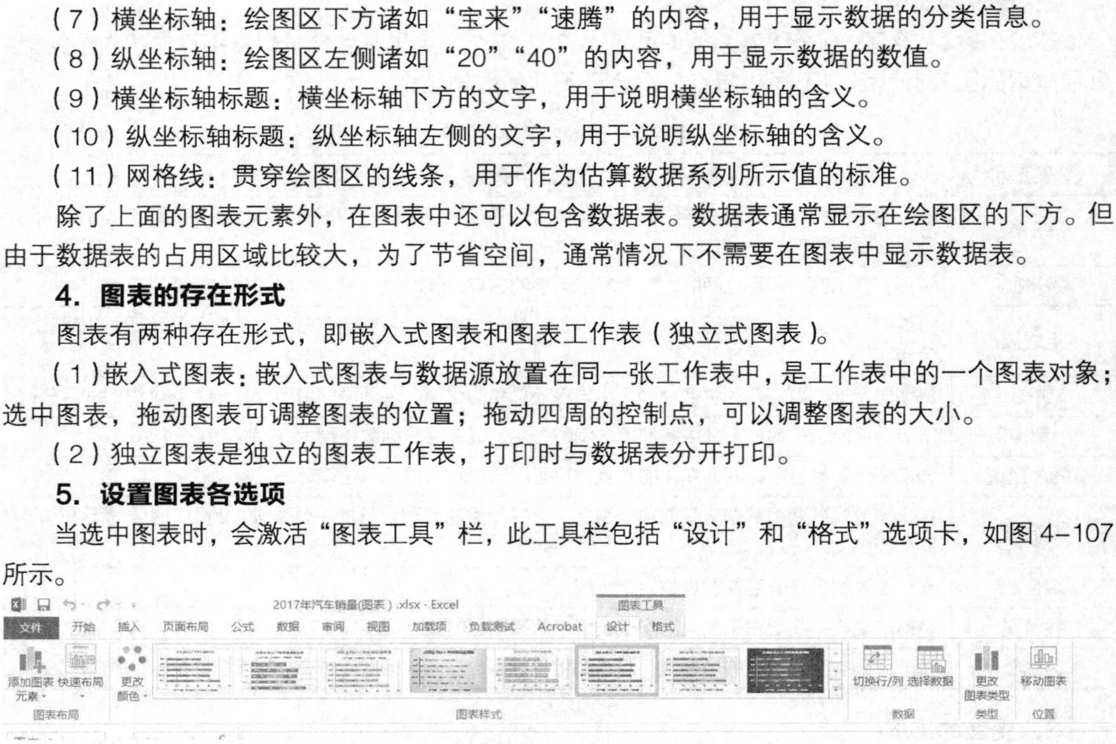

图4-107 “图表工具”的“设计”选项卡

①“设计”选项卡中，可以快速设置图表的布局、图表的样式以及更改图表类型和选择数据等操作。还可以通过“添加图表元素”的方式，由用户自己指定图表中显示哪些内容。用户可以自己定义图表元素，包括：图表区、绘图区、图表标题、数据系列、数据标签、图例、横纵坐标轴（标题）、数据表、网格线等。

② 如果要设置图表区或绘图区的图形格式，或者设置图表内的字体样式等，则可以在“图表工具”下的“格式”选项卡中进行设置（也可以右击相应元素，在快捷菜单中进行设置）。

6. 编辑图表的数据源

如果需要，可以随意修改当前图表的数据源。方法是：右击图表，在快捷菜单中选择“选择数据”命令，打开“选择数据源”对话框，如图 4-108 所示。可以通过修改“图表数据区域”中的区域地址来改变创建图表所使用的整个数据区域（数据区域可以连续，也可以不连续）。

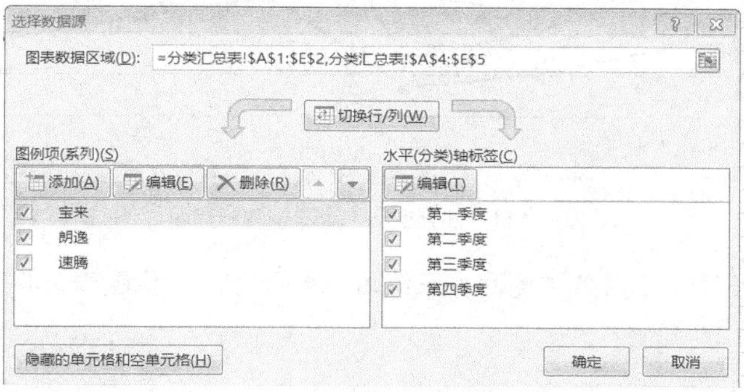

图4-108 “选择数据源”对话框

拓展提升

现有海达商厦上半年的各类产品的销售统计数据表，如图 4-109 所示。现需要根据此表，做出更加直观的各类图表放到对应的工作表中，以便进行数据分析和总结汇报。

海达商厦2018年上半年产品销售汇总结果表

	服装类	电器类	洗化类	文具类	食品类	图书类	总计
1 月	82500	151000	73500	72000	76500	81000	536500
2 月	51750	118500	51750	21500	90000	91500	425000
3 月	34500	101500	34500	77000	115500	100500	463500
4 月	142500	135000	195000	22500	18000	15000	528000
5 月	120000	133500	123000	30000	25500	30000	462000
6 月	90000	100500	97500	154000	51000	52500	545500
合计	521250	740000	575250	377000	376500	370500	2960500

图4-109 海达商厦上半年的各类产品的销售统计数据表

操作步骤

（1）创建各类商品上半年的销售三维簇状柱形图，并设计图表格式，使其美观大方。将其移动到柱形图工作表中，如图 4-110 所示。

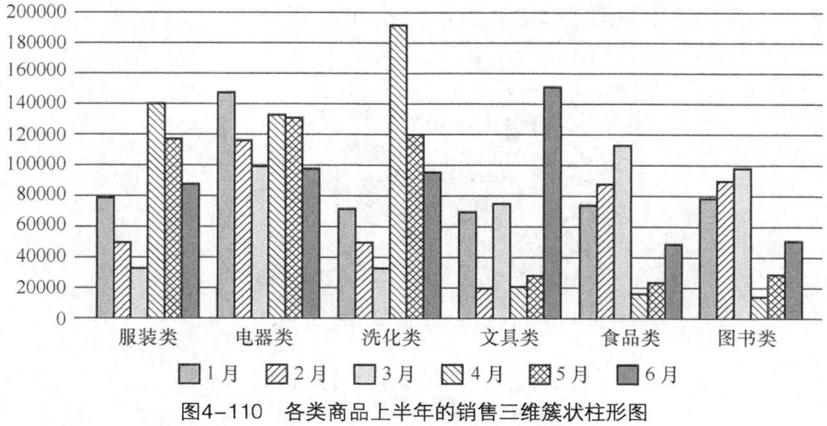

图4-110 各类商品上半年的销售三维簇状柱形图

（2）创建服装类、洗化类和文具类 3 类产品上半年销售折线图，并美化图表。将其移动到折线图工作表中，如图 4-111 所示。

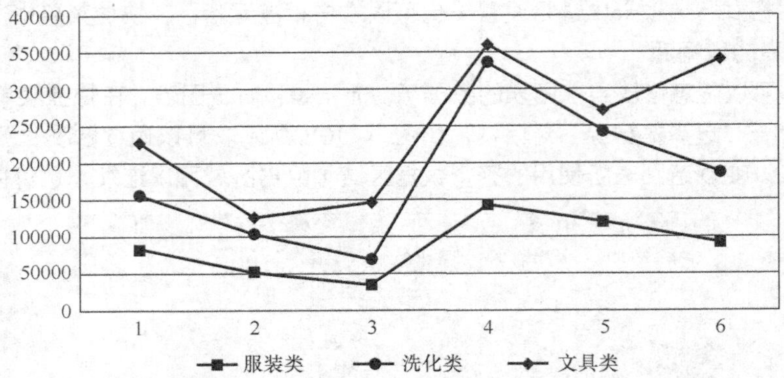

图4-111　部分商品上半年销售折线图

（3）创建 1 月、3 月、5 月各种商品的三维堆积条形图。美化图表，将其移动到条形图工作表中，如图 4-112 所示。

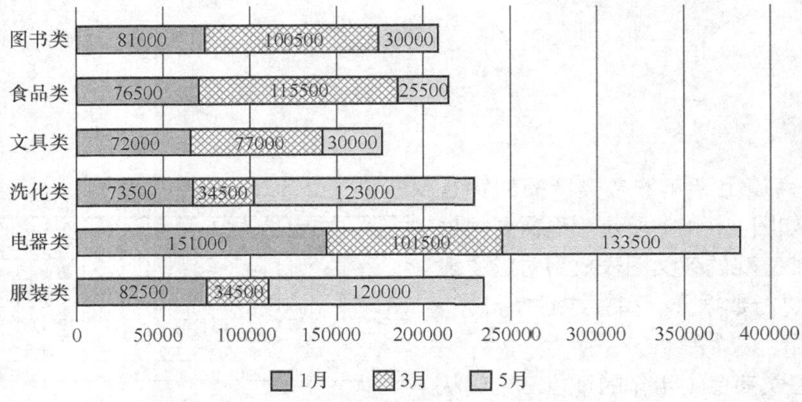

图4-112　部分月份销售条形图

（4）创建上半年各类商品销售饼形图。显示数据标准，并设置系列选项，图饼分离程度为 6%。美化图表，将其移动到饼图工作表中，如图 4-113 所示。

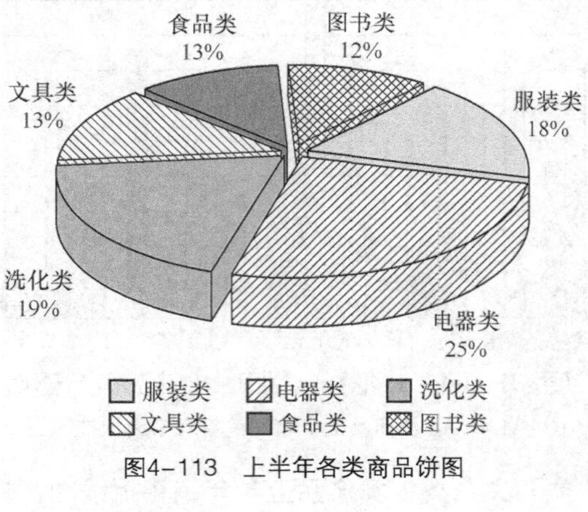

图4-113　上半年各类商品饼图

项目小结

在本项目中，通过任务 1 员工基本信息表的制作，我们掌握了各种类型的数据输入、设置数据验证、设置单元格的格式、设置打印等一系列制作工作表的基本操作；通过任务 2 员工工资表的制作与数据统计，我们进一步学会了在 Excel 中如何准确地应用公式和各种常用的函数来进行数据计算；通过任务 3 设计汽车销量的数据分析表，我们学会了应用排序、筛选、分类汇总和数据透视表等常用的数据管理方法来统计分析数据；最后通过对任务 4 汽车销售统计图表的设计，我们掌握了 Excel 中各种图表的设计和美化。完成这 4 个任务后，我们已经基本掌握了 Excel 软件的常用操作。在今后的学习工作中，大家可以根据实际需要丰富自己的 Excel 操作技巧，熟练灵活地利用好这一工具软件。

项目检查

学习项目	Excel 2013 电子表格制作		学时	16
序号	检查内容	检查标准	学生自检	教师检查
1	工作簿	能够设置工作簿的保护和权限密码		
2	工作表	能够掌握工作表的新建、复制、移动、重命名，以及背景、标签颜色设置操作，会设置工作表保护		
3	工作表格式化	能够掌握行和列的插入和删除以及列宽和行高的设置操作		
4	输入数据	能够输入各种类型数据并能在单元格区域内快速录入相同数据		
5	单元格格式	能够设置单元格各种数据类型格式、通用数据格式、边框底纹等		
6	数据验证	能够设置数据序列、长度限制、数据范围等		
7	表格样式	能够应用表格样式		
8	条件格式	能够设置条件格式		
9	公式	能够掌握单元格的引用以及公式运算方法		
10	函数	能够掌握常用的函数使用方法		
11	页面设置	能够设置页面大小、页边距、纸张方向、打印标题和设置页眉页脚		
12	打印工作表	能够打印预览和分页打印工作表		
13	排序	能够掌握单个关键字和多个关键字的排序方法		
14	筛选	能够进行自动筛选和高级筛选		
15	分类汇总	能够进行分类汇总		
16	图表设计	能够创建常用的图表类型，并设计其格式		
17	数据透视图表	能够创建数据透视表和数据透视图，并设计其格式		
18	导入数据	能够将 Access 数据导入到 Excel 文件中		
19	美观性	设计的作品要美观，布局合理		
20	时效性	完成任务要及时、高效		

（续表）

<table>
<tr><td>学习项目</td><td colspan="2">Excel 2013 电子表格制作</td><td>学时</td><td>16</td></tr>
<tr><td>序号</td><td>检查内容</td><td>检查标准</td><td>学生自检</td><td>教师检查</td></tr>
<tr><td rowspan="3">检查评价</td><td>班级</td><td></td><td rowspan="2">组长签字</td><td>第　　组</td></tr>
<tr><td>教师签字</td><td></td><td>日期</td></tr>
<tr><td colspan="4">评语（学习体会、自我评价以及项目改进意见）</td></tr>
</table>

课后练习

一、单项选择题

1. 在 Excel 中，每张工作表是一个（　　）。

A. 一维表　　B. 二维表　　C. 三维表　　D. 树表

2. Excel 2013 工作簿文件的默认扩展名为（　　）。

A. docx　　B. xlsx　　C. pptx　　D. xls

3. 用 Excel 创建一个学生成绩表，要按照班级统计出某门课程的平均分，需要使用的方式是（　　）。

A. 分类汇总　　B. 排序　　C. 合并计算　　D. 数据筛选

4. 在 Excel 中，公式 SUM（A1:B4）等价于（　　）。

A. SUM（A1:B2, A3:B4）　　B. SUM（B1+B4）

C. SUM（B1+B2, B3+B4）　　D. SUM（B1, B4）

5. 在 Excel 中，表示逻辑值为真的标识符为（　　）。

A. N　　B. Y　　C. FALSE　　D. TRUE

6. 若在 Excel 的一个工作表的 D3 和 E3 单元格中输入了 8 月和 9 月，则选择并向右拖曳填充柄经过 F3 和 G3 后松开，F3 和 G3 中显示的内容为（　　）。

A. 10 月、10 月　　B、10 月、11 月　　C、8 月、9 月　　D、9 月、9 月

7. 在 Excel 中，以下表示“数据表”上的 B2 到 G8 的整个单元格区域为（　　）。

A. 数据表#B2:G8　　B. 数据表& B2:G8　　C. 数据表! B2:G8　　D. 数据表: B2:G8

8. 在 Excel 的工作表中，假定 C3:C8 区域内的每个单元格中都保存着一个数值，则函数=COUNT(C3:C8)的值为（　　）。

A. 4　　B. 5　　C. 6　　D. 8

9. 在 Excel 中，“设置单元格格式”对话框中，不存在的选项卡为（　　）。

A. 数字　　B. 对齐　　C. 字体　　D. 货币

10. 在 Excel 中，具有常规格式（也是默认格式）的单元格中输入数据（即数值型数据）后，其显示的方式是（　　）。

A. 居中 B. 左对齐 C. 右对齐 D. 随机

11. 在 Excel 的高级筛选中，条件区域中写在同一行的条件是（ ）。

A. 或关系 B. 与关系 C. 非关系 D. 异或关系

12. 在 Excel 中，单元格的引用不包括（ ）。

A. 相对引用 B. 绝对引用 C. 混合引用 D. 直接引用

13. （ ）表示 Excel 一个单元格的绝对地址。

A. D4 B. $D4 C. $D$4 D. @D@4

14. 在 Excel 中，计算工作表 B1～B6 数值的平均数，使用的函数是（ ）。

A. SUM (B1:B6) B. MIN (B1:B6)

C. AVE (B1:B6) D. COUNT (B1:B6)

15. 根据特定数据源生成的，可以动态改变其版面布局的交互式汇总表格是（ ）。

A. 数据透视表 B. 数据的筛选 C. 数据的排序 D. 数据的分类汇总

二、多项选择题

1. 在 Excel 中，数据的高级筛选在（ ）。

A. 同一行表示“或”关系 B. 不同行表示“或”关系

C. 同一行表示“与”关系 D. 不同行表示“与”关系

2. 关于 Excel，下列选项的说法中错误的有（ ）。

A. 工作簿内的工作表可以全部删除

B. 不能删除加保护的工作表

C. 通过编辑菜单下的清除命令可以删除工作簿中选定的工作表

D. 每个工作簿含有工作表的张数受到计算机内存大小的限制

3. 在 Excel 中有关工作簿的概念，下列叙述中正确的有（ ）。

A. 一个 Excel 文件就是一个工作簿 B. 一个 Excel 文件可包含多个工作簿

C. 一个 Excel 工作簿可以只包含一张工作表 D. 一个 Excel 工作簿可以包含多张工作表

4. 如果要对 B2、B3、B4 三个单元格中的数值求平均值，则公式可以为（ ）。

A. =AVERAGE (B2:B4) B. =SUM (B2:B4)

C. =AVERAGE (B2,B3,B4) D. = (B2+B3+B4)/3

5. Excel 的数据有（ ）等多种类型。

A. 字符型 B. 数值型 C. 日期型 D. 备注型

6. 电子表格软件的主要功能有（ ）。

A. 管理数据 B. 制作图表

C. 开发应用系统 D. 实现数据网上共享

7. 在单张工作表的多个单元格中快速录入完全相同的数据的操作步骤有（ ）。

A. 选定单元格区域或不连续区域

B. 在当前活动单元格中通过键盘键入所需的数字或文本

C. 通过组合键“Ctrl+Enter”确认键入的内容

D. 通过组合键“Shift+Enter”确认键入的内容

8. 下列各项中，属于统计函数的有（ ）。

A. IF B. MID C. SUMIF D. COUNTIF

三、操作题

销售部助理小王需要针对 2017 年和 2018 年的公司产品销售情况进行统计分析，以便制订新的销售计划和工作任务。请根据提供的 Excel_素材，如图 4-114 所示，按照如下要求完成工作。

1. 打开“Excel_素材.xlsx”文件，在“订单明细”工作表的“单价”列中，利用 VLOOKUP 公式计算并填写相对应图书的单价金额。图书名称与图书单价的对应关系可参考工作表“图书定价”。

2. 如果每份订单的图书销量超过 40 本（含 40 本），则按照图书单价的 9.3 折进行销售；否则按照图书单价的原价进行销售。按照此规则，计算并填写“订单明细”工作表中每笔订单的“销售额小计”，保留 2 位小数。

3. 根据“订单明细”工作表的“发货地址”列信息，并参考“城市对照”工作表中省市与销售区域的对应关系，计算并填写“订单明细”工作表中每笔订单的“所属区域”。

4. 根据“订单明细”工作表中的销售记录，分别创建名为“北区”“南区”“西区”和“东区”的工作表，这 4 个工作表中分别统计本销售区域各类图书的累计销售金额，统计格式请参考“统计样例”工作表。将这 4 个工作表中的金额设置为带千分位的、保留两位小数的数值格式。

5. 在“统计报告”工作表中，分别根据“统计项目”列的描述，计算并填写所对应的“统计数据”单元格中的信息。

6. 给“订单明细”工作表套用表格样式，并设置打印效果。

Contoso 公司销售订单明细表

订单编号	日期	书店名称	图书名称
BTW-08001	40910	鼎盛书店	《计算机基础及MS Office应用》
BTW-08002	40912	博达书店	《嵌入式系统开发技术》
BTW-08003	40912	博达书店	《操作系统原理》
BTW-08004	40913	博达书店	《MySQL数据库程序设计》
BTW-08005	40914	鼎盛书店	《MS Office高级应用》
BTW-08006	40917	鼎盛书店	《网络技术》
BTW-08600	41103	鼎盛书店	《数据库原理》
BTW-08601	41104	博达书店	《VB语言程序设计》
BTW-08007	40917	博达书店	《数据库技术》
BTW-08008	40918	鼎盛书店	《软件测试技术》
BTW-08009	40918	博达书店	《计算机组成与接口》
BTW-08010	40919	隆华书店	《计算机基础及Photoshop应用》
BTW-08011	40919	鼎盛书店	《C语言程序设计》
BTW-08012	40920	隆华书店	《信息安全技术》
BTW-08013	40920	鼎盛书店	《数据库原理》
BTW-08014	40921	隆华书店	《VB语言程序设计》
BTW-08015	40923	鼎盛书店	《Java语言程序设计》
BTW-08016	40924	鼎盛书店	《Access数据库程序设计》
BTW-08017	40924	鼎盛书店	《软件工程》
BTW-08018	40925	鼎盛书店	《计算机基础及MS Office应用》
BTW-08019	40926	博达书店	《嵌入式系统开发技术》
BTW-08020	40927	鼎盛书店	《操作系统原理》
BTW-08021	40930	博达书店	《MySQL数据库程序设计》

订单明细 | 统计报告 | 城市对照 | 图书定价 | 统计样例

图4-114 练习素材

Computer

5 Chapter

项目 5 PowerPoint 2013 演示文稿制作

PowerPoint 2013 是 Microsoft Office 2013 办公自动化软件的组件之一，是目前最常用的演示文稿制作软件，是进行学术交流、产品展示、工作汇报等的重要工具。它以幻灯片的格式输入和编辑文本、表格、剪贴画、图片、艺术字及组织结构图等对象。为加强演示效果，还可以在幻灯片中加上动画、特技、音频对象或视频剪辑等多媒体元素。这种演示文稿既能以幻灯片的形式在计算机屏幕上演示，通过投影仪在大屏幕上放映，还可以将演示文稿打印出来，制作成胶片，以便应用于更广泛的领域中。

任务 1 制作演示文稿内容

情境描述

三福汽车销售服务有限责任公司想要策划新款朗逸的展销活动，活动中需要设计一个朗逸汽车的展销会 PPT。PPT 设计要求大方、典雅，能够彰显新款朗逸汽车的优良性能，强调公司购车的优惠活动，具备流畅的动画效果，既能手动演示，又能够在展厅自动循环播放。

该演示文稿主要是为了对新款朗逸汽车进行宣传，主要从该汽车的性能、内部构造、报价、购车流程、服务宗旨等多个方面进行介绍，从而确定了该演示文稿的主要内容，准备了幻灯片所需要的文字、图片以及视频音频材料。

知识点拨

PPT 的魅力在于能够以简明的方式传达观点和支持演讲者的评论，最有效的 PPT 内容不要过于复杂，只需要易于反应演讲内容的图形、图片、图表和精炼的文字等信息即可（见图 5-1）。

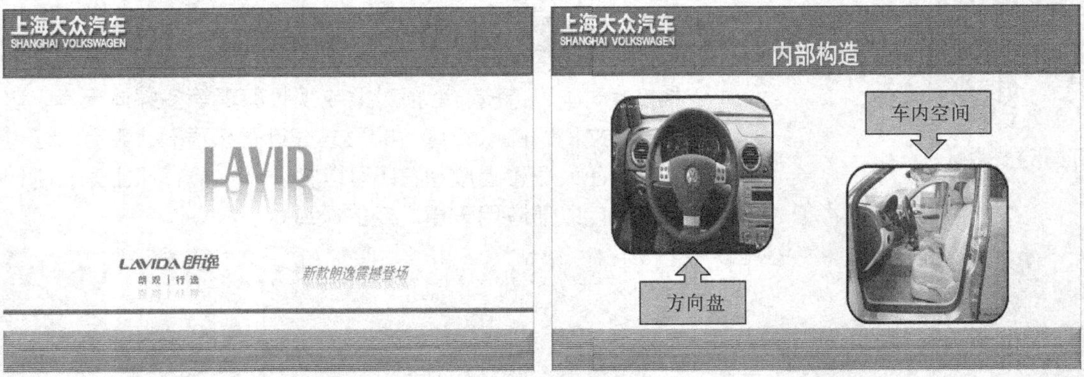

（a） （b）

图5-1 新款朗逸展销PPT

制作演示文稿的一般过程和原则如下。

（1）演示文稿的制作一般要经历以下几个步骤。

- 准备素材：准备演示文稿中所需要的一些文本、图片、音频、视频等文件。
- 确定方案：设置演示文稿的整体架构。
- 初步制作：将文本、图片、音频、视频等对象插入到相应的幻灯片中。
- 装饰处理：对幻灯片文本进行格式化，设置背景、动画，插入音频和视频文件，录制旁白等。
- 预演播放：在播放过程中测试效果，有问题继续修改，直至满意后才正式输出播放。

（2）演示文稿的制作原则如下。

- 主题鲜明，文字简练。
- 结构清晰，逻辑性强。
- 和谐醒目，美观大方。

- 生动活泼，引人入胜。

核心原则是醒目，使人看得清楚，达到交流的目的。

任务实现

启动 PowerPoint 2013 软件，新建一个空白演示文稿，保存演示文稿，命名为“新款朗逸汽车展销.pptx”。

1. 设计第 1 张幻灯片

（1）新建的空白演示文稿默认第 1 张幻灯片为标题幻灯片，单击“开始”→“幻灯片选项卡”→“版式”→“空白”，设置其为空白版式的幻灯片，如图 5-2 所示。

（2）插入艺术字“LAVID”，设置为 Britannic Bold 字体，80 号，应用蓝色渐变，金属棱台，映像效果。

（3）插入副标题“新款朗逸震撼登场”，设置为宋体、25 号、加粗、倾斜，应用蓝色渐变，映像效果。

（4）插入朗逸 logo 图片，置于合适的位置，映像圆角矩形图片样式，影印艺术效果，在重新着色中设置为蓝色，色温为 8800K，饱和度为 100 %。

（5）绘制矩形，调整宽度，设置填充效果为深色横线，前景色为深蓝色，背景色为黑色，线条为 3 磅黑线。第 1 张幻灯片的效果如图 5-3 所示。

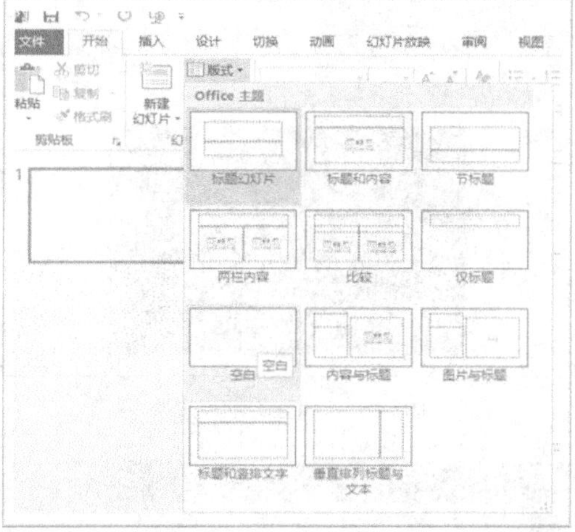

图5-2 设置空白版式幻灯片

图5-3 第1张幻灯片效果

2. 设计第 2 张幻灯片

（1）单击“开始”菜单下“幻灯片”选项卡下的“新建幻灯片”，选择“仅标题”幻灯片版式。输入标题文字“性能卓越”。

（2）绘制圆角矩形，线条为 4.5 磅，填充素材图片，设置圆角矩形的阴影为右上斜偏移。

（3）绘制圆角矩形，设置填充效果为深色横线，前景色为深蓝色，背景色为黑色，线条为 4.5 磅黑线，设置圆角矩形的阴影为右上斜偏移。

（4）再复制两个圆角矩形，对齐，垂直分布。

（5）添加相应的文字，设置为 18 磅，黑体，白色。第 2 张幻灯片的效果如图 5-4 所示。

3. 设计第 3 张幻灯片

（1）新建幻灯片，选择“仅标题”版式。输入标题文字“内部构造”。

（2）绘制圆角矩形，线条为 4.5 磅，填充素材图片 2，亮度为+20 %，对比度为 0，锐度为 50 %。为圆角矩形设置映像效果，透明度为 50 %，大小为 20 %，距离为 0。

（3）复制圆角矩形，更换填充素材图片 3，亮度为+0 %，对比度为 20 %，锐度为 50 %。

（4）绘制上箭头标注，设置填充效果为深色横线，前景色为深蓝色，背景色为黑色，线条为 4.5 磅黑线。以同样的方式绘制下箭头标注。

（5）添加文字“方向盘”和“车内空间”，设置为 18 磅，黑体，白色。第 3 张幻灯片的效果如图 5–5 所示。

图5–4　第2张幻灯片效果

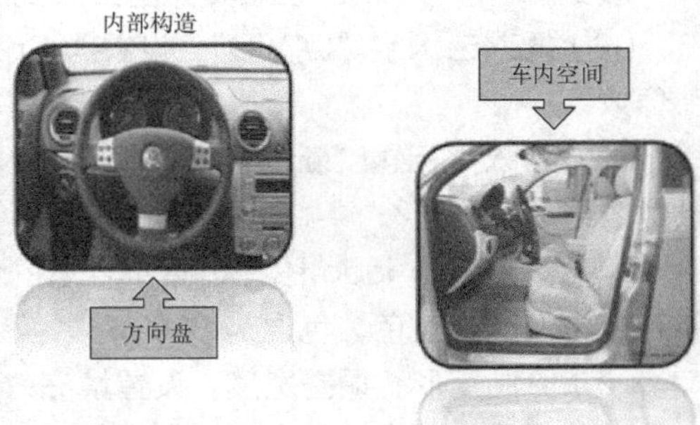

图5–5　第3张幻灯片效果

4. 设计第 4 张幻灯片

（1）新建幻灯片，选择“标题和内容”版式。输入标题文字“宣传广告”。

（2）插入新款朗逸上市广告.avi 视频。第 4 张幻灯片的效果如图 5–6 所示。

图5–6　第4张幻灯片效果

5. 设计第 5 张幻灯片

（1）新建幻灯片，选择“标题和内容”版式。输入标题文字“最新报价”。

（2）插入表格，如图 5–7 所示。

朗逸车型最新价格变化报价				
车型	指导价(万元)	区域价(万元)	现价(万元)	优惠金额(万元)
2018款 1.4TSI 手动舒适版	13.39	13.69	12.69	↘1.00
2018款 1.4TSI DSG舒适版	14.79	15.09	14.09	↘1.00
2018款 1.4TSI 手动豪华版	14.69	14.99	13.99	↘1.00
2018款 1.4TSI DSG豪华版	16.09	16.39	15.39	↘1.00
2018款 1.4TSI DSG豪华导航版	16.69	16.99	15.99	↘1.00

图5–7　朗逸车型最新报价表

（3）插入条形图表，如图 5–8 所示。

（4）插入广告.mp3 音频文件。

6. 设计第 6 张幻灯片

（1）新建幻灯片，选择“只有标题”版式。输入标题文字“购车流程”。

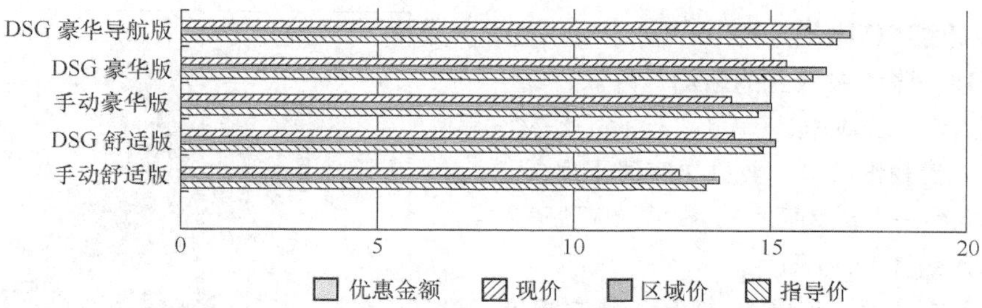

图5-8 朗逸车型最新报价条形图

（2）插入购车流程图片，调整尺寸到合适的大小，设置矩形投影图片样式。第 6 张幻灯片的效果如图 5-9 所示。

7. 设计第 7 张幻灯片

（1）新建幻灯片，选择“只有标题”版式。输入标题文字“服务宗旨”。

（2）插入文本框，输入相应的文字，设置为 24 磅，黑体，应用蓝色渐变，金属棱台，映像效果。第 7 张幻灯片的效果如图 5-10 所示。

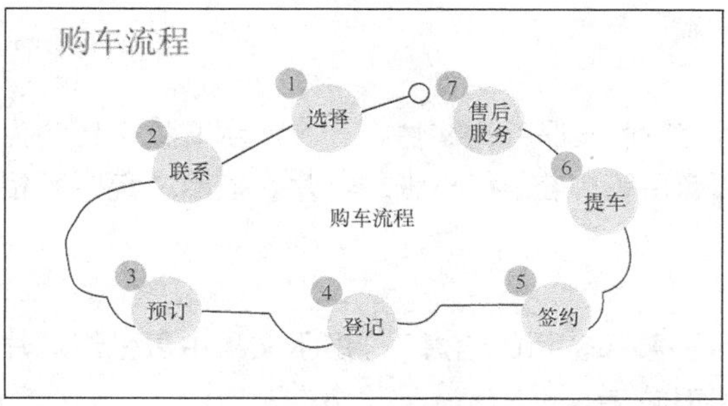

图5-9 第6张幻灯片效果

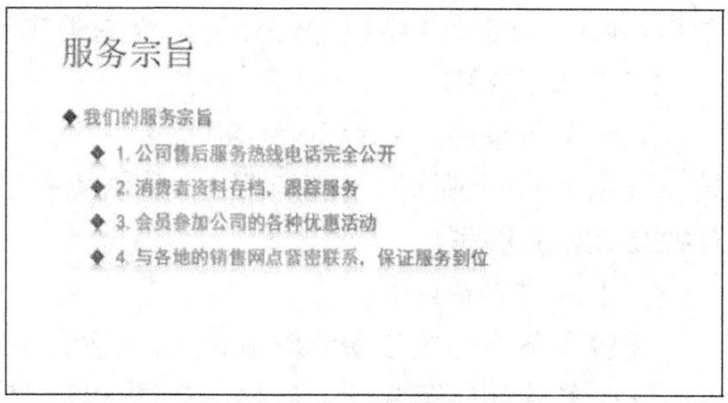

图5-10 第7张幻灯片效果

8. 设计第 8 张幻灯片

（1）新建幻灯片，选择“只有标题”版式。输入标题文字“山东省优秀经销商”。

（2）插入 SmartArt 对象，设置为分离射线布局，优雅样式，文字白色填充，投影，25 磅。第 8 张幻灯片的效果如图 5-11 所示。

9. 设计第 9 张幻灯片

（1）新建幻灯片，选择“只有标题”版式。输入标题文字“一流的服务”。

（2）插入两个文本框，设置为 24 磅，华文细黑字体。第 9 张幻灯片的效果如图 5-12 所示。

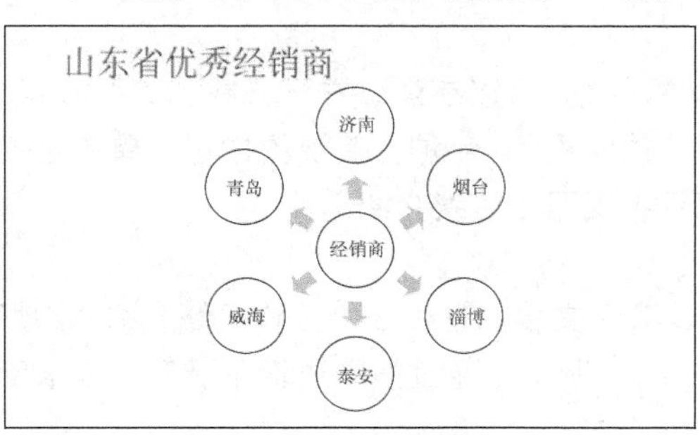

图5-11 第8张幻灯片效果

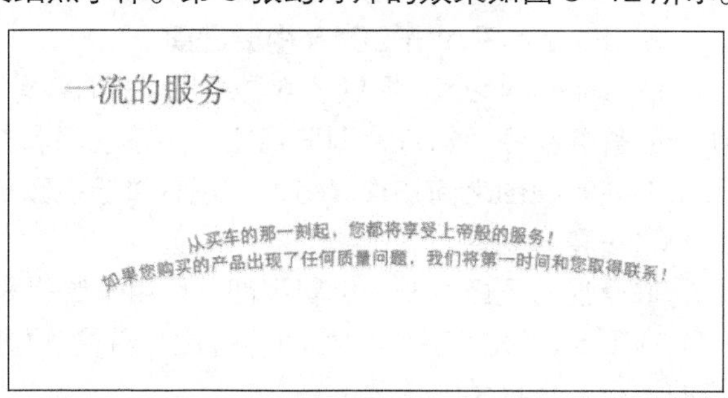

图5-12 第9张幻灯片效果

10. 设计第 10 张幻灯片

（1）新建一张空白版式的新幻灯片。

（2）插入 3 个文本框，设置为 36 磅，华文细黑。

（3）插入素材图片 4，叠放次序置于底层。

（4）插入另一张素材图片 5，叠放次序置于底层。

（5）插入朗逸 logo 图片。

（6）插入文本框，设置为 36 磅，华文细黑。第 10 张幻灯片的效果如图 5-13 所示。

图5-13 第10张幻灯片效果

相关知识

1. 基本概念

（1）幻灯片。

幻灯片其实就是半透明的胶片，上面印有需要演讲的内容，它借助一些投影设备放映出来。在 PowerPoint 2013 中以幻灯片为单位编辑演示文稿。

（2）演示文稿。

演示文稿是由 PowerPoint 2013 创建的以扩展名.pptx 保存的文件，一个演示文稿中包含为某一演示目的而制作的所有幻灯片、演讲者备注和旁白等内容。每一张幻灯片在演示文稿中既相互独立又相互联系。

（3）演讲者备注。

演讲者备注是指在演示时演讲者所需要的提示注解和备用的信息等。演示文稿中每张幻灯片都有一个备注区，可在此空间输入备注内容供演讲时参考。

（4）版式。

幻灯片版式包含要在幻灯片上显示的全部内容的格式设置、位置和占位符，主要包含幻灯片上的标题和副标题文本、列表、图片、表格、图表、形状和视频音频等元素的排列方式。版式也包含幻灯片的主题颜色、字体、效果和背景。演示文稿中的每一张幻灯片都是基于某种自动版式创建的，但创建一张新幻灯片时也可以从 PowerPoint 2013 提供的自动版式中选择一种，每种版式预定义了新幻灯片中各种占位符的布局情况。

2. PowerPoint 2013 的基本操作界面

PowerPoint 2013 的操作窗口界面如图 5-14 所示。

3. PowerPoint 2013 中的视图

PowerPoint 2013 提供了 6 种视图，它们各有不同的用途。可以在窗口右下方找到如图 5-15 所示的普通视图、幻灯片浏览视图、阅读视图和幻灯片放映视图 4 种主要视图按钮，单击它们可以在 4 种视图之间切换。另外，还有母版视图和演示者视图（后续介绍）。

（1）普通视图。

普通视图是最主要的编辑视图，可用于编辑和设计演示文稿。它有 3 个工作区域，即“幻灯片”选项卡、“幻灯片”窗格和“备注”窗格，如图 5-14 所示。通过拖动边框可调整选项卡窗格的大小，也可关闭选项卡。

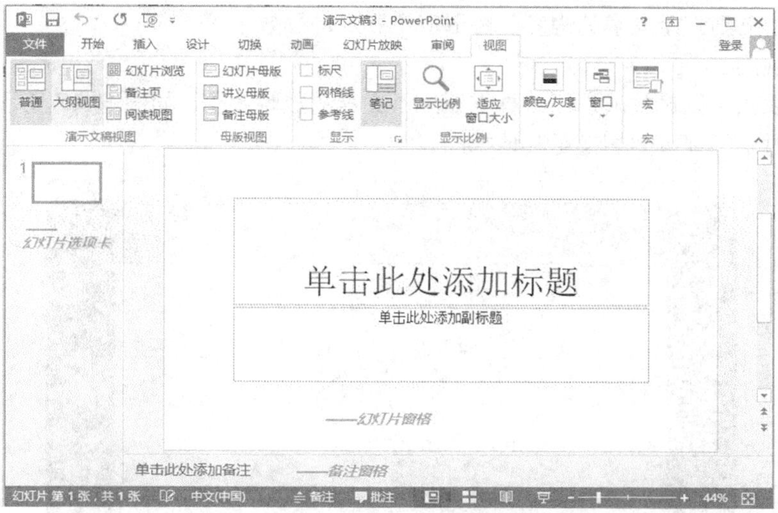

图5-14　PowerPoint 2013工作窗口

“幻灯片”选项卡可显示幻灯片的缩略图，可以快速地浏览幻灯片内容，也可以方便地调整幻灯片的顺序（见图 5-15）。

（2）幻灯片浏览视图。

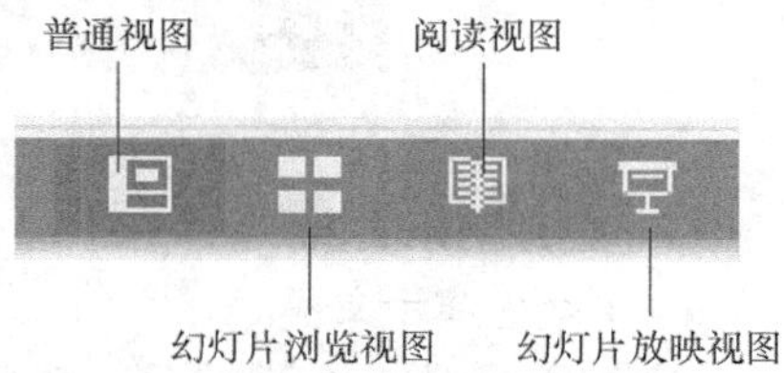

图5-15　视图方式切换按钮

在幻灯片浏览视图中，可以同时显示演示文稿中所有幻灯片的缩略图，如图 5-16 所示。在创建演示文稿或准备打印演示文稿时，可以轻松地对幻灯片的顺序进行排列和组织。此外，还可以在幻灯片浏览视图中添加节，并按不同的类别或节进行排序。

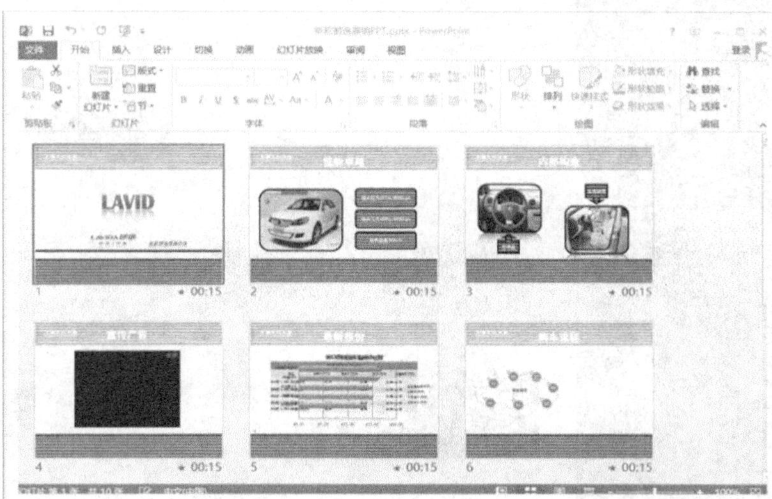

图5-16　幻灯片浏览视图

（3）幻灯片放映视图。

在创建演示文稿过程中，可以随时通过单击“幻灯片放映”按钮启动幻灯片放映来浏览演示文稿，按“Esc”键可以退出放映视图。在放映演示文稿时，每张幻灯片视图会占据整个计算机屏幕，观众可以看到演示文稿的内容、图形、电影、动画效果等。

（4）阅读视图。

使用阅读视图可以像放映视图一样看到演示文稿的放映效果，如图 5-17 所示。如要更改演示文稿，可随时从阅读视图切换至其他视图。

图5-17　阅读视图

4. 创建演示文稿

（1）新建演示文稿。

启动 PowerPoint 2013 后，就会显示如图 5-18 所示界面。此时，可以创建空白演示文稿，也可以创建不同主题和模板的演示文稿。

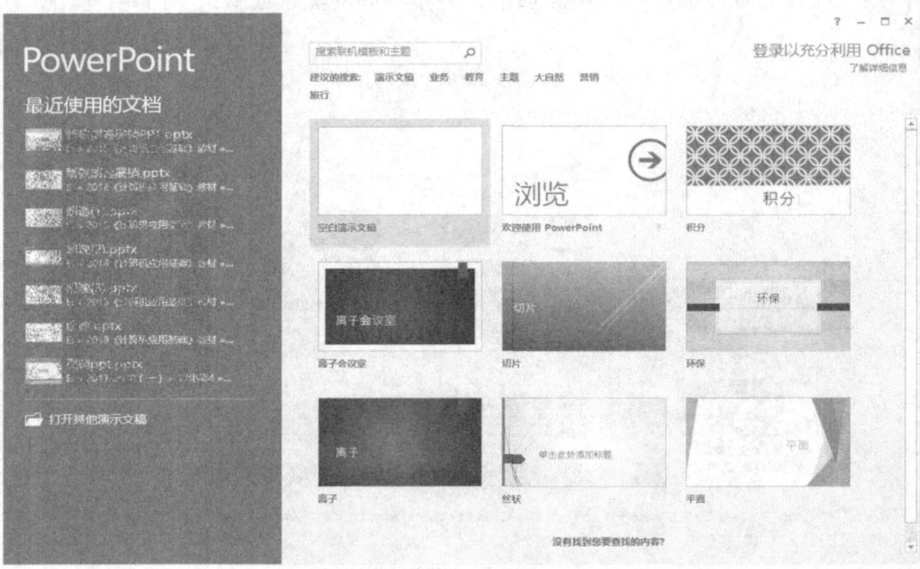

图5-18　PowerPoint 2013启动界面

单击“空白演示文稿”图标，进入如图 5-19 所示界面。此文件中的幻灯片具有白色背景和黑色文字，没有任何动画效果。我们可以创建具有自己风格的，不受模板风格限制的演示文稿。

图5-19　新建空白演示文稿窗口

（2）插入幻灯片。

单击“开始”菜单下的幻灯片选项卡中的“新建幻灯片”，可以插入一张新的幻灯片，如图 5-20 所示；也可以在幻灯片选项卡中右键新建幻灯片。插入新建幻灯片的同时可以选择所需要的幻灯片版式。

图5-20　新建幻灯片

幻灯片版式是 PowerPoint 软件中的一种常规排版的格式，通过幻灯片版式的应用可以对文字、图片等更加合理简洁地完成布局。软件已经内置几个版式类型供使用者使用，利用这些版式可以轻松完成幻灯片制作和运用。

在普通视图方式下，选择要改变的幻灯片，单击“开始”菜单下的幻灯片选项卡中的“版式”按钮，打开“幻灯片版式”下拉列表，如图 5-21 所示，选择需要的版式即可更改幻灯片版式。

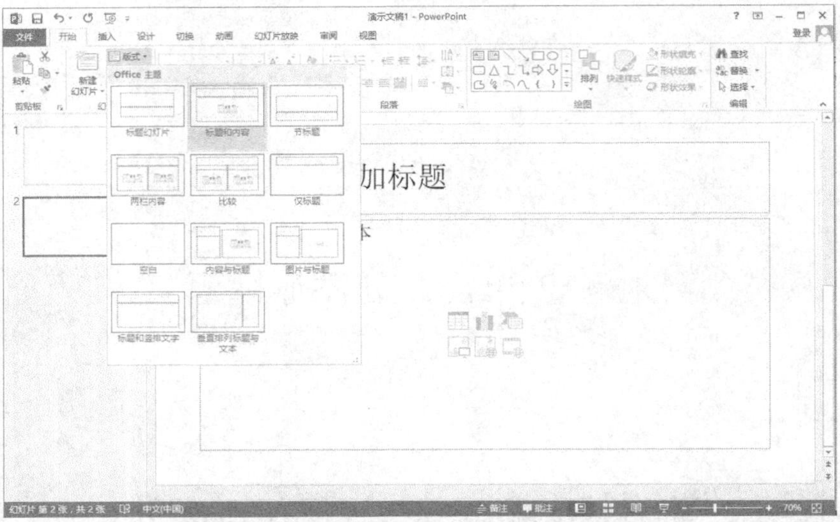

图5-21　修改幻灯片版式

5. 演示文稿的内容输入

（1）文本操作。

文本是幻灯片中最基本的元素，任何说明都离不开文字。在幻灯片中添加文本主要有两种方法：在占位符中输入文本和利用文本框输入文本。

- 在占位符中输入文本。

新建一张幻灯片时，页面中会出现占位符，如图 5-22 所示。占位符是一种带有虚线边缘的框，在框内可以输入标题、正文、图表、图片、音频、视频等对象。在占位符中单击鼠标左键，里面原有的提示文本消失，随即出现闪烁的光标，等待键入文字。当文本键入后，将鼠标光标移到文本框外的任何位置单击即可完成文本输入。此时可以发现，输入的文本与之前占位符文字的格式和排列是一致的。

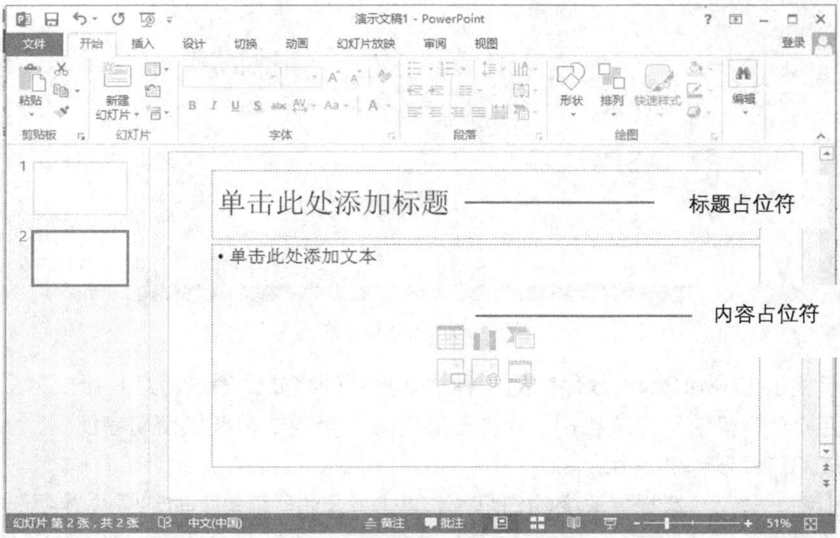

图5-22　占位符

• 通过文本框输入文本。

插入文本框即可输入文本，方法与 Word 类似。而幻灯片中文本的格式化、修改和编辑等操作，也与 Word 类似。

（2）插入表格。

在内容占位符中单击“插入表格”图标，或在“插入”功能区中单击“插入表格”按钮，在弹出的“插入表格”对话框中输入需要的列数和行数，单击“确定”按钮，即可插入表格。

（3）插入图表。

在内容占位符中单击“插入图表”图标，或在“插入”功能区中单击“插入图表”按钮，弹出如图 5-23 所示的“插入图表”对话框，利用该图表选项提供的各种图表类型和图表向导创建所需要的图表，以丰富演示文稿的演示效果。

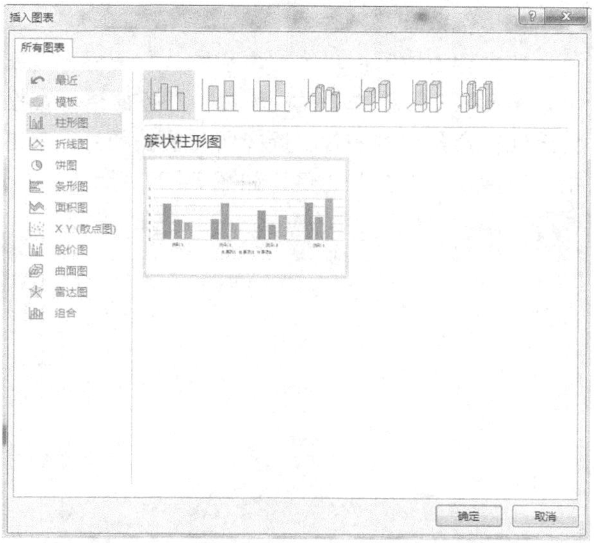

图5-23 “插入图表”对话框

（4）插入 SmartArt 图形。

SmartArt 图形是一系列已经成型的表示某种关系的逻辑图和组织结构图。可以从多种布局中选择，它包含列表、流程、循环、层次结构、关系、矩阵、棱形图等图形，利用这些图形可以快速、轻松、有效地传达信息。

在内容占位符中单击“插入 SmartArt 图形”图标，或在“插入”功能区中单击“插入 SmartArt 图形”按钮，弹出如图 5-24 所示的“选择 SmartArt 图形”对话框，利用“选择 SmartArt 图形”提供的各种图形类型和向导来创建 SmartArt 图形。

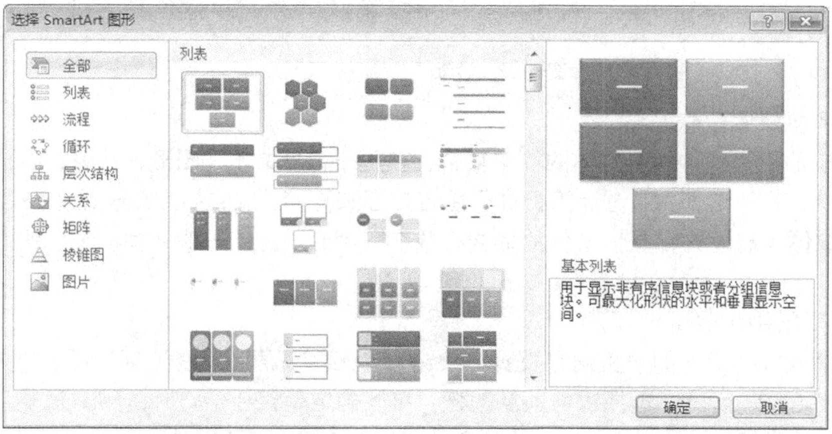

图5-24 “选择SmartArt图形”对话框

（5）插入图片。

在内容占位符中单击“图片”图标，或在“插入”功能区中单击“图片”按钮，弹出如图 5-25 所示的“插入图片”对话框，找到所需要的图片文件，单击即可插入图片。

（6）插入联机图片。

在内容占位符中单击“联机图片”图标，或在“插入”功能区中单击“联机图片”按钮，弹出如图 5-26 所示的“联机图片”任务窗格。在搜索框输入想要搜索的内容或关键字，按回车，会出现符合条件的图片，选择所需要的图片，单击“插入”按钮，即会下载该图片并插入幻灯片中，以搜索“电脑”为例，如图 5-27 所示。

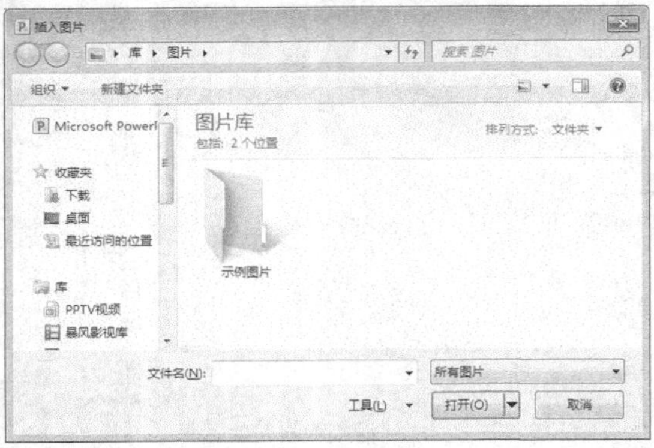

图5-25 “插入图片”对话框

图5-26 “联机图片”任务窗格

图5-27 搜索“电脑”相关图片

（7）插入多媒体信息。

多媒体技术不是各种信息媒体的简单复合，它是一种把文本、图形、图像、动画和声音等多种信息类型综合在一起，并通过计算机进行综合处理和控制，能支持完成一系列交互式操作的信息技术。多媒体信息通常都是以文件的形式存放在存储介质上，一般包括图形、图像、动画和声音等。

（8）插入页眉和页脚。

单击“插入”功能区的“页眉和页脚”按钮，弹出“页眉和页脚”对话框，选择“幻灯片”选项卡，如图 5-28 所示。选择适当的复选框，可以确定是否在幻灯片的下方添加日期和时间、幻灯片编号、页脚等。设置完毕，若单击“全部应用”按钮，则所做的设置将应用于所有幻灯片；若单击“应用”按钮，则所做的设置仅应用于当前幻灯片；若选择“标题幻灯片中不显示”选项，则所有设置将不用于第 1 张幻灯片。

如果在该对话框中选择“备注和讲义”选项卡，则可以设置备注和讲义的页眉和页脚、日期和时间、幻灯片编号等，设置方法与“幻灯片”选项卡的设置方法类似。

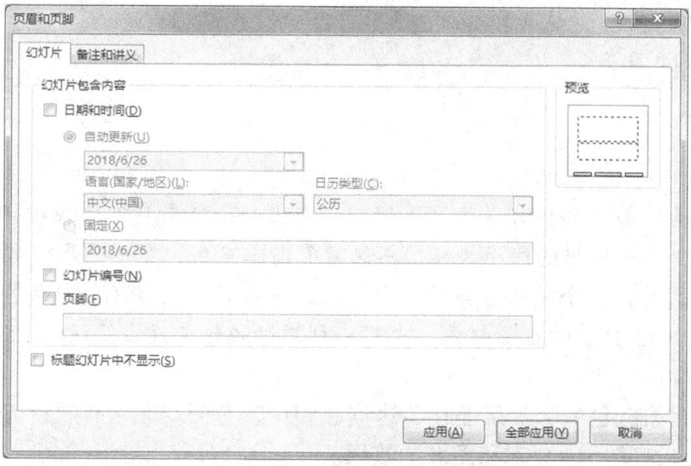

图5-28 "页眉和页脚"对话框

（9）插入其他演示文稿中的幻灯片。

若要将其他演示文稿中的幻灯片插入到当前演示文稿中，在当前演示文稿中选择某张幻灯片为当前幻灯片，选择"开始"→"新建幻灯片"→"重用幻灯片"命令，弹出"重用幻灯片"任务窗格，如图5-29所示。单击"浏览"按钮，找到所需要的演示文稿将其打开。单击要插入的幻灯片，或右击要插入的幻灯片，再选择"插入幻灯片"命令，该幻灯片就被插入到当前幻灯片后面；若选择"插入所有幻灯片"命令，则可将所选演示文稿的幻灯片全部插入到当前幻灯片的后面。

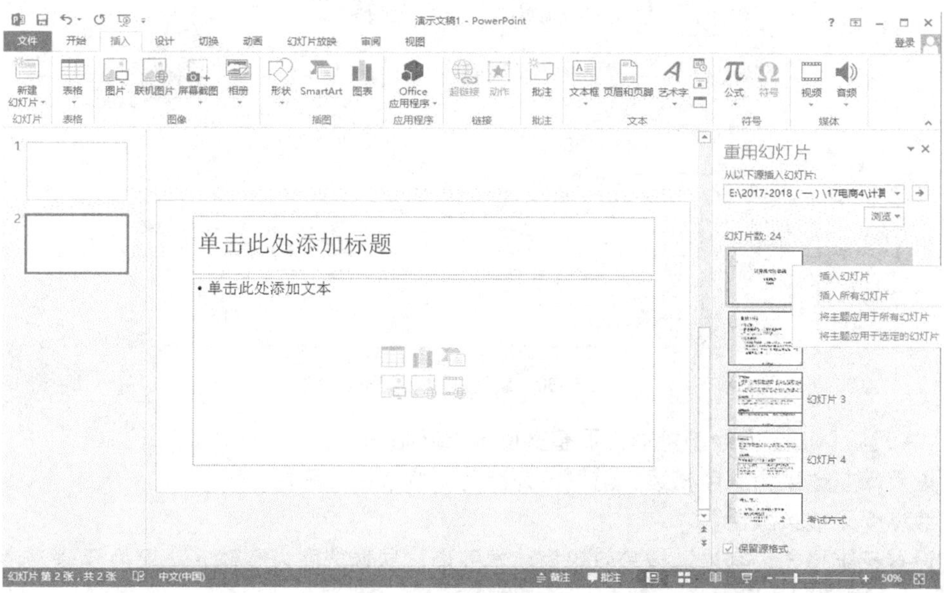

图5-29 重用幻灯片

6. 演示文稿的保存和关闭

演示文稿的保存、关闭与前面讲的Word完全一致，不再赘述。

任务 2 美化 PPT

情境描述

演示文稿中只有要展示的内容是远远不够的，在上一个任务我们已经对 PPT 中的文字、图片都进行了一些修饰。一份好的演示文稿，不仅需要内容充实，外表也是很重要的一部分，一个看起来舒适的背景图片，一个风格恰当的主题样式，都会让你的 PPT 更加赏心悦目。我们既可以使用 PowerPoint 2013 自带的主题样式，也可以利用母版等工具自己设计 PPT 的样式风格。

知识点拨

文字、图表和背景颜色的强烈反差在传达信息和情感方面均非常有效；切勿让背景零乱、两者色调相近，从而造成看不清文字和图像的效果。

任务实现

（1）在“视图”菜单下的“母版视图”选项卡中单击“幻灯片母版”，单击左侧幻灯片选项卡中最上面的版式，如图 5-30 所示。

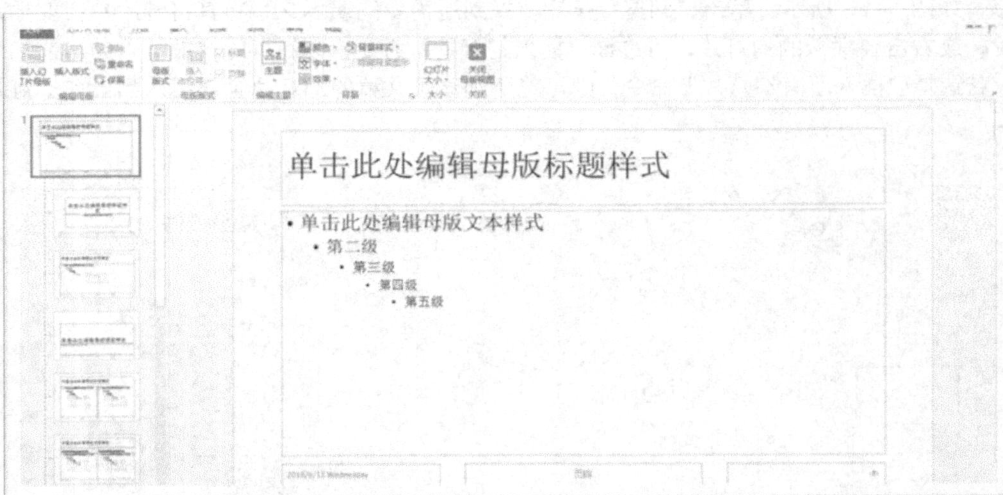

图5-30　编辑灯片母版界面

（2）在母版页面上方绘制矩形，调整宽度与母版相同。

① 设置填充效果为深色横线，前景色为蓝色，背景色为黑色。

② 线型为无线条颜色。

③ 设置三维格式，其顶端棱台效果为艺术装饰，顶端宽度为 5 磅，高度为 5 磅，半透明粉材料，中性三点照明效果。

④ 设置该图形排列方式为置于底层。效果如图 5-31 所示。

（3）在母版页面下方绘制矩形，调整宽度与母版相同。

① 设置填充效果为深色横线，前景色为深蓝色，背景色为灰色。

② 线型为无线条颜色。

③ 设置三维格式，其顶端棱台效果为轻松嵌入棱台效果，顶端宽度为 50 磅，高度为 5 磅，标准材料，中性三点照明效果。效果如图 5-32 所示。

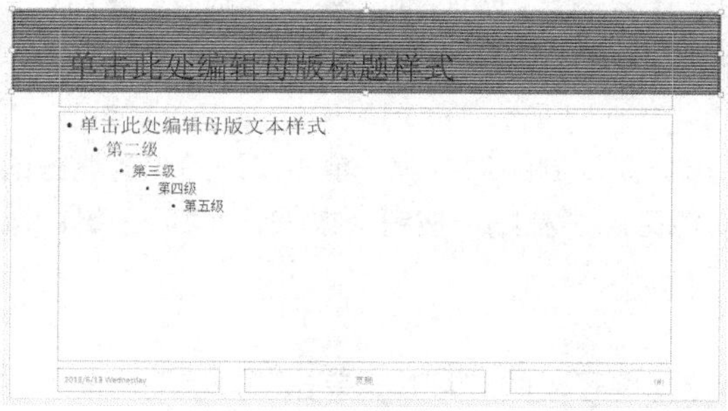

图5-31　母版上方矩形

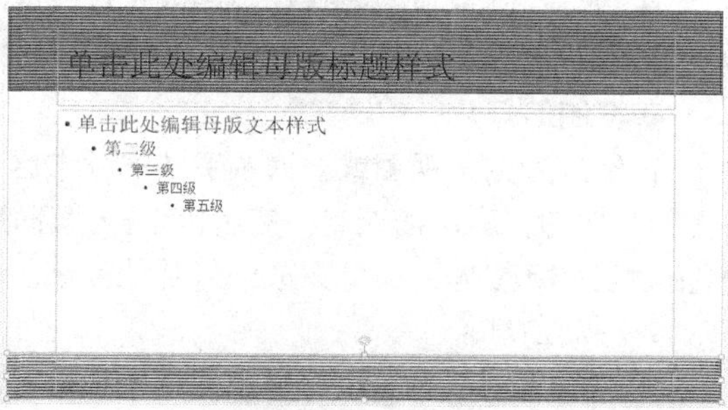

图5-32　母版下方矩形

（4）设置标题占位符为黑体，40 号，白色。正文文本均为华文细黑，一级文本为 28 号，二级文本为 24 号，三级文本为 20 号，四级文本为 18 号，五级文本为 16 号。

（5）为各级文本设置图片项目符号◆。

（6）插入上海大众 logo 图片，调整大小，置于母版左上角，居中矩形阴影图片样式。母版效果如图 5-33 所示。

（7）退出母版编辑状态，回到普通视图下。

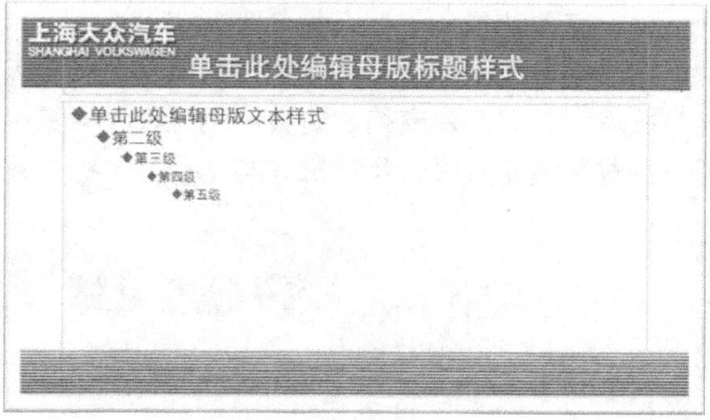

图5-33　演示文稿母版

相关知识

1. 编辑演示文稿

演示文稿的编辑主要指演示文稿中幻灯片的插入、复制、删除、改变版式、修改主题样式格式和更改背景等操作。

（1）选择幻灯片。

首先要选中幻灯片，然后再对其进行相关的操作。幻灯片的选择一般有以下 3 种形式。

- 选择单张幻灯片。

在幻灯片浏览视图或普通视图方式下，单击所需幻灯片即可。

- 选择连续的多张幻灯片。

在幻灯片浏览视图或普通视图方式下，单击所需的第 1 张幻灯片，按住“Shift”键单击最后一张幻灯片即可。

- 选择不连续的多张幻灯片。

在幻灯片浏览视图或普通视图方式下，按住“Ctrl”键，单击所需幻灯片即可。

（2）插入和删除幻灯片。

- 插入幻灯片。

在幻灯片浏览视图或普通视图的选项卡区域，首先选择某一张或多张幻灯片，再选择“开始”→“新建幻灯片”→“复制所选幻灯片”命令，则将所选的幻灯片复制到插入点位置。

- 删除幻灯片。

在幻灯片浏览视图或普通视图的选项卡区域，选择要删除的幻灯片，按“Delete”键即可。

（3）复制和移动幻灯片。

- 复制幻灯片。

在幻灯片浏览视图或普通视图的选项卡区域，选择要复制的幻灯片，单击“开始”功能区的“复制”按钮，确定插入点，然后再单击“开始”功能区的“粘贴”按钮，或按住“Ctrl”键的同时拖动至目标位置，即可完成幻灯片的复制。

- 移动幻灯片。

在幻灯片浏览视图或普通视图的选项卡区域，选择要移动的幻灯片，单击“开始”功能区的“剪切”按钮，确定插入点，然后再单击“开始”功能区的“粘贴”按钮，或拖动鼠标将其移动至目标位置，即可完成幻灯片的移动。

（4）更改背景。

可以根据自己的需要更改幻灯片的背景颜色及图案。单击功能区的“设计”→“设计背景格式”按钮，在幻灯片窗格右边会出现“设置背景格式”选项卡，如图 5-34 所示。这时，可以选择一种背景填充方式，具体操作与 Word 文档一致。

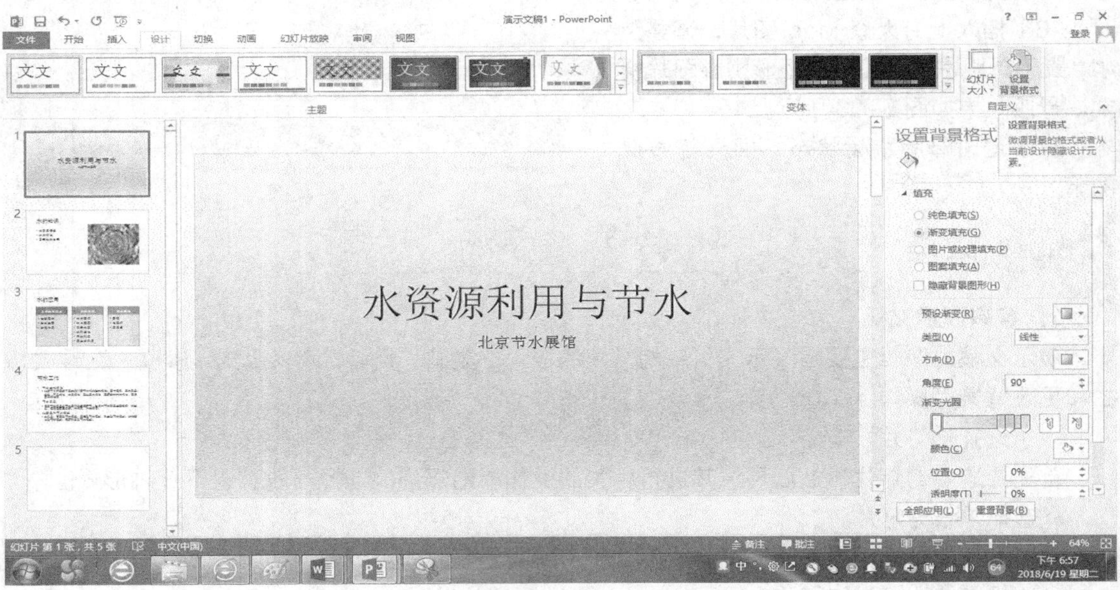

图5-34 设置背景格式

选择所需背景，背景设置默认只应用于当前幻灯片；若单击下方“全部应用”按钮，则背景设置应用于整个演示文稿。

（5）更改幻灯片主题样式。

PowerPoint 2013 主题包括预先设置好的颜色、字体、背景和效果等，可以作为一套独立的方案应用于演示文稿中。我们可以利用 PowerPoint 2013 提供的主题样式改变演示文稿的现有主题格式。

在“设计”功能区的主题组中，单击一种主题，即可更改当前演示文稿的主题格式，如图 5-35 所示。如果对内置的主题样式不满意，可以通过主题右侧的“颜色”“字体”“效果”按钮进行重新调整。

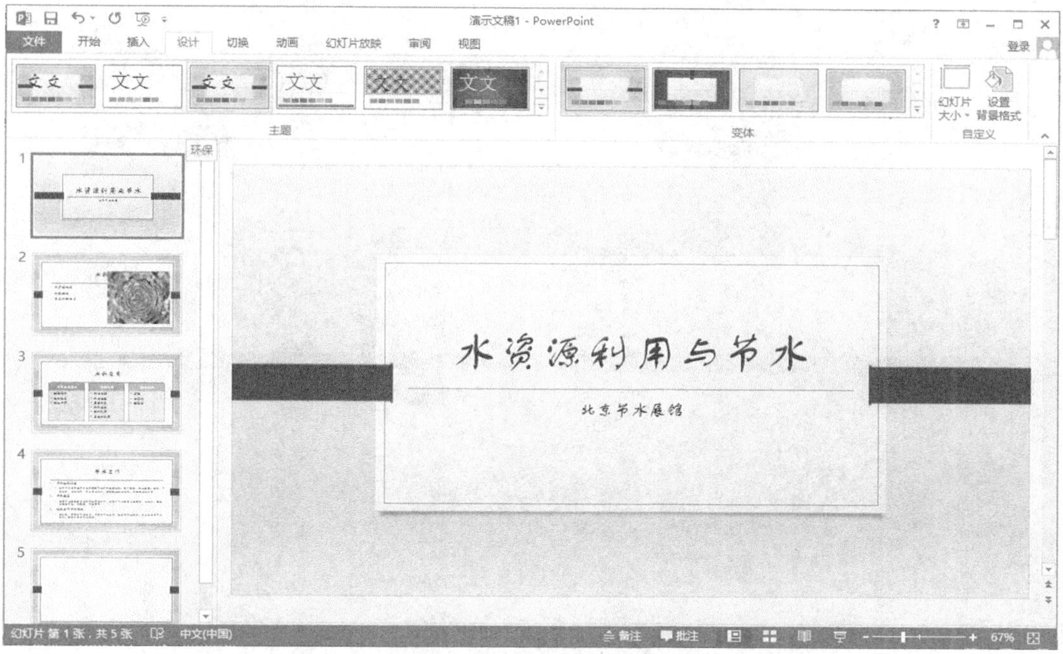

图5-35 设置主题样式

2. 幻灯片母版

PowerPoint 2013 包含 3 个母版视图，分别是幻灯片母版视图、讲义母版视图和备注母版视图。设置幻灯片风格时，可以在幻灯片母版视图中进行设置；需要将演示文稿以讲义形式打印输出时，可以在讲义母版中进行设置；需要在演示文稿中插入备注内容时，则可以在备注母版中进行设置。

（1）幻灯片母版。

幻灯片母版是存储有关设计模板信息的幻灯片。幻灯片母版中的信息包括字形、占位符大小和位置、背景设计和配色方案等。通过更改这些信息，就可以更改整个演示文稿的外观。

选择“视图”→“母版视图”→“幻灯片母版”命令，打开幻灯片母版视图，如图 5-36 所示。我们可以设置母版的字形、占位符大小和位置、背景设计和配色方案，也可以输入图形、图片等内容。设置完毕后单击“关闭母版视图”按钮，完成母版设计。

（2）讲义母版。

选择“视图”→“母版视图”→“讲义母版”命令，如图 5-37 所示。讲义母版是为制作讲义而准备的，通常需要打印输出，因此，讲义母版的设置大多和打印页面有关。它允许设置一页讲义中包含几张幻灯片，设置页眉、页脚、页码等基本信息，在讲义母版中插入新的对象或者更改版式时，新的页面效果不会反映在其他母版视图中。

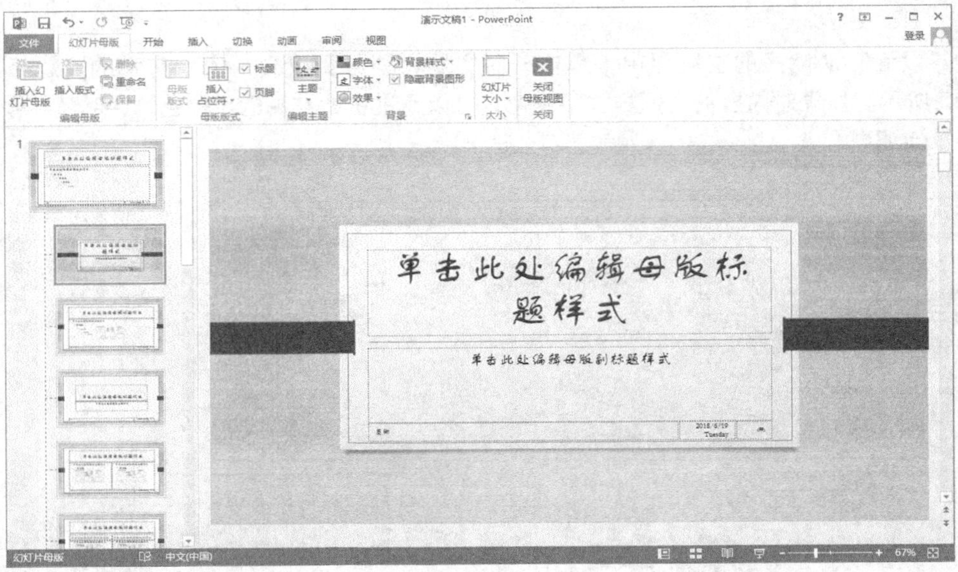

图5–36　幻灯片母版视图

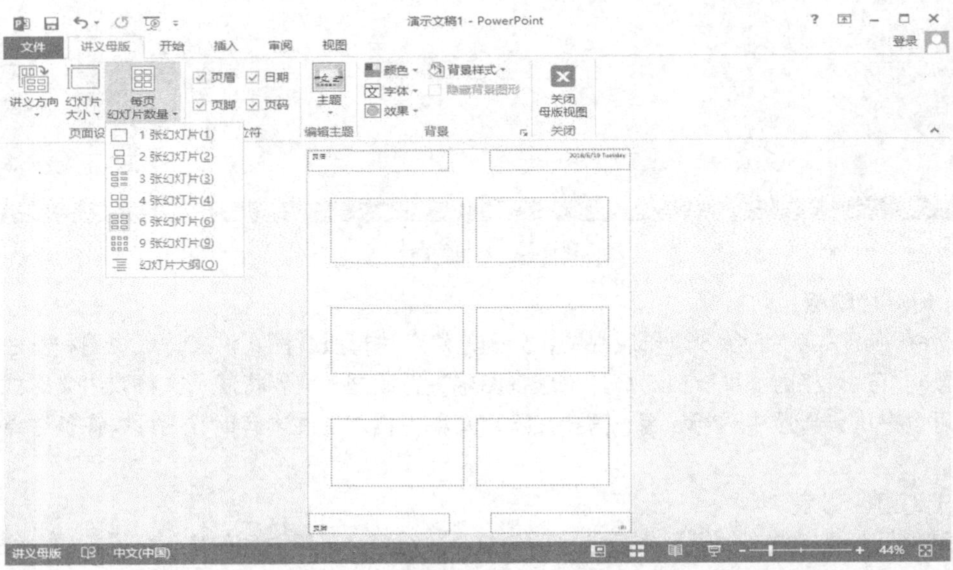

图5–37　讲义母版视图

（3）备注母版。

选择“视图”→“母版视图”→“备注母版”命令，如图 5–38 所示。备注母版主要用来设置幻灯片的备注格式，一般也用来打印输出，所以其设置大多也和打印页面有关。

（4）演示者视图。

演示者视图是一种可以在演示过程中使用的基于幻灯片放映的关键视图，借助于两台监视器，可以让演示者在演讲时看到备注信息，而不影响观众的观看效果，增强演讲的信息量和流畅性。若要使用演示者视图，首先要确保计算机具有多监视器功能，并且有两台监视器，最常见的就是一台笔记本电脑和一台投影仪；其次，要在幻灯片的备注信息内填写内容，以便在演示者视图下作为脚本显示。

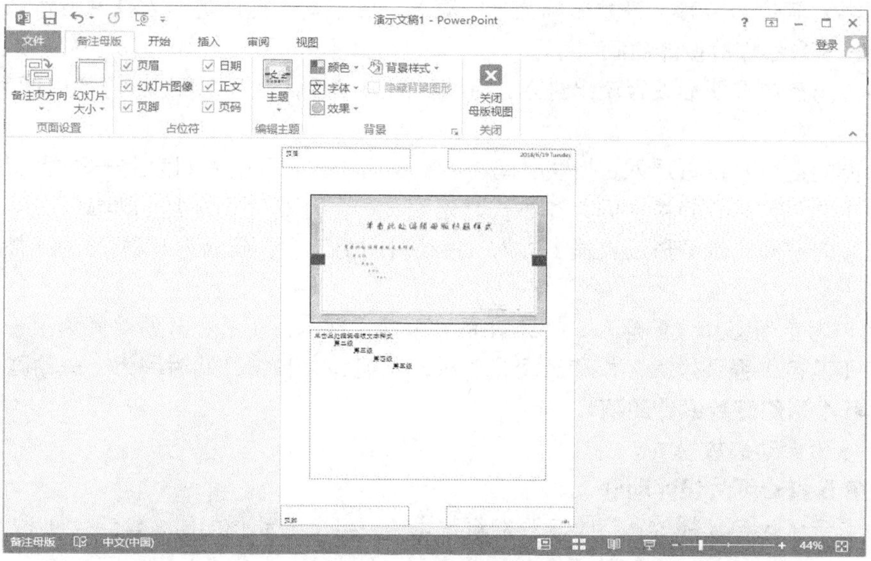

图5-38 备注母版视图

任务 3 设计演示文稿动画

情境描述

前两个任务中我们制作的演示文稿是静态的，不够生动丰富，为了让我们的幻灯片播放起来更生动形象，我们可以使用 PowerPoint 的“自定义动画”以及“幻灯片切换”功能来设置演示文稿的播放效果。

动画的设计要醒目自然，在演示文稿中使用动画多少要适当，也要结合该幻灯片要传达的意思来使用动画，并且使用动画的时候要有创意。

任务实现

1. 为第 1 张幻灯片设计动画

（1）打开“动画”菜单，在“高级动画”选项卡中单击“动画窗格”，打开动画设置窗格。

（2）为艺术字添加浮入动画，持续时间为 1 秒，延迟为 2 秒，开始时间为上一动画之后。

（3）为水平线设置劈裂效果，持续时间为 1 秒，延迟为 5 秒，开始时间为上一动画之后。

（4）为 logo 图片设置浮入，持续时间为 1 秒，延迟为 2 秒，开始时间为上一动画之后。

（5）为“新款朗逸震撼登场”文本框设置轮子，持续时间为 1 秒，延迟为 2 秒，开始时间为上一动画之后。

2. 为第 2 张幻灯片设计动画

（1）为第 1 个圆角矩形设置翻转式由远及近，持续时间为 1 秒，延迟为 2 秒，开始时间为上一动画之后。

（2）为第 2 个圆角矩形设置飞旋进入，持续时间为 1 秒，延迟为 0 秒；脉冲强调效果，持续时间为 1 秒，延迟为 1 秒，开始时间为上一动画之后。其他圆角矩形的设置相同。

3. 为第 3 张幻灯片设计动画

（1）为方向盘自选图形设置淡出进入，持续时间为 5 秒，延迟为 5 秒，开始时间为上一动画之后。

（2）为方向盘图片设置浮入，持续时间 1 秒，延迟 1 秒，开始时间为上一动画之后；线条为颜色（蓝色）强调效果，持续时间为 1 秒，延迟为 2 秒，开始时间为上一动画之后。

（3）为车内空间自选图形设置淡出进入，持续时间为 5 秒，延迟为 5 秒，开始时间为上一动画之后。

（4）为车内空间图片设置浮入，持续时间为 1 秒，延迟为 1 秒，开始时间为上一动画之后；线条为颜色（蓝色）强调效果，持续时间为 1 秒，延迟为 2 秒，开始时间为上一动画之后。

4. 为第 4 张幻灯片设计动画

设置视频为自动播放模式。

5. 为第 5 张幻灯片设计动画

（1）设置音乐为自动播放，到第 5 张幻灯片之后，与上一动画同时，延迟为 1 秒，重复至幻灯片结束。

（2）为表格设置浮动进入，持续时间为 5 秒，延迟为 0 秒，开始时间为与上一动画同时；淡出退出方式，持续时间为 5 秒，延迟为 2 秒，开始时间为上一动画之后。

（3）为条形图设置缩放进入，持续时间为 2 秒，延迟为 1 秒，开始时间为上一动画之后。

6. 为第 6 张幻灯片设计动画

为文字设置透明 50%强调方式，延迟为 2 秒，开始时间为上一动画之后。

7. 为第 7 张幻灯片设计动画

（1）图片呈转弯路径进入方式，调整方向，持续时间为 2 秒，延迟为 1 秒，开始时间为上一动画之后。

（2）脉冲强调，持续时间为 2 秒，延迟为 1 秒，开始时间为上一动画之后。

（3）圆形形状退出，持续时间为 2 秒，延迟为 1 秒，开始时间为上一动画之后。

8. 为第 8 张幻灯片设计动画

（1）第 1 个文本框翻转式由远及近进入，持续时间为 2 秒，延迟为 5 秒，开始时间为上一动画之后。

（2）收缩并旋转退出，持续时间为 2 秒，延迟为 3 秒，开始时间为上一动画之后。

9. 为第 9 张幻灯片设计动画

（1）第 1 个文本框压缩进入，持续时间为 2 秒，延迟为 5 秒，开始时间为上一动画之后；淡出退出，持续时间为 21，延迟为 5 秒，开始时间为上一动画之后。

（2）第 2 个文本框压缩进入，持续时间为 5 秒，延迟为 5 秒，开始时间为上一动画之后；淡出退出，持续时间为 2 秒，延迟为 5 秒，开始时间为上一动画之后。

10. 为第 10 张幻灯片设计动画

（1）第 1 个文本框浮入，持续时间为 3 秒，延迟为 5 秒，开始时间为上一动画之后。动画播放后隐藏。

（2）第 2 个文本框浮入，持续时间为 2 秒，延迟为 5 秒，开始时间为上一动画之后。动画播放后隐藏。

（3）第 3 个文本框压缩进入，持续时间为 3 秒，延迟为 0 秒，开始时间为上一动画之后。动画播放后隐藏。

（4）为素材图片 4 设置淡出进入动画效果，持续时间为 3 秒，延迟为 0 秒，开始时间为上一动画之后；浮出退出，持续时间为 1 秒，延迟为 0 秒，开始时间为上一动画之后。

（5）为素材图片 5 设置脉冲进入动画效果，持续时间为 3 秒，延迟为 0 秒，开始时间为上一动画之后；放大强调，持续时间为 2 秒，延迟为 0 秒，开始时间为上一动画之后；浮出退出，持续时间为 3 秒，延迟为 0 秒，开始时间为上一动画之后。

（6）为朗逸 logo 图片设置压缩进入动画效果，持续时间为 3 秒，延迟为 0 秒，开始时间为上一动画之后。动画播放后隐藏。

（7）文本框中展开进入，持续时间为 2 秒，延迟为 0.5 秒，开始时间为上一动画之后。

11. 幻灯片切换效果为涟漪，应用于全部幻灯片

相关知识

1. 设置对象的动画效果

动画效果是指在幻灯片的放映过程中，幻灯片上的各种对象以一定次序及方式进入到画面中产生的动态效果。PowerPoint 2013 可以将演示文稿中的文本、图片、图形、表格、SmartArt 图形等各种对象设置动画，赋予它们进入、退出、大小或颜色变化等视觉效果。PowerPoint 2013 提供了 4 种不同类型的动画效果，分别是：进入效果、强调效果、退出效果和动作路径。

（1）设置“进入”“强调”和“退出”动画效果。

在设置幻灯片的动画效果时，最好打开如图 5-39 所示的动画窗格，以便于对动画功能进行编辑。

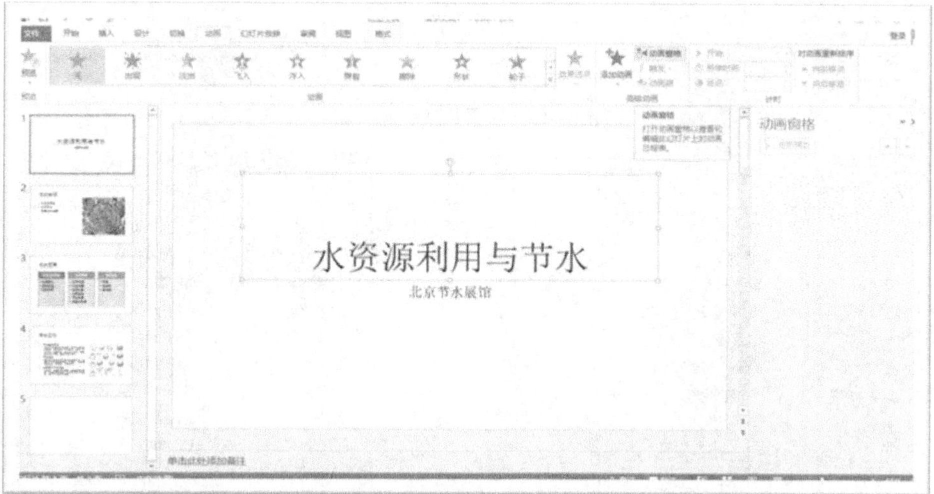

图5-39 动画窗格

“进入”效果设置方法：先在幻灯片中选中要设置动画效果的某一对象，再单击“动画”功能区的“添加动画”按钮，打开“添加动画”选项区，如图 5-40 所示。在“进入”选项区可选择所需要的进入效果，若本区域没有所需的进入效果，可单击“更多进入效果”选项，进入“更多进入效果”选项区，如图 5-41 所示，该选项区包括“基本型”“细微型”“温和型”以及“华丽型”等 4 种特色动画效果。比如，可选择“百叶窗”“飞入”“缩放”“回旋”。用类似的方法可为动画片中的对象设置“强调效果”和“退出效果”，不再赘述。

（2）设置“动作路径”。

“动作路径”是根据形状或者直线、曲线的路径来展示对象游走的路径，使用这些效果可以使对象上下移动、左右移动或者沿着星形或圆形图案移动。

“动作路径”的设置方法：先在幻灯片中选择要设置“动作路径”的某一对象，再单击“动画”功能区的“添加动画”按钮，打开“添加动画”选项区；在“动作路径”选项区可选择所需要的动作路径效果，若本区域没有所需的动作路径效果，可单击“其他动作路径”选项，进入“其他动作路径”选项区，如图 5-42 所示，该选项区包括“基本”“直线和曲线”“特殊”等 3 种特色路径效果。

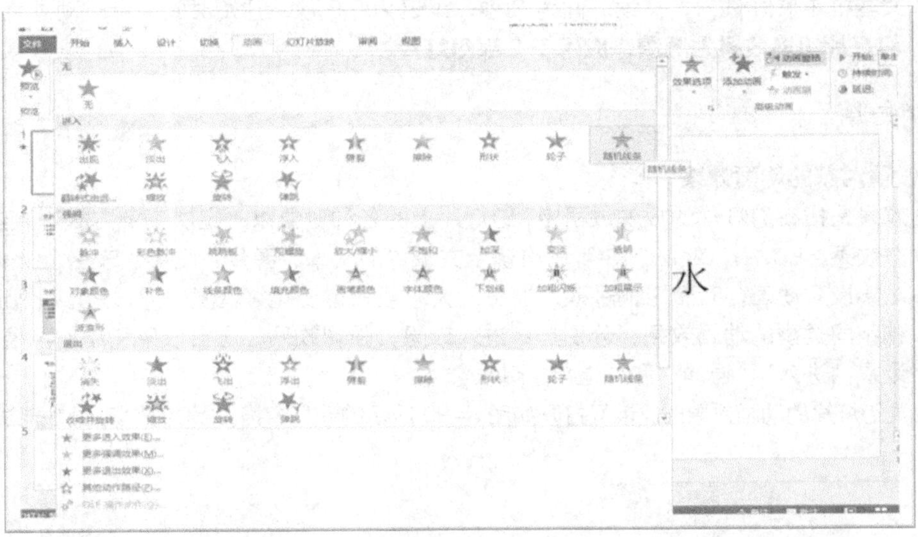

图5-40　动画及其效果设置

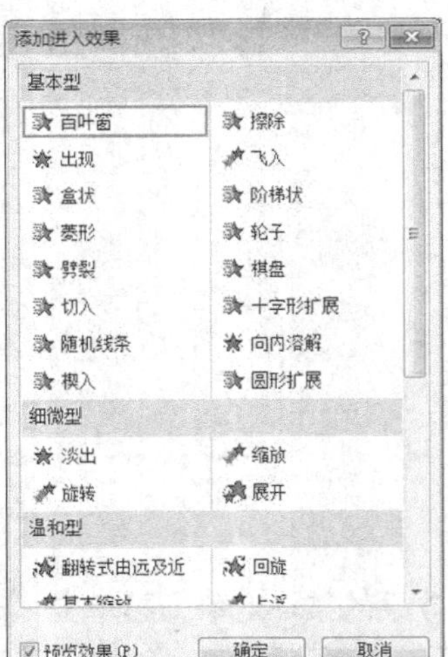

图5-41　添加进入效果

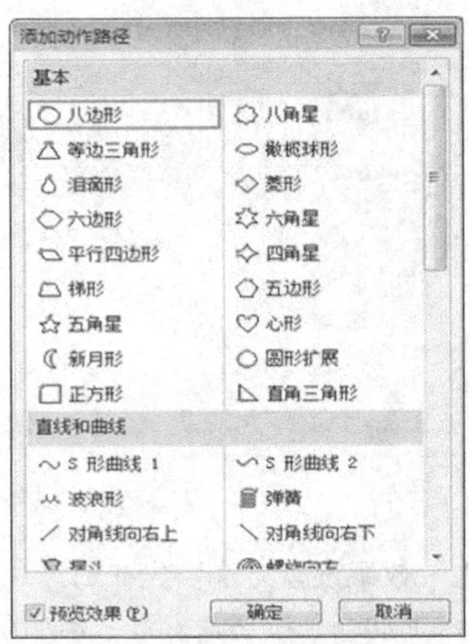

图5-42　添加动作路径

一个对象可以有多个动画效果，按动画效果设置的先后顺序安排播放次序。

2. 设置幻灯片的切换效果

在演示文稿的播放过程中，从一张幻灯片移到下一张幻灯片时，设置幻灯片切换可为幻灯片添加更多的视觉效果。可以控制其切换效果的速度，添加声音，还可以对切换效果的属性进行自定义。我们可以为选定的一张幻灯片设置切换效果，也可以对选定的一组幻灯片设置相同的切换效果。

向幻灯片添加切换效果的方法：首先选定要设置切换效果的幻灯片，然后单击“切换”进入切换功能区，如图 5–43 所示。在“切换”功能区的“切换到此幻灯片”组中，单击要应用于该幻灯片的切换效果。若当前“切换到此幻灯片”组中没有理想的切换效果，可单击该组右侧的下拉按钮，弹出如图 5–44 所示的其他切换效果，从中选择一项切换效果即可。

切换效果分为三大类：细微型、华丽型、动态内容。

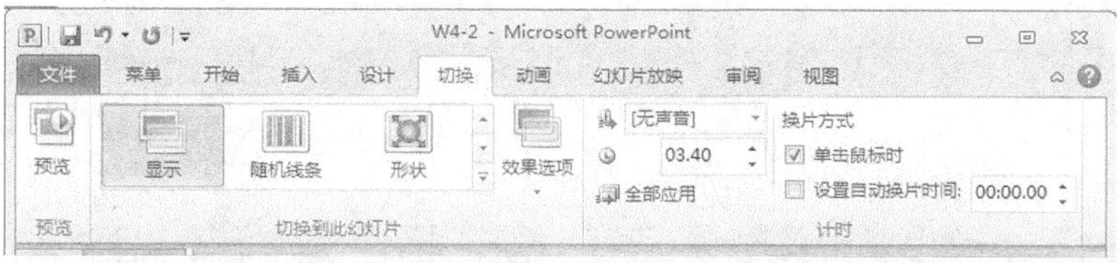

图5–43　幻灯片“切换”功能区

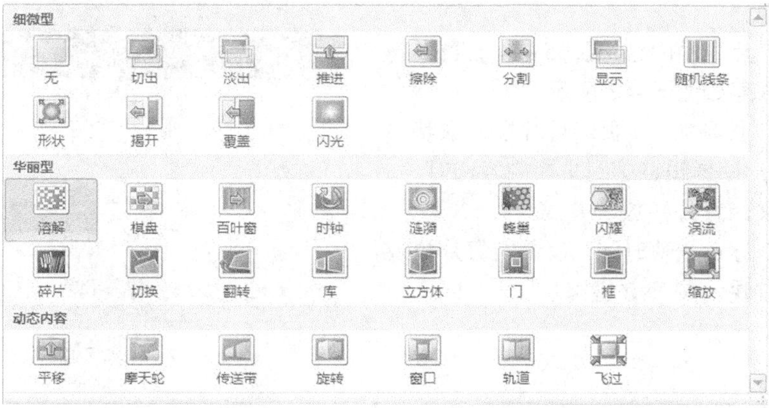

图5–44　其他切换效果

任务 4　演示文稿交互设计

情境描述

我们制作的幻灯片不仅仅是自动播放，很多情况下是作为演讲者的一个辅助工具，演讲者有可能需要随时调整播放顺序，也有可能需要引用别的素材，这就要用到超链接。我们可以给演示文稿添加一个目录页，给目录页面设置超链接，方便演示文稿播放时的顺序调整；也可以在内容页面添加图片、动作等设置页面的跳转，方便演讲者的控制。

在演示文稿中插入超链接时，所链接的目标可以是同一演示文稿中的某一张幻灯片，可以是另一个演示文稿，也可以是其他应用程序的文档。

任务实现

（1）在第 1 张标题幻灯片之后插入一张版式为“标题和内容”的新幻灯片。

① 输入标题文字“主要内容”。

② 在内容处，输入相应的文字，效果如图 5-45 所示。

（2）选中幻灯片中的内容，右键选择转换为 SmartArt 中的垂直项目符号列表，选择合适的样式，调整大小，最终效果图如图 5-46 所示。

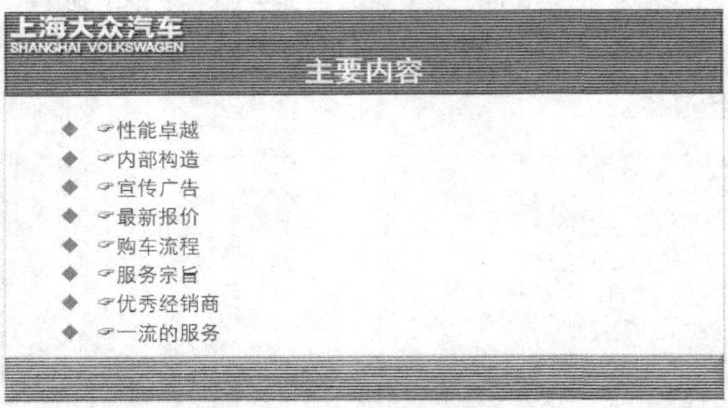

图5-45 主要内容幻灯片

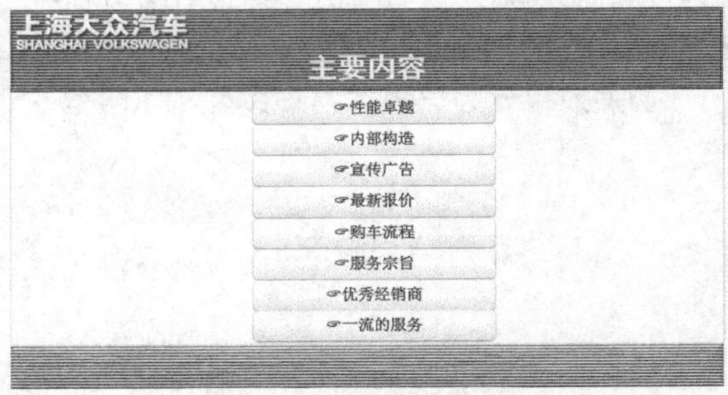

图5-46 SmartArt效果图

（3）为幻灯片中的内容添加超链接，链接到对应的页面，效果如图 5-47 所示。

（4）为第 3 页到第 10 页幻灯片插入形状中的动作按钮，设置超链接到主要内容幻灯片。

（5）自定义幻灯片的放映方式。

（6）排练幻灯片放映时间。设置幻灯片放映方式为“循环放映，按 Esc 键终止”。

（7）打包文件。

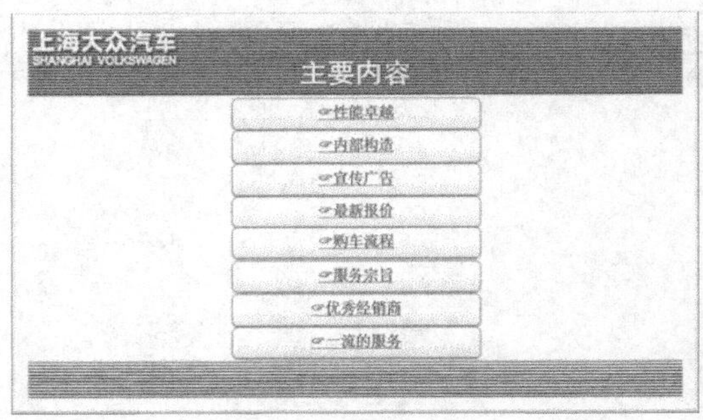

图5-47 添加了超链接的页面

相关知识

1. 设置超链接

将演示文稿中的对象创建超链接后，在演示文稿放映过程中，当鼠标指针移到该对象时将出现超链接标志，单击该对象则激活超链接，跳转到超链接的对象。

插入超链接的方法：首先要在幻灯片中确定一个插入点，或选定一个对象，然后在“插入”功能区中单击“超链接”按钮，弹出如图 5-48 所示的“插入超链接”对话框。在对话框中选中要链接的对象，单击“确定”按钮，完成设置。

2. 演示文稿的放映控制

（1）动作设置。

动作设置是指对某一个对象，单击或移动鼠标时完成的指定动作。PowerPoint 中有两类动作，一类是单击鼠标时完成的动作，另一类是移动鼠标时完成的动作。设置方法：先选中对象（动作按钮、图片、图形等），再单击“插入”，进入“插入”功能区，单击“动作”按钮，弹出“动作设置”对话框，如图 5-49 所示，在对话框中完成动作设置。

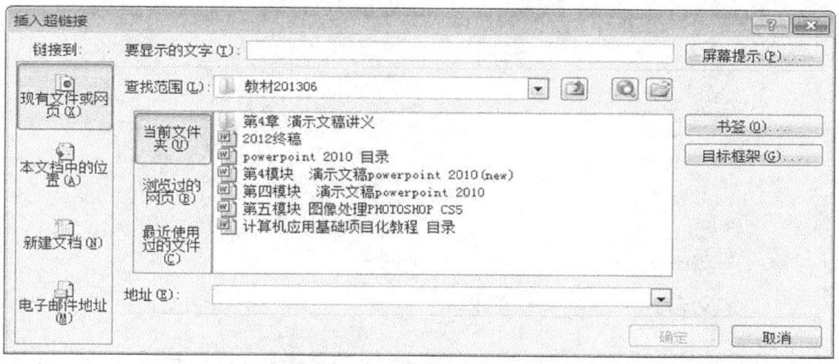

图5-48 “插入超链接”对话框

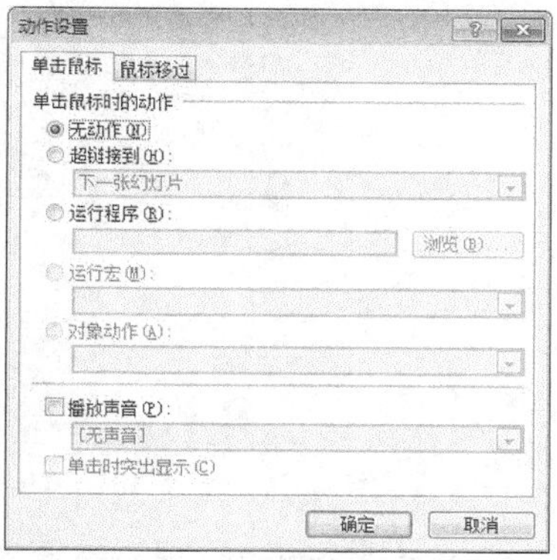

图5-49 “动作设置”对话框

（2）排练计时。

排练计时是按计划速度将幻灯片放映一遍。设置方法：打开演示文稿，单击“幻灯片放映”，进入“幻灯片放映”功能区，单击“排练计时”按钮，进入放映视图，在视图左上角出现一个“录制”计时工具框，如图 5-50 所示，记录当前幻灯片的放映时间。当换到下一张幻灯片时，时间又从零开始记录，直到演示文稿末尾时，弹出如图 5-51 所示的对话框。若单击“是”按钮，接受排练时间；若单击“否”按钮，则不接受排练时间。

图5-50 “录制”计时工具栏

图5-51 是否保留排练时间对话框

设置排练时间后，演示文稿在放映时若没有人单击鼠标，就按照排练时间放映。

（3）自定义放映。

自定义放映方式是指在演示文稿中创建子演示文稿。可以使用自定义放映功能在现存的演示文稿中创建子演示文稿，即把演示文稿分成几部分，将演示文稿的某一部分演示给某些观众看，另一部分播放给其他观众看。设置步骤如下。

① 单击“幻灯片放映”，进入“幻灯片放映”功能区，再单击“开始放映幻灯片”组的“自定义幻灯片放映”按钮，在下拉列表中选择“自定义放映”，弹出“自定义放映”对话框，如图 5-52 所示。

② 单击“自定义放映”对话框中的“新建”按钮，弹出“定义自定义放映”对话框，如图 5-53 所示。

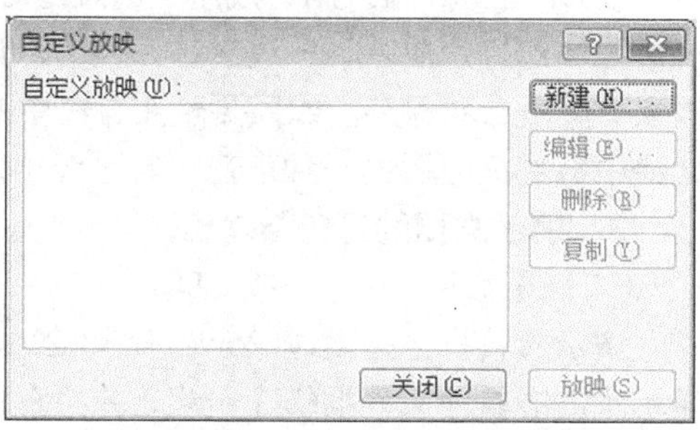

图5-52 “自定义放映”对话框

③ 在“幻灯片放映名称”文本框中，系统自动将自定义放映的名称设置为“自定义放映 1”，用户也可以根据需要重新设置一个新名称。

④ 在“在演示文稿中的幻灯片”列表框中选定所需的幻灯片，再单击“添加”按钮，该幻灯片就出现在右边“在自定义放映中的幻灯片”列表框中。

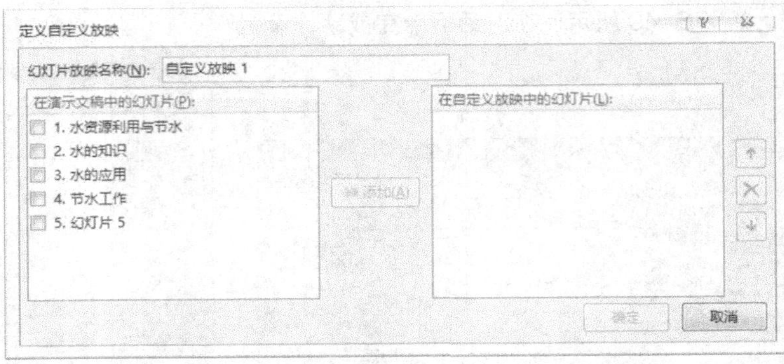

图5-53 “定义自定义放映”对话框

⑤ 重复步骤④，直到将所有需要的幻灯片依次加入到“在自定义放映中的幻灯片”列表框中为止。

⑥ 如果要从“在自定义放映中的幻灯片”中删除某一幻灯片，可以选择要删除的幻灯片，然后单击“删除”按钮即可。

⑦ 如果要改变自定义幻灯片的播放次序，在“在自定义放映中的幻灯片”列表框内选定幻灯片，然后用右边的、按钮在列表中做上下移动即可。

⑧ 选择完毕需要的幻灯片后，单击“确定”按钮，返回“自定义放映”对话框。此时，若想重新编辑该自定义放映，可单击“编辑”按钮；若要观看放映，可单击“放映”按钮；若要取消该自定义放映，可单击“删除”按钮。

（4）录制放映过程中的旁白。

PowerPoint 2013 可为幻灯片添加声音旁白，这一功能对展台上自动展示的演示文稿特别有用，可以在产品演示的过程中播放产品介绍。方法与步骤如下。

① 选择“幻灯片放映”→“录制幻灯片演示”命令，弹出“录制幻灯片演示”对话框，如图 5-54 所示。

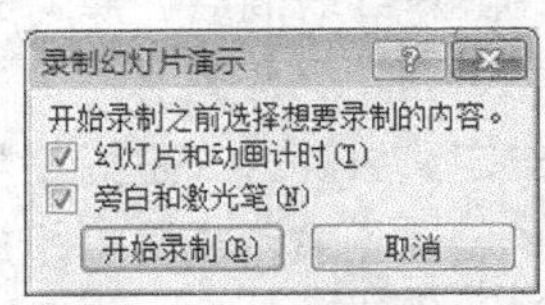

图5-54 “录制幻灯片演示”对话框

② 在“录制幻灯片演示”对话框中，选择“旁白和激光笔”选项，也可以同时选择“幻灯片和动画计时”选项。

③ 单击“开始录制”按钮，进入幻灯片放映视图。此时，一边控制幻灯片放映，一边通过话筒输入语音旁白，直到放映结束。旁白自动保存。如果要改变旁白中的某些内容，必须先删除整个旁白，再重新录制。演示文稿中每次只能播放一种声音，若已经插入了自动播放的声音，则语音旁白会将其覆盖。

3. 演示文稿的打包与输出

（1）将演示文稿打包成 CD。

演示文稿打包是通过 PowerPoint 2013 的“将演示文稿打包成 CD”功能，将演示文稿以及演示所需的其他文件捆绑在一起，并将它们复制到一个文件夹中或直接复制到 CD 中。这样，即使其他计算机上没有安装 PowerPoint 2013，也可以运行打包的演示文稿。操作步骤如下。

① 打开 PowerPoint 2013，选择“文件”→“导出”→“将演示文稿打包成 CD”，如图 5-55 所示，单击“打包成 CD”命令，弹出如图 5-56 所示的“打包成 CD”对话框。

② 在“将 CD 命名为”文本框中，为 CD 输入名称，默认为“演示文稿 CD”。

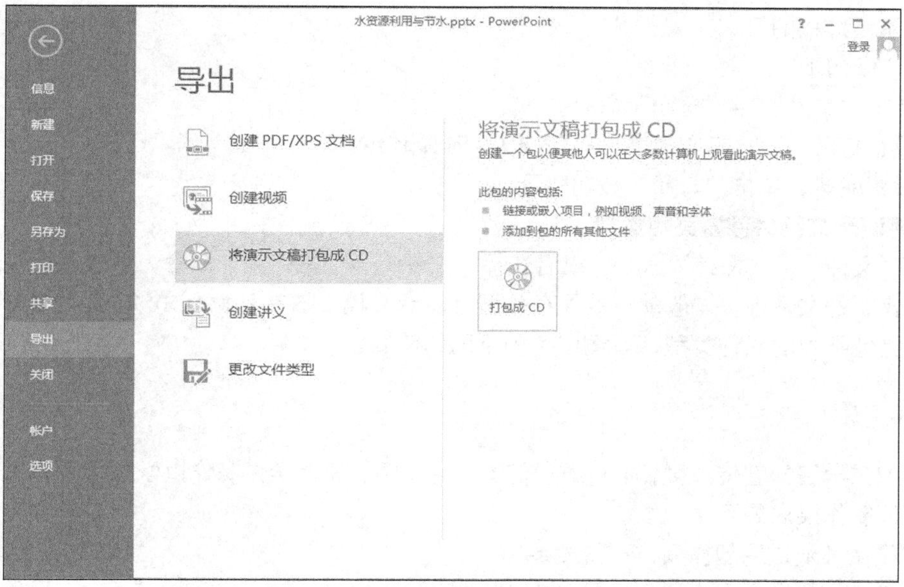

图5-55 打包成CD按钮

③ 单击“添加”按钮，弹出“添加文件”对话框，如图 5-57 所示，从中选择需要打包的演示文稿，加入到列表中。若要删除演示文稿，首先选择它，然后单击“删除”按钮。

④ 若要将列表中的演示文稿打包成文件夹，则单击“复制到文件夹”按钮，然后提供文件夹路径。若要将列表中的演示文稿打包成 CD，则单击“复制到 CD”按钮，此时要保证计算机上已安装了刻录机。

⑤ 若要播放打包后的演示文稿，则可以打开 CD 或文件夹，双击演示文稿名即可。

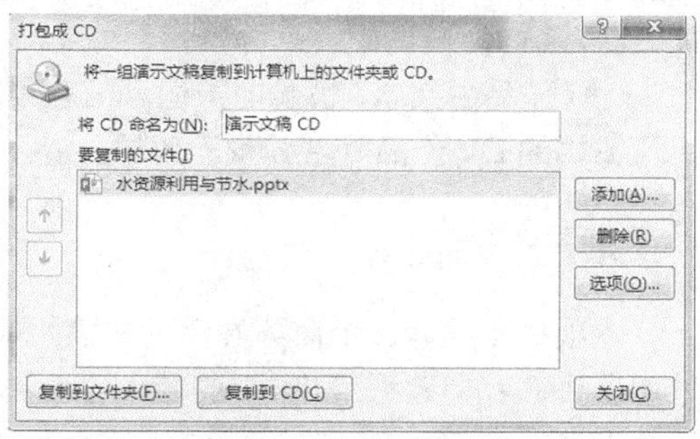

图5-56 “打包成CD”对话框

图5-57 “添加文件”对话框

（2）演示文稿的打印。

操作步骤如下。

① 选择“文件”→“打印”命令。

② 设置打印范围、打印内容、颜色/灰度和打印份数等。

③ 设置完毕，单击“打印”按钮即可。

4. 将演示文稿另存为其他类型

选择“文件”→“保存”命令，或者选择“文件”→“另存为”命令，可以将创建的演示文稿保存到指定的文件中，一般默认的保存类型是演示文稿（扩展名为.pptx）；也可根据不同的需要保存为其他不同的文件类型，以适应各种不同的需要。

拓展提升

为了加强学院的宣传力度，丰富同学们的学习生活，要求学生制作以学院风采为主题的演示文稿。PPT 制作要求如下。

（1）作品必须是原创作品，不得抄袭。

（2）幻灯片数量要求达到 10 张以上。

（3）PPT 制作要求有特色，作品中要恰当地使用文字、图片、背景、动画、超链接、幻灯片切换等表现工具，并根据表现的需要恰当使用难度较高的技术。原创元素（图片、动画等）适当加分。

（4）作品由文本、图像、声音等信息集成。同时欢迎同学们在 PPT 中添加 Flash、电子相册，以及拍摄的 DV 作品等增强推荐效果。

项目小结

本项目是设计一个商务性演示文稿，即用来在展会上向观众循环展示的产品推广幻灯片。通过本项目，我们熟悉了 PPT 的制作流程，从每张幻灯片内容的制作，到母版设计，以及动画效果的设计、幻灯片交互设计、幻灯片的播放和打包等，全面学习了演示文稿制作的相关知识。

项目检查

学习项目	PowerPoint 演示文稿制作		学时	6
序号	检查内容	检查标准	学生自检	教师检查
1	新建、保存演示文稿	能够掌握演示文稿的新建、打开和保存等操作		
2	母版视图	能够了解幻灯片母版的作用，设计母版中的占位符和项目符号		
3	幻灯片的基本操作	能够掌握新建、移动、复制和删除幻灯片的操作		
4	幻灯片版式	能够应用幻灯片版式		
5	插入文字和表格、图表、SmartArt 对象	能够添加文字和表格、图表、SmartArt 对象，设置格式		
6	插入声音	能够插入音频，设置效果选项		

（续表）

学习项目	PowerPoint 演示文稿制作		学时	6
序号	检查内容	检查标准	学生自检	教师检查
7	插入图片	能够插入图片，调整图片亮度和对比度、锐化以及进行重新着色设置		
8	动画效果	能够设置进入、强调和退出动画效果，调整动画顺序、延迟等效果		
9	幻灯片切换	能够设置幻灯片切换效果、声音以及应用范围		
10	设置超链接	能够设置文字及图片的超链接		
11	插入动作按钮	能够插入动作按钮并设置超链接效果		
12	排练幻灯片	能够排练幻灯片		
13	设置幻灯片播放	能够设置幻灯片播放效果		
14	打包演示文稿	能够将演示文稿打包		
15	美观性	设计的作品应美观、布局合理		
16	时效性	完成任务应及时、高效		
检查评价	班级		组长签字	第　　组
	教师签字			日期
	评语（学习体会、自我评价以及项目改进意见）			

课后练习

一、选择题

1. 演示文稿储存以后，默认的文件扩展名是（　　）。
   A. PPTX　　B. EXE　　C. BAT　　D. BMP
2. 幻灯片中占位符的作用是（　　）。
   A. 表示文本长度　　B. 限制插入对象的数量
   C. 表示图形大小　　D. 为文本、图形预留位置
3. PowerPoint 的母板有（　　）种类型。
   A. 2　　B. 3　　C. 4　　D. 6
4. 如果要播放演示文稿，可以使用（　　）。
   A. 幻灯片视图　　B. 大纲视图
   C. 幻灯片浏览视图　　D. 幻灯片放映视图
5. 在幻灯片母版中插入的对象，只能在（　　）中修改。
   A. 幻灯片视图　　B. 幻灯片母版　　C. 讲义母版　　D. 大纲视图

6. 在空白幻灯片中不可以直接插入（　　）。

A. 文本框　　B. 文字　　C. 艺术字　　D. Word 表格

7. 若要使一张图片出现在每一张幻灯片中，需要将此图片插入到（　　）中。

A. 幻灯片模板　　B. 标题幻灯片　　C. 文本框　　D. 幻灯片母版

8. 幻灯片布局中的虚线框是（　　）。

A. 文本框　　B. 图文框　　C. 占位符　　D. 表格

9. 在“自定义动画”任务窗格中为对象“添加效果”时，不包括（　　）。

A. 进入　　B. 退出　　C. 强调　　D. 切换

10. 下列叙述错误的是（　　）。

A. 在幻灯片母版中添加了放映控制按钮，则所有的幻灯片上都会包含放映控制按钮

B. 在幻灯片之间不能进行跳转链接

C. 在幻灯片中也可以插入自己录制的声音文件

D. 在播放幻灯片的同时，也可以播放 CD 唱片

11. 在幻灯片浏览视图中不可以进行的操作是（　　）。

A. 删除幻灯片　　B. 编辑幻灯片内容

C. 移动幻灯片　　D. 设置幻灯片放映方式

12. 如果要求幻灯片能在无人操作的环境下自动播放，应该事先对演示文稿进行（　　）。

A. 自动播放　　B. 排练计时　　C. 存盘　　D. 打包

13. 当在幻灯片中插入了声音后，幻灯片中将会出现（　　）。

A. 喇叭标记　　B. 一段文字说明　　C. 超链接说明　　D. 超链接按钮

14. 放映幻灯片时，要对幻灯片的放映具有完整的控制权，应使用（　　）。

A. 观众自行浏览　　B. 排练计时　　C. 展台浏览　　D. 演讲者放映

15. 当需要将幻灯片移至其他地方放映时，应（　　）。

A. 将幻灯片文稿发送至磁盘　　B. 将幻灯片打包

C. 设置幻灯片的放映效果　　D. 讲幻灯片分成多个子幻灯片

二、填空题

1. 控制幻灯片放映的 3 种方式是__________、__________和 __________。

2. 在讲义母版中，包括 4 个可以输入文本的占位符，它们分别为页眉区、页脚区、__________和__________。

3. 要给幻灯片添加页眉和页脚，应单击__________菜单中的“文本”选项卡下的“__________”按钮 。

4. __________就是幻灯片上一种带有虚线和阴影线的矩形框。

5. 新建一个空白演示文稿，第 1 张幻灯片默认的版式为__________。

三、操作题

文慧是新东方学校的人力资源培训讲师，负责对新入职的教师进行入职培训，其 PowerPoint 演示文稿的制作水平广受好评。最近，她应北京节水展馆的邀请，为展馆制作一份宣传水知识及节水工作重要性的演示文稿。制作要求如下。

（1）标题页包含演示主题、制作单位（北京节水展馆）和日期（××××年×月×日）。

（2）演示文稿须指定一个主题，幻灯片不少于 6 页，且版式不少于 3 种，每张幻灯片都需要

有一张节水标志图片。

（3）演示文稿中除文字外要有 2 张以上的图片，并有 3 个以上的超链接进行幻灯片之间的跳转。

（4）动画效果要丰富，幻灯片切换效果要多样。

（5）演示文稿播放的全程需要有背景音乐。

（6）将制作完成的演示文稿以“水资源利用与节水.pptx”为文件名进行保存。

文字素材如下：

一、水的知识

1. 水资源概述

目前世界水资源达到 13.8 亿立方千米，但人类生活所需的淡水资源却只占 2.53%，约为 0.35 亿立方千米。我国水资源总量位居世界第六，但人均水资源占有量仅为 2200 立方米，为世界人均水资源占有量的 1/4。

北京属于重度缺水地区。全市人均水资源占有量不足 300 立方米，仅为全国人均水资源量的 1/8，世界人均水资源量的 1/30。

北京水资源主要靠天然降水和永定河、潮白河上游来水。

2. 水的特性

水是氢氧化合物，其分子式为 H_2O。

水的表面有张力、水有导电性、水可以形成虹吸现象。

3. 自来水的由来

自来水不是自来的，它是经过一系列水处理净化过程生产出来的。

二、水的应用

1. 日常生活用水

做饭喝水、洗衣洗菜、洗浴冲厕

2. 水的利用

水冷空调、水与减震、音乐水雾、水利发电、雨水利用、再生水利用

3. 海水淡化

海水淡化技术主要有：蒸馏、电渗析、反渗透。

三、节水工作

1. 节水技术标准

北京市目前实施了五大类 68 项节水相关技术标准。其中包括：用水器具、设备、产品标准；水质标准；工业用水标准；建筑给水排水标准、灌溉用水标准等。

2. 节水器具

使用节水器具是节水工作的重要环节，生活中节水器具主要包括：水龙头、便器及配套系统、沐浴器、冲洗阀等。

3. 北京 5 种节水模式

分别是：管理型节水模式、工程型节水模式、科技型节水模式、公众参与型节水模式、循环利用型节水模式。

Computer

Chapter 6

项目 6 多媒体技术应用

多媒体技术的发展改变了计算机的使用领域，使计算机由办公室、实验室中的专用品变成了信息社会的普通工具，广泛应用于工业生产管理、学校教育、公共信息咨询、商业广告、军事指挥与训练，甚至家庭生活与娱乐等领域。它极大地改变了人们获取信息的传统方法，符合人们在信息时代的阅读方式。

任务1 多媒体技术知识

情境描述

随着计算机科学的发展，多媒体技术的内容和应用与日拓展，并越来越广泛且多元化地渗透于人们的生活和工作中。本任务需要学习者了解多媒体技术的常识和软件，熟悉各类文件格式名称，并对虚拟现实技术进行基础性涉猎。

相关知识

1. 多媒体技术的概念

多媒体是多种媒体的综合，包括文本、图形、静态图像、声音、动画、视频剪辑等基本要素。

多媒体技术即计算机交互式综合处理多媒体信息，包括对文本、图形、图形和声音等媒体形式的处理，使多种信息建立逻辑连接，集成为一个系统并具有交互性。简言之，多媒体技术就是具有集成性、实时性和交互性的计算机综合处理声文图信息的技术。一般而言，多媒体技术也特指能对多种载体（媒介）上的信息和多种存储体（媒介）上的信息进行处理的技术。多媒体技术涉及面相当广泛，主要包括如表6-1所示。

表6-1 多媒体技术涉及范围

涉及项目	内容详情
音频技术	音频采样、压缩、合成及处理、语音识别等
视频技术	视频数字化及处理
图像技术	图像处理、图像动态生成
图像压缩技术	图像压缩、动态视频压缩
通信技术	语音、视频、图像的传输
标准化	多媒体标准化

多媒体技术作为信息社会的普通工具，广泛应用于工业生产管理、学校教育、公共信息咨询、商业广告、军事指挥与训练，甚至家庭生活与娱乐等领域。多媒体系统的应用以极强的渗透力进入人类生活的各个领域，如游戏、教育、档案、图书、娱乐、艺术、股票债券、金融交易、建筑设计、家庭、通信等。

2. 常见的文本文件格式

（1）纯文本格式。

文件的格式大部分时候可以通过其拓展后缀来判断，常见的纯文本格式文件的拓展有TXT、HTM、ASP、BAT、C、BAS、PRG、CMD、LOG等（LOG格式是软件安装或者卸载所写入的纯文本格式，如果你要更改后辍名时，系统并不认为它是纯文本。它看似是纯文本格式，其实并不是。纯文本形式的文件中，文字是没有任何文本修饰的，没有任何粗体、下划线、斜体、图形、符号或特殊字符及特殊打印格式的文本。一般要求使用文本形式的文件时，指的是后缀名是.txt，用 Windows 自带的记事本或写字板编写的文件。用 Word 等办公软件同样可以设置保存为文本格式）。

（2）常见的纯文本格式——TXT 格式。

TXT 是微软在操作系统上附带的一种文本格式，是最常见的一种文件格式 ，早在 DOS 时代应用就很多，主要保存文本信息，即文字信息，现在的操作系统大多使用记事本等程序保存，大多数软件可以查看，如记事本、浏览器等。.txt 是包含极少格式信息的文本文件的拓展名，也是最常见的文本拓展名。.txt 格式并没有明确的定义，它通常是指那些能够被系统终端或者简单的文本编辑器接受的格式。任何能读取文字的程序都能读取带有.txt 扩展名的文件，因此，通常认为这种文件是通用的、跨平台的。

（3）富文本格式。

与纯文本格式对应的有富文本格式。RTF 是 RICH TEXT FORMAT（丰富的文本格式）的缩写，意即多文本格式。这是一种类似 DOC 格式的文件，有很好的兼容性，使用 Windows“附件”中的“写字板”就能打开并进行编辑。使用“写字板”打开一个 RTF 格式文件时，将看到文件的内容；如果要查看 RTF 格式文件的源代码，只要使用“记事本”将它打开就行了。这就是说，你完全可以像编辑 HTML 文件一样，使用“记事本”来编辑 RTF 格式文件。对普通用户而言，RTF 格式是一个很好的文件格式转换工具，用于在不同应用程序之间进行格式化文本文档的传送。

3. 常见的图像文件格式

（1）GIF 格式。

GIF（Graphics Interchange Format，图像互换格式）是 CompuServe 公司开发的存储 8 位图像的文件格式，支持图像的透明背景，采用无失真压缩技术。GIF 格式自 1987 年被引入后，因其体积小、成像相对清晰，特别适合于初期慢速的互联网，而大受欢迎。

（2）JPEG 格式。

JPEG（Joint Photographic Experts Group，联合图像专家组）是采用静止图像压缩编码技术的图像文件格式，是目前网络上应用最广的图像格式，支持不同程度的压缩比。

（3）BMP 格式。

BMP 最初是 Windows 操作系统的画笔所使用的图像格式，现在已经被多种图形图像处理软件支持和使用。它是位图格式，有单色位图、16 色位图、256 色位图、24 位真彩色位图等。

（4）PSD 格式。

PSD 是 Adobe 公司开发的图像处理软件 Photoshop 所使用的图像格式，它能保留 Photoshop 制作流程中各图层的图像信息，现在有越来越多的图像处理软件开始支持这种文件格式。

（5）FLM 格式。

FLM 是 Premiere 输出的一种图像格式。 Adobe Premiere 将视频片段输出成序列帧图像，每帧的左下角为时间编码，以 SMPTE 时间编码标准显示，右下角为帧编号，可以在 Photoshop 中对其进行处理。

（6）TGA 格式。

TGA（Tagged Graphics）文件的结果比较简单，属于一种图形、图像数据的通用格式，在多媒体领域有着很大影响，是计算机生成图像向电视转换的一种首选格式。

（7）TIFF 格式。

TIFF（Tag Image File Format）是 Aldus 公司和 Microsoft 公司为扫描仪和台式计算机出版软件开发的图像文件格式。它定义了黑白图像、灰度图像和彩色图像的存储格式，格式可长可短，与操作系统平台及软件无关，拓展性好。

（8）DXF 格式。

DXF（Drawing-Exchange Files）是用于 Macintosh Quick Draw 图片的格式。

（9）PCX 格式。

PCX（PC Paintbrush Images）是用于 Macintosh Quick Draw 图片的格式。

（10）EPS 格式。

EPS（Encapsulated Post Script）文件格式包含矢量图形和位图图形，几乎支持所有的图形和页面排版程序。EPS 格式用于应用程序间传输 PostScript 语言图稿。在 Photoshop 中打开其他程序创建的包含矢量图形的 EPS 文件时，Photoshop 会对此文件进行栅格化，将矢量图形转化为像素。EPS 格式支持多种颜色模式，但不支持 Alpha 通道，还支持剪贴路径。

（11）SGI 格式。

SGI（SGI Sequence）输出的是基于 SGI 平台的文件格式，可以用于 After Effects CS5 与其他 SGI 上的高端产品间的文件交换。

4．常见的音频文件格式

（1）CD 格式。

当今音质最好的音频格式是 CD。在大多数播放软件的打开文件类型中，都可以看到.cda 文件，这就是 CD 音轨。标准 CD 格式是 44.1kHz 的采样频率，速率 88kbit/s，16 位量化位数，因为 CD 音轨可以说是近似无损的，因此它的声音是非常接近原声的。

（2）WAV 格式。

WAV 是微软公司开发的一种声音文件格式，它符合 RIFF（Resource Interchange File Format）文件规范，用于保存 Windows 平台的音频资源，被 Windows 平台及其应用程序所支持。

（3）MP3 格式。

MP3 格式诞生于 20 世纪 80 年代的德国，所谓的 MP3 指的是 MPEG 标准中的音频部分，也就是 MPEG 音频层。根据压缩质量和编码处理的不同分为 3 层，分别对应*.mp1、*.mp2 和*.mp3 这 3 种声音文件。

（4）MIDI 格式。

MIDI 是英文 Musical Instrument Digital Interface 的缩写，它允许数字合成器和其他设备交换数据。MIDI 文件并不是一段录制好的声音，而是先记录声音的信息，然后告诉声卡如何再现音乐的一组指令。这样一个 MIDI 文件每存 1min 的音乐只用 5～10KB 的存储空间。MIDI 文件主要用于原始乐器作品、流行歌曲的业余表演、游戏音轨以及电子贺卡等。

（5）WMA 格式。

WMA（Windows Media Audio）音质要强于 MP3 格式，更远胜于 RA 格式，它和日本 YAMAHA 公司开发的 VQF 格式一样，是以减少数据流量但保持音质的方法来达到比 MP3 压缩率更高的目的，WMA 的压缩率一般都可以达到 1：18 左右。WMA 这种格式在录制时可以对音质进行调节。同一格式，音质好的可与 CD 媲美，压缩率较高的可用于网络广播。

5. 常见的视频文件格式

（1）AVI 格式。

AVI（Audio Video Interleaved，音频视频交错），就是可以将视频和音频交织在一起进行同步播放。这种视频格式的优点是图像质量好，可以跨多个平台使用；缺点时体积过于庞大，有传输压力，更加糟糕的是压缩标准不统一，因此经常会遇到高版本 Windows 播放器打不开采用早期编码编辑的 AVI 格式视频，而低版本 Windows 媒体播放器又播放不了采用最新编码编辑的 AVI 视频的情况。

（2）MPEG 格式。

MPEG（Moving Picture Expert Group，动态图像专家组），常见的 VCD、SVCD、DVD 就使用这种格式。MPEG 文件格式是运动图像的压缩算法的国际标准，它采用了有损压缩方法从而减少运动图像中的冗余信息。

（3）DV-AVI 格式。

DV-AVI（Digital Video AVI），目前非常流行的数码摄像机就是使用这种格式记录视频数据的。这种视频格式的文件拓展名一般也是.avi，所以人们习惯地称它为 DV-AVI 格式。

（4）H.264 格式。

H.264 是国际标准化组织（ISO）和国际电信联盟共同提出的继 MPEG4 之后的新一代数字视频压缩格式。H.264 标准的主要目标是：与其他现有的视频编码标准相比，在相同的带宽下提供更加优秀的图像质量。通过该标准，在同等图像质量下的压缩效率比以前的标准（MPEG2）提高了 2 倍左右。H.264 在具有高压缩比的同时还拥有高质量流畅的图像，正因为如此，经过 H.264 压缩的视频数据，在网络传输过程中所需要的带宽更少，也更加经济。

（5）MOV 格式。

MOV 是美国 Apple 公司开发的一种视频格式，默认的播放器是苹果的 Quick Time Player。MOV 格式具有较高的压缩比率和较完美的视频清晰度等特点，但是其最大的特点还是跨平台性，不仅能支持 Mac OS，同样也能支持 Windows 系列。

（6）ASF 格式。

ASF（Advanced Streaming Format）是微软为了和现在的 Real Player 竞争而推出的一种视频格式，用户可以直接使用 Windows Media Player 对其进行播放。由于它使用了 MPEG-4 的压缩算法，所以压缩率和图像的质量都很不错。

（7）RM 格式。

RM 是 Networks 公司所制定的音频视频压缩规范，称为 Real Media，用户可以使用 RealPlayer 和 Real One Player 对符合 Real Media 技术规范的网络音频视频资源进行实时播放，并且 Real Media 还可以根据不同的网络传输速率制定出不同的压缩比率，从而实现在低速率的网络上进行影像数据实时传送和播放。用户使用 RealPlayer 或 Real One Player 播放器可以在不下载音频视频内容的条件下实现在线播放。

6. 多媒体常用软件

多媒体制作软件包括文字编辑软件、图像处理软件、动画制作软件、音频处理软件、视频处理软件以及多媒体创作软件等。多媒体应用软件的创作工具用来帮助应用开发人员提高开发工作效率，它们大体上都是一些应用程序生成器，它将各种媒体素材按照超文本节点和链结构的形式进行组织，形成多媒体应用系统。多媒体常用软件主要涉及到以下几类，如表 6-2 所示。

表 6-2　多媒体常用软件列表

软件分类	软件名称
文字编辑软件	记事本、写字板、Office Word、WPS
图像处理软件	画图工具、PhotoShop、CorelDraw、Freehand
动画制作软件	Autodesk Animator Pro、3DS MAX、Maya、Flash
音频处理软件	Ulead Media Studio、Sound Forge、Audition（Cool Edit）、Wave Edit
视频处理软件	Premiere、After Effects、会声会影、Edius

7. 虚拟现实技术

（1）虚拟现实技术概述。

虚拟现实，英文为 Virtual Reality，简称 VR，是利用计算机系统生成一个模拟环境，提供使用者关于视觉、听觉、触觉等感官的模拟，让使用者如同身临其境一般，可以及时、没有限制地观察模拟环境内的事物。VR 技术带给体验者最深刻的体验就是身临其境，体验者感到作为主角存在于模拟环境中，理想的模拟环境应该达到让人难辨真假的程度。

虚拟现实是多种技术的综合，包括实时三维计算机图形技术，广角（宽视野）立体显示技术，对观察者头、眼和手的跟踪技术，以及触觉/力觉反馈、立体声、网络传输、语音输入输出技术等。

（2）虚拟现实技术的应用。

虚拟现实技术的应用范围非常广泛，如图 6-1 所示，在医学、娱乐、军事航天、室内设计、教育等领域均得到了应用开展。

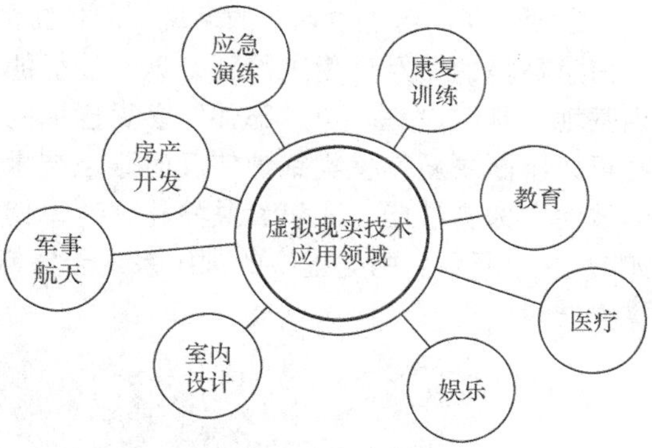

图6-1　虚拟现实技术应用领域

- VR 在医学方面的应用具有十分重要的现实意义。

在虚拟环境中，可以建立虚拟的人体模型，借助于跟踪球、HMD、感觉手套，学生可以很容易了解人体内部各器官结构，对于医学院的解刨课程，虚拟现实可以提供近乎真实的操作演练环境，这比现有的采用教科书的方式要有效得多。同时对手术观摩课堂、让手术中的患者分散注意力以减缓痛苦以及精神疾病的治疗都提供了很大的帮助，如图 6-2 所示。

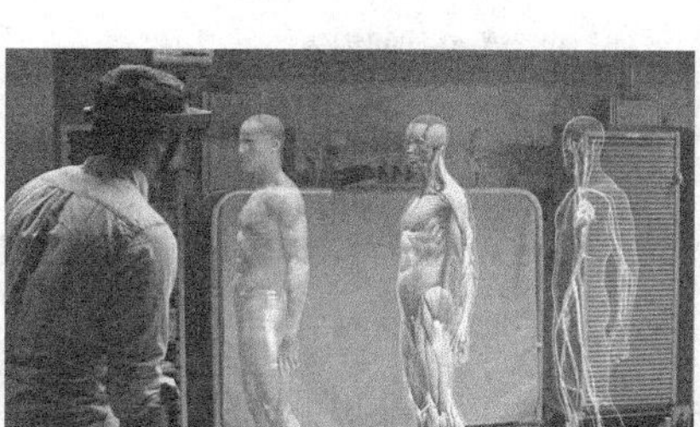
（a）人体解剖

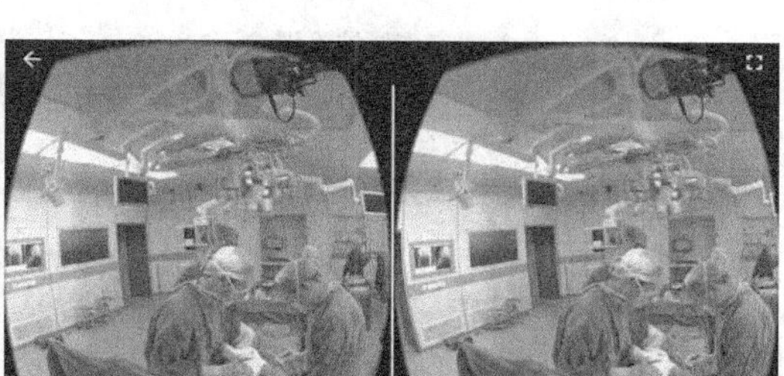
（b）手术观摩课堂

图6-2　虚拟现实技术在医学领域的应用

• 虚拟现实技术在娱乐业的运用也非常广泛。

日常生活中许多人都在体验这一“福利”，3D 影院随处可见，人们在看电影的过程中感受着身临其境的体验。其次，VR 眼镜也走入人们的生活，随时随地便可以有私人影院般的体验。话剧、音乐剧、舞会、晚会等也逐渐应用虚拟现实技术，为屏幕前的转播观众带来身临其境的震撼感官体验，如图 6-3 所示。

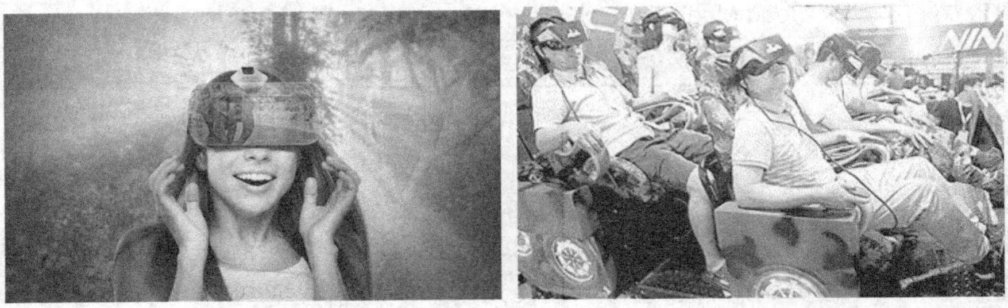

（a）虚拟现实动物园　（b）虚拟现实影院

图6-3　虚拟现实技术在娱乐领域的应用

• 虚拟现实应用于教育是教育技术发展的一个飞跃。

它营造了“自主学习”的环境，由传统的“以教促学”的学习方式代之为学习者通过自身与信息环境的相互作用来得到知识、技能的新型学习方式。利用虚拟现实技术建立起来的实训基地，其“设备”与“部件”多是虚拟的，可以根据教学需求随时生成新的设备。教学内容可以不断更新，使实践训练及时跟上技术的发展。例如军事作战技术、外科手术技能、教学技能、体育技能、飞机驾驶技能、汽车驾驶技能、电器维修技能等各种职业技能的训练，如图 6-4 所示。由于虚拟的训练系统无任何危险，学生可以不厌其烦地反复练习，直至掌握操作技能为止。

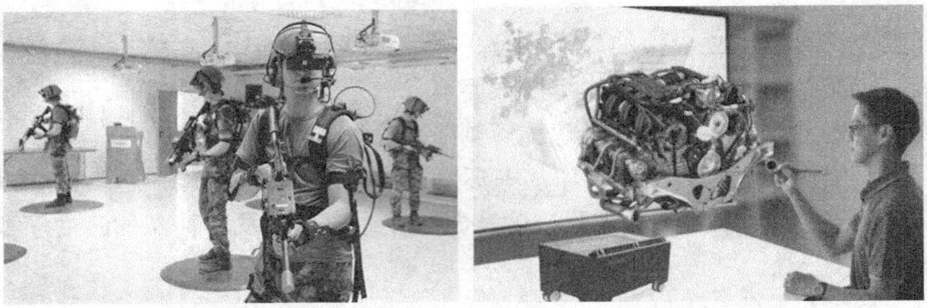

（a）军事作战技术训练　（b）电器维修技能训练

图6-4　虚拟现实技术在教育技术领域的应用

（3）常见的虚拟现实硬件。

① 眼镜盒。

以 Google Cardboard 为代表，为单纯的头戴式的 VR 设备，如图 6-5 所示。最常见的是将手机插入眼镜盒，利用手机屏幕播放内容，并提供运算。区别更多的只是盒子是纸做的还是塑料做的，戴着是否舒适。除了 Google Cardboard，三星的 Gear VR 和早期的暴风魔镜等都属于这类。

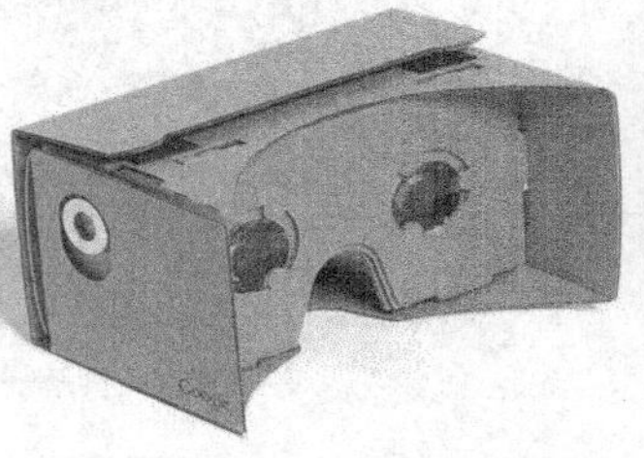

图6-5　Google Cardboard

② 加控制器的眼镜盒。

这一类可以认为是之前简易眼镜的升级版，在单纯的头戴式的 VR 设备上添加了简单的控制器，例如有添加手柄的暴风魔镜、有语音控制的富士通 VR 眼镜等，如图 6–6 所示。

③ 带定位的 VR 设备。

以 HTC Vive 为代表的，带有位置定位的 VR 设备，如图 6–7 所示。这类设备可以准确定位头盔以及手柄的位置方向，并且能够感知使用者的移动，这让使用者的沉浸度更高，能更好地进入到虚拟环境中进行体验。

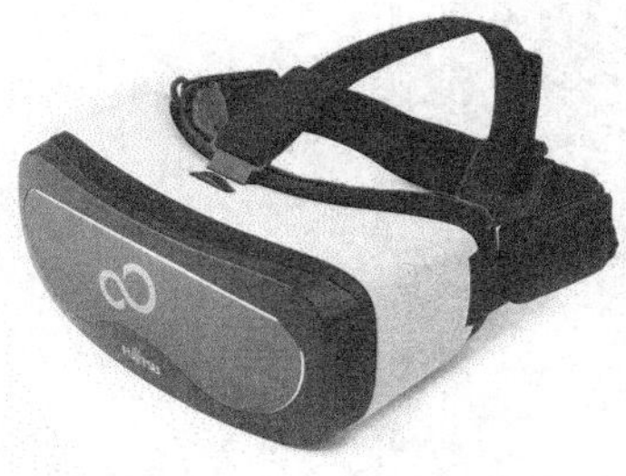

图6–6 富士通FV100 3D智能眼镜

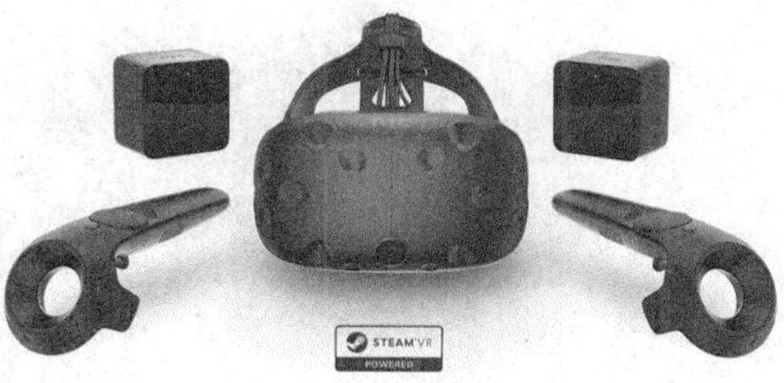

图6–7 HTC Vive头戴设备和手柄

任务 2 图像处理

情境描述

刘洋同学作为学生会宣传部的部员，最近承接了布置学生工作室的任务，大伙投票决定在办公室设置照片图片墙，在正式出片打印之前，刘洋需要对每张图片进行处理，尽量呈现画面最美好的部分，规避掉画面瑕疵。具体要求如下。

（1）画面清晰。

（2）裁剪尺寸，大小适当。

（3）去掉水印。

（4）去掉与主题无关的画面。

（5）调整画面亮度和对比度。

（6）调节画面色调。

不论是生活还是工作中，图片成为了我们陈述原理、讲述故事、传播信息等过程中不可或缺的有效素材，图片的质量更是能反应整体报告的质量，甚至直接影响到最终信息传达的效力。因此我们往往在正式使用图片之前要对其进行一些处理操作。刘洋计划利用 Windows 程序中自带的画图工具完成图像处理工作，效果如图 6-8 所示。

图6-8　照片墙展示效果

任务实现

1. 在 Windows 画图软件中打开待处理的图片

（1）单击电脑左下角的“开始”按钮，在弹出的“开始”菜单的搜索框中输入“画图”后，程序列表中会自动筛选出画图工具，如图 6-9 所示，双击画图工具的图标，打开画图软件。

（2）打开画图工具之后，单击左上角的下拉菜单，单击“打开”，在“打开”命令的窗口中确认图片的储存路径，打开图片，如图 6-10 所示。

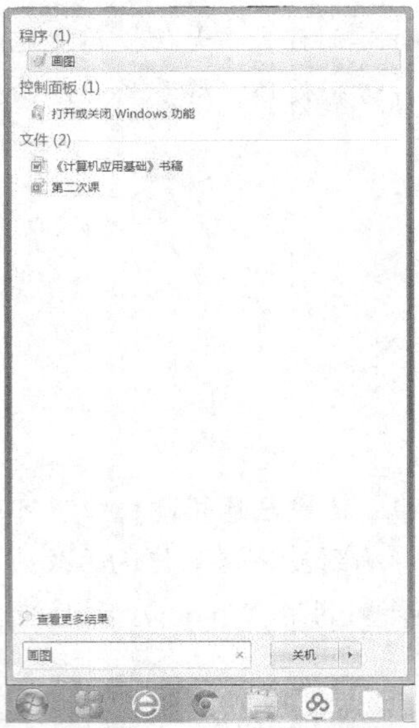

图6-9　打开Windows中的画图工具

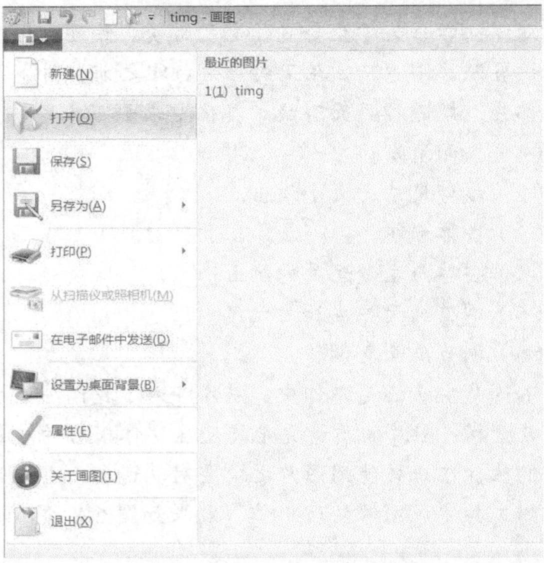

图6-10　在画图工具中打开待编辑的图片

（3）还可以通过选择文件打开方式的渠道在画图工具中打开待处理的图片。右键单击目标图片，在打开方式中选择“画图”，如图 6-11 所示。

2. 自定义快速访问工具栏

快速访问工具栏一般都会放着我们最常用的命令，用户可以根据自己的需求自定义快速访问工具栏。对于经常使用的操作，可以设置快捷入口，如图 6-12 所示，只需对常用项目进行勾选即可。

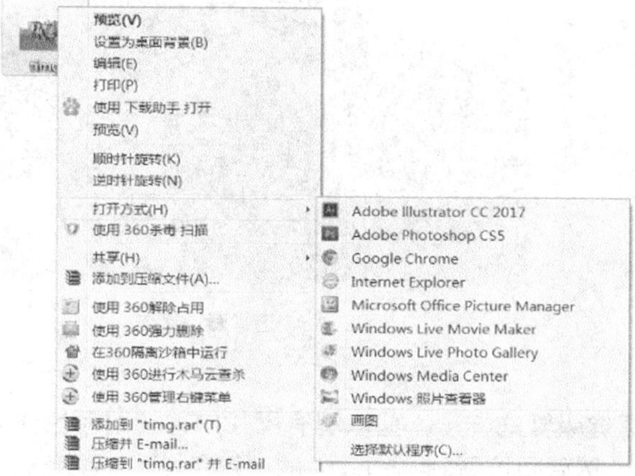

图6-11 选择图片的打开方式为“画图”

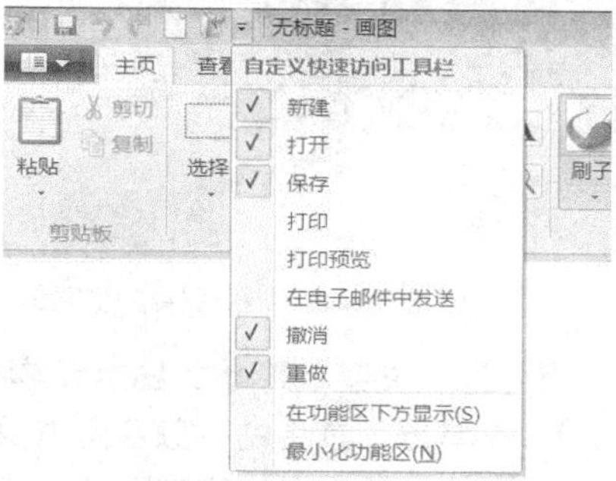

图6-12 自定义快速访问工具栏

3. 重新调整图像大小

（1）依据百分比调节图像大小。

单击工具栏中的“重新调整大小”选项，打开调整窗口，可将图像放大或缩小为原图像的任意百分比，在调整的过程中若勾选了“保持纵横比”，即新的图像长宽比不会发生变化，如图 6-13 所示。

（2）依据像素数值调节图像大小。

将图像调整的模式从百分比切换到像素，可以看到当前图片的像素数值，如图 6-14 所示，若勾选了“保持纵横比”，即新输入的水平和垂直像素数值将会受到原始长宽比的制约。

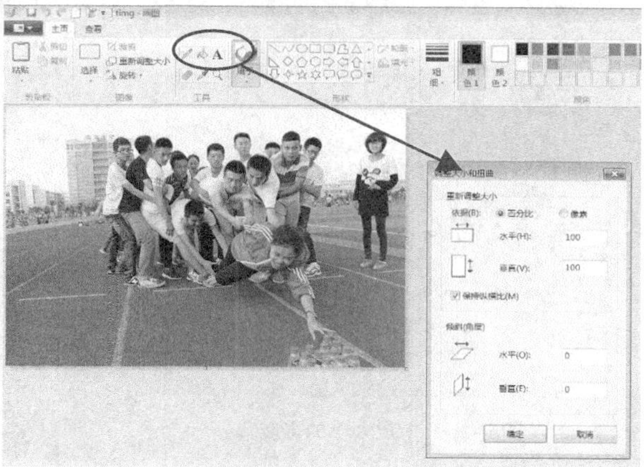

图6-13 对图像进行百分比缩放

知识点拨

像素值是原稿图像被数字化时由计算机赋予的值，它代表了原稿某一小方块的平均亮度信息，或者说是该小方块的平均反射（透射）密度信息。在将数字图像转化为网目调图像时，网点面积率（网点百分比）与数字图像的像素值（灰度值）有直接的关系，即网点以其大小表示原稿某一小方块的平均亮度信息。

4. 裁剪照片

（1）激活工具栏中的选择工具，在图片中框选出目标区域，如图 6-15 所示，将图片裁减为方形比例。

（2）除了上述利用选区进行图片裁减之外，还可以利用对话框数值进行裁减。按“Ctrl+E”组合键，出现如图 6-16 所示的对话框，就可进行指定大小的裁剪。

图6-14　调整图像的像素值

图6-15　选择裁减区域

5. 添加文字、形状、线条元素

（1）单击工具中的“颜色选取器”，有点像吸管的样子，获取现有图片中某处的颜色作为文字颜色，单击图片中希望获取颜色值的区域，然后即可看到画图软件的“颜色 1”立即变成我们鼠标指针指到的区域的颜色。

（2）当图片上需要添加文字时，首先单击工具栏中的文字工具，然后在图片中锁定文字的贴入位置，文字字体采用微软雅黑、20、黑色，如图 6-17 所示，在输入文字完成之后，可将字体位置移动至画面正下方。

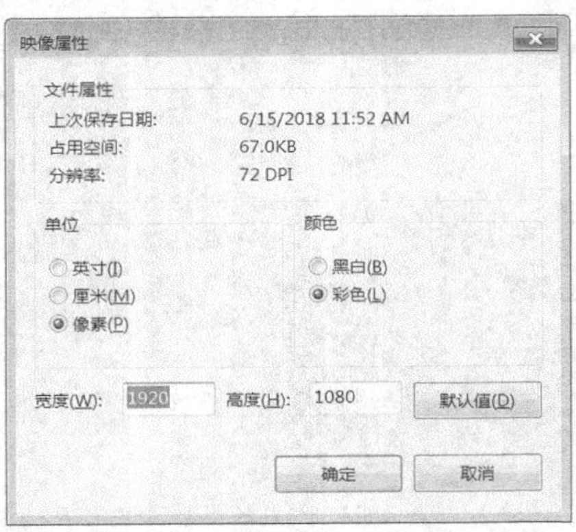

图6-16　指定大小的裁减

图6-17　在图片中添加文字元素

（3）当图片上需要添加形状和线条元素时，单击相应的形状或者线条图标，选择颜色和线宽数值，单击矩形元素，添加图片边框，轮廓边宽设置为 13，颜色为柠檬黄色，如图 6-18 所示。

6. 保存图片

（1）单击工具栏左上角的下拉菜单，如图 6-19 所示，有若干保存方式可供选择，选择“保存”按钮，原图片文件将会被新的图片覆盖，图片格式和存储位置不发生变化。

（2）选择“另存为”按钮后，仍需选择另存的图片格式，常用的格式为 PNG 图片、JPEG 图片、BMP 图片和 GIF 图片。

图6-18　在图片中添加线框元素

图6-19　保存选项

7. 原图和编辑完成的图片对比（见图 6-20）

图6-20　原图与输出的图片对比

相关知识

随着移动互联网技术的发展，人们对手机的依赖性逐渐提升，同样，手机也不失众望，越来越多的事务可以通过移动端来快捷方便地解决，对于图片的处理也不例外。在拓展环节，将会引导同学们利用移动端应用程序 Snapseed 来对图片进行编辑调整。Snapseed 是 Google 公司旗下的一款手机后期修图软件，安卓、苹果系统都可以免费下载，软件界面简洁，功能强大，操作简单明了，特别适合对照片的细节进行细致编辑，堪称手机版的 Photoshop，让人爱不释手，初学者刚开始接触摄影修图也特别容易上手。修图前后对比效果如图 6-21 所示。

图6-21　Snapseed修图对比

Snapseed 又称指划修图，其主要修图功能和操作技巧叙述如下。

1. 调整图片

进入调整选项后，上下滑动可以选择调整工具，如图 6-22 所示。手指左右滑动可以调节具体的参数。这样可以进行每个参数的精准调整。

各调整工具释义如下。

- 亮度：调暗或调亮整张图片。
- 对比度：提高或降低图片的整体对比度。
- 饱和度：添加或消除图片中的色彩鲜明度。
- 氛围：对比度扭曲，调整整张图片的光平衡。
- 阴影：仅调暗或调亮图片中的阴影部分。
- 高光：仅调暗或调亮图片中的高光部分。
- 色温：向整张图片中添加暖色或冷色色偏。

图 6-22 底部工具栏选项的功能介绍从左往右依次如下所示。

- 单击取消本次调整。
- 切换调整项目。
- 单击执行一键自动调整功能。
- 调整完毕后单击保存。

2. 裁切工具

人们期望每张照片都有完美的构图，但是即使是大师级的摄影家都不敢保证，因为在抓取瞬间时，我们往往不可能处于一个最佳的拍摄位置，有时也会因镜头的限制或瞬间的把握而失去最佳的构图时机。唯一的弥补办法就是后期剪裁了。需要裁去杂乱的景物，使主体更加鲜明突出，还可以纠正失衡的地平线或水平线，改正画幅的横竖，形成二次构图。通过选择框选出想要的图片部分进行剪裁，也可按比例进行裁剪，如图 6-23 所示。

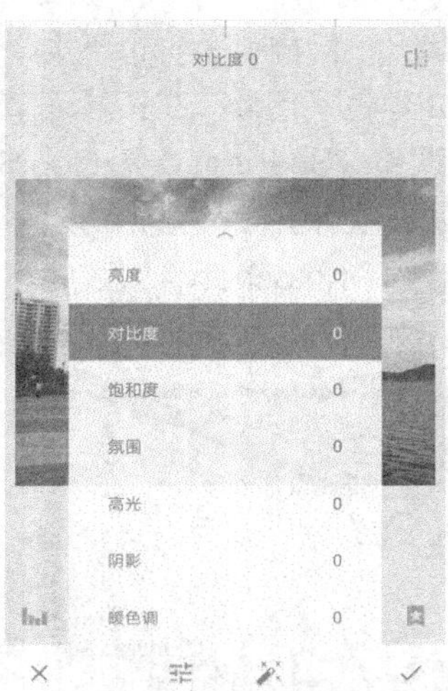

图6-22　在Snapseed中调节图片的对比度

图6-23　在Snapseed中裁减图像大小

3. 局部调整

局部画笔是比画笔工具更为精细的局部调整。单击底部的“+”按钮，然后点按图片的所需区域，放置控制点（控制点为蓝色高亮显示），长按控制点使用放大镜功能可以进行更精确的定位。上下滑动可以选择调整工具，手指左右滑动可以调节具体的参数。主要调节局部的亮度、对比度和饱和度，如图 6-24 所示。有多个部位需要调整时，可以单击下方菜单栏左边的“+”，添加一个调整点。

4. 模糊操作

内圆为不参与模糊区域，两圆之间为过渡模糊区域，外圆以外为模糊区域，如图 6-25 所示。可用两个手指在屏幕上调整内圆的大小、形状，以及调整椭圆度、旋转角度等。若想调整模糊位置，用手指拖动中心点即可。将手指放到屏幕上，上下滑动手指选择要调整的项目（模糊强度、过渡、晕影强度），然后再将手指放到屏幕上，左右移动手指来调整数值。

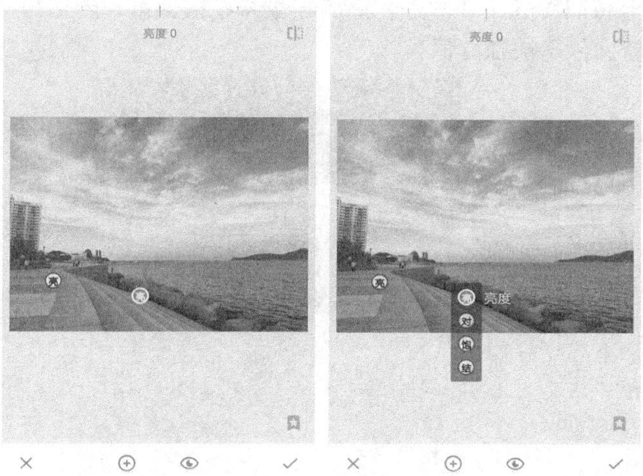

图6-24 在Snapseed中进行局部亮度、对比度、饱和度调节

图6-25 在Snapseed中进行模糊处理操作

5. 添加文字

双击图片，弹出文字输入框，输入文字内容，单击“确定”按钮即可。Snapseed 的文字可以改变颜色、透明度和文字模板样式，如图 6-26 所示。同时用两个手指控制可以改变文字的大小、位置，还可以旋转文字。

图6-26 在Snapseed中为图片添加文字标题

6. 滤镜效果

滤镜效果包括镜头模糊、魅力光晕、色调对比度、HDR 景观等。使用者可以根据自己的修图需求选择不同滤镜，并进行参数调整，以快速实现修图效果。

7. 添加画框

单击底部图标（蓝色显示、灰色隐去），选择相框样式，如图 6-27 所示。将手指放到屏幕上，左右移动来调整相框边缘的宽度大小。

8. 图片输出

在图像各项调整步骤完成之后，单击底部工具栏中的“导出”，弹出导出选择框，如图 6-28 所示。若选择“保存”，则新图像文件会将旧图像文件覆盖，旧的图像将不被保留；若选择“导出”或“导出为”，原文件不被更改，新文件将被独立保存。

图6-27　在Snapseed中为图片加入边框

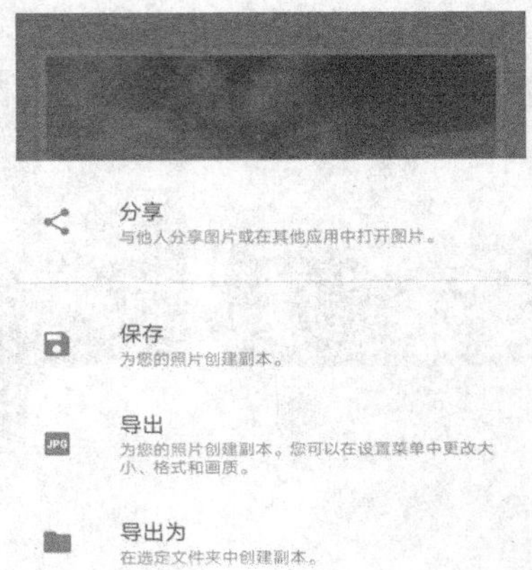

图6-28　在Snapseed中导出图像

拓展提升

假设你是一名旅游专业的学生，在大二的暑期过程中作为实习生带领赴青岛的旅行团，负责地陪接待，同时兼任团队摄影师，并将照片发布于旅行社官网上。请尝试下载 Snapseed 手机应用程序，完成以下修图操作，顺利完成照片的编辑发布工作。

（1）调整图片的对比度、饱和度到合适参数。

（2）将照片裁减为正方形比例。

（3）对部分黑暗区域进行局部补光。

（4）添加照片文字标示：“海内存知己，天涯若比邻”。

（5）添加白色边框，并将相框宽度数值调整为＋13。

（6）导出图片，作为副本保存，不要覆盖掉之前的原图。

任务 3　设计电子相册

情境描述

电子相册可以将相片和影视有机地结合起来，制成图像、声音、文字有机融合的动态媒体文件，集图像、音乐、文字为一体，效果可与电影相媲美，便于传播和欣赏。重庆市旅游局为了促进重庆旅游产业发展，宣传重庆悠久的历史文化，拟设计一个主题为“帝都古城”的旅游宣传相册，用名胜、风景、美食、文化等富有感染力的主题板块作为相册元素，配以丰富、精美的实景照片，以及悠扬、动听的背景音乐，展示出独具特色的古都风貌，效果如图 6-29 所示。

图6-29 在电子相册中进行镜头截取

任务实现

1. 准备制作素材

制作电子相册之前，需要先准备图像和视频素材。素材有多种来源途径，一种是通过数码摄像机直接捕获而成的，一种是在互联网平台上下载，均可以作为电子相册的素材来源。素材的种类可以分为图片、视频和音频，素材准备得丰富，最终做出的电子相册才能吸引人。将收集好的各类素材分类存储于一个文件夹中，方便后期导入编辑。

2. 在会声会影中导入素材

（1）打开会声会影软件，通过拉动窗口分界线调节时间轴窗口、预览窗口和素材库窗口大小，直至舒适的使用位置。

（2）在视频素材库中，单击鼠标右键，弹出如图 6-30 所示的菜单，选择“插入媒体文件”命令，弹出如图 6-31 所示的对话框。

（3）选择所需的素材文件，单击“打开”按钮，将素材导入到会声会影视频素材库中，如图 6-32 所示。

3. 将素材导入视频轨道

（1）选中要放到电子相册中的图像，将它拖到视频轨道中，如图 6-33 所示。

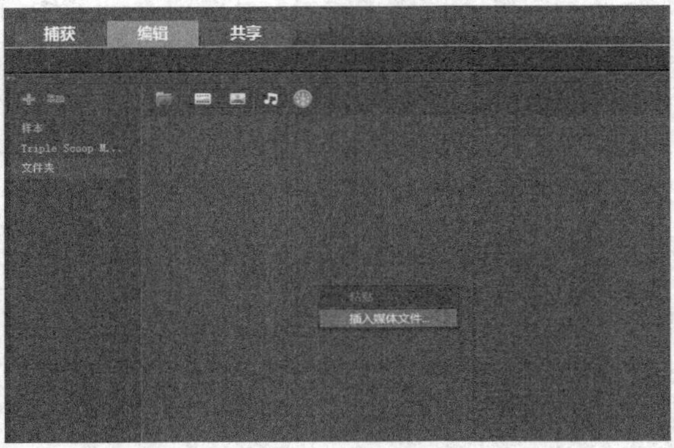

图6-30　插入媒体文件

图6-31　打开素材窗口

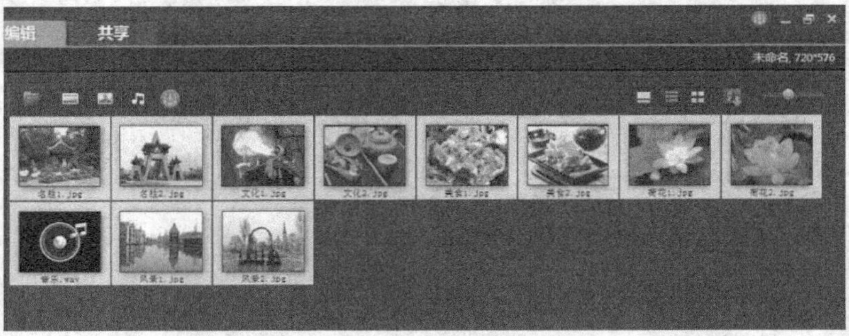

图6-32　素材导入

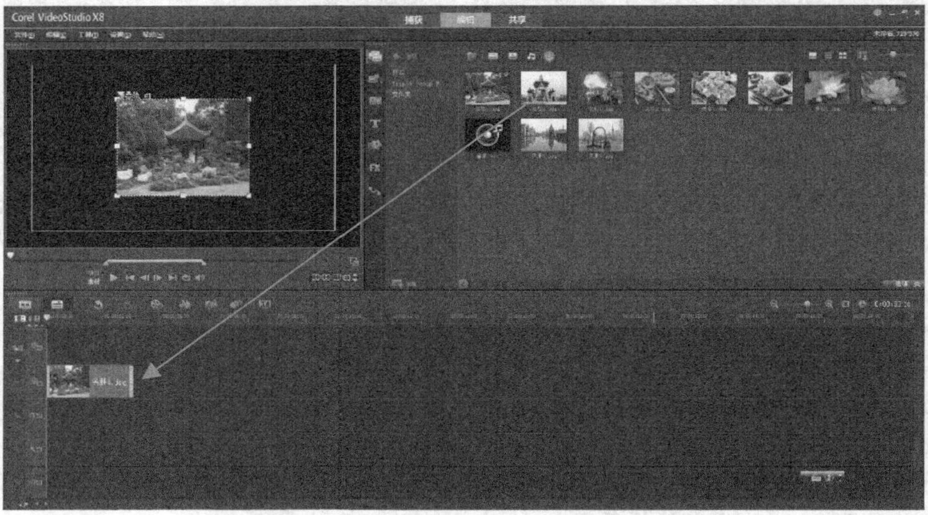

图6-33　将素材拖入时间轨道

（2）将时间轴视图切换到故事版视图，将每一张图片的放映时间调整为 3 秒，如图 6-34 所示。

（3）按照同样的方法将所有需要放到电子相册中的图像加入到故事版视图，时间间隔均调整为 3 秒，如图 6-35 所示。

图6-34 在故事版视图中调整时长

图6-35 将所有素材拖入时间版视图轨道

4. 插入文字标题

（1）单击工具栏的“文字”按钮，激活文本工具，如图 6-36 所示，选择合适的文字样式。

图6-36 插入文字标题

（2）双击监视器内文字提示“双击这里可以添加标题”，输入文字内容，在右侧文字编辑器内对文本样式进行调节，如图 6-37 所示。

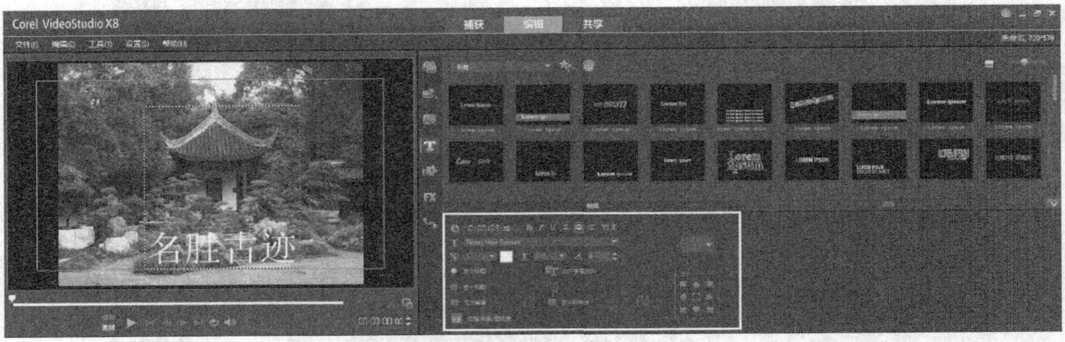

图6-37　文字编辑器

（3）在文本轨道轴中调节文本元素的起始点。

5. 添加转场效果

因为图像都是单个，因此将所需的图像加入视频轨道以后，需要为多个图像添加转场效果，使图片之间切换自然，步骤如下。

（1）将所有图像加入故事版视图中后，通过单击“转场”图标，将模块从媒体切换到转场，进入如图 6-38 所示的转场效果素材库。

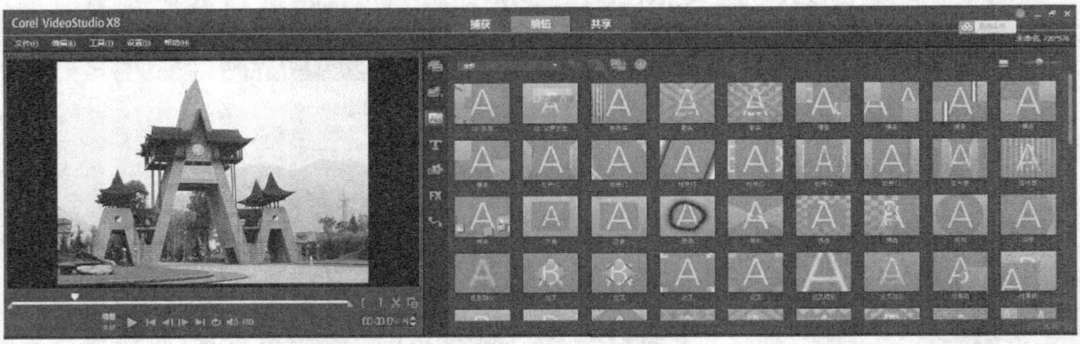

图6-38　转场素材库

（2）在每两张图像素材之间加上转场素材库中的“横条 1”效果，如图 6-39 所示。

图6-39　在素材之间插入转场效果

6. 插入背景音乐

（1）将音频素材拖入到时间轴的音频轨道中，如图 6-40 所示。

（2）利用监视器下方的“开始标记”和“结束标记”将音频裁剪到合适的长度，如图 6-41 所示。

图6-40　插入背景音乐于音频轨道

7. 输出电子相册

所有操作都完成后就可以输出电子相册了，输出的步骤如下。

（1）输出相册之前，先利用监视器窗口将全部相册内容浏览一遍，确保素材无误。

（2）单击步骤标签栏上的“分享”按钮，出现如图 6-42 所示的页面。

（3）在分享的工具栏中，有计算机、设备、网络、光盘、3D 影片几种输出模式供选择，根据不同用途进行调整，这里我们选择输出到计算机。

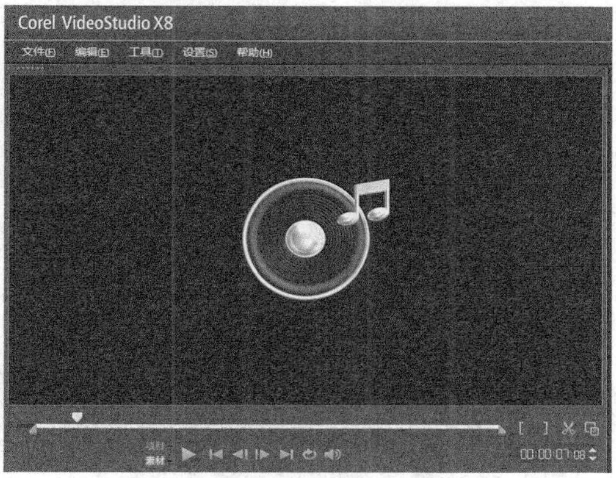

图6-41　裁减音频文件

图6-42 电子相册分享

（4）在计算机栏目下，选择 H.264 为输出格式，如图 6-43 所示，将文件命名为“古城风貌电子相册”，文件位置设定为桌面，单击“开始”按钮，即可输出相册影片。

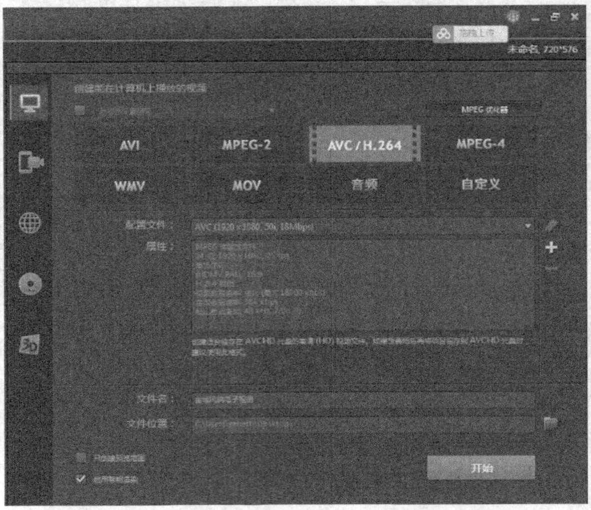

图6-43　音频格式选择

相关知识

1. 会声会影软件

会声会影是加拿大 Corel 公司制作的一款功能强大的视频编辑软件，具有图像抓取和编修功能，可以抓取，转换 MV、DV、V8、TV 和实时记录抓取画面文件，并提供有超过 100 多种的编制功能与效果，可导出多种常见的视频格式，可以直接制作成 DVD 和 VCD 光盘。

作为一款上手容易、操作快捷的视频剪辑软件，会声会影不仅符合家庭或个人所需的影片剪辑功能，甚至可以挑战专业级的影片剪辑软件，同时操作简单易懂，界面简洁明快，适合普通大众使用。该软件具有成批转换功能与捕获格式完整的特点，虽然无法与 EDIUS，Adobe Premiere，Adobe After Effects 和 Sony Vegas 等专业视频处理软件媲美，但以简单易用、功能丰富的特点赢得了良好的口碑，在国内的普及度较高。

利用影片制作向导模式只要 3 个步骤就可快速做出 DV 影片，新手也可以在短时间内体验影片剪辑；同时会声会影编辑模式从捕获、剪接、转场、特效、覆叠、字幕、配乐，到刻录一应俱全，全方位剪辑出好莱坞级的家庭电影。

2. 工作界面简介

下面以会声会影 X8 为例进行介绍，其界面简洁易用，操作起来方便快捷。界面如图 6-44 所示。

工作区的最上面是菜单栏和标签栏，按照视频编辑的一般步骤来排列。中部是预览窗口，可在此预览单个的素材或已编辑好的影片。预览窗口的默认大小是 320×320（像素），也可切换到全屏进行预览。在预览窗口的下面依次是飞梭栏、预览操作栏和导览器。最下面是时间轴窗口，从上到下分别为表示视频、特效时间顺序的“视频轨道”，放置覆叠素材的“覆叠轨”，放置文本素材的“标题轨”，用来放置旁白和音乐的“声音轨”和“音乐轨”。

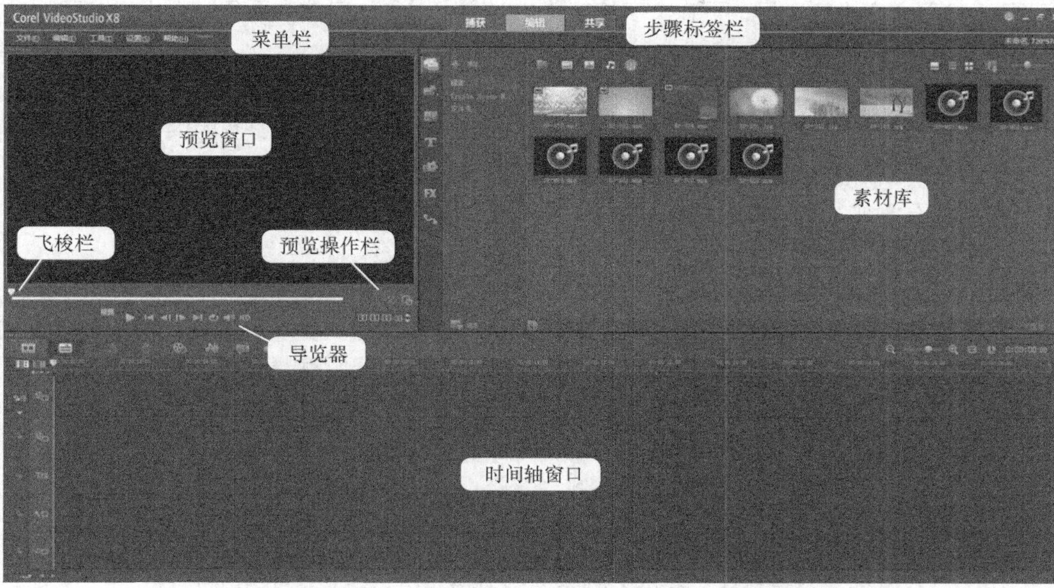

图6-44　软件界面介绍

3. 添加素材

会声会影提供了 3 种将视频素材插入到视频轨道上的方法。

方法一：在素材库中选取素材并将它拖到视频轨道上。这是最常用最简单的一种方式，但前提是视频素材必须已经加入到素材库中。

方法二：在 Windows 资源管理器中选取一个或多个文件，然后将它们拖到视频轨道上。

方法三：用户可以将素材从文件夹中直接插入到视频轨道中，单击工具栏的“文件”，选择“将媒体文件插入到时间轴”，根据媒体文件格式的不同选择插入视频、照片或者其他格式素材。

4. 编辑视频的两种模式

（1）故事版视图。

在故事版中，用户可以通过拖放素材来移动素材的位置，只需从素材库中将捕获的素材用鼠标拖动到视频轨即可。在故事版视图中每张图片均表示一个视频剪辑或一个过渡效果，而且在图片的下方还显示了该视频剪辑所要持续的时间。在故事版视图中选择某一视频剪辑后，便可在预览窗口对其进行修整。当然，在故事版视图中也可通过对视频剪辑进行拖放来调整视频剪辑在整个视频项目中的播放顺序。

（2）时间轴视图。

时间轴视图允许用户微调效果，并以精确到帧的精度来修改和编辑视频。它可以根据素材在每条轨上的位置，准确地显示故事中事件发生的时间和位置。时间轴视图有 5 个轨道，分别是视频轨、覆叠轨、标题轨、声音轨和音乐轨。

5. 标题和字幕

虽然一张图片胜过千言万语，但适当地在影片中加入清晰的标题或字幕，更有助于帮助观众了解影片。这里的标题和字幕包括标题或题目、片头片尾字幕、剧中对白和所有需要说明的文字等。在会声会影操作界面中，单击T工具，然后根据监视器窗口中的文字提示“双击这里可以添加标题”，输入文字内容之后，可在文字编辑器中对文字对象的字体、颜色、大小、文字背景、倾斜角度等进行编辑。

6. 转场效果

会声会影把影片片段和片段之间的切换称为转场，转场为场景的切换提供了发挥创意的空间。由于会声会影提供了丰富的转场样式与效果，使得用户可以在普通的计算机上将家庭或个人的影片制成具有专业水准的生动影片。

7. 音频编辑

在会声会影中使用简单的方法便可以向影片中加入背景音乐和声音，并对音乐进行编辑处理。首先在声音轨或者音乐轨上插入一首歌曲，然后将音乐调整到剪切的位置，点击预览框中的“剪刀”按钮，音乐就被剪辑成两段了。如果要将两段音乐合并，那就将两段音乐相交或者相互排列在一起。当两段音乐交汇在一起时，会自动在音乐之间添加音频特效，让两段音乐衔接更加自然。两段音乐衔接的时候，也可以使用“混音器”进行调整。

拓展提升

利用会声会影视频剪辑软件，为某次班级活动剪辑记录视频，要求如下。

（1）素材要完整。

（2）素材片段之间的转场要流畅自然。

（3）在重要的环节插入文字引导。

（4）为视频匹配基调一致的背景音乐。

（5）最终将视频输出为 H.264 格式，以“某某班级活动”命名文件。

项目小结

本项目中，通过任务 1 对多媒体基本知识概念的学习，我们了解了多媒体技术对现代生活的影响，并掌握了初级的图像和视频编辑工具操作。任务 2 利用系统自带的画图工具，我们完成对图像的基础编辑操作。同时，在 PC 端修图技术掌握的基础之上，介绍了移动端的修图工具——Snapseed，利用它我们可方便地进行图片的调整、裁减、加文字、加边框、局部处理等操作。任务 3 通过电子相册的制作，我们了解了会声会影的基本知识，并练习了视频剪辑的基本流程和操作技能。希望同学们领悟多媒体技术的魅力，在日常生活中，积极利用掌握的多媒体技能技巧解决问题。

项目检查

学习项目	多媒体技术及应用		学时	8
序号	检查内容	检查标准	学生自检	教师检查
1	多媒体技术的涵盖范围	了解多媒体技术的基本概念		
2	常用的文本文件格式	了解常用的文本格式及特点		
3	常用的图像文件格式	了解常用的图像格式及特点		
4	常用的音频文件格式	了解常用的音频格式及特点		

（续表）

学习项目	多媒体技术及应用		学时	8
序号	检查内容	检查标准	学生自检	教师检查
5	常用的视频文件格式	了解常用的视频格式及特点		
6	多媒体软件	能够列举常用的多媒体软件，并掌握其分类		
7	虚拟现实技术的概念	掌握虚拟现实的概念		
8	虚拟现实技术的应用	了解虚拟现实技术在各领域的应用案例		
9	常用的虚拟现实硬件	了解常用的虚拟现实设计及其基本信息		
10	查看图像尺寸大小	能够在画图软件中查看图像的尺寸大小		
11	调整图像尺寸大小	能够调整图像的像素值大小，从而改变图像大小		
12	裁减图像文件	能够对图像进行不同比例大小的裁减		
13	在图片中插入文字元素	能够在图片中目标位置添加文字标题		
14	在图片中插入形状	能够在图片中目标位置处插入形状元素		
15	保存图片	能够将编辑好的图片输出为需要的格式，并保存于目标位置		
16	编辑素材	能够合理编辑各类素材，并将素材导入会声会影中		
17	转场特效	能够在两个素材之间插入合适的转场特效		
18	文字标题	能够在电子相册中插入文字标题		
19	背景音乐	能够为电子相册配置背景音乐		
20	电子相册成品	能够选择合适的输出文件格式，将电子相册导出为视频		
21	美观性	设计的作品要样式美观，布局合理		
22	高效性	在规定的时间内制作出符合要求的作品		
检查评价	班级		组长签字	第　　组
	教师签字			日期
	评语（学习体会、自我评价以及项目改进意见）			

课后练习

一、单项选择题

1. 语音识别属于下列哪一项多媒体技术（　　）。

   A. 图像技术　　B. 音频技术　　C. 视频技术　　D. 通信技术

2. TXT 格式属于什么格式（　　）。

A. 图像格式　　B. 纯文本格式　　C. 富文本格式　　D. 视频格式

3. 以下哪项不是 GIF 格式的特征（　　）

A. 存储 16 位图像的文件格式　　B. 不支持图像的透明背景

C. 采用无失真压缩技术　　D. 体积大，成像相对清晰

4. 下列对 EPS 格式与 Photoshop 的叙述，正确的是（　　）

A. EPS 属于矢量图形

B. 在 Photoshop 中打开 EPS 时，会进行栅格化处理

C. EPS 格式不支持多种颜色模式，不支持 Alpha 通道

D. EPS 格式不支持剪贴路径

5. 下列哪个不属于音频文件格式（　　）

A. WAV 格式　　B. MIDI 格式　　C. MP3 格式　　D. ASF 格式

6. 下列对于 H.264 的叙述，错误的是（　　）

A. 在相同的带宽下提供更加优秀的图像质量

B. H.264 具有高压缩比的同时还拥有高质量且流畅的图像

C. 传输过程中的经济效益好

D. 虽然具有一定优势，但是文件尺寸大，所以不经常被使用

二、多项选择题

1. 下列哪几项属于多媒体技术的性质（　　）

A. 集成性　　B. 通用性　　C. 实时性　　D. 交互性

2. 下列哪个属于动画制作软件（　　）

A. WPS　　B. Premiere　　C. Flash　　D. Maya

3. 常见的虚拟现实的硬件包含哪 3 类（　　）

A. 眼镜盒　　B. 加控制器的眼镜盒

C. 带定位带 VR 设备　　D. 遥感设备

4. 会声会影的时间轴轨道中包含哪些轨道（　　）

A. 视频轨道　　B. 覆叠轨道　　C. 标题轨　　D. 声音/音乐轨

三、操作题

（1）恒大幸福之城物业管理处的王经理需要将业主采集来的照片进行编辑处理，合成视频相册，作为小区的形象展示宣传片。

（2）将所有照片都统一裁减为 720×450 的尺寸。

（3）对于照片质量欠佳的图片素材，使用手机端的 Snapseed 工具进行调色处理。

（4）将处理好的素材导入会声会影中。

（5）设置单个素材的播放时长。

（6）在两个素材之间插入合适的转场效果。

（7）在网络上下载合适的 MP3 音频文件，作为背景音乐插入到时间轨道中。

（8）在视频合适的位置，插入文字标题“幸福之城，最美家园”。

（9）将文件输出为 H.264 格式，命名为“小区形象展示宣传片”。

Computer

7 Chapter

项目 7 计算机网络及应用

21 世纪是计算机网络技术大发展的时代，移动互联、大数据、社交网络极大地拓宽了互联网的边界和应用范围。我国的互联网整体发展将呈现以下几个趋势：第一，我国互联网开放水平将进一步提高，监管机制不断健全，国家有能力在保障信息安全的基础上提高互联网开放水平，互联网信息来源进一步丰富，与国际同步水平进一步提高。第二，互联网应用水平进一步提高，电子商务、电子办公将成为主流。随着互联网资源的丰富，年青一代互联网技术教育的普及，未来互联网应用水平和应用领域都将较现在有较大改观，计算机网络技术的应用层次将得到极大深化，对人们的日常生活也将产生更加深刻的影响。第三，互联网应用门槛降低，随着互联网技术的进一步开发，互联网操作将更加简便化、人性化，更多的人将能够享受互联网福利。第四，网络秩序进一步改善，互联网进一步规范化，随着网络规模进一步扩大，必须以制度化设计保障互联网秩序。第五，网络信息的舆论影响进一步加强，随着网络的进一步普及，网络信息的舆论影响力将超越传统媒体信息。

任务 1 互联网应用技术

情境描述

张强是一名刚毕业的大学生，进入一家公司办公室文员的岗位实习。他的工作主要是搜集与整理信息（包括每天在网络上浏览网站，关注与公司产品相关的信息，下载有关数据等），帮助经理预订车票、机票、酒店，处理客户的来往邮件，等等。小张很庆幸在上学时对互联网的基本知识及应用掌握得很好，工作中游刃有余。近期，小张和经理准备出差到青岛，与客户洽谈合同细节，经理要求他尽快制定行程规划。小张之前没有去过青岛，首先利用 Internet 查看列车时刻表，预订酒店，为出行做好安排。

任务实现

1. 借助 12306 官方网站查询列车时刻表，预订火车票

（1）双击桌面上的 IE 浏览器图标，在打开的 IE 浏览器的地址栏中输入 12306 火车票网上订票官方 URL 地址 http://www.12306.cn，按“Enter”键，打开其首页，如图 7–1 所示。

图7–1 12306火车票网上订票官方网站首页

（2）单击“旅客列车时刻表查询”，进入列车车次的预订及查询页面，在“出发地”文本框中输入出发地点“北京”，“目的地”文本框中输入“青岛”，选择“单程”或者“往返”，选择出发日的具体日期或返程日的具体日期，单击“查询”按钮，获得车次查询结果，如图 7–2 所示。

（3）预订车票。在提供的所有车次中，选择合适的车次，登录后，单击“预订”，即可预订车票。然后在支付网页支付成功即可完成订票操作。

图7-2　旅客列车时刻表查询页面

2. 通过携程网预订酒店

（1）双击桌面上的 IE 浏览器图标，在打开的 IE 浏览器的地址栏中输入携程网官方 URL 地址 http://www.ctrip.com，按“Enter”键，打开其首页。在首页中依次选择“酒店”，“国内酒店”，在“目的地”文本框中输入“青岛”，选择“入住日期”和“退房日期”，选择房间数和住客数，选择酒店级别，如图 7-3 所示。

图7-3　携程网首页

（2）单击“搜索”按钮，进入酒店选取页面，如图 7-4 所示，了解各个酒店的相关信息，预订合适的酒店。

图7-4　酒店信息页面

3. 利用百度搜索引擎查询最佳乘车方案

（1）在打开的 IE 浏览器的地址栏中输入百度搜索引擎的 URL 地址 http://www.baidu.com，按“Enter”键，打开百度首页，如图 7-5 所示。

图7-5　百度首页

（2）在搜索文本框中输入“青岛百度地图”，在搜索结果中选择青岛市百度地图，在青岛百度地图页面中选择“路线”，在“公交”“驾车”“步行”“骑行”4 个选项中单击“公交”，如图 7-6 所示。

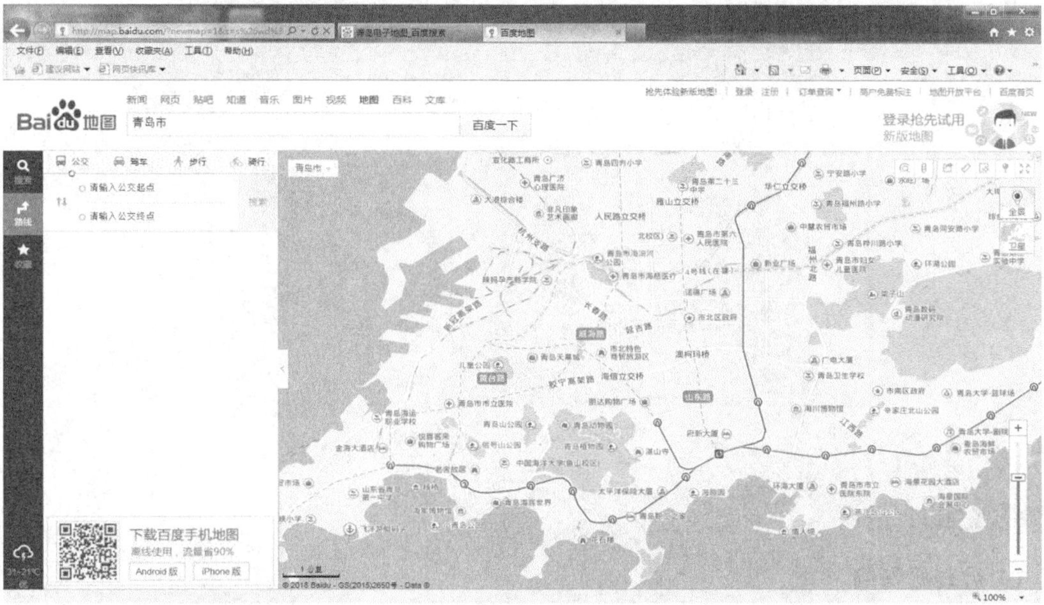

图7–6　青岛市地图页面

（3）在页面中的“请输入公交起点”“请输入公交终点”文本框中分别输入“青岛站”和“五四广场”，单击“搜索”按钮，查看乘车方案以及乘车线路，如图 7–7 所示。

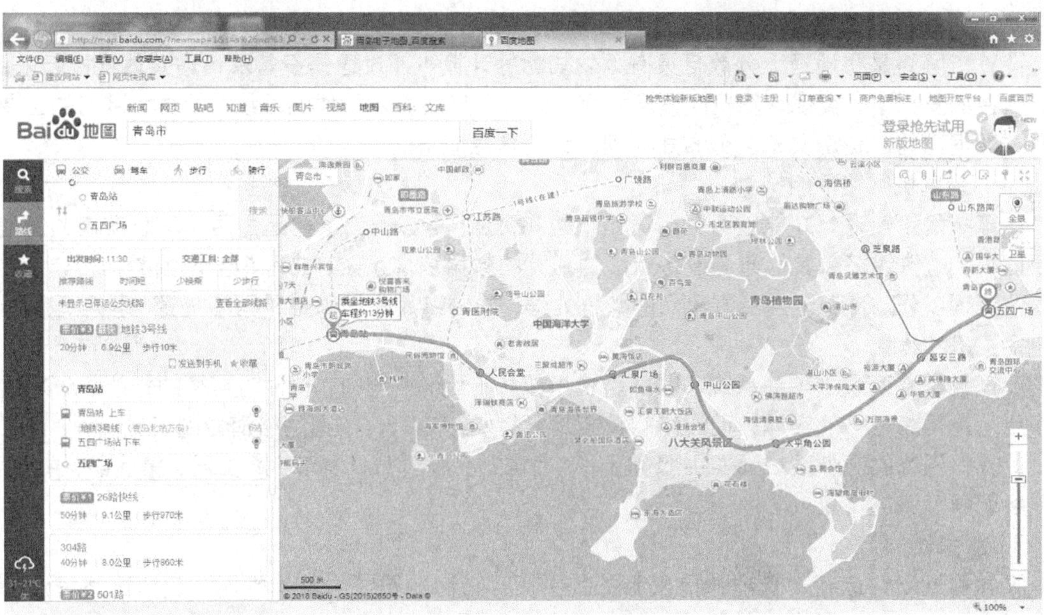

图7–7　公交线路选择页面

（4）浏览网页后，单击标签栏右侧的 按钮，打开“打印”对话框，如图 7–8 所示。在“常规”选项卡的“选择打印机”列表框中选择使用的打印机，在“页面范围”栏内选中“全部”单选按钮，在“份数”微调框中设置打印份数，最后单击“打印”按钮。

图7-8 “打印”对话框

相关知识

1. 计算机网络

计算机网络是现代科技的重要组成部分，是计算机技术与通信技术相结合的产物。它的诞生和发展推进了社会的进步，改变了人们的工作、生活和思维方式。计算机网络出现的历史并不长，但发展很快，经历了一个从简单到复杂的过程，计算机网络的发展可以归纳为以下 4 个阶段：面向终端的计算机网络→共享资源的计算机网络→标准化的计算机网络→全球化的计算机网络。

（1）计算机网络的定义和功能。

计算机网络是将地理上分散且具有独立功能的计算机通过通信设备及传输媒体连接起来，在通信软件的支持下，实现计算机间资源共享、信息交换或协同工作的系统。计算机网络的主要功能有：数据通信、资源共享、分布式处理、综合信息服务。

（2）计算机网络的组成。

计算机网络从逻辑功能上可分为通信子网和资源子网。通信子网是由用作信息交换的通信控制处理机、通信线路和其他通信设备组成的独立的数据信息系统，它承担全网的数据传递、转接等通信处理工作。资源子网负责全网的数据处理，向网络用户提供各种网络资源与网络服务，主要包括主机和终端。

计算机网络系统由硬件系统和软件系统组成。在网络系统中，硬件对网络的性能起着决定性的作用，是网络运行的实体；而网络软件则是支持网络运行，挖掘网络潜力的工具。

计算机网络的硬件系统通常由服务器、工作站、传输介质、网卡、路由器、集线器、中继器、调制解调器等组成。

① 服务器。

服务器是网络运行、管理和提供服务的中枢，它影响网络的整体性能，负责网络资源管理和为用户提供服务，具有高性能、高可靠性、高吞吐量、内存容量大等特点。服务器按提供的服务被冠以不同的名称，如数据库服务器、邮件服务器、打印服务器、WWW 服务器、文件服务器等。

② 工作站。

工作站也称客户机，由服务器进行管理和提供服务的、连入网络的任何计算机都属于工作站，其性能一般低于服务器。服务器或工作站中一般都安装了网络操作系统，网络操作系统除具有通用操作系统的功能外，还应具有网络支持功能，能管理整个网络的资源。

③ 传输介质。

传输介质是网络中信息传输的物理通道，通常分为有线网和无线网。有线网中计算机通过光纤、双绞线、同轴电缆等传输介质连接；无线网中则通过无线电、微波、红外线、激光和卫星信道等无线介质进行连接。

光纤又称为光缆，是由许多细如发丝的玻璃纤维外加绝缘护套组成，光束在玻璃纤维内传输，具有防电磁干扰、传输稳定可靠、传输带宽高等特点，适用于高速网络和骨干网。

双绞线是布线工程中最常用的一种传输介质，由不同颜色的 4 对 8 芯线（每根芯线加绝缘层）组成，每两根芯线按一定规则交织在一起（为了降低信号之间的相互干扰），成为一个芯线对。双绞线可分为非屏蔽双绞线（UTP）和屏蔽双绞线（STP），平时我们接触的大多是非屏蔽双绞线，其最大传输距离为 100m。

同轴电缆有粗缆和细缆之分，在实际中有广泛应用，比如，有线电视网中使用的就是粗缆。不论是粗缆还是细缆，其中央都是一根铜线，外面包有绝缘层。

微波是一种频率很高的电磁波，微波在空间主要是直线传播，并且能穿透电离层进入宇宙空间，传输距离一般只有 50km 左右，长途通信时必须建立多个中继站。

红外线通信和激光通信就是把要传输的信号分别转换成红外光信号和激光信号直接在自由空间沿直线进行传播，它比微波通信具有更强的方向性，难以窃听、插入数据和进行干扰，但红外线和激光对雨雾等环境干扰特别敏感。

卫星通信就是利用位于约 36 000km 高空的人造地球同步卫星作为太空无人值守的微波中继站的一种特殊形式的微波接力通信。卫星通信可以克服地面微波通信的距离限制，其最大特点就是通信距离远，且通信费用与通信距离无关。

④ 网卡。

网卡也叫网络适配器，是计算机网络中最重要的连接设备，计算机主要通过网卡连接网络，它负责在计算机和网络之间实现双向数据传输。每块网卡均有唯一的 48 位二进制网卡地址（MAC 地址），如 00-23-5A-69-7A-3D（十六进制）。

⑤ 常见网络连接设备。

集线器（Hub）：是局域网的基本连接设备。它具有多个端口，用于将主机连接到网络。大多数的时候它用在星型与树型网络拓扑结构中。

交换机（Switch）：是一种低价位、高性能的多端口网络连接设备，具有自动寻址、数据交换等功能。

路由器（Router）：是连接因特网中各局域网、广域网的设备，它会根据信道的情况自动选择和设定路由，以最佳路径，按前后顺序发送数据包。

计算机网络软件一般是指网络操作系统、网络通信协议和应用级的提供网络服务功能的专用软件。网络操作系统是用于管理网络软、硬资源，提供简单网络管理的系统软件，常见的网络操作系统有 UNIX、Netware、Windows NT、Linux 等。网络通信协议是网络中计算机交换信息时的约定，它规定了计算机在网络中互通信息的规则。互联网采用的协议是 TCP/IP，也是应用最广泛的协议。其他常见的协议还有 Novell 公司的 IPX/SPX 等。网络应用软件提供网络服务和资源共享，如数据收集系统、数据转发系统和数据库查询系统等。

（3）计算机网络的分类。

计算机网络分类的标准很多，按照不同的标准有不同的分类。按照网络的通信距离和作用范围来分，计算机网络可分为广域网（WAN）、局域网（LAN）和城域网（MAN）；按照数据传输方式划分，可分为广播网络和点对点网络；按照通信传输介质划分，可分为有线网络和无线网络；按照网络的应用范围和管理性质划分，可分为公用网和专用网；按照网络组件的关系划分，可分为对等网络和基于服务器的网络。

（4）计算机网络拓扑结构。

计算机或设备通过传输介质在计算机网络中形成的物理连接方式称为网络拓扑结构，计算机网络主要有以下几种拓扑结构。

① 总线结构。

总线拓扑采用一种传输媒体作为公用信道，所有站点都通过相应的硬件接口直接连接到这一公共传输媒体上，该公共传输媒体即称为总线，如图 7-9 所示。

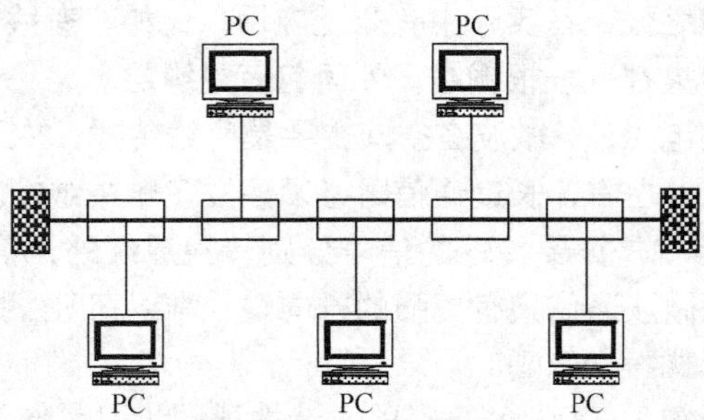

图7-9 总线拓扑结构

由于所有站点共享一条公用的传输信道，因此一次只能由一个站点占用信道进行传输。信息以广播的方式在网络中传递。总线网络拓扑结构的优点是系统可靠性较高，结构简单，成本低。

② 星形结构。

网络中每个站点通过线路与中心站点相连，每个站点通过中心站点进行通信，其结构如图 7-10 所示。

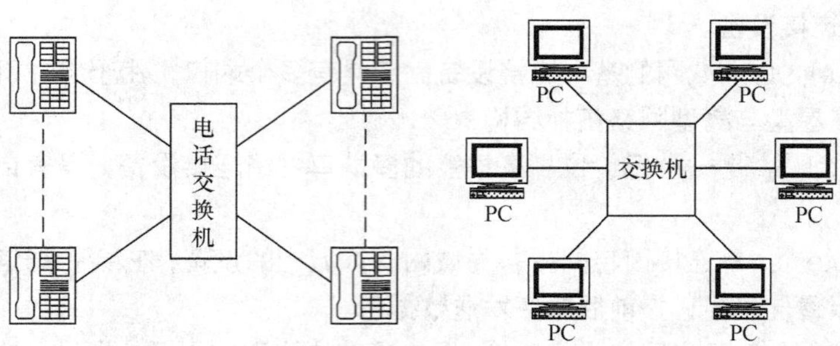

图7-10 星形拓扑结构

星形拓扑结构的优点是控制简单，故障诊断和隔离容易，方便服务；缺点是对中央节点的可靠性和冗余度要求较高。

③ 环形结构。

环形拓扑结构是由站点和连接站点的链路组成的一个闭合环。每个站点能够接收从一条链路传来的数据，并以同样的速率串行地把该数据沿环送到另一端链路上，如图 7-11 所示。

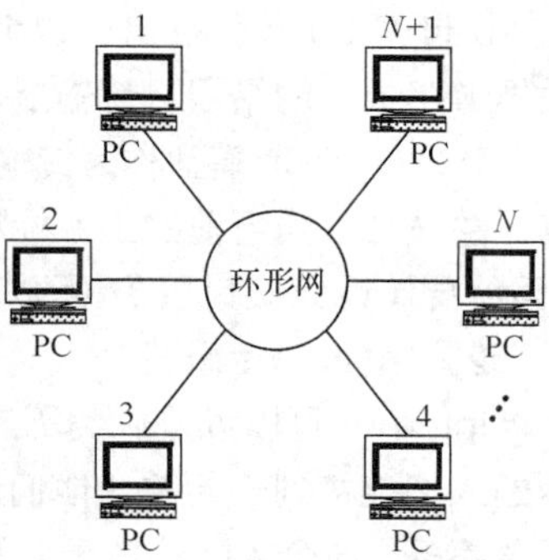

图7-11 环形拓扑结构

环形拓扑结构的优点是结构简单，成本低；缺点是节点故障会引起全网故障，故障检测困难。

④ 树形结构。

树形拓扑结构是对星形拓扑结构的拓展，如图 7-12 所示，各节点按一定层次连接起来，任意两个节点之间的通路都支持双向传输，网络中有多个中心节点，形成一种分级管理的集中式网络，越顶层的节点其处理能力越强，低层解决不了的问题可以申请高层节点解决，适用于各种管理部门需要进行分级数据传送的场合。

⑤ 网状结构。

网状拓扑结构的特点是，各节点之间有许多路径相连，可以为数据包分组流的传输选择适当的路由，从而绕过过忙或失效的节点，如图 7-13 所示。这种结构在广域网中得到了广泛的应用。

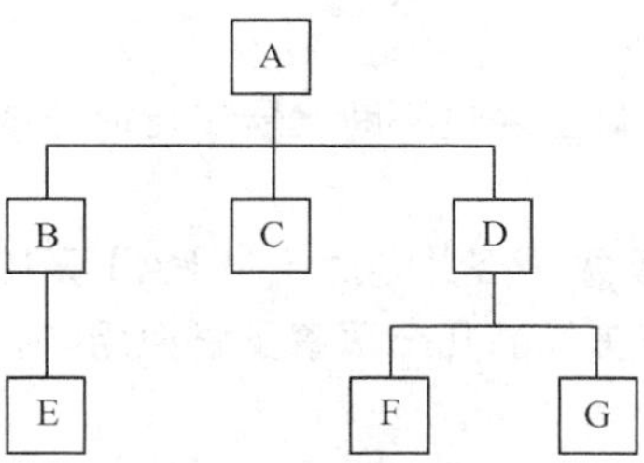

图7-12 树形拓扑结构

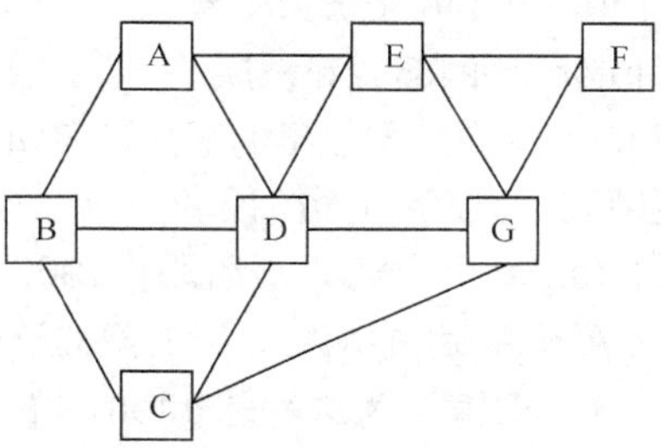

图7-13 网状拓扑结构

网状拓扑结构的优点是不受瓶颈问题和失效问题影响，可靠性高；缺点是结构和协议复杂，成本也比较高。

（5）网络协议和网络体系结构。

① 计算机网络协议。

在计算机网络中为实现计算机之间的正确数据交换，而制定的一系列有关数据传输顺序、信息格式和信息内容等的规则、标准或约定称为计算机网络协议。计算机网络协议一般包括以下 3 个要素。

- 语法：规定用户数据与控制信息的结构和格式。
- 语义：规定需要发出何种控制信息以及完成的动作与做出的响应。
- 时序：对事件实现顺序的详细说明。

② 计算机网络体系结构。

计算机网络体系结构可以定义为是网络协议的层次划分与各层协议的集合，同一层中的协议根据该层所要实现的功能来确定。各对等层之间的协议功能由相应的底层提供服务完成。典型的网络体系结构有 OSI 协议模型和 TCP/IP 协议模型。

OSI（开放式互联参考模型）由国际标准化组织（International Standards Organization，ISO）

在 20 世纪 80 年代提出，这个模型将计算机网络通信协议分为 7 层，从下往上分别是物理层、数据链路层、网络层、传输层、会话层、表示层和应用层。

TCP/IP 参考模型称为传输控制协议/因特网互联协议模型，是目前最流行的商业化的网络协议，并被公认为当前的工业标准或“事实上的标准”。TCP/IP 参考模型从下往上分为 4 层：主机–网络层（网络接口层）、互联层（网络层）、传输层和应用层。

2. Internet 概述

Internet 可以说是人类历史的一大奇迹，它让分居世界各地的人们感到相距不再遥远，将各地的人们连接到一起并让他们无拘无束地彼此通信，人们可以利用它提供的平台开展业务、处理紧急事务、向个人传达信息以及支持教育、科研以及政府事务。Internet 改变了人们的生活方式，将我们带入了信息时代。

Internet 主要是指通过 TCP/IP 协议将世界各地的网络连接起来，实现资源共享、信息交换，提供各种应用服务的全球性计算机网络，它是全球最大的、开放式的、由众多网络互连而成的计算机网络。Internet 就像是在计算机与计算机之间架起的一条条公路，各种信息在上面快速传递，这种高速公路网遍及世界各地，形成了像蜘蛛网一样的网状结构，使得人们得以在全球范围内交换各种各样的信息。

（1）Internet 的起源和发展。

① Internet 的起源和发展。

Internet 是在美国较早的军用计算机网 ARPANet 的基础上经过不断发展变化而形成的，其起源主要可分为以下几个阶段。

a. Internet 的雏形形成阶段：1969 年，美国国防部高级研究计划局（ARPA）开始建立一个命名为 ARPANet 的网络，当时建立这个网络只是为了将美国的几个军事及研究用电脑主机连接起来。人们普遍认为这就是 Internet 的雏形。

b. Internet 的发展阶段：美国国家科学基金会（NSF）在 1985 开始建立 NSFNet。NSF 规划建立了 15 个超级计算中心及国家教育科研网，用于支持科研和教育的全国性规模的计算机网络 NFSNet，并以此作为基础，实现同其他网络的连接。NSFNet 成为 Internet 上主要用于科研和教育的主干部分，代替了 ARPANet 的骨干地位。

1989 年，MILNet（由 ARPANet 分离出来）实现和 NSFNet 的连接后，就开始采用 Internet 这个名称。此后，其他部门的计算机网相继并入 Internet，ARPANet 宣告解散。

c. Internet 的商业化阶段：20 世纪 90 年代初，商业机构开始进入 Internet，使 Internet 开始了商业化的新进程，也成为 Internet 大发展的强大推动力。1995 年，NSFNet 停止运作，Internet 彻底商业化。

这种把不同网络连接在一起的技术的出现，使计算机网络的发展进入一个新的时期，形成由网络实体相互连接而构成的超级计算机网络，人们把这种网络形态称为 Internet（互联网络）。

② Internet 在中国的发展。

1987 年 9 月 20 日，钱天白教授发出我国第一封电子邮件“越过长城，通向世界”，揭开了中国人使用 Internet 的序幕。

Internet 在中国的发展可以粗略地划分为 3 个阶段：第 1 阶段为 1987—1993 年，我国的一些科研部门通过 Internet 建立电子邮件系统，并在小范围内为国内少数重点高校和科研机构提供电子邮件服务。第 2 阶段为 1994—1995 年，这一阶段是教育科研网发展阶段。北京中关村地区及清华大学、北京大学组成的 NCFC 网于 1994 年 4 月开通了与国际 Internet 的 64 kbit/s 专线连接，同时还设立了中国最高域名（cn）服务器。这时，中国才算真正加入了国际 Internet 行列。此后又建成了中国教育和科研计算机网（China Educational Research Network，CERNet）。第 3 阶段是 1995 年以后，该阶段开始了商业应用。

我国现有四大主干网络的基本情况介绍如下。

- 公用计算机互联网（ChinaNet）。

ChinaNet 是由原邮电部组织建设和管理的。原邮电部与美国 Sprint Link 公司在 1994 年签署 Internet 互连协议，开始在北京、上海两个电信局进行 Internet 网络互连工程。ChinaNet 现在有 3 个国际出口，分别在北京、上海和广州。

- 中国教育和科研计算机网（CERNet）。

CERNet 是 1994 年由原国家计委、原国家教委批准立项，原国家教委主持建设和管理的全国性教育和科研计算机互联网络。该项目的目标是建设一个全国性的教育科研基础设施，把全国大部分高校连接起来，实现资源共享。它是全国最大的公益性互联网络。

- 中国科技信息网（CSTNet）。

CSTNet 是由原国家科学技术委员会联合全国各省市的科技信息机构，采用先进信息技术建立起来的信息服务网络，旨在促进全社会广泛的信息共享、信息交流。中国科技信息网络的建成对于加快中国国内信息资源的开发和利用、促进国际交流与合作起到了积极的作用，以其丰富的信息资源和多样化的服务方式为国内外科技界和高技术产业界的广大用户提供服务。

- 国家公用经济信息通信网络（金桥网，ChinaGBN）。

金桥网是建立在金桥工程上的业务网，支持金关、金税、金卡等“金”字头工程的应用。它是覆盖全国，实行国际联网，为用户提供专用信道、网络服务和信息服务的基干网。金桥网由吉通公司牵头建设并接入 Internet。

③ Internet 的发展趋势。

从 1996 年起，世界各国陆续启动下一代高速互联网络及其关键技术的研究。下一代互联网与现在使用的互联网相比，规模更大，速度更快，更安全，更智能。

（2）IP 地址相关知识。

① IP 地址。

为了在网络中实现数据的准确传输，除了需要有一套对于传输过程的控制机制以外，还需要加入双方的地址，就像我们需要在信封上写上收信人和发信人地址一样。

根据 TCP/IP 协议，连接在 Internet 上的每个设备都必须有一个地址，IP 协议为 Internet 上的每一个设备定义了一个唯一的统一规定格式的地址，简称 IP 地址。它是一个 32 位的二进制数，可以用十进制数字形式书写，每 8 个二进制位为一组，用一个十进制数来表示，每组之间用“.”隔开，称为“点分十进制表示方式”。

例如，32 位的二进制地址为：11001010011011000010010100101001，显然这个地址也难记忆，所以分成 4 组，每组 8 位，变成了下面的形式：“11001010 01101100 00100101 00101001”。转换成十进制，并用点连起来，就构成了通常人们所使用的 IP 地址：202.108.37.41。

IP 地址包括网络地址和主机地址，如图 7-14 所示，这样做的目的是为了方便寻址。IP 地址中的网络地址部分用于标明不同的网络，而主机地址部分用于标明每一个网络中的主机地址。如

图 7-15 所示，IP 地址主要分为 A、B、C、D、E 五类。

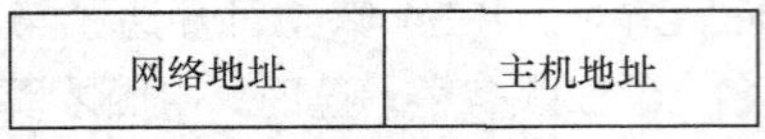

图7-14　IP地址分层结构

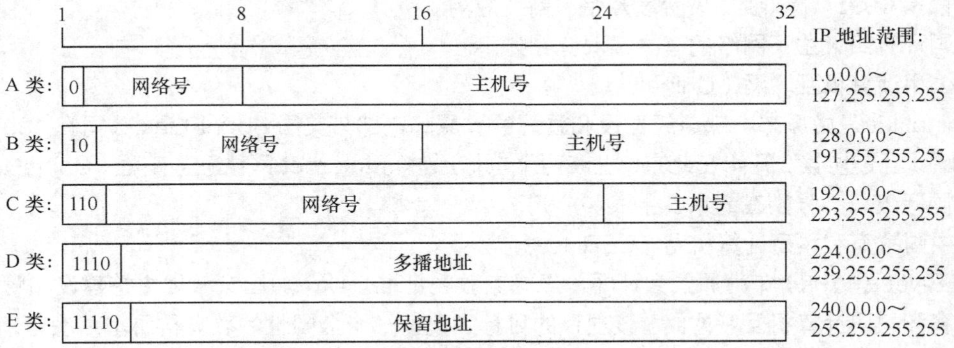

图7-15　IP地址分类

A 类 IP 地址用 8 位来标识网络号，24 位标识主机号，最前面一位为“0”，这样，A 类 IP 地址所能表示的网络数范围为 0 ~ 127，即 1.x.y.z ~ 126.x.y.z 格式的 IP 地址都属于 A 类 IP 地址。A 类 IP 地址通常用于大型网络。

B 类 IP 地址用 16 位来标识网络号，16 位标识主机号，最前面两位为“10”。网络号和主机号的数量大致相当，分别用 2 个 8 位来表示，第 1 个 8 位表示的数的范围为 128 ~ 191。B 类 IP 地址适用于中等规模的网络，每个网络所能容纳的计算机数为 6 万多台。如各地区的网络管理中心。

C 类 IP 地址用 24 位来标识网络号，8 位标识主机号，最前面 3 位为“110”。网络号的数量要远大于主机号，如一个 C 类 IP 地址共可连接 254 台主机。C 类 IP 地址的第 1 个 8 位表示的数的范围为 192 ~ 223。C 类 IP 地址一般适用于校园网等小型网络。

D 类、E 类为特殊地址。D 类用于多播传送，十进制的第 1 组数值范围为 224 ~ 239。E 类保留用于将来和实验使用，十进制的第 1 组数值范围为 240 ~ 255。

② 子网掩码。

子网掩码用于识别 IP 地址中的网络地址和主机地址。子网掩码也是 32 位二进制数字，在子网掩码中，对应于网络地址部分用“1”表示，主机地址部分用“0”表示。

子网掩码是判断任意两台计算机的 IP 地址是否属于同一子网的根据。最为简单的理解就是将两台计算机各自的 IP 地址与子网掩码进行按二进制位做“与”运算后，如果得出的结果是相同的，则说明这两台计算机是处于同一个子网的，可以进行直接通信。

正常情况下子网掩码的地址为：网络位全为“1”，主机位全为“0”。因此有：

A 类地址网络的子网掩码地址为 255.0.0.0。

B 类地址网络的子网掩码地址为 255.255.0.0。

C 类地址网络的子网掩码地址为 255.255.255.0。

③ IPv6。

现有的互联网是在 IPv4 协议的基础上运行的，IPv6 是下一版本的互联网协议，它的提出最初是因为随着互联网的迅速发展，IPv4 定义的有限地址空间将被耗尽，地址空间的不足必将影响互联网的进一步发展。为了扩大地址空间，拟通过 IPv6 重新定义地址空间。IPv4 采用 32 位地址长度，只有大约 43 亿个地址，而 IPv6 采用 128 位地址长度，几乎可以不受限制地提供地址。按保守方法估算，IPv6 实际可分配的地址大约相当于整个地球每平方米面积上可分配 1000 多个地址。在 IPv6 的设计过程中，除一劳永逸地解决了地址短缺问题以外，还考虑了在 IPv4 中解决不好的其他问题。

IPv6 的主要优势体现在以下几方面。

- 规模更大：IPv6 的地址空间、网络的规模更大，接入网络的终端种类和数量更多，网络应用更广泛。
- 速度更快：100 Mbit/s 以上的端到端高性能通信。
- 更安全可信：对象识别、身份认证和访问授权，数据加密和完整性，可信任的网络。
- 更及时：组播服务，服务质量，大规模实时交互应用。
- 更方便：基于移动和无线通信的丰富应用。
- 更可管理：有序的管理、有效的运营、及时的维护。
- 更有效：有盈利模型，获得重大社会效益和经济效益。

（3）Internet 域名系统。

为了方便用户，Internet 在 IP 地址的基础上提供了一种面向用户的字符型主机命名机制，这就是域名系统，它是一种更高级的地址形式。为了便于管理并避免重名，域名由若干不同层次的子域名构成，它们之间用圆点“.”隔开，并采用“主机名.三级域名.二级域名.顶级域名”的形式来表示 Internet 中某一台计算机或计算机组的名称。

① 顶级域名。

Internet 是由很多网络组成的，可以把这些网络按照一定的逻辑划分成很多的域，大的域里包含小的域，一直细分到某台具体的主机。

Internet 的域名系统采用的是典型的层次结构。域名系统将整个 Internet 划分为多个顶级域，并为每个顶级域规定了通用的顶级域名。表 7–1 所示为顶级域名的分配。

表 7-1　顶级域名

顶级域名	分配给
com	商业组织
edu	教育机构
gov	政府部门
mil	军事部门
net	主要网络支持中心
org	上述以外的组织
int	国际组织
国家（地区）	代表各个国家（地区）

② 域名的层次结构。

各个国家（地区）网络信息中心（NIC）将顶级域的管理权授予指定的管理机构，各个管理机构再为它们所管理的域分配二级域名，并将二级域名的管理权授予其下属的管理机构，如此层层细分，就形成了 Internet 层次状的域名结构，如图 7-16 所示。

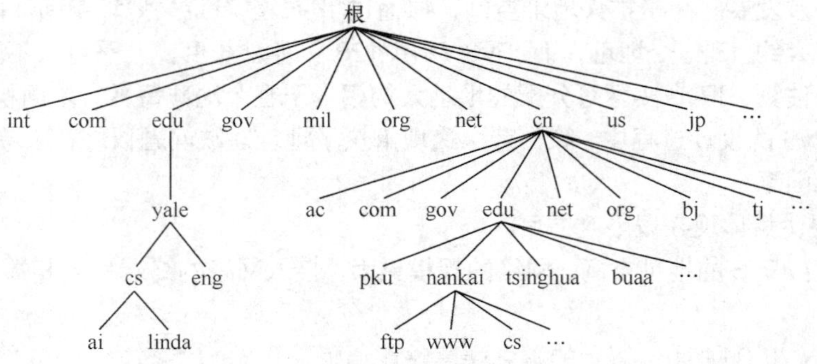

图7-16　域名层次结构

域名的典型结构如下：

计算机主机名.机构名.网络名.顶级域名

例如 www.tsinghua.edu.cn 指的是中国（cn）教育网（edu）清华大学（tsinghua）Web 主机（WWW）。

③ 中国互联网络的域名规定。

根据已发布的《中国互联网络域名注册暂行管理办法》，中国互联网络的域名体系最高级为 cn。二级域名共 40 个，分为 6 个类别域名（ac、com、edu、gov、net、org）和 34 个行政区域名（如 bj、sh、tj 等）。二级域名中，除了 edu 的管理和运行由中国教育和科研计算机网络中心负责外，其余全部由中国互联网络信息中心（CNNIC）负责。

3. Internet 的接入方式

Internet 的接入技术比较多，个人用户常用的主要有以下几种。

（1）PSTN 方式。

PSTN（Published Switched Telephone Network，公用电话交换网）技术是利用 PSTN 通过调制解调器拨号实现用户接入的方式。这是早期的一种接入方式，最高速率为 56 kbit/s。其连接方式如图 7-17 所示。

图7-17　PSTN方式

（2）ADSL 方式。

ADSL（Asymmetrical Digital Subscriber Line，非对称数字用户环路）是一种能够通过普通电话线提供宽带数据业务的技术，也是目前较常见的一种接入技术。ADSL 支持上行速率 640 kbit/s ~ 1 Mbit/s，下行速率 1 Mbit/s ~ 8 Mbit/s。其连接方式如图 7-18 所示。

（3）LAN 方式。

如果用户是通过局域网（LAN）连接 Internet，则不需要调制解调器和电话线路，而是需要一个网卡和网络连接线，通过集线器或交换机经路由器接入 Internet，这种方式实际上是将局域网作为一个子网接入 Internet。目前，各电信公司以及部分 ISP 都在推出宽带 LAN 接入方式上网，用户 PC 的上网速率可达 100 Mbit/s。

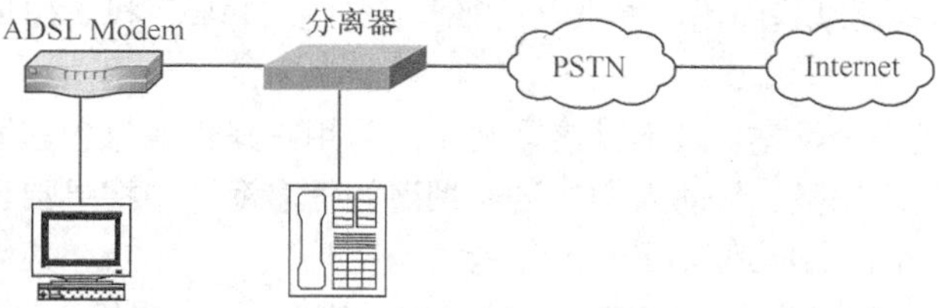

图7-18 ADSL方式

（4）无线方式。

由于铺设光纤的费用很高，对于需要宽带接入的用户，一些城市提供无线接入。用户通过高频天线和 ISP 连接，距离在 10 km 左右，带宽为 2 Mbit/s ~ 11 Mbit/s，费用低廉，性能价格比很高，但是受地形和距离的限制，适合城市里距离 ISP 不远的用户。

无线接入技术主要有以下几种类型：蜂窝技术、数字无绳技术、点对点微波技术、卫星技术、蓝牙技术等。近年来，由于无线应用协议（WAP）的制定，已实现了移动通信手机接入 Internet。

（5）无线局域网方式。

无线局域网（Wireless LAN，WLAN）是相当便利的数据传输系统，它利用射频技术，取代旧式碍手碍脚的双绞铜线所构成的局域网络，使得无线局域网络能利用简单的存取架构，让用户透过它，通过无线方式高速接入互联网/企业网，获取信息、移动办公或者娱乐，达到“信息随身化、便利走天下”的理想境界。

4. Internet 的应用

目前，Internet 上所提供的服务功能已达上万种，其中多数服务是免费提供的。随着 Internet 向商业化方向发展，很多服务被商业化的同时，所提供的服务种类也将进一步快速增长。从功能上说，Internet 所提供的服务基本上可以分为 3 类：共享资源、交流信息、发布和获取信息。下面介绍 Internet 的几种主要服务。

（1）WWW 服务。

WWW 是 World Wide Web 的缩写，是基于互联网的信息服务系统，向用户提供一个以超文本技术为基础的多媒体的全图形浏览界面。

① 网页：是在 WWW 上将信息一页一页地呈现给访问者的页面，网页上是一些连续的数据片段，包括普通文字、图形、图像、声音、动画等多媒体信息，还包括指向其他网页的链接。WWW 服务器上的第一个页面称为主页。

② HTML：超文本标记语言（Hyper Text Markup Language）是一种计算机程序语言，用来编写 Web 网页，它所编写的对象不仅有普通的文字元素，还有声音、动画等超越普通文字符号的对象。

③ HTTP：超文本传输协议，是 WWW 服务程序所用的网络传输协议。

④ URL：全球统一资源定位器，是以全世界统一的唯一标识来确定某个网络资源。其格式为：访问方法://主机地址[:端口号]/路径名/文件名[?参数列表]。如 http://www.baidu.com/s?wd=wanweiwang&ie=utf-8。

（2）电子邮件服务。

电子邮件服务（又称 E-mail 服务）是目前因特网上使用最频繁的服务之一，它为因特网用户之间发送和接收消息提供了一种快捷、廉价的现代化通信手段。电子邮件的格式为：“用户名 @

电子邮件服务器名”，它表示以用户名命名的邮箱是建立在符号“@”（读作 at）后面说明的电子邮件服务器上的，该服务器就是向用户提供电子邮政服务的“邮局”机。如 lizheng@sdca.edu.cn。

（3）搜索引擎。

搜索引擎其实也是一个网站，只不过该网站专门为用户提供信息检索服务，它使用特有的程序把因特网上的所有信息归类，帮助人们在浩如烟海的信息海洋中搜寻自己所需要的信息。常用的搜索引擎有百度（http://www.baidu.com/）等。

在上网搜索之前，我们首先要搞清楚待查信息的关键字。可以先输入一个主关键字进行搜索，如果发现搜索到的结果太多或者没有用，说明这一个关键字不明确，在“高级搜索”中输入第 2 个关键字，再次搜索，一般就能查到所需信息。

（4）文件传输。

文件传输协议（FTP）是一个客户机/服务器系统。是 Internet 中用于提供文件传输服务的一种协议。FTP 让用户连接上一个远程计算机，查看远程计算机上有哪些文件，然后把文件从远程计算机上复制到本地计算机（称为下载），或把本地计算机上的文件传送到远程计算机去（称为下载）。FTP 可以对文本文件和二进制文件进行传输。

（5）网络新闻组。

网络新闻组（USENET）是人们利用 Internet 互换创意、发表看法、收集信息以及回答问题的地方。它利用 NNTP（网络新闻传输协议）在 Internet 上收发网络新闻。

（6）网络社区。

网络社区是以论坛（BBS）为基础核心应用，包括公告栏、群组讨论、在线聊天、交友、个人空间、无线增值服务等形式在内的网上互动平台，同一主题的网络社区集中了具有共同兴趣的访问者。

（7）电子公告板（BBS）与微博、微信。

电子公告板（BBS）是互联网上发布和获取信息最常用的方式之一。它是一种电子信息服务系统，向用户提供一块公共电子白板，每个用户都可以在上面发布信息或提出看法，它是互联网上最知名的信息服务之一。

微博是微博客（MicroBlog）的简称，是一个基于用户关系的信息分享、传播以及获取平台，用户可以通过 Web、WAP 以及各种客户端组建个人社区，以 140 字左右的文字更新信息，并实现即时分享。

微信是腾讯公司于 2011 年 1 月 21 日推出的一款支持 Windows Phone、Android 以及 iPhone 等平台的即时通信应用程序，是可以让用户通过智能手机客户端与好友分享文字与图片，并能分组聊天、语音、视频对讲的智能型手机聊天软件。

（8）即时消息。

QQ 是互联网最常用的即时通信软件，它提供了全球范围内实时“交谈”的新方式。

（9）多媒体应用。

① 网络音乐。

MIDI、MP3、Real Audio 和 WAV 等是歌曲的几种压缩格式，其中前 3 种是现在网络上比较流行的网络音乐格式。由于 MP3 体积小，音质高，采用免费的开放标准，使得它几乎成为网上音乐的代名词。

② 视频点播（VOD）。

VOD 是 Video On Demand 的缩写，即交互式多媒体视频点播业务，是集动态影视图像、静态图片、声音、文字等信息于一体，为用户提供实时、高质量、按需点播服务的系统。

（10）电子商务。

电子商务指在网络上通过计算机进行业务通信和交易处理的过程。通过电子商务查询、电子采购，最终实现电子交易。电子商务降低了传统售前和售后服务所需要的大量人力和财力，实现了高效率和低成本。

任务 2　网络故障排除

情境描述

一天，一直正常使用的公司计算机突然打不开任何网页了。张强焦急万分却不知从何处下手。小张的计算机究竟出现了什么问题？该如何检查和维护呢？　小张向公司里的网络管理员李工请教。李工检查了小张的电脑，很快找到了问题所在，解决了问题。

任务实现

1. 物理连接检查

李工先检查了小张的计算机的网线连接，发现网线连接正常。

2. 实用程序检测

（1）用实用程序 Ping 命令先 Ping 环回地址，检查 TCP/IP 协议是否正常。

单击计算机“开始”图标，在“开始”菜单中所有程序里打开“附件”，单击“命令提示符”，打开命令提示符窗口，在“>”提示符后输入 ping 127.0.0.1，按“Enter”键得到如图 7-19 所示结果，说明计算机内的 TCP/IP 协议工作正常。

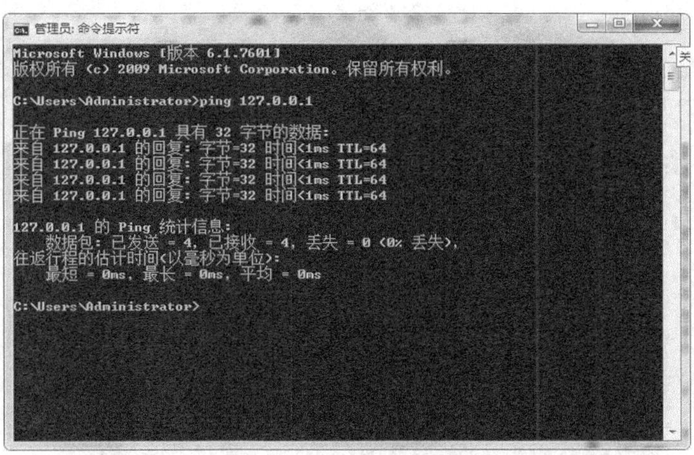

图7-19　测试回环地址

（2）用实用程序 Ping 命令 Ping 网关地址，检查网关，发现网关连通正常（小张计算机的网关地址是 10.10.18.254），如图 7-20 所示。

（3）用实用程序 Ping 命令 ping www.baidu.com 百度服务器，检查发现不能和外部网络互联，如图 7-21 所示。

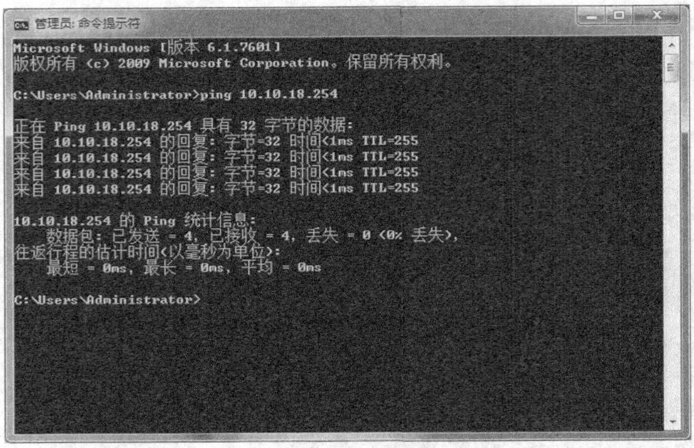

图7-20　测试网关

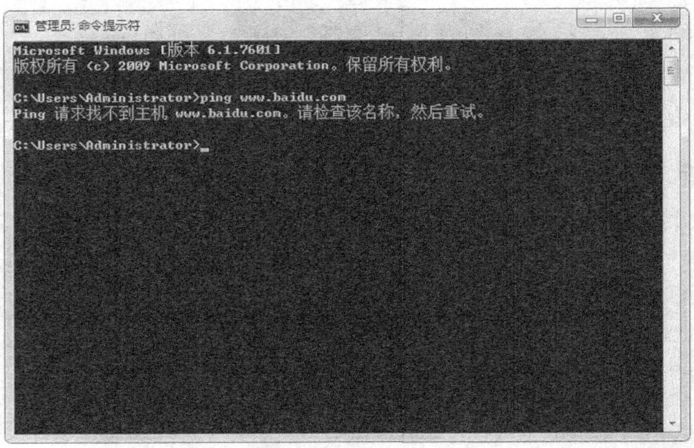

图7-21　测试外部服务器

（4）用 ipconfig/all 命令显示地址信息，发现 DNS 服务器的地址有误，没有设置 DNS 服务器地址，如图 7-22 所示。

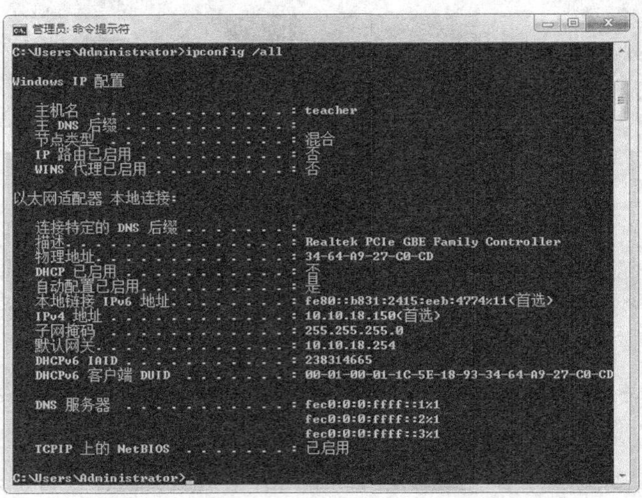

图7-22　ipconfig命令

3. 故障排除

李工打开网络连接重新设置 DNS 服务器地址，小张的计算机回复正常的上网功能。

（1）在桌面上右击“网络”图标，在快捷菜单中点击“属性”，打开如图 7-23 所示的网络和共享中心窗口。

图7-23　网络和共享中心窗口

（2）单击“本地连接”，如图 7-24 所示，单击“属性”按钮，打开“本地连接 属性”对话框，如图 7-25 所示，单击“Internet 协议版本 4（TCP/IP）”，单击“属性”按钮，打开“Internet 协议版本 4（TCP/IP）属性”对话框，如图 7-26 所示。

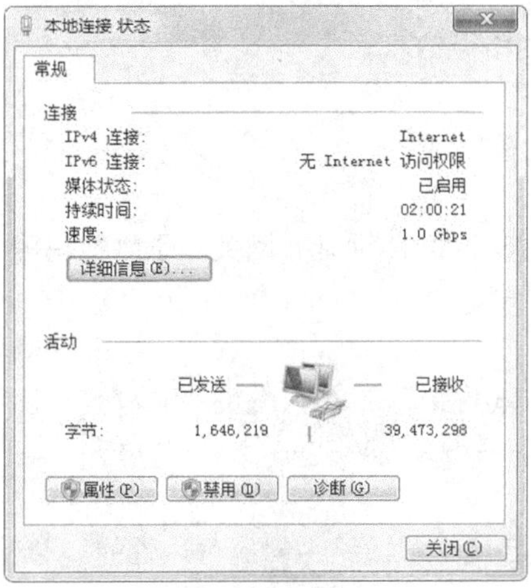

图7-24　本地连接

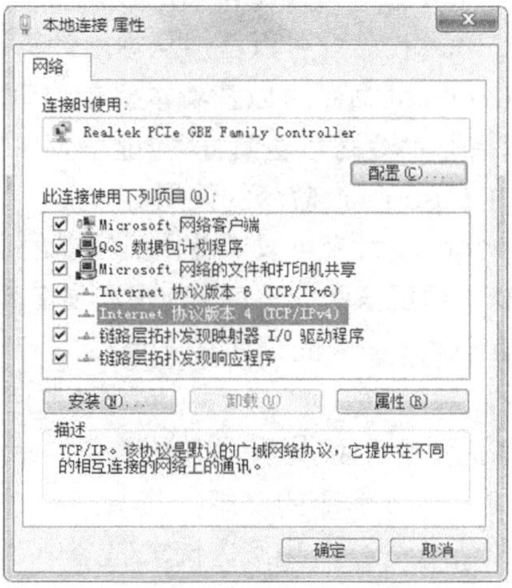

图7-25　“本地连接 属性”对话框

（3）在首选 DNS 服务器的右侧参数框内输入 DNS 服务器的 IP 地址：10.10.1.9（小张公司网络所用的 DNS 服务器地址）。关闭所有对话框后，重新上网测试，网络恢复正常。

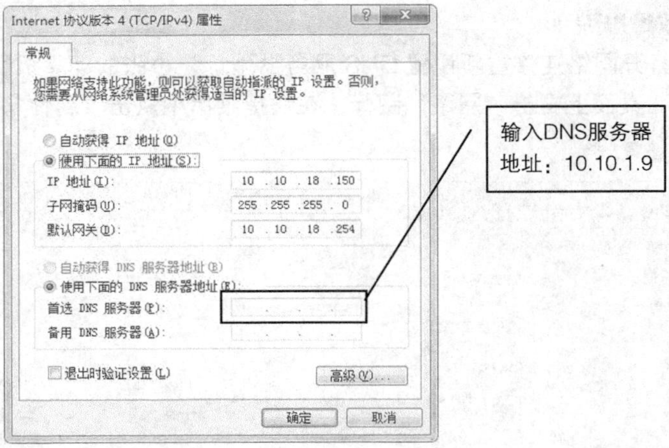

图7-26 “Internet协议版本4（TCP/IP）属性”对话框

相关知识

随着网络应用的日益广泛，计算机或各种网络设备出现这样那样的故障是在所难免的。常见的网络故障按故障性质可以分为两大类：物理故障和逻辑故障。物理故障就是指网络中的设备或是通信线缆所发生的物理损坏或接触不良等故障。如：网络连接时断时续，可以判断是端接的地方接触不良或是电缆有损坏的地方；逻辑故障是指通信协议故障、设置故障。

1. 常用的故障排除法

除了使用各种硬件检测设备和测试工具检测故障之外，还可利用操作系统本身内置的一些网络命令，对所在的网络进行故障检测和维护。

- ipconfig 命令查看 TCP/IP 配置信息（如 IP 地址、网关、子网掩码等）。
- ping 命令可测试网络的连通性。
- tracert 命令可以获得从本地计算机到目的主机的路径信息。
- netstat 命令可以查看本机各端口的网络连接情况。
- arp 命令可以查看 IP 地址与 MAC 地址的映射关系。

（1）ipconfig 命令的使用。

ipconfig 命令可以查看主机当前的 TCP/IP 配置信息（如 IP 地址、网关、子网掩码等）、刷新动态主机配置协议（DHCP）和域名系统（DNS）设置。

ipconfig 命令的语法格式为：

```
ipconfig [/all] [/renew[Adapter]] [/release [Adapter]] [/flushdns] [/displaydns]
[/registerdns] [/showclassid Adapter] [/setclassid Adapter [ClassID]]
```

（2）ping 命令的使用。

ping 命令是利用回应请求/应答 ICMP 报文来测试目的主机或路由器的可达性的。通过执行 ping 命令可获得如下信息。

① 监测网络的连通性，检验与远程计算机或本地计算机的连接。

② 确定是否有数据报被丢失、复制或重传。ping 命令在所发送的数据报中设置唯一的序列号（Sequence Number），以此检查其接收到应答报文的序列号。

③ ping 命令在其所发送的数据报中设置时间戳（Timestamp），根据返回的时间戳信息可以计算数据包交换的时间，即 RTT（Round Trip Time）。

④ ping 命令校验每一个收到的数据报，据此可以确定数据报是否损坏。即：

ping [-t][-a][-n count][-l size][-f][-i TTL][-v TOS][-r count][-s count] [[-j host-list]|[-k host-list]][-w timeout] 目的 IP 地址

其含义如表 7-2 所示。

表 7-2 常用 ping 命令

选项	含义
-t	连续地 Ping 目的主机，直到手动停止（按“Ctrl+C”组合键）
-a	将 IP 地址解析为主机名
-n count	发送回送请求 ICMP 报文的次数（默认值为 4）
-l size	定义 echo 数据报的大小（默认值为 32B）
-f	不允许分片（默认为允许分片）
-i TTL	指定生存周期
-v TOS	指定要求的服务类型
-r count	记录路由
-s count	使用时间戳选项
-j host-list	使用松散源路由选项
-k host-list	使用严格源路由选项
-w timeout	指定等待每个回送应答的超时时间（以 ms 为单位，默认值为 1000，即 1s）

（3）tracert 命令的使用。

tracert（跟踪路由）是路由跟踪实用程序，用于获得 IP 数据报访问目标时从本地计算机到目的主机的路径信息。

tracert 命令的语法格式为：

tracert [-d] [-h MaximumHops] [-j HostList] [-w Timeout] [-R] [-S SrcAddr] [-4][-6] TargetName，其说明如表 7-3 所示。

表 7-3 tracert 命令

选项	含义
-d	防止 tracert 试图将中间路由器的 IP 地址解析为它们的名称
-h MaximumHops	指定搜索目标（目的）的路径中“跳数”的最大值。默认“跳数”值为 30
-j HostList	指定“回显请求”消息将 IP 报头中的松散源路由选项与 HostList 中指定的中间目标集一起使用
-w Timeout	指定等待“ICMP 已超时”或“回显答复”消息（对应于要接收的给定“回显请求”消息）的时间（ms）
-R	指定 IPv6 路由扩展报头应用来将“回显请求”消息发送到本地主机，使用指定目标作为中间目标并测试反向路由
-S SrcAddr	指定在“回显请求”消息中使用的源地址。仅当跟踪 IPv6 地址时才使用该参数
-4	指定 tracert 只能将 IPv4 用于本跟踪

（续表）

选项	含义
-6	指定 tracert 只能将 IPv6 用于本跟踪
TargetName	指定目标，可以是 IP 地址或主机名
-?	在命令提示符下显示帮助

（4）netstat 命令的使用。

netstat 命令可以显示当前活动的 TCP 连接、计算机侦听的端口、以太网统计信息、IP 路由表、IPv4 统计信息以及 IPv6 统计信息等。

netstat 命令的语法格式为：

netstat [-a] [-e] [-n] [-o] [-p Protocol] [-r] [-s] [Interval]。其说明如表 7-4 所示。

表 7-4　netstat 命令

选项	含义
-a	显示所有活动的 TCP 连接以及计算机侦听的 TCP 和 UDP 端口
-e	显示以太网统计信息，如发送和接收的字节数、数据包数等
-n	显示活动的 TCP 连接，不过，只以数字形式表示地址和端口号
-o	显示活动的 TCP 连接并包括每个连接的进程 ID（PID）。该选项可以与-a、-n 和-p 选项结合使用
-p Protocol	显示 Protocol 所指定的协议的连接
-r	显示 IP 路由表的内容。该选项与“route print”命令等价
-s	按协议显示统计信息
Interval	每隔 Interval 秒重新显示一次选定的信息。按 Ctrl+C 组合键停止重新显示统计信息。如果省略该选项，netstat 将只显示一次选定的信息
/?	在命令提示符下显示帮助

2. 信息安全

随着信息产业越做越大，网络基础设施越来越深入到社会的各个方面、各个领域，信息技术应用成为我们工作、生活、学习、国家治理和其他各个方面必不可少的关键组件，信息安全的地位日益突出。它不仅是企业、政府的业务能不能持续稳定地运行的保证，也可成为关系到个人安全的保证，甚至成为关系到我们国家安全的保证。所以信息安全是我们国家信息化战略中一个十分重要的方面。

（1）计算机病毒。

计算机病毒（Virus）是一组人为设计的程序，这些程序侵入到计算机系统中，通过自我复制来传播，满足一定条件即被激活，从而给计算机系统造成一定损害甚至严重破坏。这种程序的活动方式与生物学上的病毒相似，所以被称为计算机“病毒”。现在的计算机病毒已经不单单是计算机学术问题，而成为一个严重的社会问题。

计算机病毒具有如下特点。

- 可执行性。
- 破坏性。

- 传染性。
- 潜伏性。
- 针对性。
- 衍生性。
- 抗反病毒软件性。

（2）计算机病毒传播途径。

① 通过计算机网络进行传播。传统的计算机病毒可以随着正常文件通过网络进入一个又一个系统，而新型的计算机病毒不需要通过宿主程序便可以独立存在而传播千里。毫无疑问，网络是目前计算机病毒传播的首要途径，从网上下载文件、浏览网页、收看电子邮件等都有可能会中毒。

② 通过不可移动的计算机硬件设备进行传播，这些设备通常有计算机的专用 ASIC 芯片和硬盘等。这种计算机病毒虽然极少，但破坏力却极强，目前没有较好的监测手段。

③ 通过移动存储设备来进行传播，这些设备包括 U 盘、移动硬盘等。光盘使用不当，也会成为计算机病毒传播和寄生的“温床”。

④ 通过点对点通信系统和无线通道传播。QQ 连发器病毒能通过 QQ 这种点对点的聊天程序进行传播。

（3）常见的计算机病毒种类。

① 蠕虫病毒。

蠕虫病毒是一类常见的计算机病毒，源自第一种在网络上传播的病毒。病毒前缀是 Worm。这种病毒的公有特性是通过网络或者系统漏洞进行传播，很大部分的蠕虫病毒都有向外发送带毒邮件，阻塞网络的特性。如冲击波（阻塞网络）、小邮差（发带毒邮件）等。

蠕虫病毒的一般防治方法是：使用具有实时监控功能的杀毒软件，并及时更新病毒库，同时注意不要轻易打开不熟悉的邮件附件。

② 木马病毒因古希腊特洛伊战争中著名的“木马计”而得名，其前缀是 Trojan；黑客病毒的前缀一般为 Hack。木马病毒的公有特性是通过网络或者系统漏洞进入用户的系统并隐藏，然后向外界泄露用户的信息，而黑客病毒则有一个可视的界面，能对用户的电脑进行远程控制。木马、黑客病毒往往是成对出现的，即木马病毒负责侵入用户的电脑，而黑客病毒则会通过该木马病毒来进行控制。现在这两种类型都越来越趋向于整合了。木马病毒的传播方式主要有两种：一种是通过 E-mail，控制端将木马程序以附件的形式夹在邮件中发送出去，收信人只要打开附件系统就会感染木马；另一种是软件下载，一些非正规的网站以提供软件下载为名，将木马捆绑在软件安装程序上，下载后，只要一运行这些程序，木马就会自动安装。

对于木马病毒防范措施主要有：用户提高警惕，不下载和运行来历不明的程序，对于不明来历的邮件附件也不要随意打开。

③“熊猫烧香”其实是一种蠕虫病毒的变种，是蠕虫和木马的结合体，而且是经过多次变种而来的。由于中毒电脑的可执行文件会出现“熊猫烧香”图标，所以被称为“熊猫烧香”病毒。用户电脑中毒后可能会出现蓝屏、频繁重启以及系统硬盘中数据文件被破坏、浏览器会莫名其妙地开启或关闭等现象。同时，该病毒的某些变种可以通过局域网进行传播，进而感染局域网内所有计算机系统，最终导致企业局域网瘫痪，无法正常使用。

④“火焰”病毒的全名是 Worm.Win32.Flame，它是一种后门程序和木马病毒，同时还具有

蠕虫病毒的特点。只要其操作者发出指令，它就能够在网络和移动设备中进行自我复制。电脑系统一旦被感染，病毒就可以发起一系列的行动，包括监测网络流量、获取截屏画面、记录音频对话和截获键盘输入等。被火焰病毒感染的系统中所有的数据都能通过链接传到病毒指定的服务器，这样操作者就可以掌握这些数据。

"火焰"的设计非常复杂，它能够逃避 100 种防毒软件。感染该病毒的电脑会自动分析它自己的网络流量规律，自动录音，记录用户密码和键盘敲击的规律，将用户浏览网页、通讯通话、账号密码以至键盘输入等记录及其他重要文件发送给远程操控病毒的服务器。

⑤ 脚本病毒的前缀是 Script。脚本病毒的公有特性是使用脚本语言编写，通过网页进行的传播的计算机病毒，如红色代码（Script.Redlof）。脚本病毒还会有前缀 VBS、JS（表明是何种脚本编写的），如欢乐时光（VBS.Happytime）、十四日（Js.Fortnight.c.s）等。

⑥ 宏病毒其实也是脚本病毒的一种，由于它的特殊性，因此单独算成一类。该类病毒的公有特性是能感染 Office 系列文档，然后通过 Office 通用模板进行传播。

⑦ 震网病毒又名 Stuxnet 病毒，主要利用 Windows 系统的漏洞，通过移动存储介质和局域网来进行传播。"震网"病毒不会通过窃取个人隐私信息来牟利，它的打击对象是全球各地的重要目标，所以它被一些专家定性为全球首先投入实战舞台的"网络武器"。这种计算机病毒可以破坏世界各国的化工、发电和电力传输企业所使用的核心生产控制电脑软件，并且代替该软件来控制工厂的其他电脑。

3. 防火墙技术

（1）防火墙概述。

防火墙（Firewall）是在企业内部网和外部网之间执行访问控制策略的一个或一组安全系统，它在内部网和 Internet 之间设置控制，以阻止外界对内部资源的非法访问，也可以阻止内部对外部的不安全访问。设置防火墙的思想就是在内部、外部网络之间建立一个具有安全控制机制的安全控制点，通过允许、拒绝或重新定向经过防火墙的数据流，实现对内部网服务和访问的安全审计和控制。

防火墙是一种计算机硬件和软件系统的集合，是实现网络安全策略的有效工具之一，被广泛地应用到 Internet 与 Intranet 之间。通常防火墙建立在内部网和 Internet 之间的一个路由器或计算机上，该计算机也叫堡垒主机。它就如同一堵带有安全门的墙，可以阻止外界对内部网资源的非法访问和通行合法访问，也可以防止内部对外部网的不安全访问和通行安全访问。为使防火墙发挥作用，内部和外部网络之间的所有数据流都必须经过它。一般情况下，防火墙的主要功能有以下几点。

- 访问控制。
- 对网络存取和访问进行监控审计。
- 防止内部信息的外泄。
- 支持网络地址转换。

但防火墙也有不足之处，它不能防范内部人员的攻击，不能防范绕过它的连接，不能防备全部的威胁，更不能防范恶意程序。

（2）防火墙技术及分类。

防火墙技术大体上分为两类：网络层防火墙技术和应用层防火墙技术。这两个层次防火墙分别叫包过滤防火墙和代理防火墙。

① 包过滤防火墙。

网络层防火墙一般由具有包过滤功能的路由器来充当，其访问控制列表可对网络层和传输层信息进行过滤，检查内容一般为：源、目的 IP 地址；源、目的端口号；协议类型；TCP 报头的标志位（如 ACK 标识，指出这个包是否是回应包）。例如，如果在外网端口的包访问控制列表中添加只允许数据包发往目的 TCP 端口为 80（标准的 HTTP 端口）的规则，那么外网的计算机则只能访问内网 WEB 服务，其他全部被拒绝。

② 代理防火墙。

应用层防火墙控制对应用程序的访问，也称为代理防火墙，它能够代替网络用户完成特定的 TCP/IP 功能。一个代理防火墙本质上是一个应用层网关，即一个为特定网络应用而连接两个网络的网关。用户就某一项 TCP/IP 应用（如 HTTP）同代理服务器打交道，代理服务器要求用户提供其要访问的外部 Internet 主机名。当用户答复并提供了正确的用户身份及认证信息后，代理服务器建立与外部 Internet 主机的连接，为两个通信点充当中继。代理防火墙分别与内部和外部系统连接，不允许信息越过防火墙而传输，整个过程可以对用户完全透明。

任务 3 大数据技术

大数据时代悄然来临，深刻影响着社会生产和人民生活的方方面面。凡事都可用数据说话，我们去过哪些地方，走了多少路，消耗了多少能量，喜欢看的书和电影，潜意识里的想法，都可以用数据准确预知。生活中也出现了各种基于数据分析的新鲜事物，可视眼镜、可穿戴的智能手表、智能家居和无人机等。生活中的各种场景，如晚上想回家洗个澡，到家后发现热水已经准备好了；打开邮件一看，几款裙子正在搞促销，正是我喜欢的款式；我今天晚上下的单，第二天早晨货就到了，这些都是对大数据分析后得到的结果。未来，甚至顾客都不需要有任何购买动作，利用之前购买行为产生的大数据，当你的沐浴露剩下最后一滴时，你中意的沐浴露就已送到你的手上，虽然顾客和商家从未谋面，但已如朋友般熟识。

情境描述

某高校沙拉创业社团有一个创业计划，要成立约伴旅游网，创业前需要设计一份调查问卷，详细了解同学们的需求，团长想到有个微信小程序就可以最方便快捷地完成一份多功能实用“调查问卷”，收集所需要的数据。电子问卷调查更加容易获取海量数据，也可以对数据的收集进行条件限制，这样更加有助于数据统计与分析。简而言之，电子问卷调查让我们的统计更加简单，分析更加精确，工作更加高效。

1. 问卷星

问卷星是一个专业的在线问卷调查、测评、投票平台，专注于为用户提供功能强大且人性化的在线设计问卷、采集数据、自定义报表、调查结果分析系列服务。与传统调查方式和其他调查网站或调查系统相比，问卷星具有快捷、易用、低成本的明显优势，已经被大量企业和个人广泛使用。

2. 秀赞问卷

爱范儿、第九程序极力推荐的问卷小程序。页面简洁，提供丰富模板，其中包括各种活动报名表、反馈单、邀请卡等。在手机端和 PC 端都可以编辑问卷，随时随地做问卷。

3. 小问卷

分为投票、发起活动两个部分，细节操作略麻烦，但是总体算是比较好的。最大的特点是趣味问卷，像之前在微信朋友圈比较火的“用 3 个词形容我”就是这个问卷发起的。

4. 趣问卷

2018 年 5 月份一个微信小程序“趣问卷”发布了，它可以轻松实现问卷、投票、问答、答题以及数据汇总分析功能。我们就以趣问卷为例，介绍电子调查问卷的使用。

任务实现

（1）打开微信 APP，点击下方的“发现”按钮，点击小程序选项，然后搜索“趣问卷”。或者使用微信扫描如图 7-27 所示的二维码进入趣问卷小程序即可。

（2）打开趣问卷页面，点击“创建问卷”按钮，按界面提示进行问卷题目、文件描述的填写，问卷权限设置，问卷题目的设置等。我们可以根据调查的需求设置为匿名或记名等方式，既可以只在群组内进行问卷，也可在全网发起问卷，如图 7-28 所示。

图7-27　趣问卷小程序二维码

图7-28　创建问卷设置

（3）点击“下一步”按钮，第一次使用趣问卷的话会出现一个“微信授权“提示，点击“允许”按钮，即可以打开“编辑问卷”页面，如图 7-29 所示。

（4）在题目编辑界面添加我们设定好的问题，可以把题目设置为单选或多选，还可以设置填空题。题目可以直接文本导入，也可以导出设置好的题目文本。编辑完毕后，点击“完成”，再将问卷“转发”到微信群或者其他小伙伴，或者让他们扫码参加调查问卷即可。

知识点拨

为增加大家参与问卷调查的积极性，我们还可以添加红包奖励。

（5）问卷统计界面。调查结束后我们可以以表格的形式导出调查结果（见图 7-30）。方便我们进行问卷分析，提高工作效率。这个小程序还支持多种文档格式的数据导出，可以直接查看或导出调查问卷内容和调查问卷结果。

图7-29　编辑问卷

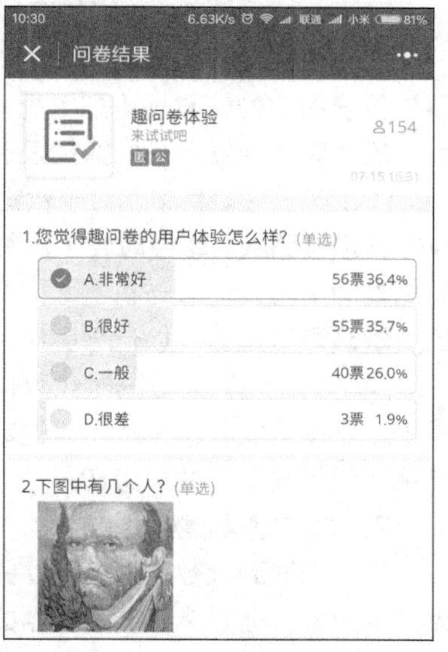

图7-30　问卷结果界面

相关知识

现在的社会是一个信息化、数字化的社会，互联网、物联网和云计算技术的迅猛发展，使得数据充斥着整个世界。与此同时，数据也成为一种新的自然资源，亟待人们对其加以合理、高效、充分的利用，使之能够给人们的生活和工作带来更大的效益和价值。下面，我们从几个方面介绍一下大数据及其相关的应用。

1. 大数据的定义和特征

互联网（社交、搜索引擎、电商）、移动互联网（微信、QQ）、物联网（传感器）、车联网、GPS、监控、电信（通话、短信）和医学（医学影像、病人资料）都在时时地产生数据。Google 每天需要处理 24PB 的数据；每天亚马逊要产生 630 万笔订单；百度目前的总数据量已超过 1000PB，每天需要处理的网页数据达到 10 ~ 100PB；新浪每天的发帖量达到 8000 万条。大数据已经远远超出了现有传统的计算技术和信息处理的能力，因此，寻求有效的大数据存储、处理和分析的手段和方法已成为目前的迫切需求。

对于大数据，目前没有一个明确的定义。维基百科将大数据定义为：大数据是指无法在一定时间内用常规软件工具对其内容进行抓取、管理和处理的数据集合。信息专家涂子沛在著作《大数据》中认为：“大数据”之“大”，并不仅仅指“容量大”，更大的意义在于通过对海量数据的交换、整合和分析，发现新的知识，创造新的价值，带来“大知识”“大科技”“大利润”和“大发展”。

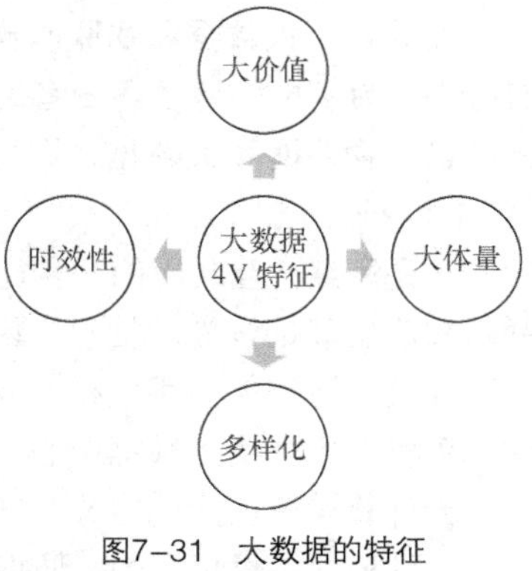

图7-31　大数据的特征

大数据具备以下 4 个维度的特征，如图 7-31 所示。

（1）大体量。数据量可从数百 TB 到数百 PB 甚至 EB 的规模。需要注意的是，目前数据随处随时可以获取，数据量的大小已不是最重要的，数据的完整性才是最重要的，即我们需要的是全部数据，而不是采样数据。

（2）多样化。大数据所处理的数据类型以半结构化和非结构化数据为主（如视频数据），而不是传统的结构化数据（如数据库中的表）。更为重要的是，需要在各种各样的数据中发现它们之间的关联。独立单一的数据没有任何价值，只有把各种数据关联起来才能实现价值。

（3）时效性。目前，对于数据智能化和实时性的要求越来越高，比如开车时会查看智能导航仪查询最佳路线，吃饭时会了解其他用户对这家餐厅的评价，见到可口的食物会拍照发微博等诸如此类的人与人、人与机器之间的信息交流互动，这些都不可避免地带来数据交换。而数据交换的关键是降低延迟，以近乎实时的方式呈现给用户。

（4）大价值。大数据时代数据的价值就像沙子淘金，数据量越大，里面真正有价值的东西就越少。现在的任务就是从大量的数据中提取出有价值的信息，将信息转化为知识，发现规律，最终用知识促成正确的决策和行动。

2. 大数据关键技术

当人们谈到大数据时，往往并非仅指数据本身，而是数据和大数据技术这两者的综合。所谓大数据技术，是指伴随着大数据的采集、存储、分析和应用的相关技术，是使用非传统的工具对大数据进行处理，获得分析和预测结果的一系列数据存储、处理和分析技术。学习大数据技术需要首先了解大数据的基本处理流程，主要包括数据采集、存储、分析和结果呈现等环节。具体如表 7–5 所示。

表 7-5　大数据关键技术

大数据关键技术	功能
数据采集和预处理	利用 ETL 工具将分布在各处的数据抽取到临时中间层后进行清洗、转换、集成，最后加载到数据仓库中，成为联机分析处理、数据挖掘的基础
数据存储和管理	利用分布式文件系统、关系数据库、NoSQL 数据库、云数据库等，实现对结构化、半结构化和非结构化海量数据的存储和管理
数据分析和处理	利用分布式并行编程模型和计算框架，结合机器学习和数据挖掘算法，实现对海量数据的分析和处理，对结果进行可视化呈现，帮助人们更好地理解数据和分析数据，也可以协助人们做出决策
数据安全和隐私保护	在利用大数据的同时，构建隐私数据保护体系和数据安全体系，有效保护个人隐私和数据安全是非常有必要的

3. 大数据与云计算、物联网

云计算、大数据和物联网代表了 IT 领域最新的技术发展趋势，三者相辅相成，既有联系又有区别。为了更好地了解三者之间的关系，下面首先简要介绍云计算和物联网的概念，然后分析云计算、物联网和大数据之间的关系。

（1）云计算。

云是网络、互联网的一种比喻说法。过去在图中往往用云来表示电信网，后来也用来表示互联网和底层基础设施的抽象。因此，云计算甚至可以让你体验每秒 10 万亿次的运算能力，拥有这么强大的计算能力可以模拟核爆炸、预测气候变化和市场发展趋势。用户通过 PC、笔记本电脑、手机等方式接入数据中心，按自己的需求进行运算。

云计算没有固定的定义，一种广为接受的云计算的定义是：云计算是一种按使用量付费的模式，这种模式提供可用的、便捷的、按需的网络访问，进入可配置的计算资源共享池（资源包括网络，服务器，存储，应用软件，服务），这些资源能够被快速提供，只需投入很少的管理工作，或与服务供应商进行很少的交互。

云计算使用户能够通过 Internet 或专用网络访问软件、服务器、存储以及其他计算资源。这些资源与位置无关，具体表现在用户通常不需要管理甚至了解这些资源的实际位置。用户根据需要购买和使用 IT 资源，并根据使用量为其使用的服务付费。

云计算的目标是以低成本的方式提供高可用、高可靠、规模可伸缩的个性化服务，为了完成这个目标，需要虚拟化、数据中心管理、海量数据处理、资源管理与调度、安全隐私、QoS 保证等若干关键技术加以支持。

云计算最大的特点是快速扩容、高弹性。简单地说，根据业务需求，如果你需要新的计算资源（主机、数据库、磁盘、文件存储），你所做的只是单击几下鼠标，在几分钟就能获得所需的资源，无需等待。然后当你不需要的时候，可以马上释放，停止计费。就和用自来水一样用 IT 资源，满足“想用就能用，拿来就能用”的 IT 需求。目前云计算在电子商务、教育、医疗、交通、政务、游戏、机场、生物科学、媒资、汽车、物流等行业均有应用。

云计算包括 3 种典型的服务模式，如图 7-32 所示。

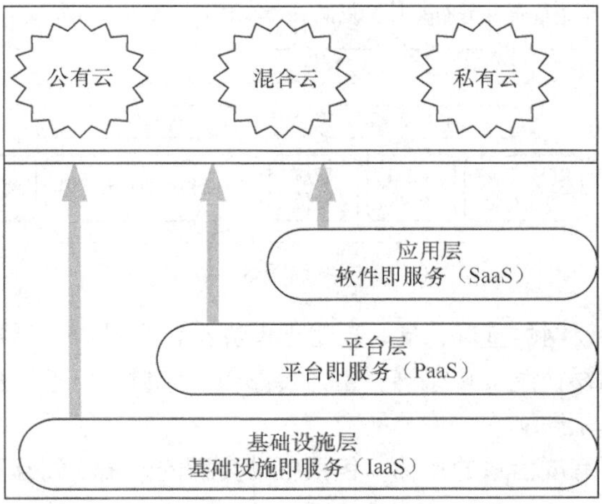

图7-32 云计算的服务模式和类型

• 公有云。

在此种模式下，应用程序、资源、存储和其他服务，都由云服务供应商来提供给用户，这些服务多半都是免费的，也有部分按需按使用量来付费，这种模式只能使用互联网来访问和使用。同时，这种模式在私人信息和数据保护方面也比较有保证。这种部署模型通常都可以提供可扩展的云服务并能高效设置。

• 私有云。

这种云基础设施专门为某一个企业服务，也称作内部云或公司云。私有云通过公司防火墙和内部托管提供更高级别的安全和隐私，确保第三方提供商无法访问操作和敏感数据。

• 混合云。

混合云是两种或两种以上的云计算模式的混合体，如公有云和私有云混合。它们相互独立，但在云的内部又相互结合，可以发挥出所混合的多种云计算模型各自的优势。

（2）物联网。

物联网是通过射频识别（RFID）、红外感应器、全球定位系统、激光扫描器等信息传感设备，按约定的协议，把任何物品与互联网连接起来，进行信息交换和通信，以实现智能化识别、定位、跟踪、监控和管理的一种网络。

物联网中的关键技术包括识别和感知技术（二维码、RFID、传感器等）、网络与通信技术、数据挖掘与融合技术等。从技术架构上来看，物联网可以分为4层，分别是感知层、网络层、处理层和应用层，如图7-33所示。

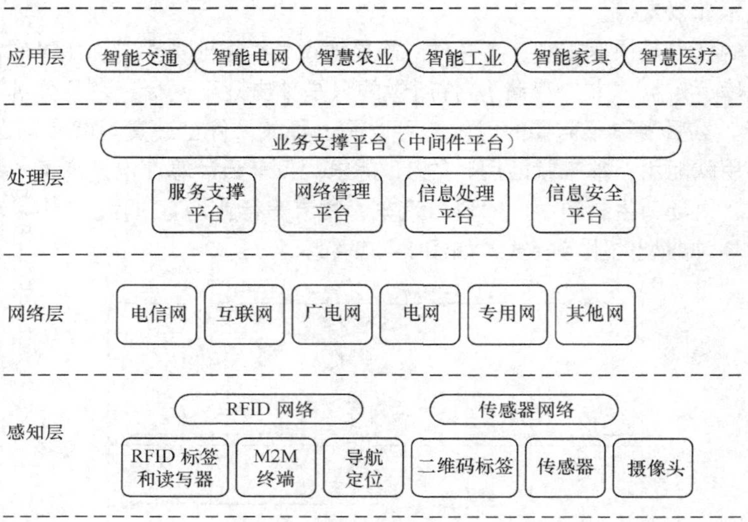

图7-33 物联网体系架构

感知层：感知层是物联网的基础，是联系物理世界与信息世界的重要纽带。这个层包含了大量的传感器，如温度传感器、湿度传感器、重力传感器、二维码标签、RFID（Radio Frequency Identification）标签和读写器等。

网络层：网络层主要完成信息的传输，包括各种类型的网络，如互联网、移动通信网、卫星通信网等。

处理层：处理层主要完成数据的存储和处理，包括数据存储、管理和分析平台。

应用层：应用层直接面向用户，满足各种应用需求，如智能交通、智能电网、智能家居和智能医疗等。

物联网已经广泛应用于智能交通、智慧医疗、智能家居、环保监测、智能安防、智能物流、智能电网、智慧农业、智能工业等领域，对国民经济与社会发展起到了重要的推动作用。如智能农业中，利用温度传感器、湿度传感器和光线传感器实时获取大棚内农作物的生长环境信息，远程控制大棚遮光板、通风口、喷水口的开启和关闭，让农作物始终处于最优生长环境，提高农作物的产量和品质。又如智能工业中，应用传感器可以自动感知监控生产线的生产过程，获取大量零部件和用户信息，以预测生产线零部件使用寿命、改善产品质量和用户体验等。

（3）大数据与云计算、物联网的关系。

云计算、大数据和物联网代表了 IT 领域最新的技术发展趋势，三者既有区别又有联系。三者关系如图7-34所示。

① 大数据、云计算和物联网的区别。

大数据侧重于对海量数据的存储、处理和分析，从海量数据中发现价值，服务于生产和生活；云计算通过网络把优质的资源以服务的方式廉价地提供给用户；物联网的发展目标是实现物物相连。

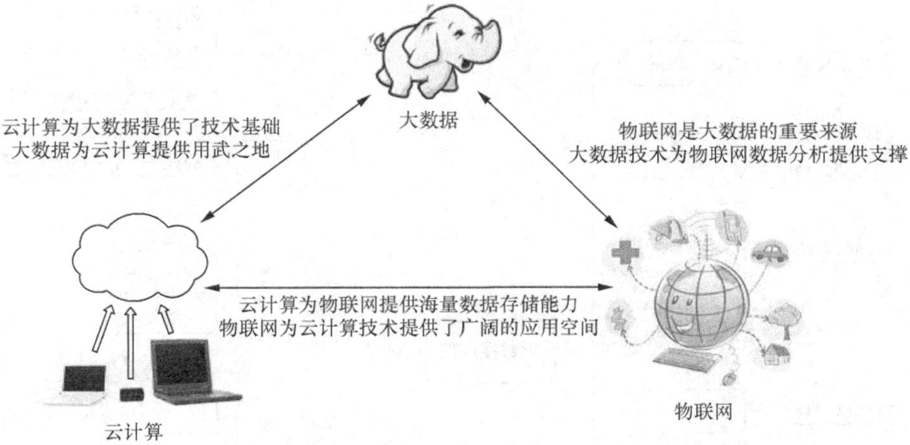

图7-34 大数据、云计算和物联网三者之间的关系

② 大数据、云计算和物联网的联系。

从整体看，大数据、云计算和物联网这三者是相辅相成的。云计算为大数据提供了技术支持，大数据要实现海量数据的存储和处理，必然要依靠云计算的分布式数据存储和管理系统，分布式并行处理框架 MapReduce 提供了海量数据的分析能力。没有这些云计算技术的支持，大数据分析举步维艰。反之，大数据也为云计算提供了“用武之地”，没有大数据这个“练兵场”，云计算再先进，也不能发挥它的应用价值。物联网的传感器源源不断地产生大量的数据，构成了大数据的重要数据来源。

物联网、云计算和大数据三者互为基础，物联网产生大数据，大数据需要云计算。物联网将物品和互联网连接起来，进行信息交换和通信，以实现智能化识别、定位、跟踪、监控和管理，在此过程中，产生了大量数据。云计算解决万物互联带来的巨大数据量，所以三者互为基础，又相互促进。如果不那么严格地说，它们三者可以看作一个整体，相互发展、相互促进。

4. 大数据的典型应用

大数据应用，是利用大数据分析的结果，为用户提供辅助决策，发掘潜在价值的过程。大数据已被广泛应用于各个领域，目前大数据应用的主要领域如图 7-35 所示。

为了让大家更好地亲近大数据，了解大数据在实际生活中的作用，下面给出两个典型的生活场景应用举例。

- 场景 1

淘宝现有一种运费保险，即淘宝买家退货时产生的退货运费原本由买家承担，如果买家购买了运费保险，退货运费由保险公司来承担。这种购买的结果是保险公司经营亏损很严重，直接导致它们不愿意再发展和扩大运费保险。

运费保险真的必然亏损吗？答案是“不”。为了避免陷入这种窘境，保险公司为运费险做了一套大数据智慧应用的解决方案。因为退货发生的概率，跟买家的习惯、卖家的习惯、商品的品种、商品的价值、淘宝的促销活动等都有关系，所以，使用以上种种数据，应用数据挖掘的方法，建立退货发生的概率模型，植入系统，就可以在每一笔交易发生的时候，给出不同的保险费率，使保险费的收取与退货发生的概率相匹配，这样运费险就不会亏损了。在此基础上，保险公司才有可能通过运费险扩大客户覆盖面。

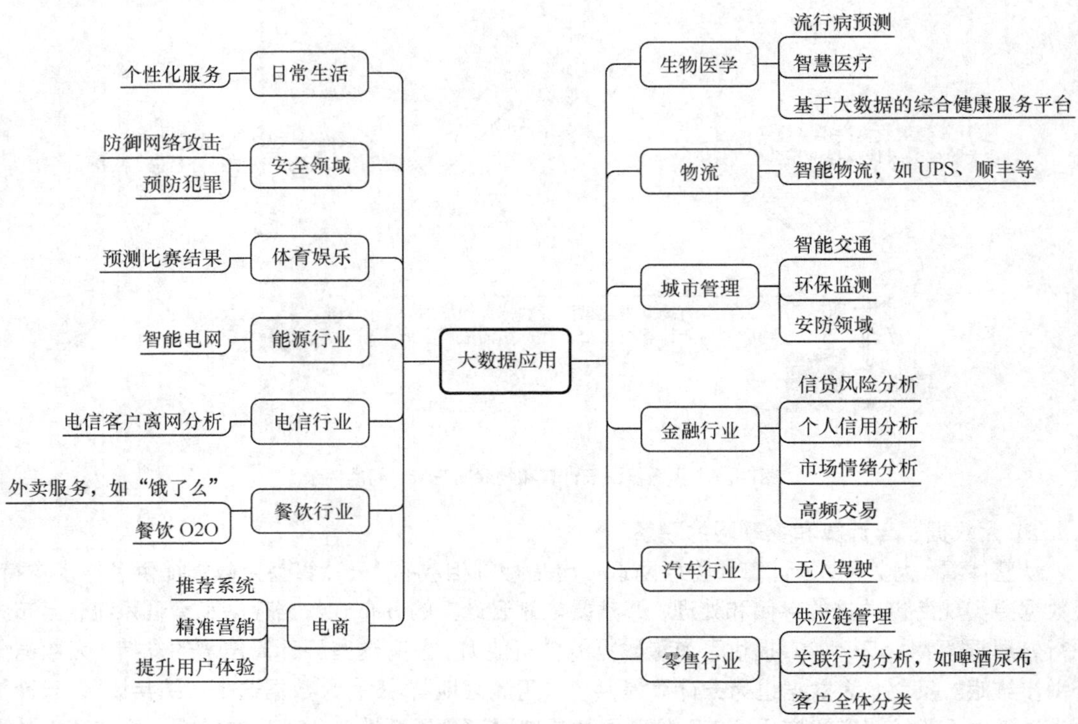

图7-35　大数据应用知识地图

由严重亏损到成本控制得当并获取客户，靠的就是通过分析，挖掘大数据所提供的价值，吸引客户。

- 场景 2

美国创新公司 FLYR Lab 把预测分析和指导性分析用于预定机票，基于大量数据和对航空公司制定价格的理解，以此预测未来的机票价格。其实预测价格并不稀奇，但利用预测有效地锁定低价机票，情况就不一样了。

FLYR Lab 开发了一个新产品 Foresight，并将其用在一个预定机票的网站 Getflyr。当你犹豫今天买 300 美元的机票还是等几天再买时，Getflyr 或许可以帮你解决烦恼。你只需花 3～30 美元，就可以锁定未来 7 天内 300 美元的机票价格，而且也不必担心机票加价，因为 Getflyr 会为机票价格涨幅埋单，而票价下跌时你可以享受低价的机票。这一切都是基于大量的实时计算和模型学习调整，最终呈现给用户明确的解决方案。

5. 大数据案例分析

本小节详细介绍一下大数据的两个典型应用——推荐系统和智能物流。

（1）推荐系统。

随着信息技术和互联网的发展，人们逐渐从信息匮乏的时代走入了信息过载的时代。在这个时代，无论是信息消费者还是信息生产者都遇到了很大的挑战。对于信息消费者，从大量信息中找到自己感兴趣的信息是一件非常困难的事情；对于信息生产者，让自己生产的信息脱颖而出，受到广大用户的关注，也是一件非常困难的事情。推荐系统就是解决这一矛盾的重要工具。推荐系统的任务就是联系用户和信息，一方面帮助用户发现对自己有价值的信息，另一方面让信息能够展现在对它感兴趣的用户面前，从而实现信息消费者和信息生产者的双赢。

有了推荐系统，用户不用在信息的海洋苦苦搜索，偶尔可能还有 surprise（猜你喜欢），增强了用户体验。再比如互联网上的找到喜欢的、帮助决策、发现新事物等，如图 7-36 所示。

图7-36 推荐系统的基本任务是联系用户和物品

从商家的角度来讲，推荐系统可以提供个性化服务，提高用户信任度和粘性。当然，还可以增加营收。比如 Google news 推荐系统能带来额外 38%的单击；亚马逊每年 35%的销售额都来源于它的推荐；今日头条半数以上新闻和广告单击来源于推荐。

① 推荐系统的定义。

推荐系统的定义有不少，但被广泛接受的推荐系统的概念和定义是莱斯尼克（Resnick）和瓦里安（Varian）在 1997 年给出的："它利用电子商务网站向客户提供商品信息和建议，帮助用户决定应该购买什么产品，模拟销售人员帮助客户完成购买过程"。

推荐系统有 3 个重要的模块：用户建模模块、推荐对象建模模块、推荐算法模块。通用的推荐系统模型流程如图 7-37 所示。推荐系统把用户模型中兴趣需求信息和推荐对象模型中的特征信息匹配，同时使用相应的推荐算法进行计算筛选，找到用户可能感兴趣的推荐对象，然后推荐给用户。

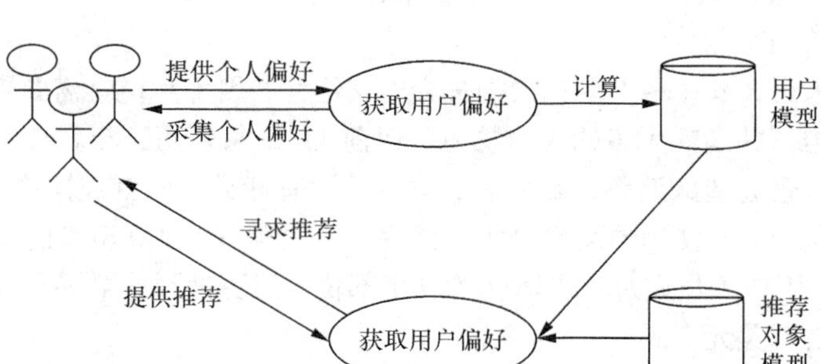

图7-37 推荐系统通用模型

更一般的模型如图 7-38 所示，通过收集用户信息、物品信息和用户对物品的偏好信息（主要来自用户的购买和浏览行为），把这些数据处理成计算机能够识别的格式，交给推荐系统，推荐系统基于对数据的分析做出推荐。

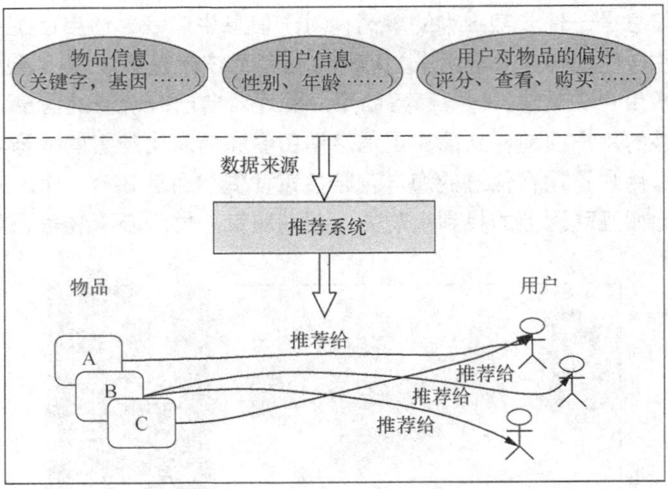

图7-38　推荐系统内部密码

② 协同过滤。

要理解什么是协同过滤（Collaborative Filtering，CF），首先思考一个简单的问题，如果你现在想看电影，但你不知道具体看哪部，你会怎么做？大部分的人会问问周围的朋友，看看最近有什么好看的电影推荐，而我们一般更倾向于从口味比较类似的朋友那里得到推荐。这就是协同过滤的核心思想。

协同过滤一般是在海量的用户中发掘出一小部分和你品位比较类似的，在协同过滤中，这些用户成为邻居，然后根据他们喜欢的东西组织成一个排序的目录推荐给你。比如，他们喜欢的电影你可能也会喜欢，当你不知要看什么电影的时候，它会适时地给你推荐。而推荐的核心即是基于对用户的了解。只有了解你的用户，才能给出更好的推荐。

如图 7-39 所示，通过对用户 A、用户 B 和用户 C 的购买行为进行分析，计算它们的相关性，发现用户 A 和用户 C 的购买行为类似，协同过滤算法会把她们两个看成邻居，认为用户 A 喜欢的东西用户 C 应该也会喜欢，于是就把物品 C 推荐给了用户 C。

（2）智能物流（UPS）。

对于快递公司来说，车在路上抛锚的损失会非常巨大，因为那样就需要再派一辆车，会造成延误和再装载的负担，并消耗大量的人力物力。以前 UPS 每隔两三年就会对车辆的零件进行定时更换，但这种做法也会造成浪费，因为有的零件并没有什么毛病就被换掉了。

从 2000 年开始，UPS 使用预测性分析来监测自己全美 60 000 辆车的车队，以便及时地进行“防御性”修理。工作人员通过检测车辆的各个部位，只更换那些需要更换的零件即可，这种改变已经节省了上百万美元。

UPS 特有的基于大数据分析的 ORION 系统通过联网配货机动车的远程信息服务系统，实时分析车辆、包裹信息、用户喜好和送货路线数据，实时计算最优路线，并且全程通过 GPS 跟踪信息。

UPS 最著名的大数据分析案例就是送货卡车不能左转。根据 ORION 系统分析，左转会导致货车在左转道上长时间等待，不但增加油耗，而且发生事故比例也会上升，所以 UPS 基于城市车流大数据绘制了“连续右转环形行驶”的送货路线图，实现高效配送。

用户/物品	物品 A	物品 B	物品 C
用户 A	√		√
用户 B	√	√	√
用户 C	√		推荐

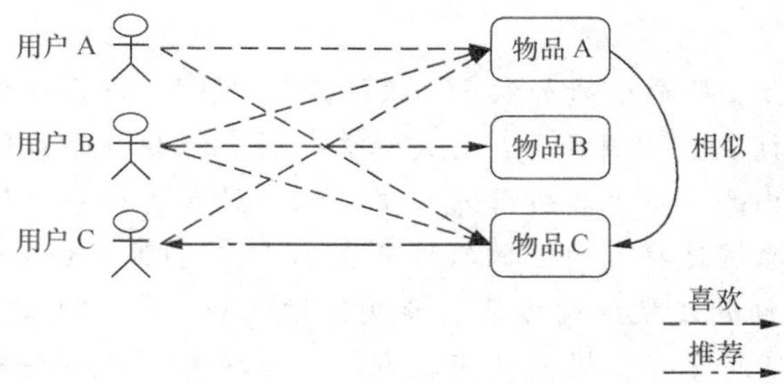

图7-39　协同过滤

2017 年 UPS 旗下的每一位司机都参与该项目之后，只需让每位司机每日送货路程都因此而缩减 1 英里，每年就可节省 5 000 万美元成本。ORION 以后也将预测恶劣天气、交通状况，并评估会造成司机送货路线上的行程放缓的其他变数，以增加配送效率，如图 7-40 所示。

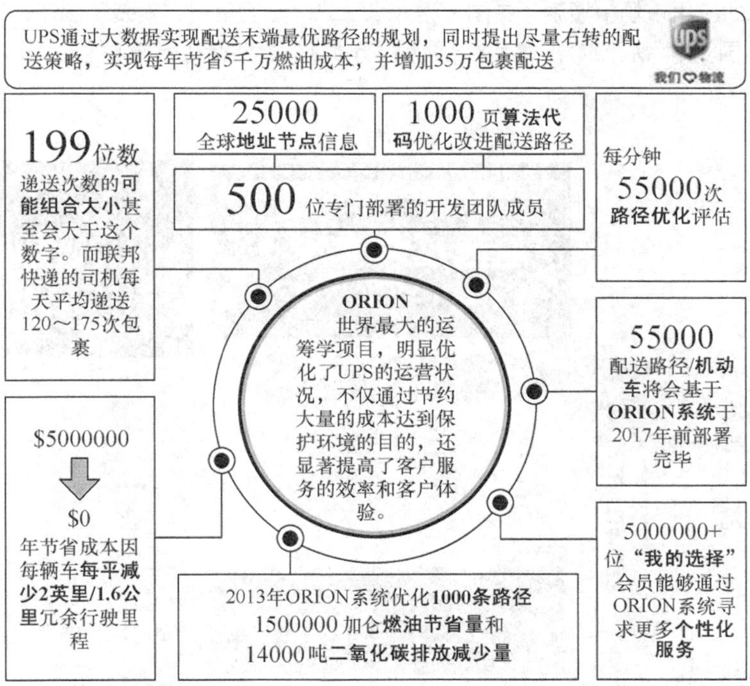

图7-40　UPS智能物流

任务 4　移动互联应用

在互联网的发展过程中，PC 互联网已日趋饱和，移动互联网却呈井喷式的发展，伴随着移动终端价格的下降，以及 Wi-Fi 的广泛铺设，移动网民呈现爆发趋势，随时随地上网已经成为常态。互联网技术的发展和进步将信息时代逐步拉近，移动互联网在此背景下应运而生，迅猛发展。移动互联网是通过无线接入技术访问 Internet，使智能移动终端能够互相进行信息通信，是计算机发展历程中继大型机、小型机、PC、PC 互联网之后的第 5 个技术发展时代。

情境描述

李明是本校大二学生，他最近新加入了“软件开发社团”。社团交给他一项任务，辅助社团指导老师开展“深入社会、了解社会，关爱社会，服务社会”的社区志愿服务活动，具体活动内容包括开展社区内的再就业软件开发技术培训、辅导青少年软件开发兴趣小组等。李明为了完成任务，需要系统地提高自己的软件开发水平，同时要找到一种能够方便快捷地与社区人员联系，科普软件开发技术的方法。李明经过调查比较，决定下载中国大学 MOOC APP，利用课余的碎片时间学习，提高专业能力。并为社团注册一个微信公众号，宣传社团活动，发布专业知识。

任务实现

1. 注册和使用中国大学 MOOC

（1）在手机的应用市场中搜索“中国大学 MOOC”，然后单击“安装”按钮，如图 7-41 所示。

（2）打开中国大学 MOOC，然后按照课程分类或搜索找到所需课程，报名参加学习。如图 7-42 所示。

图7-41　手机应用市场

图7-42　中国大学MOOC首页和课程页

（3）观看课程教学视频，完成课后作业后，参与课程讨论与考核，如图 7-43 所示。

图7-43　中国大学MOOC课程教学视频、作业和讨论区

2. 建立微信公众号

(1) 微信公众号的申请。

在申请前请在手机中安装微信 APP，并注册一个微信号。在 PC 浏览器中进入微信公众平台网站，网址是“http://mp.weixin.qq.com”。

在微信管理平台页面单击“立即注册”按钮注册新的公众号，然后按照提示输入基本信息、选择类型、信息登记和公众号信息后即可注册成功，如图 7-44 所示。

图7-44　微信公众平台注册过程

知识点拨

对于个人申请者，公众号类型选择“订阅号”即可。微信公众号名称为“山东外贸软件开发社团”，并绑定个人微信号。

（2）上传素材。

将微信公众号所需素材图片上传。在 PC 浏览器中登录微信公众平台网站（http://mp.weixin.qq.com，见图 7–45），在左侧“管理”菜单中选择“素材”，在右侧选择“图片”，单击“上传”按钮，选择上传图片。

图7–45 微信公众平台素材上传

（3）新建投票。

本公众号需要做一个用户学历调查，则首先创建投票活动。在 PC 浏览器中登录微信公众平台，在左侧“功能”菜单中选择“投票管理”，在右侧单击“新建投票”按钮，出现“新建投票”页面，如图 7–46 所示，输入投票内容。

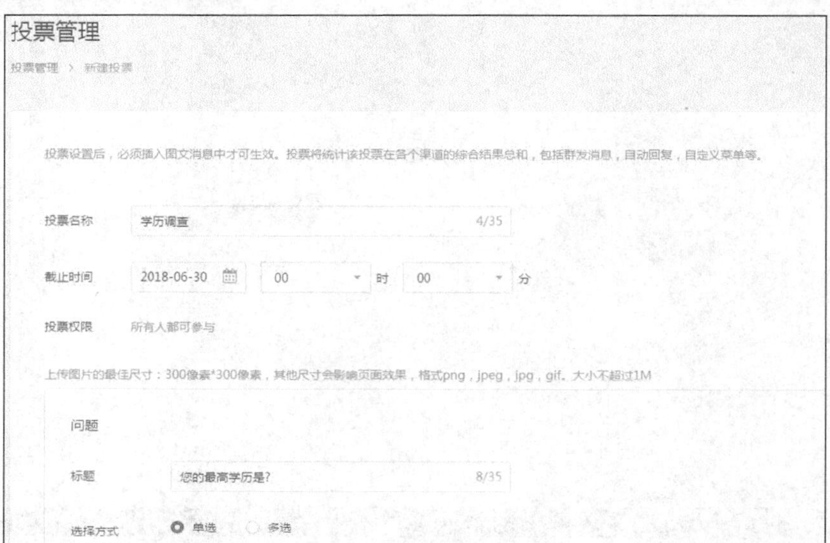

图7–46 微信公众平台创建投票

投票需要作为图文消息的内容发送给用户，参见下文（4）。

（4）编辑第一条图文消息。

图文消息是公众号发给订阅用户的消息，可以通过管理者主动群发、绑定到公众号菜单用户单击后发送或者自动回复中发送。图文消息的内容不局限于图片和文字，还可以包含声音、视频、投票和小程序。图文消息也可以包含其他网站的内容，非本公众号原创。

在 PC 浏览器中登录微信公众平台，在左侧“管理”菜单中选择“素材管理”，在右侧单击“素材管理”下选择“图文消息”页面，如图 7–47 所示。

图7–47　微信公众平台图文消息管理

单击右上角“新建图文素材”按钮，在弹出的“新建图文消息”页面输入图文消息的内容。标题是“Python 编程”，设置图片，如图 7–48 所示。

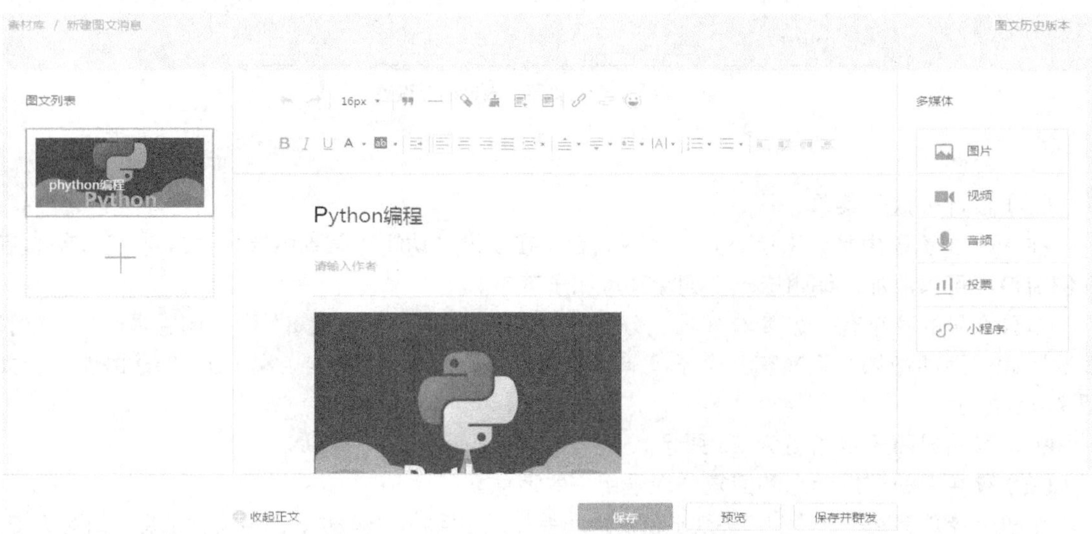

图7–48　微信公众平台新建图文消息

（5）编辑其他图文消息。

重复步骤（4），编辑新的图文消息，标题是“学历调查”，内容为上文（3）中建立的投票。

重复步骤（4），编辑几条内容为软件开发知识和培训通知的图文消息。

（6）编辑自动回复。

当有新用户关注我们的微信公众号时，自动发给关注者欢迎词（也可以是图片、语音或者视频）“欢迎关注山东外贸软件开发社团!”。

在 PC 浏览器中登录微信公众平台网站后，在左侧“功能”菜单中选择“自动回复”，在右侧选择被“关注回复”，下方的文字框中输入欢迎词，如图 7-49 所示。

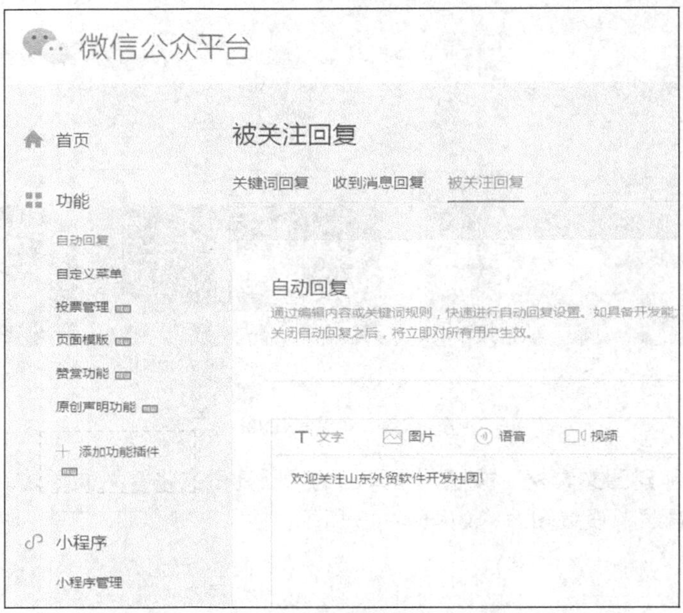

图7-49　微信公众平台自动回复设置

（7）设计公众号菜单。

在 PC 浏览器中登录微信公众平台网站后，在左侧“功能”菜单中选择“自定义菜单”，在右侧窗口中可以添加、编辑修改、删除菜单和子菜单。

本公众号的菜单有一级菜单 3 项，分别是“软件开发”“活动通知”和“问卷调查”。“软件开发”和“活动通知”下又有几个子菜单，分别链接到上文步骤（4）和（5）创建的图文，如图 7-50 所示。

公众号的界面显示如图 7-51 所示。

（8）使用手机群发消息和回复公众号用户的消息。

手机登录微信 APP，找到“公众平台安全助手”，点击菜单“群发”，即可群发消息，如图 7-52 所示。

图7–50　微信公众平台自定义菜单

图7–51　山东外贸软件开发社团公众号界面

图7–52　使用手机群发公众号消息

相关知识

1. 移动互联网的概念、特点与架构

目前移动互联网产业链生态初步形成，市场规模稳步提升，特别是近年来，在 3G 和 4G 快速普及的基础之上，迎来了爆发式的增长，如图 7–53 所示。移动互联网的迅猛发展和普及，在深刻地改变着人们的生活方式，4G 的迅速推广也给移动商务和移动服务的各类业务注入了新的活力，便捷和先进的支付工具正逐渐显示出其巨大的发展及应用潜力。

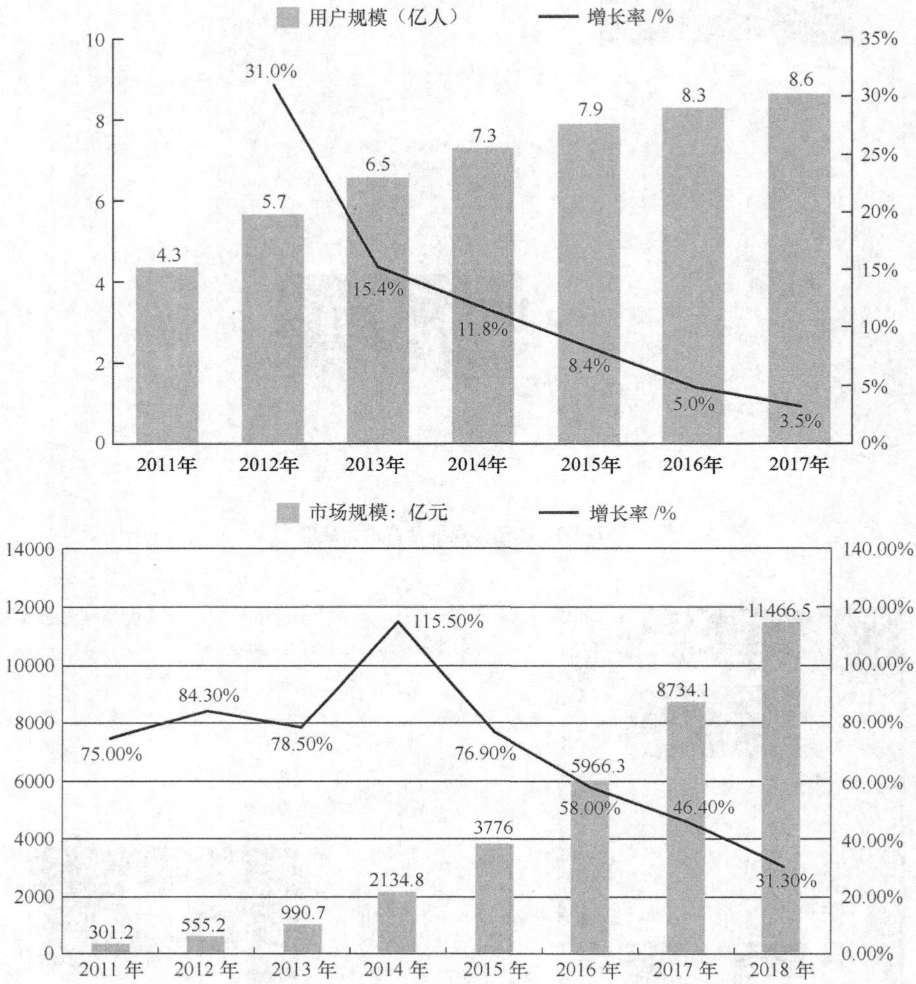

图7-53 移动互联网用户规模和市场规模

（1）移动互联网的定义及功能特性。

移动互联网是基于互联网发展而来，但是移动互联网不等同于“移动”加上“互联网”，它兼容了移动通信的随时、随地、随身的优点，和互联网分享、开放、互动的长处。不是简单的优点相加，而是一个颠覆，一个革命性的创新。移动互联网以前所未有的用户普及速度，无处不在的内容、应用和服务，以及针对用户、运营商、开发者之间创新的商业模式，迅速完成了信息技术时代的更替，由 PC 互联网时代转向了移动互联网时代。移动互联网是一个新兴事务，业界并未对其进行统一的定义，不同组织从不同角度试图给出其概念。

百度百科中指出：移动互联网（Mobile Internet，MI）是一种通过智能移动终端，采用移动无线通信方式获取业务和服务的新兴业态，包含终端、软件和应用 3 个层面。终端层包括智能手机、平板电脑、电子书、MID（Mobile Internet Device）等；软件包括操作系统、中间件、数据库和安全软件等；应用层包括休闲娱乐类、工具媒体类、商务财经类等不同应用与服务，如图 7-54 所示。

（a）智能终端　　　　（b）终端应用程序

图7-54　智能终端和终端应用程序

中兴通讯从通信设备制造商的角度给出了定义：狭义的移动互联网是指用户能够通过手机、PDA 或其他手持终端通过无线通信网络接入互联网；广义定义是指用户能够通过手机、PDA 或其他手持终端以无线的方式通过各种网络（WLAN、GSM、CDMA 等）接入互联网。

普遍受到认可的定义是中国工业和信息化部电信研究院在 2011 年的《移动互联网白皮书》中给出的："移动互联网是以移动网络作为接入网络的互联网及服务，包括 3 个要素：移动终端、移动网络和应用服务。" 本书将该定义作为移动互联网的定义。

通过上述定义可知，移动互联网涉及 3 个层面的内容：①移动终端，包括智能手机、PAD、专有用途的智能终端和便携电脑等；②移动通信接入技术，包括 WLAN、GSM、CDMA 等；③移动互联网应用服务平台，包括 Web 方式和 WAP 方式。智能移动终端是移动互联网的前提，通信接入技术是移动互联网的基础，应用服务平台则是移动互联网的核心。

（2）移动互联网的基本特点。

① 方便快捷的使用特性。移动互联的基础是一张立体的网络，GPRS、3G、4G、WLAN，或 Wi-Fi 构成的无线覆盖，使得移动终端能够通过上述任何一种方式方便快捷地连通网络。移动互联网用户使用的信息载体是智能移动终端，这些移动终端可能不仅仅是智能手机、PAD，还可能是智能眼镜、手表、服饰、饰品等各类随身物品，他们属于人类穿戴的一部分，随时随地都可以使用。

② 业务及时精确。由于有了上述方便快捷的特性，人们可以充分利用生活工作中的碎片化时间，接受和处理互联网的各种信息，不必再担心有重要的信息和实效新闻被错过，无论什么样的移动终端，其个性化程度都相当的高，尤其是智能手机，每一个电话号码都精确地指向了一个明确的个体，移动互联网能够针对不同的个体，提供精准的个性化服务。

③ 服务以人为本。因为移动互联网的智能移动终端除了有触摸屏的功能，还有照相、摄像、二维码扫描，以及助理重力感应、磁场感应、移动感应，温度、湿度感应等无所不及的感

触功能，而基于 LBS（Location Based Service）的位置服务，能够定位移动终端所在的位置，甚至可以根据移动终端的趋向性，确定下一步去往的位置，使得相关服务具有可靠的定位性和定向性。

④ 业务/终端/网络的强关联性和业务使用的私密性，实现移动互联网服务需要同时具备移动终端、接入网络和运营商提供的业务 3 项基本条件。由于移动互联网业务受到了网络及终端能力的限制，因此其业务内容和形式也需要适合特定的网络技术规格和终端类型，在使用移动互联网业务时，所使用的内容和服务更私密，比如手机支付业务等。

移动互联网相比于传统固定互联网的优势在于实现了随时随地的通信和服务获取；具有安全、可靠的认证机制；能够及时获取用户及终端信息；业务端到端流程可控等。

（3）移动互联网的架构。

移动互联网的出现带来了移动网和互联网融合发展的新时代，移动网和互联网的融合也是在应用、网络和终端多层面的融合。为了能满足移动互联网的特点和业务模式需求，在移动互联网技术架构中要具有接入控制、内容适配、业务管控、资源调度、终端适配等功能。构建这样的架构需要从终端技术、承载网络技术、业务网络技术各方面综合考虑。

移动互联网的典型体系架构包括以下 3 部分，如图 7-55 所示。

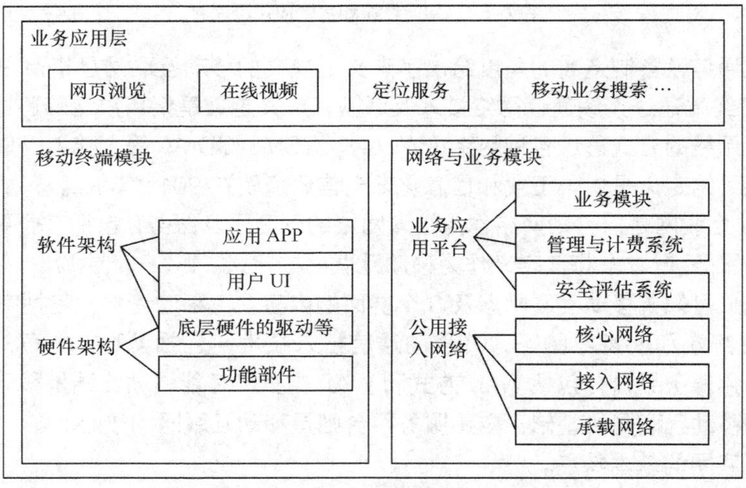

图7-55 移动互联网的体系架构

① 业务应用层：提供给移动终端的互联网应用，这些应用中包括典型的互联网应用，比如网页浏览、在线视频、内容共享与下载、电子邮件等，也包括基于移动网络特有的应用，如定位服务、移动业务搜索以及移动通信业务，比如短信、彩信、铃音等。

② 移动终端模块：从上至下包括终端软件架构和终端硬件架构。终端软件架构包括应用 APP、用户 UI、支持底层硬件的驱动、存储和多线程内核等。终端硬件架构包括终端中实现各种功能的部件。

③ 网络与业务模块：从上至下包括业务应用平台和公用接入网络。

- 业务应用平台：包括业务模块、管理与计费系统、安全评估系统等。
- 公共接入网络：包括接入网络、承载网络和核心网络等。

从移动互联网中端到端的技术角度出发，移动互联网架构分为 5 层，如图 7-56 所示。

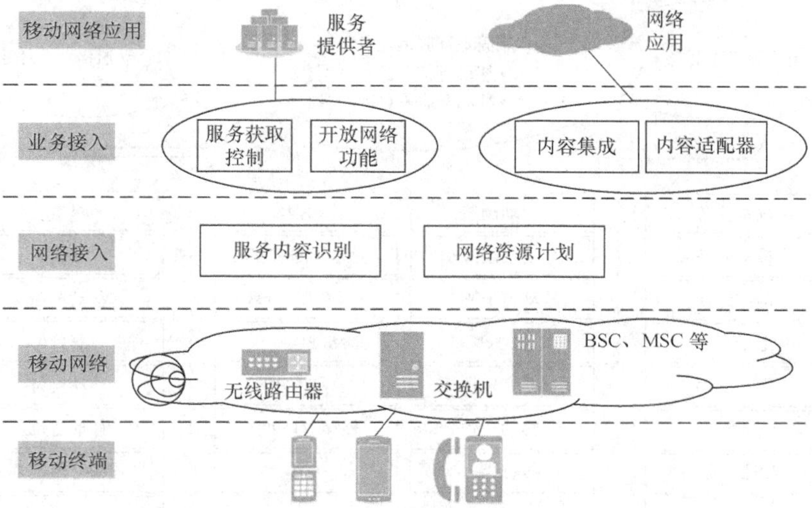

图7-56 移动互联网技术架构

① 移动终端：支持实现用户 UI、接入互联网、实现业务互操作。终端具有智能化和较强的处理能力，可以在应用平台和终端上进行更多的业务逻辑处理，尽量减少空中接口的数据信息传递压力。

② 移动网络：包括各种将移动终端接入无线核心网的设施，比如无线路由器、交换机、BSC、MSC 等。

③ 网络接入：网络接入网关提供移动网络中的业务执行环境，识别上下行的业务信息、服务质量要求等，并可基于这些信息提供按业务、内容区分的资源控制和计费策略。网络接入网关根据业务的签约信息，动态进行网络资源调度，最大程度地满足业务的服务质量要求。

④ 业务接入：业务接入网关向第三方应用开放移动网络能力 API 和业务生成环境，使互联网应用可以方便地调用移动网络开放的能力，提供具有移动网络特点的应用。同时，实现对业务接入移动网络的认证，实现对互联网内容的整合和适配，使内容更适合移动终端对其的识别和展示。

⑤ 移动网络应用：提供各类移动通信、互联网以及移动互联网特有的服务。

2. 移动互联网的业务体系

移动互联网作为传统互联网与传统移动通信的融合体，其服务体系也是脱胎于上述二者。移动互联网的业务模型如图 7-57 所示。移动互联网的业务主要包括以下三大类。

（1）固定互联网业务向移动终端的复制：实现移动互联网与固定互联网相似的业务体验，这是移动互联网业务发展的基础。

（2）移动通信业务的互联网化：使移动通信原有业务互联网化。

（3）融合移动通信与互联网特点而进行的业务创新：将移动通信的网络能力与互联网的网络与应用能力进行聚合，从而创新出适合移动终端的互联网业务，如移动 Web 2.0 业务、移动位置类互联网业务等，这也是移动互联网有别于固定互联网的发展方向。

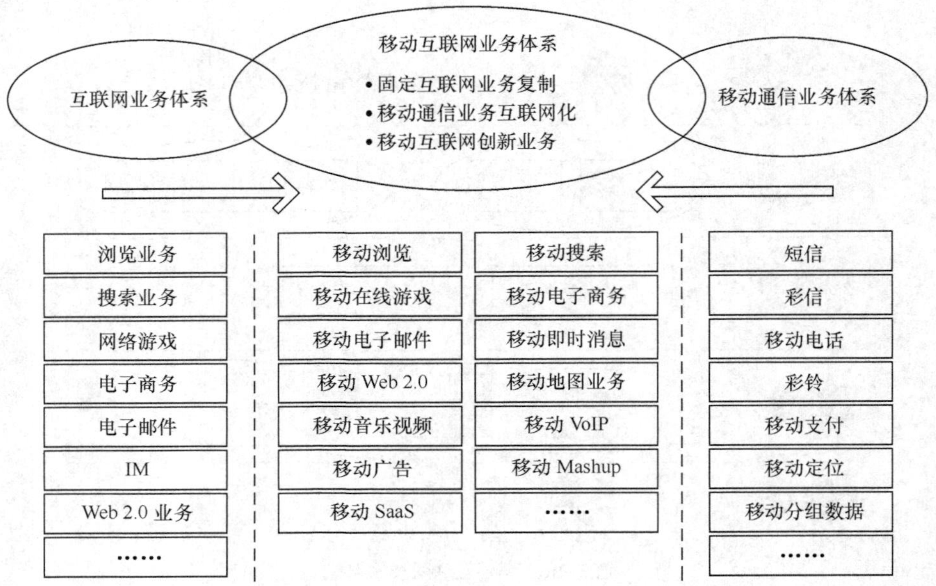

图7–57　移动互联网的业务体系

3. 移动互联网的发展现状与趋势

由于移动互联网比传统互联网具有更大的优势，因此受到人们的追捧，同样也引起了市场和企业的注意，大量的行业借助移动互联网实现了扩张，一些原本发展乏力的企业也焕发了新的生机。

（1）移动互联网的发展现状。

传统行业和移动互联网的全方位融合，移动化逐渐完成。随着移动互联网的发展，原来的 PC 网络业务逐渐被迁移到移动互联网的终端，例如收发邮件、即时信息交流、网页浏览、多媒体播放等，而原来一些通过网页访问的网站，也都为移动设备提供了相应的应用 APP。

- 娱乐化仍在加强。

移动互联网的主要终端是智能手机，而手机用户平均年龄偏低，虽然正在向高龄迁移，但仍然以年轻人为主。出于缓解压力的需求，移动互联网的应用依然体现出较强的娱乐性，音乐、视频、手机游戏类的应用十分丰富。

- 区域划分明显。

由于我国省份较多，区域化明显，各地区发展不均衡，因此不同的区域对移动互联的需求不相同，受当地的经济技术、学术发展水平的影响较大。据市场调查，团购客户七成来自一线和二线城市。

- 移动应用软件爆发式增长，竞争激烈，但功能上需要加强。

移动互联网虽然备受瞩目，但现有的基于移动互联网的服务依然趋于同质，也有一些行业依然采取旧的思路在运营，互联网只是噱头，而没有成为他们真正的工具。

（2）移动互联网的发展趋势。

移动互联网超越 PC 互联网，引发信息技术新时代。有线互联网是互联网的早期形态，移动互联网是互联网的未来，PC 只是互联网的终端之一，智能手机、平板电脑、电子阅读器已经成为重要的终端设备，电视机、车载设备正在成为终端，冰箱、微波炉、抽油烟机、照相机，甚至眼镜、手表等穿戴之物，都可能成为泛终端。

- 移动互联网和传统行业结合，产生新的应用模式。

在移动互联网、云计算和物联网等新技术的推动下，传统行业与互联网的融合正在呈现出新的特点，平台和模式都发生了改变。互联网的应用除了作为业务推广的一种手段，如食品、餐饮、娱乐、航空、汽车、金融、家电等传统行业的 APP 和企业推广平台，也重构了移动端的业务模式，如医疗、教育、旅游、交通、传媒等领域的业务改造。

- 应用娱乐化成为主流。

互联网运用比较多的地方在手机游戏、音乐和视频等娱乐方面，人们对这方面的使用是最频繁和最直接的，相比其他服务更加切合人们减压放松的需求，随着未来人们工作压力进一步加大，可以预见，这类服务将逐渐成为主流，与之相关的社交服务也将继续强劲地增长。

- 信息来源多样化。

未来的多媒体技术将会随着移动互联网的发展而增强表现力，而在云计算和物联网技术的带动下，移动互联网也将进入大数据时代。未来的信息、数据、新闻等将以更加多样化的渠道展现在人们的面前，吸引人们的注意。

- 业务发展多元化。

未来移动互联网的发展将不再局限于现有的功能，也不再局限于现有的终端，而是会打破固定端与移动终端之间的隔阂，服务也将更贴近生活，面向企业的应用也会逐渐参与到管理流程之中，而不只是服务于营销和品牌塑造，新形式的移动广告、移动支付、移动物联网都会获得新的发展和应用。

4. 互联网思维和移动互联网思维

所谓移动互联网思维是在移动互联网日益发展、逐步颠覆我们生活方式的前提下，对人类社会、市场经济、消费者活动、产品生产、企业价值链甚至对整个经济活动环境进行重新定位和思考的思维方式，如图 7-58 所示。对我们人生的各方面，从个体到社会，从企业到市场，都具有一定的指导作用。为了真正掌握移动互联网思维的精髓，我们从商业模式设计角度对移动互联网思维进行说明。

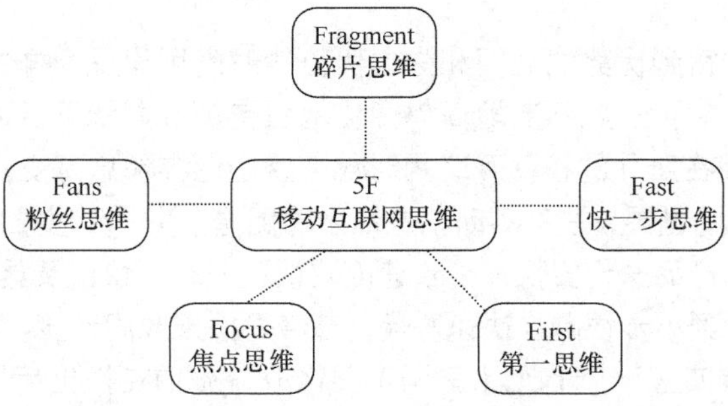

图7-58 移动互联网的5F思维

（1）碎片化思维（Fragment）。

移动互联网的使用有着碎片化的特点，如使用地点的碎片化、使用时间的碎片化、目标需求的碎片化等特点，碎片化的特点导致碎片化的应用。举例说明：某学校学生李明，早起乘公交上学，利用手机上的公交查询软件查看公交的班次，以便及时赶到学校。中午，利用手机外卖点餐系统，解决午餐。放学回家等车的时间，用手机玩“连连看”游戏。到家之后用电子书阅读课外读物。完成作业后和父母一起，用滴滴打车软件，打车去饭店吃饭。以上就是现代人最普遍的“碎片化”生活场景。碎片时间成为赢得消费者的关键，如何创建碎片化思维，从看似碎片的世界中找到适合的商业模式呢？我们有如下问题需要探索：如何让用户在碎片时间主动选择你？ 如何让用户在一分钟内爱上你？ 如何在一小段时间里与用户建立起令用户心动的交流？如何在一个碎片的时间里提供令用户惊艳的商品和服务？如何通过全渠道覆盖用户更多的碎片时间？

（2）粉丝思维（Fans）。

移动互联网得粉丝者得天下。粉丝经济泛指在移动互联网时代架构在粉丝和被关注者关系之上的经营性创收行为。通常情况下有着较高知名度的明星、偶像和行业名人，是社交平台上被关注的热点，并因此有着很高的经济价值。粉丝们直接购买名人和明星相关的产品，比如说明星的演唱会，演出录像带，这是最基本的粉丝消费行为，粉丝还会购买明星们所代言的商品，如品牌的手机、计算机、饮料等，明星的广告效应也正来自于粉丝的支持购买。粉丝们会不吝钱财购买与明星相关的东西，比如明星喜欢吃的、穿的，印有明星头像的衣物等等，这些物品未必和明星本身相关，但粉丝爱屋及乌，也会消费。粉丝经济的基础，就是要让消费者变成企业的粉丝，而且要有足够多的粉丝。一个普通的消费者到最后变成企业的粉丝，一共要经历 5 个阶段，既无关系阶段，有关系阶段，弱关系阶段，强关系阶段和粉丝阶段。

（3）焦点思维（Focus）。

在移动互联网时代，“不做什么”比“做什么”更重要。乔布斯说：“专注和简单一直是我的秘诀。简单可能比复杂更难做到，你必须努力理清思路，才能使其变得简单。但最终这是值得的，因为一旦你做到了，便可以创造奇迹。”乔布斯追求一种极致的简单，如果能用一个按钮实现的，绝对不会用两个。张小龙就承袭了乔布斯的简单。微信的“摇一摇”，大家都会用，它非常简单，不用学习。他就是要避免在界面里出现任何的文字解释，一旦一个功能需要文字解释，这个功能的设计就已经失败了。张小龙一直坚持“少就是多”，所以微信成功了。专注才有力量，才能做到极致。如何建立起焦点思维，从看似碎片的世界中汇聚商业的力量？我们有两个关键的课题需要研究：首先是如何做减法，找到焦点战略；其次是如何将焦点战略做到极致。

（4）快一步思维（Fast）。

移动互联网时代，你得到优势的时间和失去优势的时间可能是同样的短，创新有时候给你带来的优势和利益越来越少，再一成不变地简单僵化地看待领导力就不能适应多变的平台。相比互联网和工业时代，我们现在所处的移动互联网时代，整个世界瞬息万变，最重要的体现就是速度发生了变化。在飞速变化的世界，站着不动就是最大的倒退。快一步思维主要表现在决策要快、产品推出要快、行动要快、产品迭代要快、创新速度要快、变革要快以及具有快速的市场反应能力。互联网公司产品开发要做到小步快跑、快速迭代，节奏是按天或周计算。小米 MIUI 系统坚持每周迭代，小米手机每周都有四五十个 bug（漏洞）要修改，微信在推出后 1 年内迭代开发 44 次。

（5）第一思维（First）。

体育竞赛中的第一名通常为人们所津津乐道，而第二名，第三名却乏人问津。在消费市场上同样存在这样的现象，消费者大部分选择心目中的第一个。尤其在移动互联网背景下，这里的生存法则更是赢家通吃。互联网在经过市场竞争和淘汰之后，基本形成了固有的格局。早期的四大门户网站，和现在的 BAT 王国，这些早期的胜利者已经站稳脚跟，其他人很难抢占其位置。而移动互联网似乎带来新的机遇，在新的移动互联网的背景下，谁能赢得移动互联网消费者心中的第一，谁就是赢家。虽说移动互联网时代格局未定，各应用市场的第一尚未确定，竞争激烈的角逐刚刚开始，但毫无疑问，移动互联网时代只有第一才能生存。因为移动互联碎片化的应用导致了消费者在短的时间内只能接受他们心中的第一。

5. 移动互联网的应用领域

（1）移动电子商务。

移动电子商务就是利用手机、Pad 或其他智能终端，进行的 B2B、B2C 或 C2C 的电子商务。移动互联网的发展使人们可以在任何时间、任何地点进行各种商贸活动，实现随时随地，线上线下的购物与交易、在线电子支付，以及各种交易活动、商务活动、金融活动和相关的综合服务活动。

随着生活节奏的加快，我们少有时间去逛街购物，实体店对人们的消费时间和消费地点有很大的限制，已经不能满足我们的购物需求。而移动互联网技术的不断发展，给我们网上购物提供了条件，我们可以随时随地上网购物，搜索比价，查询信息，浏览自己感兴趣的商品等等。在移动互联网环境下，人们的消费习惯发生了很大的变化，移动电子商务蓬勃发展。2015 年“双 11”，天猫总成交额 912.17 亿元，其中移动端消费额占 68.67%。2011—2018 年中国移动购物市场交易规模如图 7-59 所示，移动网购用户的占比如图 7-60 所示，大众的注意力都转移到了移动端。

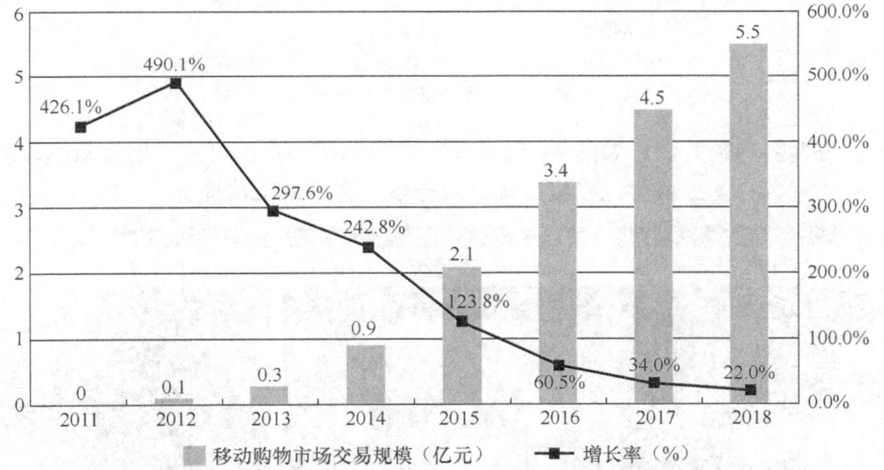

图7-59 2011—2018年中国移动购物市场交易规模

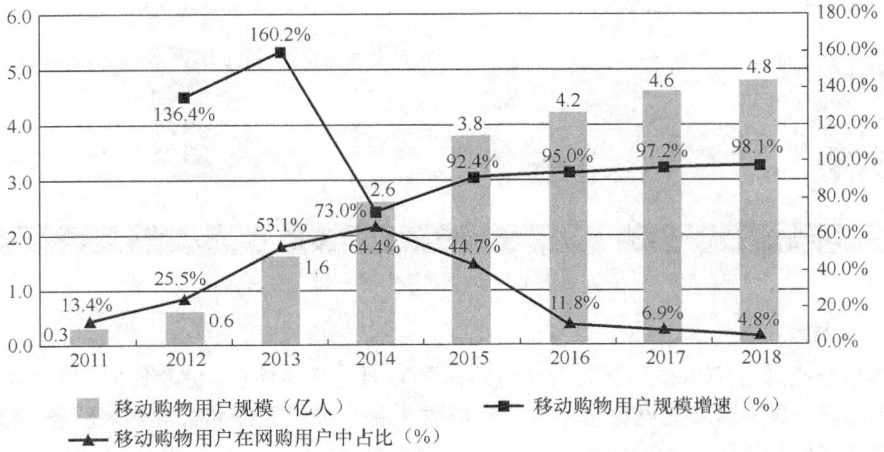

图7-60 2011—2018年移动购物用户规模及在网购用户的占比

（2）移动政务。

多数政府机关事业机构都具有移动办公的需求，这时候移动电子政务应运而生。移动电子政务又称移动政务，主要是指无线通信及移动计算机技术在政府工作中的应用，通过诸如手机、Pad、蓝牙无线网络等技术，为公众提供服务。移动政务的发展很快，但相比用户的期待度还有很大的发展潜力，数据分析如图 7-61 所示。

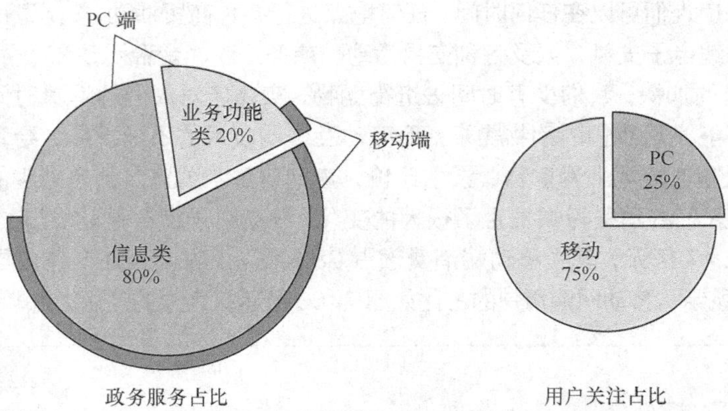

图7-61　政府移动应用分析

以“国务院”客户端为例，如图 7-62 所示。用户从该客户端可以了解最新的政策解答、办事流程和服务指南，许多业务可以在线办理，服务多元化，方便快捷。

图7-62　“国务院”客户端

（3）移动健康。

移动健康是指通过使用移动互联网来进行医学方面的身体检查、健康保健、疾病诊断、医疗、治疗康复等服务，是通过移动网络技术和移动终端设备来提供医疗和公共健康服务。移动健康系统架构如图 7-63 所示。

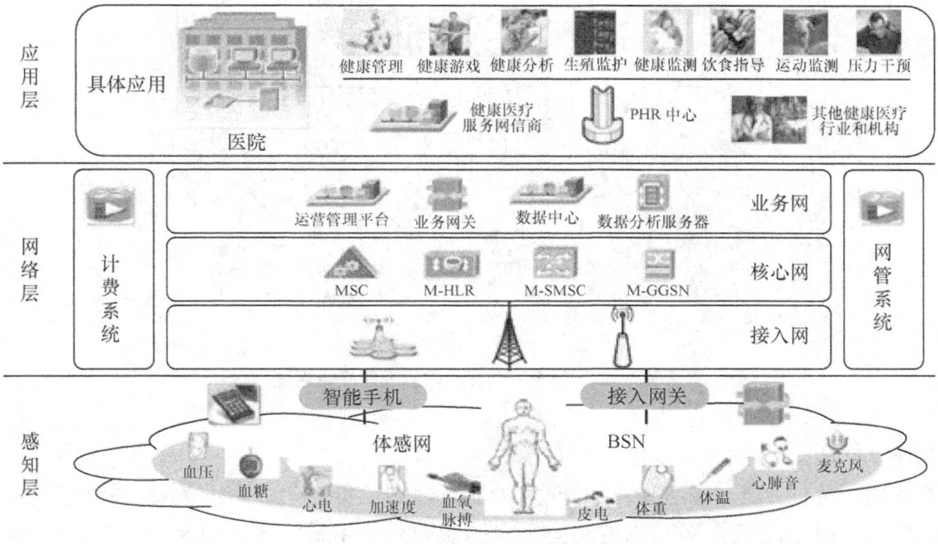

图7-63 移动健康系统架构

（4）移动学习。

移动学习是移动互联网的一个重要应用。通过移动互联网，把教学资源进行整合优化共享，让优质教育资源变成普通大众随手可得，让教育者能有更多更好的渠道和平台分享和贡献自创的教学资源，让学习资源发挥的效用更大，受众更广泛，如图 7-64 所示。正规教育工作者可以通过移动互联网技术和平台、智能终端设备、高效的软件 APP 来实现教学过程，丰富的教学资料、多元的教学方法更能引发学生的学习兴趣，提高教学效率。

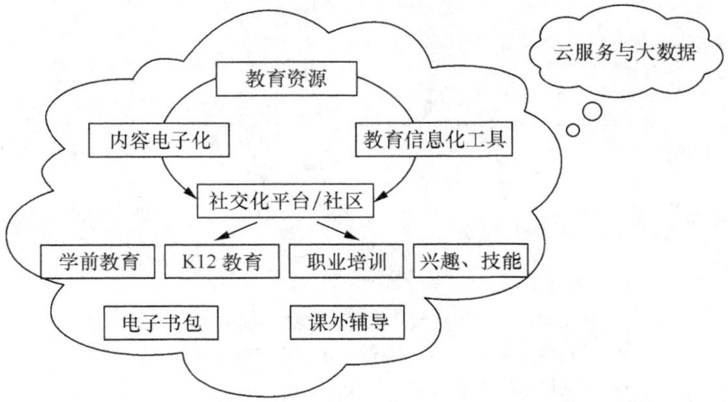

图7-64 移动互联网的移动学习

（5）智能交通。

移动互联网的发展为智能交通管理的实现提供了条件。对于交通管理者而言，移动互联网提供了交通信息的采集、管理、分析和预处理的功能。对普通出行者来, 移动互联网实现了定制公交、公交信息查询、智能导航、打车软件、交通预定等功能，如图 7-65 所示。

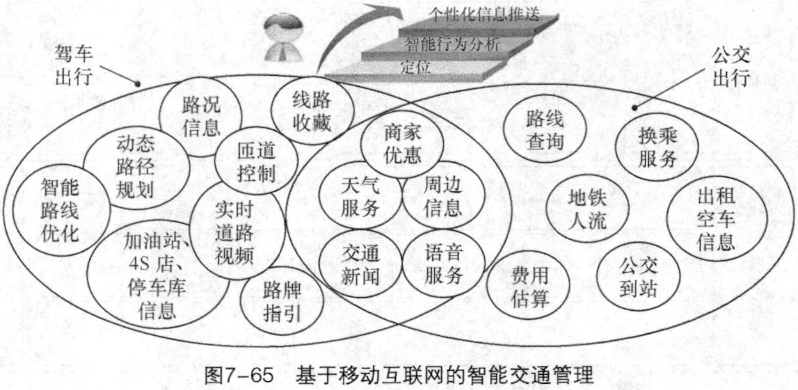

图7-65　基于移动互联网的智能交通管理

（6）移动娱乐。

移动互联网上的娱乐休闲业务已经成为最被看好的业务方向，手机游戏、视频直播、影视音乐、社区论坛、电子阅读等移动应用深受用户的欢迎，使用量狂增。截至 2017 年 12 月，中国网民规模达 7.72 亿，其中手机网民规模达 7.53 亿，占比达到 97.5%，66.1%的用户认为自己对娱乐功能产生了依赖性。网络文化娱乐产品用户规模变化如图 7-66 所示。

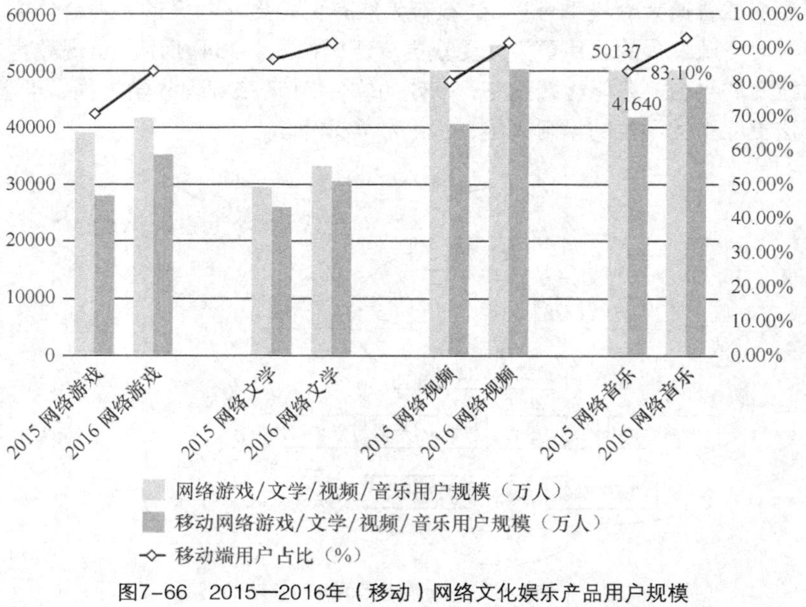

图7-66　2015—2016年（移动）网络文化娱乐产品用户规模

（7）移动社交。

移动社交是以移动互联网为基础，实现社交应用功能。移动社交能够提供用户随时随地、实时场景与人沟通交流的平台，最大化满足人们的社交需求。移动社交的用户数正在稳步增长中，如图 7-67 所示。

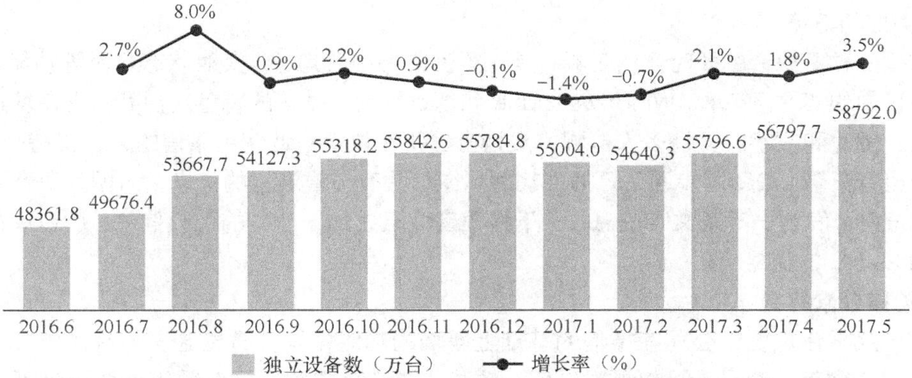

注释：中国社交网络包含独立网络社区，百度旗下社交产品百度贴吧，门户网站旗下社交产品如微博、QQ 空间等，不包含即时通信。

来源：mUserTracker. 2016.11，基于日均 400 万手机、平板移动设备软件监测数据，与超过 1 亿移动设备的通信监测数据，联合计算研究获得。

图7-67　中国移动社交APP的设备数走势

拓展提升

微信是腾讯公司推出的一款社交软件。据易观数据分析《2018 年 5 月移动 APP 排行榜》的统计。微信稳居排行榜榜首，它的用户活跃人数为 90 967.8 万人，环比增长为 0.52%，仍然保持着高增长的势头。我们以微信为例学习移动互联成功案例以及移动社交软件的使用。

腾讯公司于 2011 年初推出了一款能够发送文字和照片，支持多人语音对讲的手机聊天软件——微信，用户可以通过手机或平板，快速地发送语音、视频、图片和文字。微信提供公众平台、朋友圈、消息推送等功能，用户可以通过摇一摇搜索号码附近的人、扫描二维码等方式添加好友和关注微信公众平台，同时微信可以将内容分享给好友，以及将用户看到的精彩内容分享到微信朋友圈。

2012 年 3 月底，微信用户破 1 亿，耗时 433 天。2012 年 9 月，微信用户破 2 亿，耗时不到 6 个月。2013 年 8 月微信 5.0 上线。2014 年 1 月，微信 5.2 上市，全新改版。2014 年，腾讯宣布推出 QQ 浏览器微信版，如图 7-68 所示。

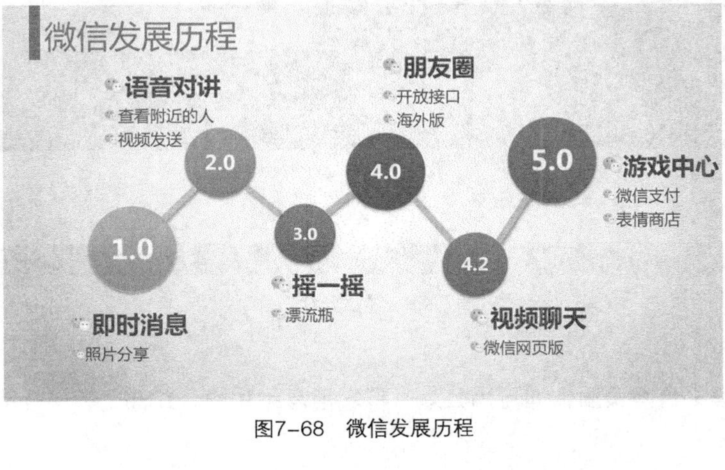

图7-68　微信发展历程

1. 微信的特点

微信是一种更快速的即时通信工具，具有零资费跨平台沟通，实时状态显示等功能。微信支持智能手机中的 iOS、安卓、WindowsPhone 和塞班平台。微信的特色功能有：支持发送语音短信、视频、图片和文字，支持多人群聊，支持查看所在位置附近使用微信的人，支持微博邮箱、漂流瓶、语音记事、QQ 同步助手等插件功能。微信具有节省流量的优点，对图片语音和视频进行优化，一兆可发约一千条文字信息、一千秒语音信息或约一分钟的视频信息，后台运行每小时只消耗约 2.4KB 的流量。

2. 微信公众平台

微信公众平台是腾讯公司在微信的基础上新增的功能模块，通过这一平台，个人和企业都可以打造一个微信公众号，可以群发文字、图片、语音等内容，目前微信公众平台可以绑定私人账号，进行群发信息。微信公众平台主要面向名人、组织、政府、媒体、企业等机构。在微信公共平台上，企业可以更好地提供服务。微信公众平台可以群发推送，公众号主动向用户推发重要的通知或趣味内容。微信公众平台可以自动回复用户，用户输入指定的关键字，可以提取常规消息。微信公众平台可以一对一交流，针对用户的特殊疑问，为用户提供一对一的对话解答服务。

3. 微信公众平台的使用方法

（1）登录微信公众平台。

微信公众平台（见图 7-69）的网址是 http://mp.weixin.qq.com，在该网页可以注册新的微信公众号，也可以登录后进入后台管理。

图7-69 微信公众平台

（2）群发消息。

登录微信管理平台网页后，即可用公众号群发消息给用户，如图 7-70 所示。

图7–70　微信公众平台群发消息

（3）管理模块。

在微信后台管理模块中（见图 7–71），公众号可以对消息进行管理，也可以对用户资料进行管理和分组，能看到用户的名称、地区、签名信息等，还可以进行素材的管理和上传。

图7–71　微信公众平台管理模块

（4）统计模块。

在微信后台的统计模块中有用户分析、图文分析、消息分析和接口分析 4 项功能，如图 7–72 所示。在用户分析功能中我们可以清晰地看到公众号的关注人数、关注者的性别、语言省份等信息的统计，还配有很直观的统计图表；在图文分析中有对该公众号发送的图文的统计信息；在消息分析中有对发送消息数量与发送人数的统计；在接口分析中有对公众号调用接口次数和耗时的统计。

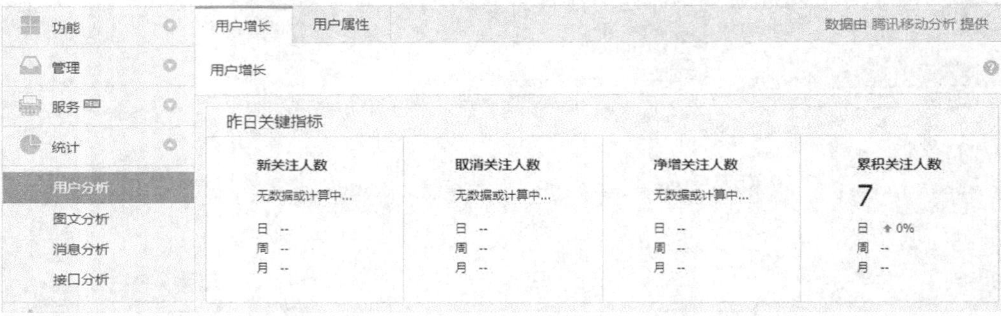

图7-72　微信公众平台统计模块

项目小结

在本项目中我们学习了计算机网络的基础知识、网络故障排除、信息搜索、Internet 网络基础知识以及大数据知识和移动互联技术的应用。我们了解了计算机网络发展的现状与发展趋势，体验了生活中网络技术、大数据技术和移动互联技术的应用。请同学们思考网络技术、大数据应用以及移动互联技术的应用领域，并进一步延伸思考本专业领域的信息技术应用发展方向及前景。

项目检查

学习项目	计算机网络及应用		学时	16
序号	检查内容	检查标准	学生自检	教师检查
1	网络信息搜集	掌握利用搜索引擎搜集网络信息的方法		
2	信息加工和处理	能够对搜集下来的信息进行整理		
3	计算机网络基础知识	了解计算机网络概念、中国计算机网络发展、计算机拓扑结构的组成		
4	Internet 基础知识	了解 Internet 的发展历程，了解中国四大网络、IP 地址、IPv6 协议以及域名，了解 Internet 的接入方式		
5	网络故障排除	掌握常用的网络故障排除方法，了解计算机病毒的防治以及防火墙技术		
6	大数据的概念	了解大数据的概念和特征		
7	大数据的关键技术	掌握大数据的关键技术		
8	大数据与云计算	了解大数据与云计算的关系		
9	大数据的应用案例	能够深刻体会大数据在某一领域的应用		
10	移动互联网的基础知识	了解移动互联网的概念、特点与架构		
11	移动互联网的业务体系	了解移动互联网的业务体系		
12	移动互联的发展趋势	了解移动互联的现状与发展趋势		
13	移动互联思维	了解几个重要的移动互联思维		
14	移动互联网的应用领域	能够深刻体会移动互联网在某一领域的应用		

（续表）

<table>
<tr><td>学习项目</td><td colspan="2">计算机网络及应用</td><td>学时</td><td>16</td></tr>
<tr><td>序号</td><td>检查内容</td><td>检查标准</td><td>学生自检</td><td>教师检查</td></tr>
<tr><td>15</td><td>大数据与移动互联的应用</td><td>能够掌握生活中大数据与移动互联的应用，如电子调查问卷的生成和微信公众号的开发与维护</td><td></td><td></td></tr>
<tr><td rowspan="3">检查评价</td><td colspan="2">班级</td><td rowspan="2">组长签字</td><td>第　　组</td></tr>
<tr><td colspan="2">教师签字</td><td>日期</td></tr>
<tr><td colspan="4">评语（学习体会、自我评价以及项目改进意见）</td></tr>
</table>

课后练习

一、选择题

1. 互联网上各种网络和各种不同类型的计算机相互通信的基础是（　　）协议。
A. HTTP　　B. IPX　　C. X.25　　D. TCP/IP
2. www.tinghua.edu.com 是互联网上的一台计算机的（　　）。
A. 域名　　B. IP 地址　　C. 非法地址　　D. 协议名称
3. 电子邮件地址 zhang@163.net 的邮件服务器是（　　）。
A. zhang　　B. @163.com　　C. zhang@163.net　　D. 163.net
4. 搜索引擎是一个提供信息检索服务的网站，下面网站中不属于信息搜索类网站的是（　　）。
A. 百度　　B. 搜狗　　C. 天网搜索　　D. 人民网
5. 目前 200 多个国家都分配了顶级域名，下面（　　）是中国的顶级域名。
A. us　　B. au　　C. cn　　D. un
6. IP 地址 172.16.37.225 属于（　　）地址。
A. A 类　　B. B 类　　C. C 类　　D. D 类
7. URL 地址中的 http 是指（　　）。
A. 文件传输协议　　B. 计算机主机
C. TCP/IP 协议　　D. 超文本传输协议
8. 计算机病毒的特点很多，下列选项不是计算机病毒的特点是（　　）。
A. 破坏性　　B. 传染性　　C. 潜伏性　　D. 实时性
9. 计算机病毒的传播方式多种多样，下列媒介不会传播计算机病毒的是（　　）。
A. 网络　　B. U 盘　　C. 鼠标　　D. 电子邮件

二、填空题

1. 网络测试命令中，__________可以显示主机上的 IP 地址，__________可以显示网络连接，__________测试与其他 IP 主机的连接，__________显示为到达目的地而采用的路径，要求域名服务器提供有关目的域的信息。

2. IPconfig 命令可以显示的网络信息有__________、子网掩码和__________。

三、简答题

1. 如何通过 ping 命令来诊断网络连接故障?
2. 网络中常见的故障原因有哪些?
3. 大数据的 4V 特征是什么?
4. 大数据关键技术有哪些?
5. 阐述大数据与云计算、物联网的关系。
6. 举例分析大数据在电子商务和健康医疗中的应用。
7. 防火墙和计算机病毒有哪些类型?

四. 操作题

1. 打开百度新闻主页，然后将其保存到“D:\下载”文件夹中。
2. 使用搜索引擎搜索关于“计算机域名”的相关信息。
3. 智能移动设备中常用的慕课 APP 有哪些? 选择一种安装在你的手机里并使用。
4. 创建一个微信公众号，设计好界面，并群发消息。

参考文献

1. 蔡自兴. 人工智能及其应用（第5版）. 清华大学出版社.
2. 罗素・诺维格. 人工智能：一种现代的方法（第3版）. 清华大学出版社.
3. 卢克・多梅尔. 人工智能. 中信出版社.
4. 周志华. 机器学习. 清华大学出版社.
5. 伊恩・古德费洛，约书亚・本吉奥. 深度学习. 人民邮电出版社.
6. 王晓梅. 神经网络导论. 科学出版社.
7. 汤晓鸥，陈玉琨. 人工智能基础. 华东师范大学出版社.
8. 李开复，王咏刚. 人工智能. 文化发展出版社.
9. 陈炳祥. 人工智能改变世界. 人民邮电出版社.
10. 赵吉兴，莫新平. 计算机应用基础项目化教程. 中国石油大学出版社.
11. 眭碧霞. 计算机应用基础任务化教程. 高等教育出版社.
12. 教育部考试中心. 全国计算机等级考试二级教程 MS Office 高级应用（2018 年版）. 高等教育出版社.
13. 田庚林，王浩. 计算机网络基础项目教程. 清华大学出版社.
14. 黄林国，计算机网络技术项目化教程. 清华大学出版社.
15. 王康，李昕宇. Premiere Pro CS5 视频编辑应用教程. 人民邮电出版社.
16. 吴雁涛. Unity 3D 平台：AR 与 VR 开发快速上手. 清华大学出版社.
17. 李杰臣. 会声会影视频编辑完全实用手册. 中国青年出版社.
18. 吴吉义. 移动互联网研究综述. 中国科学：信息科学.
19. 杨勇，邝宇峰. 移动互联网终端应用开发技术. 中兴通讯技术.